"十三五"国家重点出版物出版规划项目

高性能高分子材料丛书

杂萘联苯型聚芳醚高性能树脂及其应用技术

蹇锡高　王锦艳　刘　程　等　著

科学出版社

北　京

内 容 简 介

本书为"高性能高分子材料丛书"之一。高性能工程塑料具有耐高温、高强度、高绝缘、耐辐照等优异综合性能，属于战略性新材料。含二氮杂萘酮联苯结构高性能工程塑料已成为这一领域最重要的新成员，其在航天航空、电子电气等高技术和国防军工领域的应用研发取得显著进展。该系列高性能树脂兼具耐高温可溶解特性，解决了传统高性能工程塑料不能兼具耐高温可溶解特性的技术难题，综合性能优异，加工方式多样，应用领域广泛。上述树脂的深加工产品，如高性能树脂基复合材料、耐高温功能涂料、胶黏剂、特种绝缘漆、漆包线、高频覆铜板、功能膜等，已广泛应用于航天航空、电子电气等高技术和国防军工等许多领域。本书介绍了含二氮杂萘酮联苯聚芳醚系列新型高性能工程塑料合成方法及其在复合材料、涂料等领域的应用研究进展。

本书可为高性能高分子材料领域的科学研究工作者、技术开发人员、高等院校师生提供相关的研究参考。

图书在版编目(CIP)数据

杂萘联苯型聚芳醚高性能树脂及其应用技术 / 蹇锡高等著. -- 北京：科学出版社, 2025. 1. --（高性能高分子材料丛书 / 蹇锡高总主编）. ISBN 978-7-03-081117-2

Ⅰ. TB332

中国国家版本馆 CIP 数据核字第 20259BF790 号

丛书策划：翁靖一
责任编辑：翁靖一 / 责任校对：杜子昂
责任印制：徐晓晨 / 封面设计：东方人华

科 学 出 版 社 出版

北京东黄城根北街 16 号
邮政编码：100717
http://www.sciencep.com

北京中科印刷有限公司印刷
科学出版社发行　各地新华书店经销

*

2025 年 1 月第 一 版　开本：720 × 1000　1/16
2025 年 1 月第一次印刷　印张：26
字数：500 000

定价：268.00 元
（如有印装质量问题，我社负责调换）

编 委 会

学 术 顾 问：毛炳权　曹湘洪　薛群基　周　廉　徐惠彬

总　主　编：蹇锡高

常务副总主编：张立群

丛书副总主编（按姓氏汉语拼音排序）：

  陈祥宝　李光宪　李仲平　瞿金平　王锦艳　王玉忠

丛 书 编 委（按姓氏汉语拼音排序）：

  董　侠　傅　强　高　峡　顾　宜　黄发荣　黄　昊

  姜振华　刘孝波　马　劲　王笃金　吴忠文　武德珍

  解孝林　杨　杰　杨小牛　余木火　翟文涛　张守海

  张所波　张中标　郑　强　周光远　周　琼　朱　锦

总　序

自 20 世纪初，高分子概念被提出以来，高分子材料越来越多地走进人们的生活，成为材料科学中最具代表性和发展前途的一类材料。我国是高分子材料生产和消费大国，每年在该领域获得的授权专利数量已经居世界第一，相关材料应用的研究与开发也如火如荼。高分子材料现已成为现代工业和高新技术产业的重要基石，与材料科学、信息科学、生命科学和环境科学等前瞻领域的交叉与结合，在推动国民经济建设、促进人类科技文明的进步、改善人们的生活质量等方面发挥着重要的作用。

国家"十三五"规划显示，高分子材料作为新兴产业重要组成部分已纳入国家战略性新兴产业发展规划，并将列入国家重点专项规划，可见国家已从政策层面为高分子材料行业的大力发展提供了有力保障。然而，随着尖端科学技术的发展，高速飞行、火箭、宇宙航行、无线电、能源动力、海洋工程技术等的飞跃，人们对高分子材料提出了越来越高的要求，高性能高分子材料应运而生，作为国际高分子科学发展的前沿，应用前景极为广阔。高性能高分子材料，可替代金属作为结构材料，或用作高级复合材料的基体树脂，具有优异的力学性能。这类材料是航空航天、电子电气、交通运输、能源动力、国防军工及国家重大工程等领域的重要材料基础，也是现代科技发展的关键材料，对国家支柱产业的发展，尤其是国家安全的保障起着重要或关键的作用，其蓬勃发展对国民经济水平的提高也具有极大的促进作用。我国经济社会发展尤其是面临的产业升级以及新产业的形成和发展，对高性能高分子功能材料的迫切需求日益突出。例如，人类对环境问题和石化资源枯竭日益严重的担忧，必将有力地促进高效分离功能的高分子材料、生态与环境高分子材料的研发；近 14 亿人口的健康保健水平的提升和人口老龄化，将对生物医用材料和制品有着内在的巨大需求；高性能柔性高分子薄膜使电子产品发生了颠覆性的变化等。不难发现，当今和未来社会发展对高分子材料提出了诸多新的要求，包括高性能、多功能、节能环保等，以上要求对传统材料提出了巨大的挑战。通过对传统的通用高分子材料高性能化，特别是设计制备新型高性能高分子材料，有望获得传统高分子材料不具备的特殊优异性质，进而有望满足未来社会对高分子材料高性能、多功能化的要求。正因为如此，高性能高分子材料的基础科学研究和应用技术发展受到全世界各国政府、学术界、工业界的高度重视，已成为国际高分子科学发展的前沿及热点。

因此，对高性能高分子材料这一国际高分子科学前沿领域的原理、最新研究进展及未来展望进行全面、系统地整理和思考，形成完整的知识体系，对推动我国高性能高分子材料的大力发展，促进其在新能源、航空航天、生命健康等战略新兴领域的应用发展，具有重要的现实意义。高性能高分子材料的大力发展，也代表着当代国际高分子科学发展的主流和前沿，对实现可持续发展具有重要的现实意义和深远的指导意义。

为此，我接受科学出版社的邀请，组织活跃在科研第一线的近三十位优秀科学家积极撰写"高性能高分子材料丛书"，其内容涵盖了高性能高分子领域的主要研究内容，尽可能反映出该领域最新发展水平，特别是紧密围绕着"高性能高分子材料"这一主题，区别于以往那些从橡胶、塑料、纤维的角度所出版过的相关图书，内容新颖、原创性较高。丛书邀请了我国高性能高分子材料领域的知名院士、"973"计划项目首席科学家、教育部"长江学者"特聘教授、国家杰出青年科学基金获得者等专家亲自参与编著，致力于将高性能高分子材料领域的基本科学问题，以及在多领域多方面应用探索形成的原始创新成果进行一次全面总结、归纳和提炼，同时期望能促进其在相应领域尽快实现产业化和大规模应用。

本套丛书于 2018 年获批为"十三五"国家重点出版物出版规划项目，具有学术水平高、涵盖面广、时效性强、引领性和实用性突出等特点，希望经得起时间和行业的检验。并且，希望本套丛书的出版能够有效促进高性能高分子材料及产业的发展，引领对此领域感兴趣的广大读者深入学习和研究，实现科学理论的总结与传承，以及科技成果的推广与普及传播。

最后，我衷心感谢积极支持并参与本套丛书编审工作的陈祥宝院士、李仲平院士、瞿金平院士、王玉忠院士、张立群院士、李光宪教授、郑强教授、王笃金研究员、杨小牛研究员、余木火教授、解孝林教授、王锦艳教授、张守海教授等专家学者。希望本套丛书的出版对我国高性能高分子材料的基础科学研究和大规模产业化应用及其持续健康发展起到积极的引领和推动作用，并有利于提升我国在该学科前沿领域的学术水平和国际地位，创造新的经济增长点，并为我国产业升级、提升国家核心竞争力提供理论支撑。

中国工程院院士

大连理工大学教授

　　材料是一切科学的载体。高性能、功能性高分子材料是航天航空、电子电气、交通运输、能源动力、国防军工等领域的重要材料基础，对国家支柱产业的发展，尤其是国家安全的保障起着重要或关键的作用。高性能工程塑料是高性能高分子材料重要的组成部分，其在高温下仍保持高强度、高韧性、高绝缘能力、耐辐照等优异综合性能。高性能工程塑料是在 20 世纪 60 年代国际军备竞赛促使下发展起来的，长期受西方发达国家垄断、封锁。

　　高性能工程塑料是主要结构为芳环或/和芳杂环的聚合物，已商业化的主要包括聚芳醚、聚芳酰胺、聚芳酰亚胺、聚芳酯等几类，其他品种，如聚苯并咪唑、聚苯并噁唑、聚苯基三嗪、聚吡咙等新型全芳香杂环聚合物由于聚合单体难以合成及聚合条件苛刻等均未大规模工业化。

　　传统高性能工程塑料存在的问题是耐热性和溶解性呈反向变化关系，耐热温度越高，溶解性越差，甚至不溶解。这致使其合成难，成本高，加工方式单一（只能热成型加工），应用领域受限。科学界和工业界都十分关注开发耐高温可溶解的新品种，希望实现高性能、低成本、可控制备。

　　本研究团队从 20 世纪 80 年代末开始研究耐高温高性能聚合物，针对传统高性能聚合物溶解性差的问题，从分子结构设计出发，将扭曲、非共平面的二氮杂萘酮联苯结构引入到聚合物分子主链中，阻碍结晶，改善聚合物的溶解性，全芳杂环结构还可以提高聚合物的耐热性，并通过聚合工艺创新开发新催化体系和新溶剂体系，提高分子量，创制出既耐高温又可溶解、综合性能优异的高分子量新型含二氮杂萘酮联苯结构高性能树脂体系（又称为杂萘联苯高性能树脂体系），涵盖了聚芳醚、聚芳酰胺、聚酰亚胺、聚芳酯、聚苯并咪唑、聚均三嗪、邻苯二甲腈树脂等高性能工程塑料品种。

　　从 1990 年至今的研究中，先后有 14 名教师、100 多名研究生参与了杂萘联苯聚芳醚高性能树脂的相关研究工作，并承担了国家重点研发计划项目、863 重大项目、国家自然科学基金项目，以及其他纵向类项目，还有各种企事业委托项目，合计 100 余项。从"八五"期间的小试、"九五"期间的 100 吨/年中试到"十五"期间的 500 吨/年工业化示范生产线的试车成功，杂萘联苯聚芳醚树脂的应用领域也不断扩展，已经在航空航天、舰船、轨道交通、环保、石油化工、能源等众多领域得到推广应用。在杂萘联苯聚芳醚系列树脂方面的研究已发表学术论文 400 余篇，获得授权发明专利 50 余项。其中，含二氮杂萘酮联苯结构新型聚芳醚砜酮及其制备法获得 2003 年国家技术发明奖二等奖，杂萘联苯聚醚腈砜系列高性能树脂及其应用新技术获得 2011 年国家技术发明奖二等奖、2015 年中国专利奖金奖和 2016 年日内瓦国际发明展特别金奖，以及省部级科技奖励 10 项。本书将主要展示杂萘联苯聚芳醚高性能树脂及其在复合材料、涂料和骨植入材料领域的应用，而在高效分离膜领域的应用将另行整理出版，在新能源电池等领域应用已经在出版物《高性能电池关键材料》的第 7 章进行了详细阐述。

本书是我们课题组多年的研究成果总结。第 1 章至第 5 章主要介绍杂萘联苯类双酚单体及其与活性双卤单体合成的杂萘联苯聚芳醚酮、杂萘联苯聚芳醚砜、杂萘联苯聚芳醚砜酮杂萘联苯聚芳醚腈等系列树脂的结构与性能，讨论聚合影响因素和控制方法，研究分子链结构对物理性能、加工性能的影响，并通过共聚或共混方法调控其加工性能。在应用方面（第 6 章至第 11 章），主要介绍了杂萘联苯聚芳醚系列树脂增韧改性热固性树脂，在增韧热固性树脂的同时能保持较好的工艺性能和耐热性能；杂萘联苯聚芳醚高性能复合材料的成型工艺，包括碳纤维增强热塑性复合材料和玻璃纤维增强热塑性复合材料，以及其他类功能性复合材料的研究；杂萘联苯聚芳醚涂料及其绝缘漆等研究，最后介绍杂萘联苯聚芳醚树脂在皮质骨植入材料方面的应用，及其提高骨整合能力的表面改性方法。本书的内容来源于课题组研究生的学位论文和已发表的期刊论文。

全书由蹇锡高院士领衔，并负责框架的设定，组织章节的撰写；由王锦艳教授和刘程教授负责统稿和审校。其中，王锦艳教授负责第 1 章至第 4 章的撰写，宗立率教授负责第 6 章 6.1、6.2 和 6.4 节的撰写，刘程教授负责第 5 章、第 6 章 6.3 节、第 7 章至第 9 章的撰写，翁志焕教授负责第 10 章的撰写，柳承德教授负责第 11 章的撰写。此外，大连理工大学宗立率副教授，以及博士生张锋锋和祖愿帮忙整理了第 1 章至第 4 章、第 6 章 6.1、6.2 和 6.4 节，博士生顾宏剑、乔越、贾航和潘晓彤帮忙整理了第 5 章、第 6 章 6.3 节、第 7 章至第 9 章。特别感谢以上团队成员的科研贡献和在本书撰写、修改过程中给予的大力支持和帮助。

本书为"高性能高分子材料丛书"之一，在撰写过程中得到科学出版社的责任编辑翁靖一女士的帮助，感谢翁靖一女士在本书撰写和出版过程中给予的大力支持和辛苦工作。感谢科学出版社的相关领导和编辑对本书出版的支持和帮助。感谢团队老师及一届届研究生、本科生同学们多年来的辛苦付出，感谢同行朋友们长期以来的关心和支持。

最后，诚挚感谢"八五"国家重点科技攻关计划、"九五"国家重点科技攻关计划（编号 97-564-01-06）、"十五" 863 计划（编号 2011AA033402 和 2003AA033g）、"十二五" 863 计划（编号 2015AA033802）、"十三五"国家重点研发计划(编号 2017YFB0307600)、国家自然科学基金重大研究计划重点项目、国家自然科学基金面上项目、国家自然科学基金青年科学基金项目、国家火炬计划(编号 2004EB030192)等长期以来对杂萘联苯高性能树脂及其应用技术开发的大力支持和资助,正是上述项目的不断支持,才形成了本书的研究成果并得以出版发行。非常感谢!

　　三十多年来本研究团队坚持做一件事情,希望杂萘联苯聚芳醚系列树脂高性能工程塑料及其加工应用新技术能为国家的经济建设和国防军工领域尽一份绵薄之力。本书将多年的研究进行总结,但由于作者水平及时间有限,书中不足或不妥之处在所难免,敬请读者批评指正。

蹇锡高

2024 年 11 月于大连

目　录

第1章

杂萘联苯类双酚单体

1.1 引言 ◀◀◀

全芳香杂环聚合物（简称芳杂环聚合物）的研究可追溯到 20 世纪 60 年代，是在航天、航空、电子工业等的需求促使下发展起来的。这些聚合物表现出优异的热稳定性、耐辐照性、耐化学稳定性和机械性能，但是加工困难，而且除聚酰亚胺外，其他品种如聚苯并咪唑、聚苯并噁唑、聚苯基三嗪、聚吡咙因聚单体难以合成及合成条件苛刻等原因均未大规模工业化[1]。随着研究的不断深入，各种提高其加工性能的方法被不断地报道，其中，一种方法是在聚合物的骨架中引入芳醚键[2]，增加分子链的柔顺性，聚合物呈无定形态，使其模压性能得到改善，但玻璃化转变温度（T_g）降低。例如，第一个合成出高分子量的含芳杂环结构的聚芳醚是由双酚 A 与 2, 5-二(4-氟苯基)-1, 3, 4-噁二唑经芳香亲核取代逐步聚合反应制得，其玻璃化转变温度为 180℃[2]。因此，在不牺牲耐热性能的前提下改善全芳香杂环聚合物的加工性能成为高分子材料科学家努力的目标。总体来说，耐高温材料的研究和开发在很大程度上是协调各种使用性能与可加工性之间的矛盾[3]。

加工高分子材料，若使用注塑挤出，则要求聚合物熔融温度低于其分解温度；若使用溶液浇铸，聚合物则必须溶于普通的有机溶剂。耐热性能优异的全芳香杂环聚合物是以芳杂环为结构特征的高度刚性的高分子，虽然具有优异的综合性能，但加工问题和成本仍限制其应用。在已大规模产业化的全芳香杂环聚合物家族中，聚酰亚胺具有很高的软化/熔化温度和不溶性，起因于分子链的刚性、较强的分子链间作用力及结晶性等结构特点。电子极化和结晶性导致较强的分子链间作用[4]，引起聚酰亚胺分子链紧密堆砌，从而提高了聚酰亚胺的熔融温度和耐溶剂性能。加工刚性分子链的芳香性聚酰亚胺，通常是对其可溶性前体聚酰胺酸进行加工，然后进行热酰亚胺化。然而此法仅限于在薄膜和涂料方面的应用。因为酰亚胺化时要脱水，会使得体积或厚度较大的器件的加工变得复杂。同时聚酰胺酸溶液在储存时对温度很敏感，操作起来十分不便。因此设计合成具有良好的溶解性能并能够保持优异耐热性能的高性能高分子材料，一直是人们追求的目标[5, 6]。然而传统高聚物的耐热性和溶解性呈反向变化关系，耐热温度越高，溶解性越差，甚至不溶解。例如，英国 ICI 公司 1978 年开发成功的聚醚醚酮(PEEK)[7]，是传统聚芳醚类高性能工程塑料中综合性能最优的品种，可在 240℃下长期使用，但其在室温下只能溶解于浓硫酸，只能以高沸点的二苯砜作为溶剂，在高温(超过其熔点的温度)下合成，后处理需用丙酮萃取至少八次才能达到纯度要求，这导致其合成成本高，价格昂贵。为提高高聚物的耐热性而又使其具有良好的溶解性，在分子水平上即在单体阶段进行改性，如果针对聚芳醚材料来说，就是通过合成新型的双酚单体和双卤单体来实现。

　　本书作者所在研究团队自"八五"以来，先后承担多项国家重点科技攻关项目(如 863 项目)、国家自然科学基金项目、创新基金项目、火炬计划项目、振兴东北老工业基地项目及省市重点科技项目等。从分子结构设计出发，研究开发新单体、新聚合物，研制成功多个系列含二氮杂萘酮联苯结构的新型高性能聚合物，已形成一个独具特色的高性能聚合物体系。这些高性能聚合物均既耐高温又可溶解，成功解决了传统高性能工程塑料不能兼具耐高温和可溶解的技术难题。本章将较为系统地分析其核心单体 4-(4-羟基苯基)-2, 3-二氮杂萘-1-酮(简称杂萘联苯酚单体，DHPZ)的结构特点、聚合活性，以及将其引入聚合物体系后的结构与性能关系。

1.2　杂萘联苯酚单体的结构特点及其聚合机理　◀◀◀

　　二氮杂萘酮及其衍生物是一类重要的治疗心脏疾病的药物中间体，其—NH基团可与卤代苯的衍生物发生亲核取代反应[8]。本书从分子结构设计出发，在杂萘环的 4 位上引入了 4-羟基苯基结构，并以廉价易得的苯酚、苯酐为原料，经温和的工艺研制成功结构新颖的 4-(4-羟基苯基)-2, 3-二氮杂萘-1-酮(DHPZ)新单体，其结构如图 1-1(a)所示。

　　图 1-1(c)是聚酰亚胺类代表性结构——五元酰亚胺环结构。众所周知，聚酰亚胺是综合性能十分优异的一类高性能聚合物，具有耐高温、高强度、高绝缘等性能；其主要缺点是在潮湿环境中易水解开环退变回聚酰胺酸，各项性能急剧下降，特别是在温度高、湿度大的环境中更为突出。二氮杂萘酮联苯结构是在酰亚胺环基础上引进一个氮原子构成六元环，其化学稳定性显著优于五元环；虽然

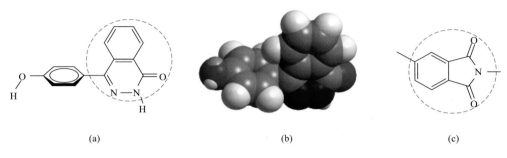

图 1-1　DHPZ(a)及其立体模型结构(b)与酰亚胺环(c)对比

N—N 键离解能较低，但因杂萘环的共轭稳定性而具有相当好的热稳定性，从而既保留了聚酰亚胺的芳香氮杂环耐高温等优异性能，又克服了五元酰亚胺环热水解稳定性差的缺点。图 1-1(b)是采用 ChemDraw 软件模拟的 DHPZ 空间结构。从图 1-1(b)可以看到，新单体 DHPZ 的苯环与杂萘环不在一个平面上，相互扭曲成一个角度，使 DHPZ 具有扭曲、非共平面的空间特殊结构。研究结果表明，该扭曲角的大小可通过改变其苯环酚羟基邻、间位上的取代基个数和/或种类而进行调控。

　　从 DHPZ 的红外光谱图[9]［图 1-2(b)］分析可知，在 3300 cm^{-1}、3200 cm^{-1}处分别出现了 N—H 和 O—H 共振吸收峰；从其核磁共振氢谱［图 1-3(b)］数据中得出[9]，N—H 的质子化学位移在 12.74 ppm 处，而 O—H 质子的化学位移在 9.81 ppm 处，说明 DHPZ 中的 N—H 具有一定的酸性，其反应活性类似于酚羟基。那么 DHPZ 就可以与双酚单体一样，与含强吸电子基双卤单体发生聚合反应而得到高分子聚合物。我们对 DHPZ 的合成反应路线、合成反应动力学、反应机理等进行深入的研究[9]。

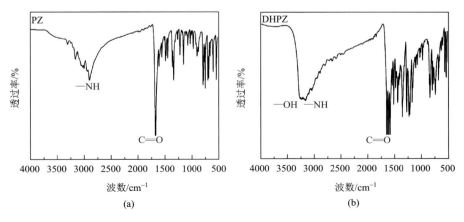

图 1-2　单体 PZ(a)和 DHPZ(b)的红外光谱图

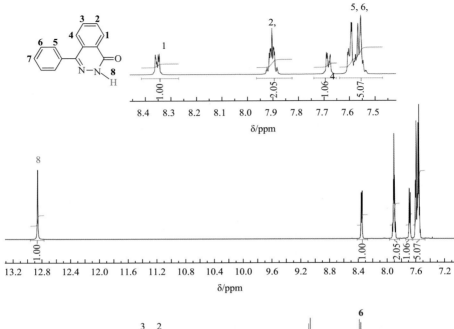

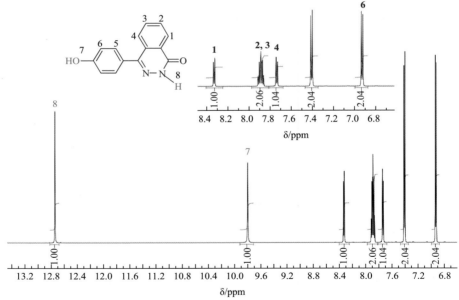

图 1-3　单体 PZ(a)和 DHPZ(b)的核磁共振氢谱图

根据 DHPZ 的分子结构特点，该单体可能存在三种共振结构，如图 1-4 所示。

那么 DHPZ 与双卤单体的聚合反应过程中，就存在两种反应可能：一种是与氮原子连接［图 1-5(a)］，另一种是与氧原子连接［图 1-5(b)］。

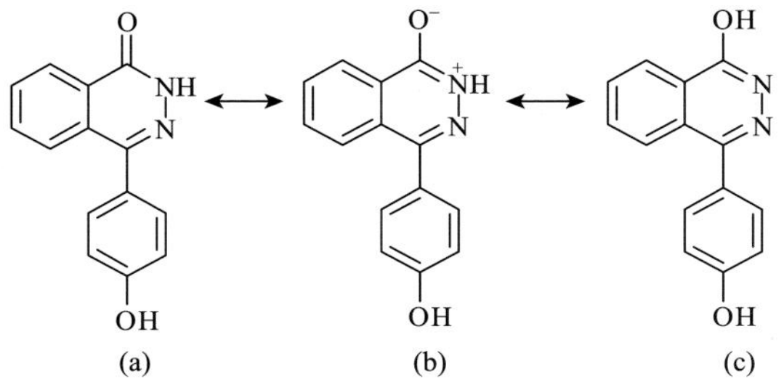

图 1-4　DHPZ 单体的共振式

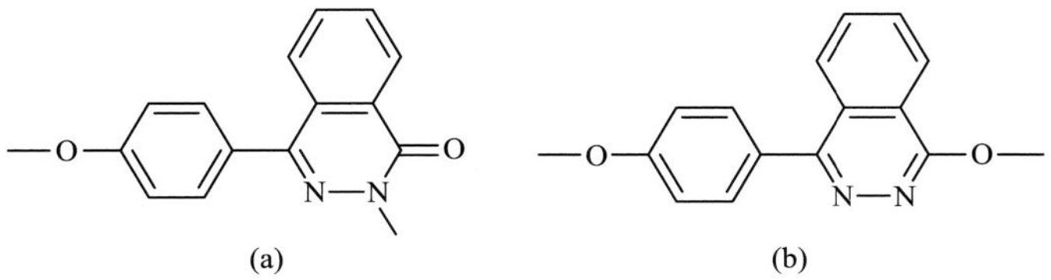

图 1-5　DHPZ 与双卤单体反应时两种可能的结构

由 DHPZ 合成聚芳醚砜和聚芳醚酮时，因为醚键和端基中羧基的存在，对其键接位置的分析难度很大。在最早发表的研究论文[10-13]中就分别用了图 1-5(a) 和图 1-5(b) 两种结构式，因此有必要从理论上对其结构进行确切的表征。为了解决此问题，合成了 2,3-二氮杂萘-1-酮(PZ)单酚[4]。PZ 结构与 DHPZ 类似，也存在三种互变异构体(图 1-6)。

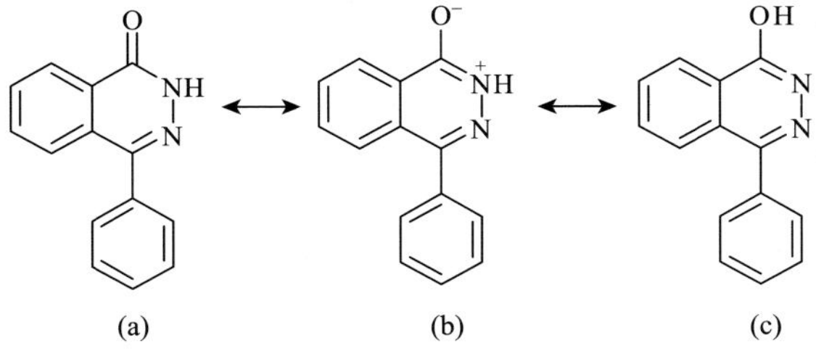

图 1-6　2,3-二氮杂萘-1-酮(PZ)单酚的三种互变异构体

其中，图 1-6(b) 是图 1-6(a) 与图 1-6(c) 的中间体。为了确认 PZ 结构与 DHPZ 结构类似，我们对 PZ 和 DHPZ 进行谱学表征。图 1-2 和图 1-3 是 PZ 和 DHPZ 的红外光谱和核磁共振氢谱图。在图 1-2(a) 中，N—H 特征吸收峰位于 3300 cm^{-1} 处，1675~1668 cm^{-1} 处是 PZ 的羧基峰，1607 cm^{-1}、1487 cm^{-1}、1445 cm^{-1} 处是芳环 C=C 或 C=N 的共振吸收峰。图 1-2(b) 中，在 3200 cm^{-1} 处出现 O—H 特征吸收峰，其他吸收峰与图 1-2(a) 中基本相同。图 1-3(a) 是 PZ 的核磁共振氢谱图，H 的化学位

移(单位：ppm)为 12.72(s；1 H，NH)、8.43～8.32(m；1 H，H8)、7.90～7.50(m；7 H，H1～H7)，H8 因受羰基的吸电子影响而明显偏向低场；图 1-3(b)中，H 的化学位移(ppm)为 12.55(s；1 H，NH)、9.58(s；1 H，OH)、8.32(m；1 H，H8)、7.80(m；3 H，H5～H7)、7.41～7.32(d；2 H，H2，H4)、6.90～6.86(d；2 H，H1，H3)。对比上述两种化合物各自 H 的化学位移分析，图 1-3(b)在 9.58ppm 处多一个羟基质子的共振峰，其他各 H 所处的化学环境与图 1-3(a)中的基本一致。所以从傅里叶变换红外光谱(FTIR)和核磁共振氢谱(^{1}H NMR)的分析可证明 PZ 和 DHPZ 的结构类似。

采用 PZ 与 4,4′-二氯二苯砜和 4,4′-二氟二苯甲酮、DHPZ 与对氯苯腈进行亲核取代反应后，对产物进行 FTIR 和 ^{1}H NMR 谱跟踪分析。聚合物的模型化合物的合成过程与亲核取代缩聚方法一样，脱除小分子后，体系升温至反应温度，反应足够长的时间确保模型化合物的形成。反应结束后，产物在沉淀剂中析出，用乙醇回流精制。其反应方程式如图 1-7 所示。

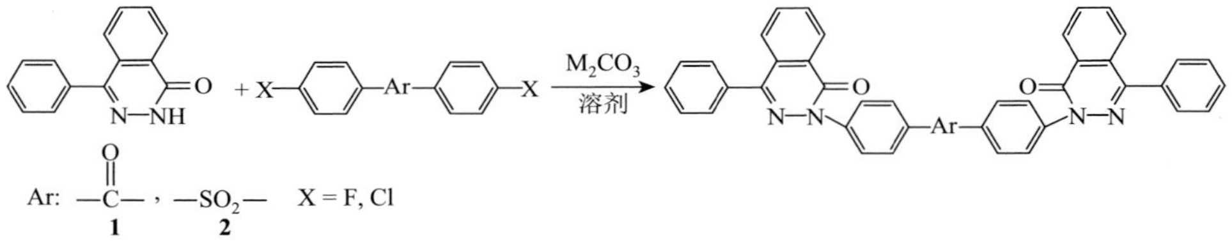

(a)

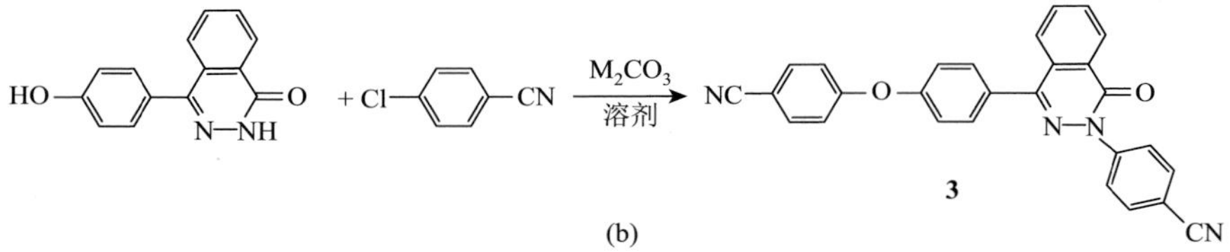

(b)

图 1-7　PZ 与 4,4′-二氯二苯砜和 4,4′-二氟二苯甲酮(a)、DHPZ 与对氯苯腈(b)亲核取代反应路径

图 1-8(a)、(b)和图 1-9(a)分别是模型化合物 **1**、**2**、**3** 的 FTIR 谱图。图 1-8(a)在 3300～3100 cm^{-1} 处没有吸收峰，说明 N—H 键已经反应。在 1672 cm^{-1} 处是羰基的共振吸收峰，在 1250～1200cm^{-1} 没有发现—O—的特征吸收峰，说明化合物中不存在醚键。图 1-8(b)在 3300～3100 cm^{-1} 处也没有吸收峰，也说明 N—H 键已经反应。在 1660 cm^{-1} 处的强吸收峰归属于羰基共振吸收峰，并且 1323～1304 cm^{-1} 处是砜基的共振吸收峰，1181 cm^{-1}、1156 cm^{-1}、1131 cm^{-1} 处是砜基裂分造成的吸收峰，1108 cm^{-1} 处是 Ar—S 的吸收峰。在图 1-8(b)中也没有醚键吸收峰，又由于存在羰基的强吸收峰，证明模型化合物 **2** 的结构是正确的，即反应以共振结构(a)形式进行，如图 1-6(a)所示。图 1-9(a)中 3100～2800 cm^{-1} 处吸收峰是芳环的共振峰，3450～3300 cm^{-1} 处的吸收峰是 CN 水解造成的，2231 cm^{-1} 处是 C≡N 的

共振峰，1663 cm^{-1} 是 C≡O 的共振吸收峰，1250 cm^{-1} 是—O—的特征吸收峰，这说明模型化合物 **3** 的结构正确。图 1-9(b) 是模型化合物 **3** 的核磁共振氢谱图，从图中看出，DHPZ 中的 OH 和 NH 的氢质子峰已经消失，也说明了类双酚单体几乎完全反应，进而也证实了其结构的正确性。

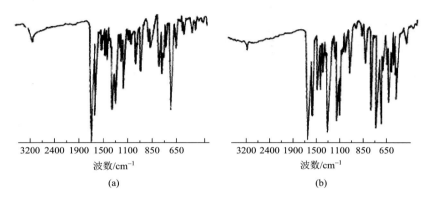

图 1-8　单体 PZ 与 4, 4′-二氯二苯砜和 4, 4′-二氟二苯甲酮反应得到的模型化合物 **1**(a) 和模型化合物 **2**(b) 的 FTIR 谱图

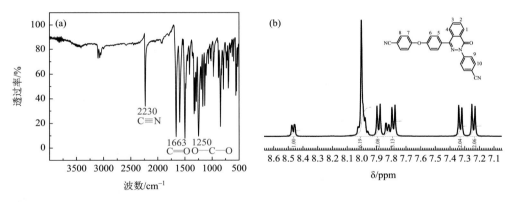

图 1-9　单体 DHPZ 与对氯苯腈反应得到的模型化合物 **3** 的 FTIR(a) 和 ^{1}H NMR(b) 谱图

　　Paventi 等也通过红外光谱和核磁共振波谱等手段，证明 DHPZ 与双卤单体缩聚时发生的是 C—N 偶合反应而不是发生在内酰胺的羰基处[14]。毛诗珍等[15]和刘程等[16]对二氮杂萘酮联苯结构衍生物进行了结构的归属，也证明当二氮杂萘酮联苯结构化合物进行亲核取代反应时，得到的产物是二氮杂萘酮联苯结构衍生物，而不是二氮杂萘醚联苯结构化合物。

　　通过 X 射线衍射分析可知 DHPZ 与 4, 4′-二氯二苯砜反应得到的聚合物是一种无定形聚合物，同时该类聚芳醚与传统的聚芳醚品种相比，可溶解于氯仿、*N*-甲基吡咯烷酮和 *N*, *N*-二甲基乙酰胺等非质子型有机极性溶剂，这也从一个侧面证实了此类聚合物主链的不规整性。如果以 DHPZ 的共振结构图 1-4(c) 进行缩聚反应，则所得聚合物主链应是一种较为对称的刚性结构，可能有一定的结晶度，溶解性应较差。

根据上述分析可知，DHPZ 与双卤单体发生亲核取代反应时，一边是酚氧负离子，另一边是氮负离子。据此推测二氮杂萘酮联苯型聚芳醚的聚合过程可能按下述机理进行。

第一步，双酚单体成盐阶段：

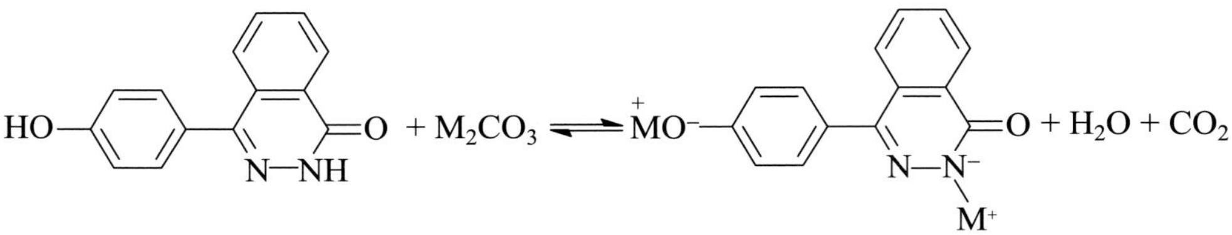

第二步，亲核取代缩聚反应阶段：

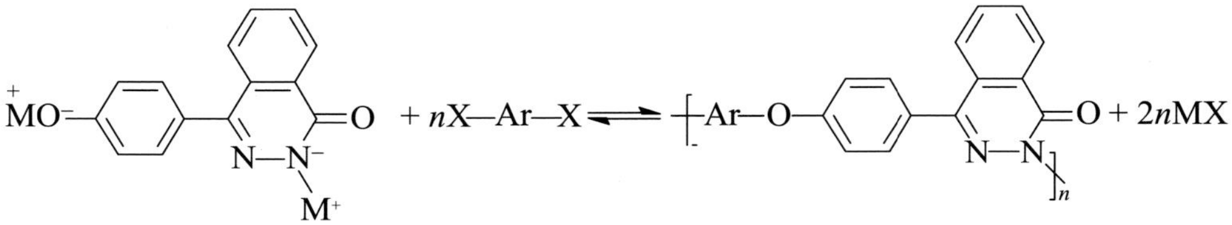

在反应的第一步，双酚单体与催化剂碱金属碳酸盐 M_2CO_3 作用，成盐是 DHPZ 中的—NH 和—OH 与 M_2CO_3 作用，而不是以图 1-4 中共振结构(c)进行。由于第一步反应是平衡反应，因此脱除小分子是关系到能否得到高聚物的关键之一。第二步反应是逐步聚合反应过程，因此要保证两种单体等摩尔分数和足够的反应时间以获得高聚物。上述聚合机理与聚芳醚类聚合物亲核取代逐步聚合机理类似，区别只在于 DHPZ 是一种非对称结构，其—NH 和—OH 的聚合活性略有不同，但在高温聚合体系下，二者的聚合活性差异不大，在低温聚合反应中会呈现不同的活性。董黎明[17]利用这种聚合活性的差异，成功合成了新型聚芳醚腈-聚硅氧烷嵌段共聚物。其中重要的反应就是利用在低温条件下(低于100℃)，在氢氧化钠(NaOH)水溶液体系中，DHPZ 结构中亲核质体碱性的不同，顺序为内酰胺 N—>HO—>PhO—。NaOH 的碱性不足以使其进攻 DHPZ 结构中内酰胺 NH 生成 N^-离子，并且体系中存在大量可提供 H 质子的 H_2O，N^-负离子会快速进行还原生成 NH，而 DHPZ 结构中酚羟基形成的 PhO—在此条件下是稳定存在的，且可以与丙烯溴形成的 C^+快速进行 S_N1 亲核取代反应，获得较高产率的 DHPZ 烯丙基醚。具体合成路线如图 1-10 所示。

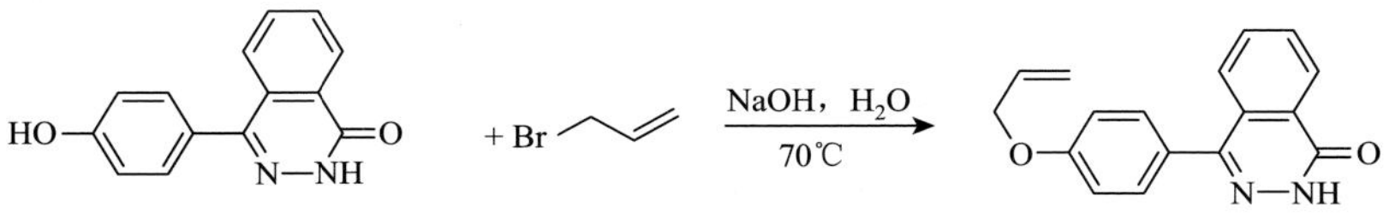

图 1-10　DHPZ 烯丙基醚的合成路径

1.3　杂萘联苯聚合物的结构与性能　◀◀◀

　　杂萘联苯聚合物得到了迅速的发展，其中以杂萘联苯聚芳醚的发展最快，种类包含杂萘联苯聚芳醚砜(PPES)、杂萘联苯聚芳醚酮(PPEK)、杂萘联苯聚芳醚酮酮(PPEKK)、杂萘联苯聚芳醚砜酮(PPESK)、杂萘联苯聚芳醚砜酮酮(PPESKK)、杂萘联苯聚芳醚腈(PPEN)、杂萘联苯聚芳醚腈酮(PPENK)、杂萘联苯聚芳醚腈砜(PPENS)、杂萘联苯聚芳醚腈砜酮(PPENSK)等。上述聚合物均因将全芳香扭曲非共平面的杂萘联苯引入聚芳醚聚合物的大分子主链，使所得聚合物的分子链也形成了扭曲非共平面的空间结构，难以形成伸直舒展的线型结构，破坏其紧密堆砌，增大了聚合物主链间的自由体积，有利于有机溶剂小分子的渗入，聚合物的溶解性显著改善；因全芳香的杂环结构使所得聚合物的分子链刚性结构得以保留，因此该类聚芳醚具有耐热性高的特点。杂萘联苯聚芳醚系列树脂的玻璃化转变温度为 240～325℃，氮气中 5%热失重温度($T_{d5\%}$)为大于480℃，可溶解于氯仿($CHCl_3$)、N, N-二甲基乙酰胺(DMAc)、N-甲基吡咯烷酮(NMP)等极性非质子性溶剂中，不但可以热成型加工，如注射、挤出和模压，还可以采用溶液方式加工制漆、涂料、膜等，应用领域更广。杂萘联苯聚芳醚系列聚合物的结构与性能将在第 2～5 章进行详细介绍。

　　在大量实验基础上，本书作者总结出"引入全芳环非共平面扭曲的分子链结构可赋予高聚物既耐高温又可溶解的优异综合性能"的分子结构设计思想。在上述思想指导下，进而开发杂萘联苯新型二酐、二胺、二酸单体，新型二胺单体的化学结构和计算机模拟立体结构如图 1-11 所示。从图 1-11 可见，杂萘联苯新型二胺单体同样具有扭曲非共平面结构。杂萘联苯新型二酐和二酸单体也具有类似的结构特点，由它们制得聚芳酯[18]、聚芳酰胺[19]、聚酰亚胺[20]、聚酰胺酰亚胺[21]、聚苯并咪唑[22]、聚均三嗪[23]等聚合物同样具有既耐高温又可溶解的特点，并保持了优异综合性能。杂萘联苯聚合物均具有无定形的聚集态结构，只有玻璃化转变温度，没有熔点。

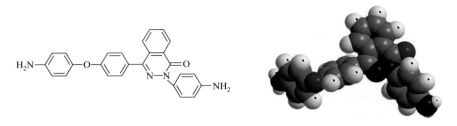

图 1-11   杂萘联苯二胺单体的化学结构和计算机模拟的立体结构

本书作者团队经过三十多年的研究，已建立了一个涵盖所有高性能工程塑料品种的杂萘联苯高性能聚合物的技术平台(图 1-12)。在图 1-12 中，杂萘联苯聚芳醚系列聚合物已经在大连保利新材料有限公司进行科技成果转化，目前有设计产能为 500 t/a 的生产线，其他品种完成了扩试技术或者中试技术，能提供小批量的供货能力。

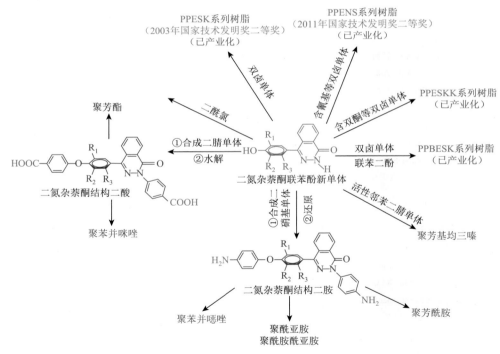

图 1-12   杂萘联苯高性能聚合物的技术平台

PPBESK：杂萘联苯共聚芳醚砜酮

杂萘联苯高性能工程塑料既耐高温又可溶解，具有优异的综合性能，在高性能树脂基复合材料、耐高温功能涂料、耐高温绝缘材料(漆、膜和电缆等)、耐高温功能膜、生物医用材料(骨植入材料、血液透析膜等)等领域具有广阔的前景。相关的应用技术将在后续章节介绍。

参 考 文 献

[1]　Alger M. Polymer Science Dictionary. New York: Chapman & Hall, 1997.

[2]　Hergenrother P M, Connell J W, Labadie J W, et al. Poly(arylene ether)s containing heterocyclic units. High Performance Polymers, 1994, 117: 67-110.

[3]　徐僖. 中国首届特种工程塑料学术研讨会预印集. 成都: 中国首届特种工程塑料学术研讨会, 1993.

[4]　Wilson D, Stenzenberger H D, Hergenrother P M. Polyimides. Glasgow: Blackie and Son Limited, 1990, 58.

[5]　Yamaguchi A, Ohta M. J. International SAMPE Technical Conference. New York: Curran Associates, Inc, 1987.

[6]　Sat M. Polyimides//Olabisi O, Handbook of Thermoplastics. New York: Dekker, 1997.

[7]　Rose J B, Staniland P A. Thermoplastic Aromatic Polyetherketones: US, 4320224. 1978-10-31.

[8]　Abubshait S A, Kassab R, Al-Shehri A H, et al. Synthesis and reactions of some novel 4-biphenyl-4-(2H)-phthalazin-1-one derivatives with an expected antimicrobial activity. Journal of Saudi Chemical Society, 2011, 15: 59-65.

[9]　蹇锡高, 朱秀玲, 陈连周. 二氮杂萘联苯型聚芳醚聚合机理的探讨. 大连理工大学学报, 1999, 39(5): 629-634.

[10]　蹇锡高, Hay A S, 郑海滨. 含二氮杂萘酮结构的聚醚酮及制备法: CN93109179.9. 1993-07-26.

[11]　蹇锡高, Hay A S, 郑海滨. 含二氮杂萘酮结构的聚醚砜及制备法: CN93109180.2. 1993-07-26.

[12]　孟跃中, 蹇锡高, 郑海滨. 高分子材料科学与工程, 1994, 10(4): 22.

[13]　刘彦军, 蹇锡高, 王植源. 含二氮杂萘酮结构聚醚酮酮的合成及表征. 高分子学报, 1999, 1: 37-41.

[14]　Paventi M, Chan K P, Hay A S. Spectroscopic and magnetic resonance elucidation of the structure of the polymer derived from 1, 2-dihydro-4-(4-hydroxyphenyl)-1-oxo-(2H)-phthalazine and bis(4-fluorophenyl)sulfone. Journal of Macromolecular Science PartA: Pure and Applied Chemistry, 1996, 33(2): 133-156.

[15]　毛诗珍, 张涛, 袁汉珍, 等. 1, 2-二氢-4-苯基(2H)二氮杂萘酮的 NMR 谱研究. 波谱学杂志, 2000, 17(3): 183-190.

[16]　刘程. 含二氮杂萘酮联苯结构聚芳酰胺的合成及耐热性能和溶解性研究. 大连: 大连理工大学, 2004.

[17]　董黎明. 聚硅氧烷-杂萘联苯聚芳醚腈共聚物合成与性能. 大连: 大连理工大学, 2008.

[18]　Gao Y R, Wang J Y, Liu C, et al. Synthesis of new soluble polyarylates containing phthalazinone moiety. Chinese Chemical Letters, 2006, 17(1): 140-142.

[19]　Zhu X L, Jian X G. Soluble aromatic poly(ether amide)s containing aryl, alkyl, and chloro-substituted phthalazinone segments. Journal of Polymer Science Part A: Polymer Chemistry, 2004, 42: 2026-2030.

[20]　Wang J Y, Liao G X, Liu C, et al. Poly(ether imide)s derived from phthalazinone-containing dianhydrides. Journal of Polymer Science Part A: Polymer Chemistry, 2004, 42: 6089-6097.

[21]　Zhu X L, Jian X G. Synthesis of methyl-substituted phthalazinone-based aromatic poly(amide imide)s. Chinese Chemical Letters, 2002, 13(9): 824-825.

[22]　Li X P, Liu C, Zhang S H, et al. Acid doped polybenzimidazoles containing 4-phenyl phthalazinone moieties for high-temperature PEMFC. Journal of Membrane Science, 2012, 423-424: 128-135.

[23]　Yu G P, Liu C, Zhou H X, et al. Synthesis and characterization of soluble copoly(ether sulfone phenyl-s-triazine)s containing phthalazinone moieties in the main chain. Polymer, 2009, 50(19): 4520-4528.

第2章

杂萘联苯聚芳醚酮

2.1　引言　　　◀◀◀

聚芳醚酮［poly(ether ketone)，PEK］是指大分子主链的重复单元中亚基苯环通过醚键和酮基连接而成的聚合物，是一种重要的高性能工程塑料，具有优异的耐热性能和机械性能。聚芳醚酮依据聚合物分子主链的聚集态结构可分为半结晶和无定形两类，其中，目前国际上已商品化的聚芳醚酮品种主要是半结晶聚合物，主要包括聚醚醚酮(PEEK)和聚醚酮酮(PEKK)。结晶型聚芳醚酮具有优异的综合性能，可在240℃下长期使用，但常温只溶于浓硫酸中，由于溶解性差，合成条件苛刻，必须在高温(280～330℃)下合成，只能以高沸点的二苯砜作溶剂；后处理困难，需用丙酮萃取至少八次才能达到纯度要求。这导致其合成成本高，价格昂贵。为了改善其溶解性能，20世纪80年代，中国科学院长春应用化学研究所发明了含酚酞结构的无定形聚芳醚酮，实现可溶解特性，但由于其玻璃化转变温度为231℃，长期使用温度在200℃左右，没有PEEK等使用温度高。

本书作者研究团队将全芳香扭曲非共平面二氮杂萘酮联苯结构引入聚芳醚酮分子主链中，研制出既耐高温又可溶解的杂萘联苯聚芳醚酮类树脂。以下介绍其结构与性能及其研究进展情况。

2.2　杂萘联苯聚芳醚酮二元聚合物　　　◀◀◀

聚芳醚酮的合成方法主要有两种：亲电取代缩聚法和亲核取代缩聚法。亲电取代缩聚法是通过芳醚与芳香酰氯或芳香羧酸在相应的催化剂作用下反应制得聚芳醚酮聚合物；亲核取代缩聚法是通过芳香双氟单体或双氯单体在不同溶剂中且在碱金属盐类催化下合成聚芳醚酮聚合物。用亲电取代缩聚法合成聚芳醚酮所需芳醚单体品种少，芳醚或芳环必须有较强的活化基团和定位基团，否则合成的聚芳醚酮是支化的不规整结构，熔体黏度大，难以加工成型。同时，所用催化剂是路易斯酸或强酸，聚合物后处理困难，限制了该方法的发展，人们更多地用亲核取代缩聚法合成聚芳醚酮。

图 2-1 为杂萘联苯聚芳醚酮(PPEK、PPEKK)的分子结构及其合成路线，相关树脂的主要性能对比如表 2-1 所示。

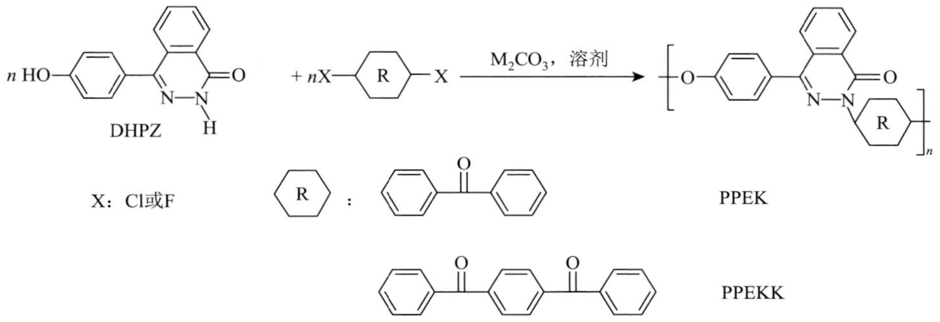

图 2-1　杂萘联苯聚芳醚酮(PPEK、PPEKK)的合成路线

表 2-1　杂萘联苯聚芳醚酮树脂(PPEK、PPEKK)与 PEEK 的主要物理性能对比

项目	PPEK	PPEKK	PEEK
玻璃化转变温度/℃	263	246	143($T_m = 334$)
5% 热失重温度/℃	505	507	575
拉伸强度/MPa	104	100	97
拉伸模量/GPa	1.61	0.77	3.6
断裂伸长率/%	19.3	13.1	50
弯曲强度/MPa	172	168	142
溶解性	溶于 N-甲基吡咯烷酮、N,N-二甲基乙酰胺、氯仿	溶于 N-甲基吡咯烷酮、N,N-二甲基乙酰胺、氯仿	溶于浓硫酸

杂萘联苯聚芳醚酮(PPEK)与杂萘联苯聚芳醚酮酮(PPEKK)树脂的玻璃化转变温度(T_g)分别为 263℃和 246℃，比 PEEK 树脂的玻璃化转变温度至少高出 100℃，呈现出优异的耐热性能。PPEK 与 PPEKK 树脂的 5%热失重温度($T_{d5\%}$)分别为 505℃和 507℃，PPEK 与 PPEKK 树脂的拉伸强度、冲击强度和弯曲强度等机械性能与 PEEK 树脂相当，表现出优异的机械性能。PPEK 与 PPEKK 树脂常温条件下可溶解在 NMP、DMAc、CHCl$_3$ 中，丰富了聚芳醚酮树脂的加工方式。总之，将杂萘联苯单体引入聚芳醚酮树脂体系，增加了分子链之间的缠结，破坏了

分子链规整性，在保持 PPEK 与 PPEKK 树脂优异的机械性能的同时，显著地提高了聚芳醚酮树脂的 T_g 和溶解性。

对聚合反应动力学进行深入研究，优化合成工艺，减少环化物或小分子副产物的含量，提高聚合物的产品质量。反应的全过程在常压下进行，最高反应温度低于 200℃，收率高，聚合物后处理只需用水洗三遍即可达到高纯度要求，反应中溶剂回收循环使用。因此，杂萘联苯聚芳醚酮类树脂的合成成本低于 PEEK 树脂。

目前合成聚芳醚酮的活性双卤单体是 4, 4′-二氟二苯甲酮（DFK）、1, 4-二（4-氟代苯甲酰基）苯，但是氟代单体价格昂贵，造成材料成本偏高。用氯代芳酮代替氟代芳酮合成聚芳醚酮对于降低材料成本、开拓应用领域具有重要的意义。然而，氯代芳酮活性较低，而且容易发生副反应尤其是 4, 4′-二氯二苯甲酮（DCK）在一定条件下容易通过 S_R1（substitution，radical-nucleophilic，unimolecular）发生脱氯反应使分子链端基失去反应活性[1-3]，不易得到高分子量聚合物。进一步研究[4]表明，是否发生脱氯反应不仅和反应条件，如溶剂、温度等因素有关，还和与之反应的双酚单体有关。第 1 章针对 DHPZ 中内酰胺—NH 键和—OH 活性问题进行探讨发现，—OH 和—NH 的反应活性在特定的反应条件下会存在一定差别。为了考察 DHPZ 与活性较低的 DCK 能否进行反应，利用分子模拟系统中的 Hückel 分子轨道程序计算得到 DCK 中与氯相连碳原子的净电荷为 + 0.025（DFK 中与氟原子相连的碳原子的净电荷为 + 0.050），不易聚合得到高聚物[5]。根据 DHPZ 含有不同反应官能团的特点，采用模型化合物分别与 DCK 反应，考察不同官能团—OH 和—NH 是否都能与 DCK 反应。模型化合物 4-(4-甲基苯基)-2, 3-二氮杂萘-1-酮（MHPZ）中—NH 和 4-(4-羟基苯基)-2-苯基-2, 3-二氮杂萘-1-酮（PHPZ）中—OH 分别与 DHPZ 中—NH 和—OH 具有类似的化学反应活性，因此反应过程中，分别用 MHPZ 和 PHPZ 与 DCK 进行反应，具体结构如图 2-2 所示。反应采用了聚合过程常用的碳酸钾作为催化剂。为了促进反应进行完全，反应过程中采取了一种反应物稍微过量的加料方式，并保证足够的反应时间。通过红外、核磁、元素分析、飞行质谱等对反应所得产物 2, 2′-(羰基-二(4, 1-苯基))二(4-(对-苯甲基)二氮杂萘-1(2H)-酮)（DMK）和 2, 2′-(羰基-二(4, 1-苯基))二(4-(对-苯甲基)二氮杂萘-1(2H)-酮)（DPK）（图 2-2)进行了结构表征。图 2-3 给出产物 DMK 和 DPK 的核磁共振氢谱。图 2-3(a)为 DMK 的核磁共振氢谱图。$\delta = 8.62$ ppm 处出现的峰为杂萘环上 H1 的吸收峰，由于羰基较强的吸电子能力，H2、H3 和 H8 出现在较低场 7.96 ppm 左右，另外，12.83 ppm 左右（—NH）信号峰没有出现。从图 2-3(b)中可以看出 9.86 ppm 左右（—O—H)信号峰没有出现。

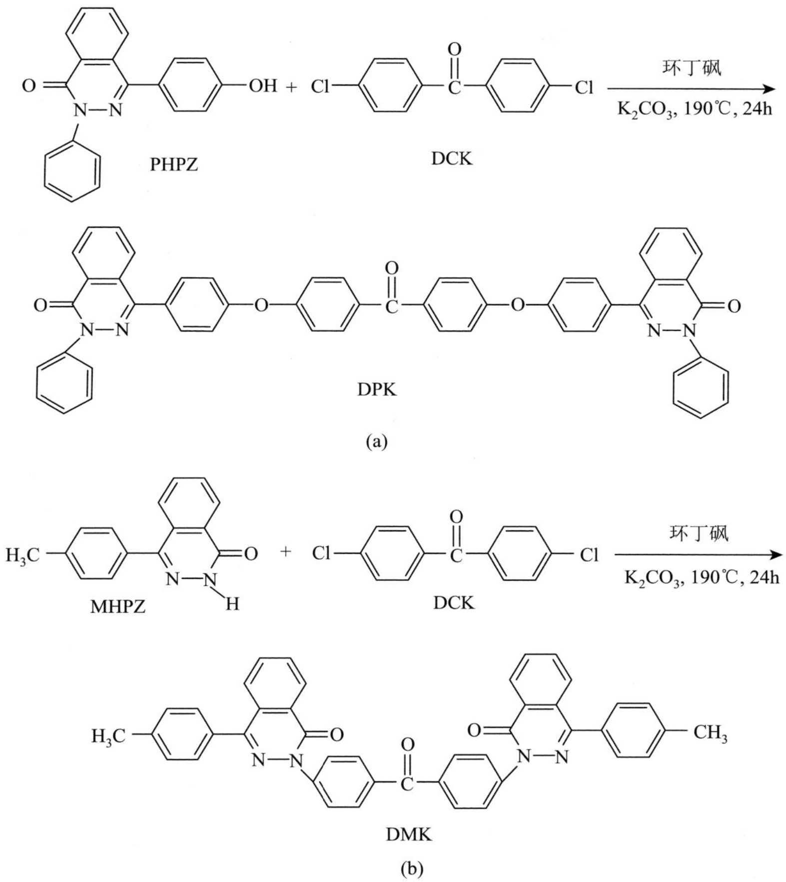

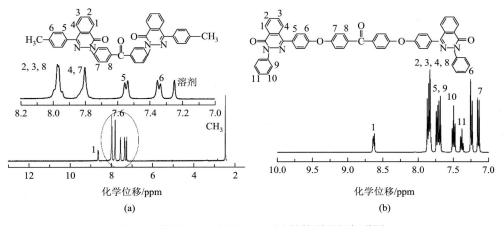

图 2-2　PHPZ 和 MHPZ 与 DCK 反应可行性研究

图 2-3　产物 DMK（a）和 DPK（b）的核磁共振氢谱图

根据模型化合物 MHPZ 中—NH 和 PHPZ 中—OH 和 DCK 反应的结果，可见—NH 和—OH 可以与 DCK 反应。为了进一步模拟聚合过程中—NH 和—OH 的聚合活性，将等摩尔量的 MHPZ、PHPZ 和 DCK 同时加入反应体系，采用环丁砜作为反应溶剂，考察了不同温度下，MHPZ 中—NH、PHPZ 中—OH 随时间的转化率。采用高效液相色谱监测反应的进行。测试过程中不同化合物流出时间不同，反应在 180℃和 210℃的液相谱图分别如图 2-4 所示。根据 MHPZ、PHPZ、DCK、DMK、DPK 的标准谱图中的流出时间，可以确定谱图中 4.1 min、4.7 min 和 12.4 min 左右分别对应 PHPZ、MHPZ 和 DCK，25 min 左右出现的为 DMK、DPK 以及 MPK 的重叠峰。20 min 和 21 min 处出现的峰随反应时间增加逐渐减小，可以推断为 DCK 的 MHPZ 和 PHPZ 单取代物。从图 2-4 中可以明显地看出，随着反应进行，各种反应物不断减少，210℃时各种反应物的消耗速率量明显比 180℃时快，说明 210℃的反应速率明显高于 180℃。

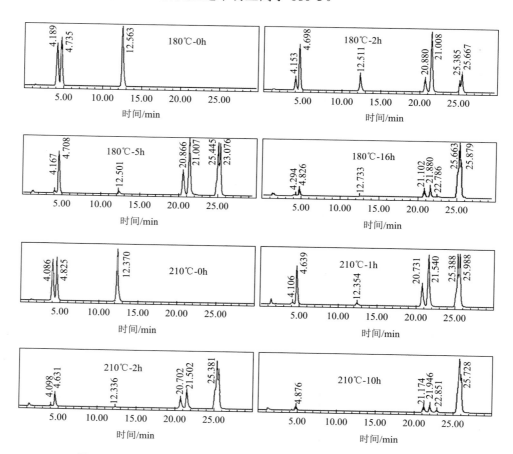

图 2-4　MHPZ、PHPZ 和 DCK 一锅反应温度与时间的液相色谱监控

图 2-5 是根据图 2-4 的液相色谱计算出的—OH 和—NH 两个基团在不同温度下的转化率。如图 2-5(a)所示，—OH 的转化率在不同温度下没有明显的差别，在 200℃ 和 210℃ 反应 2 h 后转化率基本达到 100%，180℃ 反应 5 h 时转化率也基本达到 100%。但是，—NH 在不同温度下转化率差别较为明显，210℃ 反应 10 h 时只有 95% 的转化率，在较低的反应温度下即使延长反应时间，转化率仍然较低，如 180℃ 反应 16 h，—NH 的转化率只有 88.96%。继续延长反应时间可能会导致副反应发生。从图 2-4 中可以看出，在 180℃ 下反应 16 h 的液相色谱中 22.7 min 附近出现了小的吸收峰，说明 180℃ 延长反应时间有副产物产生。—NH 和—OH 转化率的差别可能是由 DCK 反应的选择性引起的，一般而言，反应物活性越低选择性越大。反应过程中，DCK 主要先与活性较高的—OH 反应，然后再与—NH 反应，图 2-4 的液相色谱结构也可以证实这一点。较低的—NH 反应转化率可能对聚合物的分子量有重要影响。为了证实这一点，PHPZ、MHPZ 和 DCK 在和上述反应相同浓度条件下进行了对比实验，实验结果如图 2-5 所示，从图 2-5 中可见，在 190℃ 下反应 3 h 时，—OH 反应转化率达到了 99%，而—NH 转化率时才实现 52%，随着反应时间延长或者温度升高，如温度升高到 210℃，反应达到 8 h 后，二者的反应转化率基本一致。这充分说明—NH 和—OH 的活性差异。因此，如果想通过 DHPZ 和价格低廉但是活性较低的 DCK 反应得到较高分子量的 PPEK，需要采取一定措施。

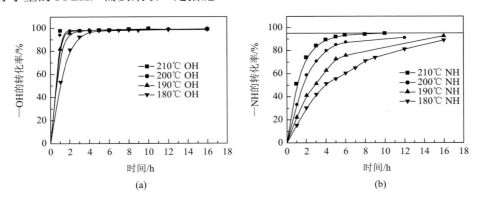

图 2-5 模型反应不同温度下—OH 基团(a)和—NH(b)基团随时间的转化率

为了获得高分子量的 PPEK，且能降低合成成本，根据 DHPZ 中—NH 和—OH 的活性差异，通过加入少量活性较高的 DFK 与 DCK 同时反应的方法进一步提高 PPEK 的分子量（图 2-6）。DHPZ 和 DCK 脱水反应 3~5 h 后，降至室温，加入 DFK 继续反应，得到最终产物。聚合过程采取分步加料的方式，DFK 的含量(I) 按照式(2-1)计算。温度设定在 210℃，聚合单体初始浓度设定为 1.6 g/mL，反应时间设定为 7 h。碳酸钾（K_2CO_3）用量为 $n(K_2CO_3)/n(DHPZ) = 1.2$。

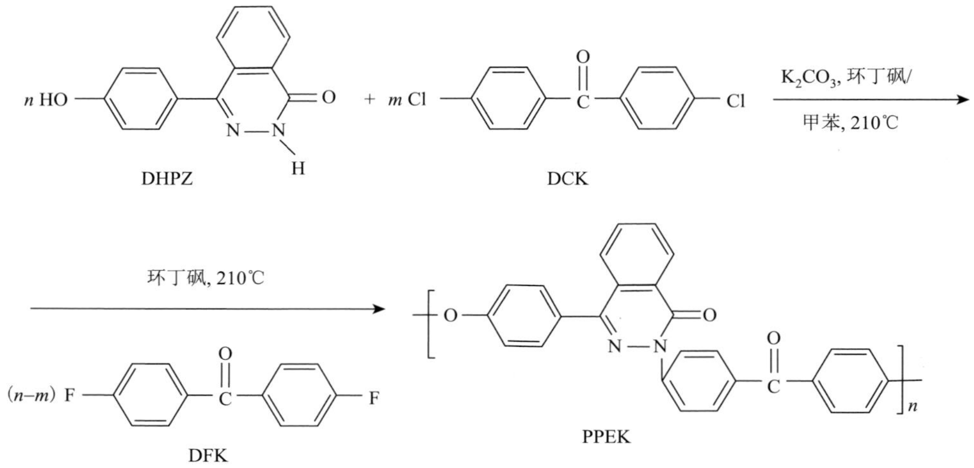

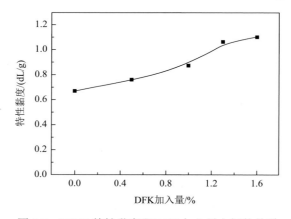

图 2-6   DFK 和 DCK 与 DHPZ 共同反应合成 PPEK

$$I = \frac{n_{DFK}}{n_{DHPZ}} \times 100\% \qquad (2\text{-}1)$$

图 2-7 为聚合物特性黏度和 DFK 加入量之间的关系曲线，从图中可以看出，当 DFK 的加入量提高到 1.6%时，聚合物的特性黏度由 0.67 dL/g 提高到 1.10 dL/g。

图 2-7   PPEK 特性黏度和 DFK 加入量之间的关系

反应过程采取了分步加料，在第一步反应过程中，DHPZ 的加入量大于 DCK。由于—OH 的活性高于—NH，在此步反应过程中，会形成—NH 封端的聚合物。第二步加入 DFK 后，由于 DFK 的活性较高，使 DHPZ 和 DFK 的反应过程中—NH 和—OH 的活性差异可以忽略，基本不影响聚合反应程度。因此，第二步反应能提高—NH 的最终转化率，从而提高聚合物的分子量。相同条件下同样尝试了一步加料的方式，即将 DHPZ、DFK（1.3%）、DCK（98.7%）同时加入到反应体系中进行反应，得到聚合物的特性黏度只有 0.70 dL/g，明显低于分步加料方式得到的聚合物。其原因在于，同步加料聚合过程中，DHPZ 会优先与活性较高的 DFK 发生反应，低活性的 DCK 影响—NH 的反应程度。分步加料聚合过程中，当 DFK 的用量为 1.3% 时，聚合物的特性黏度达到 1.06dL/g，继续提高 DFK 的用量，聚合物特性黏度不再明显增长。以上结果表明，用少量 DFK（1.3%）即可有效提高聚合物的分子量，而如此少量 DFK 的加入不会影响合成成本。

2.3　杂萘联苯嵌段共聚芳醚酮　◀◀◀

杂萘联苯聚芳醚酮因分子链刚性强且空间结构呈现扭曲非共面特点，故其分子链之间相互缠绕导致树脂的熔体黏度较高，热成型加工较难。通过 DHPZ 与其他双卤或双酚单体共聚，向聚合物的主链中引入结构规整、相对柔性的单元，可以有效地降低其熔体黏度而实现挤出、注射加工成型。共聚改性的聚合物一般在极性非质子溶剂（一般为环丁砜）中通过一步法或两步法（单体活性差别较大或易生成结晶结构时分步反应）合成。对其加工性能或熔体流变性能一般通过哈克转矩流变仪或毛细管黏度计来研究。

2.3.1　杂萘联苯聚芳醚酮酮和半结晶聚芳醚酮酮嵌段共聚物

采用嵌段共聚法首先合成一定链长度的杂萘联苯聚芳醚酮酮齐聚物（PPEKK）和半结晶聚芳醚酮酮齐聚物（PEEKK），再将齐聚物作为大分子"单体"进行嵌段共聚反应，合成了两种杂萘联苯聚芳醚酮嵌段共聚物（PPEKK-b-PEEKK），并从嵌段共聚物的合成条件、结构分析与性能研究三方面进行了详细的讨论，采用哈克扭矩实验测试了嵌段共聚物的熔融加工性能[5]。

首先设计合成数均分子量（$\overline{M}_n$）分别为 12000、18000 和 24000 的 PPEKK 齐聚物和数均分子量为 2000 的 PEEKK 齐聚物。再以 PPEKK 和 PEEKK 齐聚物为大分子单体继续进行高温溶液缩聚反应，聚合反应如图 2-8 所示。合成出的三种 PPEKK-b-PEEKK 嵌段共聚物的分子量、分子量分布及特性黏度值均列于表 2-2。

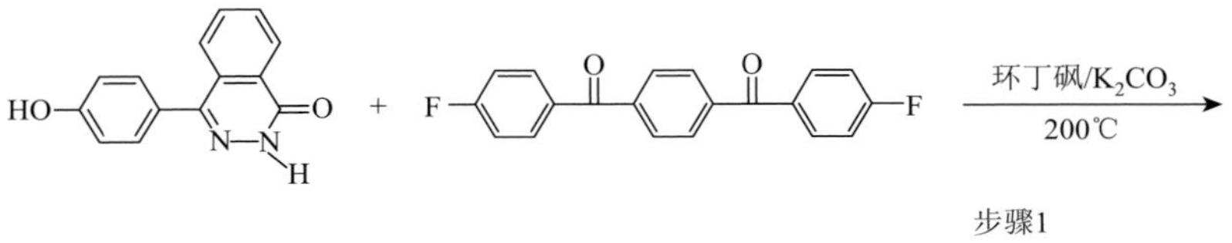

步骤1

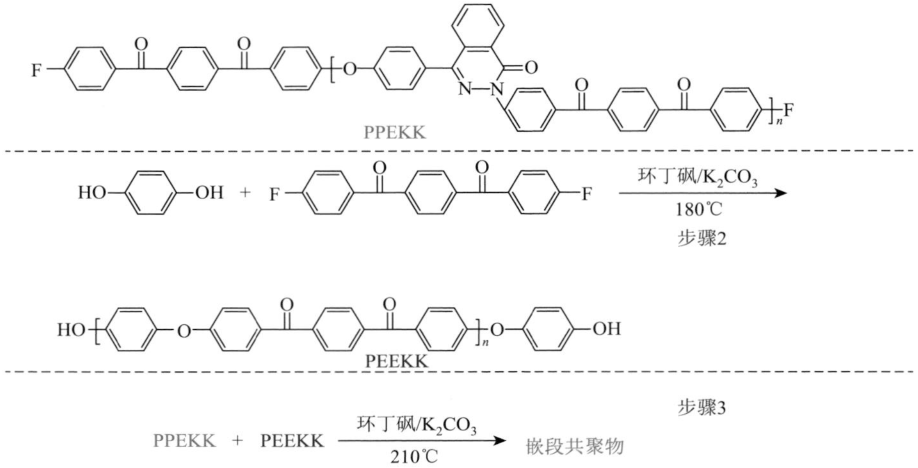

图 2-8　PPEKK-*b*-PEEKK 嵌段共聚物的合成

表 2-2　嵌段共聚物分子量

聚合物	齐聚物数均分子量 $\bar{M}_n$		特性黏度 [a]/(dL/g)	数均分子量 [c]	重均分子量 [c]	分子量分布 [e]
	PPEKK	PEEKK				
Block I	11860 (D = 2.23)	2000	0.73	19236[d]	—[b]	—
Block II	17170 (D = 2.19)	2000	—	22328	55 312	2.48
Block III	24000 (D = 2.20)	2000	—	22174	50 114	2.26

注：D 为分子量分布(或分子量多分散系数)。

　a. 在(25±0.1)℃，0.5dL/g 浓硫酸溶液中测试；b. 未检测到；c. 采用 GPC 测试；d. 采用 ^{19}F NMR 测试；e. 分子量分布 = 重均分子量/数均分子量。

　　由表 2-2 可知，Block I 和 Block II 的数均分子量都较其相应 PPEKK 齐聚物的数均分子量有较大幅度的增加，表明在这两个反应体系中齐聚物间已经发生了缩聚反应，合成的共聚物为两种齐聚物的共聚物而非其共混物。Block III 的数均分子量值比其相应的 PPEKK 齐聚物的数均分子量值略有降低，可能是由于 M_n = 24000 的 PPEKK 齐聚物活性端基数量较少，且在反应体系中被包埋得比较严重，不能和 PEEKK 的活性端基进行有效的碰撞，因此不能形成高分子量嵌段共聚物。

1. 嵌段共聚物 Block II 的热性能

　　图 2-9 为 PPEKK、PEEKK 和 Block II 的 DSC 曲线。从图中可以看出 PPEKK 齐聚物的 T_g 为 238℃，比表 2-1 所示的 PPEKK 高分子量聚合物的 T_g 低 8℃[6]，这是因为 PPEKK 齐聚物的数均分子量仅为 17170,相对于数均分子量较大的 PPEKK

高分子量聚合物，分子链运动相对较为容易。PEEKK 齐聚物的数均分子量较低，结晶度较高，在其 DSC 曲线上只能检测到微弱的 T_g 约为 150℃，T_m 为 350℃，比文献报道值约低 12℃，这是由于齐聚物的数均分子量较低，分子主链上参与结晶的重复单元较少，晶片厚度较薄。

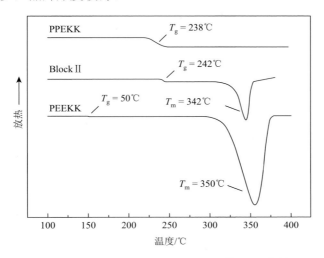

图 2-9 PPEKK、PEEKK 和 Block II 的 DSC 曲线

Block II DSC 曲线中只有一个明显的 T_g 为 242℃，说明 PEEKK 中的非晶相部分与 PPEKK 分子链相容性较好，导致在相同的升温速率下，检测不到 Block II 中 PEEKK 链非晶部分的玻璃化转变。经嵌段共聚后聚合物的数均分子量有较大幅度提升，分子主链长度增加，分子链运动相对较为困难，因此 Block II 的 T_g 较 PPEKK 齐聚物的 T_g 增加了 4℃。Block II 的 T_m 为 342℃，较 PEEKK 齐聚物的 T_m 降低了 8℃，这是由于在嵌段共聚物中 PPEKK 链和 PEEKK 链的相容性较好，部分 PEEKK 链中参与结晶的链段进入嵌段共聚物的非晶区，导致在嵌段共聚物中参与结晶的 PEEKK 链数量减少，晶片厚度变薄。从表 2-3 中聚合物热性能数据可知，由于 Block I 的数均分子量略低于 Block II，因此其 T_g 为 240℃；且由于在 Block I 中 PPEKK 链长度较短，进入到非晶区与其结合的 PEEKK 链较少，参与结晶的 PEEKK 链较多，晶片厚度较厚，因此其 T_m 为 345℃。

表 2-3 PPEKK 和 PEEKK 齐聚物及 PPEKK-b-PEEKK 嵌段共聚物的热性能

聚合物	玻璃化转变温度 [a]/℃	熔点 [a]/℃	5%热失重起始温度 [b]/℃	最大分解温度1/℃	最大分解温度2/℃	残碳率 [d]/%
PPEKK	238	—	518	575	—[e]	63
PEEKK	150	350	526	580	—	66

续表

聚合物	玻璃化转变温度 [a]/℃	熔点 [a]/℃	5%热失重起始温度 [b]/℃	最大分解温度1 [c]/℃	最大分解温度2 [c]/℃	残碳率 [d]/%
Block Ⅰ	240	345	520	526	585	65
Block Ⅱ	242	342	517	520	585	65

a. DSC 测试，10℃/min 升温速率下氮气环境，第二次扫描曲线上热容变化的中点，测试范围 50~400℃，样品测试前均在 260℃下热处理 5h；b. 氮气氛围下，升温速率 10℃/min，测试范围 200~800℃；c. 氮气氛围下，升温速率 10℃/min；d. 氮气氛围下，升温速率 10℃/min，测试范围 200~800℃；e. 未检测到。

图 2-10 为 PPEKK、PEEKK 和 Block Ⅱ 三种聚合物的热失重曲线和其一阶微分热失重曲线图。由图中可以看到三种聚合物的 $T_{d5\%}$ 值均高于 515℃，800℃残碳率均高于 60%。从其一阶微分热失重曲线图中可知，PPEKK 齐聚物和 PEEKK 齐聚物均只有一个最大热失重速率对应温度，分别为 575℃和 580℃，而 Block Ⅱ 则有两个最大热失重速率对应温度 520℃和 585℃，对应共聚物中 PPEKK 键段和 PEEKK 键段的最大分解速率温度。

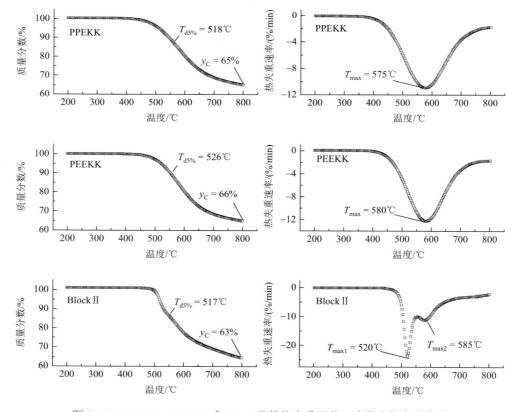

图 2-10　PPEKK、PEEKK 和 Block Ⅱ 的热失重及其一阶微分热失重曲线

2. 嵌段共聚物 Block II 的结晶性

广角 X 射线衍射(WAXD)测试结果显示(图 2-11)，PPEKK 齐聚物在 $2\theta = 25°$ 处出现了一个宽的弥散峰，表明聚合物主链中没有有序程度较高的序列存在，聚合物呈现无定形态。这是由于分子主链中存在体积庞大的扭曲非共平面构型的二氮杂萘酮联苯结构，分子链不能进行规则有序的排列。PEEKK 齐聚物 WAXD 图中出现了半结晶型聚芳醚酮类聚合物的四个特征指标化衍射峰(110)、(111)、(200) 和 (211)[1-10]，表明合成的齐聚物的晶体结构属于正交晶系。在嵌段共聚物 Block II 的广角 X 射线衍射图中也在 $2\theta = 18°$、$21°$、$23°$ 和 $28°$ 处出现了明显的指标化特征衍射峰，但结晶强度已经下降很多。采用计算晶面间距的方法可以得到：经过嵌段共聚后 d_{110} 值增加了 0.03 Å，d_{111} 值增加了 0.02 Å，d_{200} 值增加了 0.02 Å，d_{211} 值增加了 0.02 Å；表明经嵌段共聚后合成的聚合物为 PPEKK 和 PEEKK 齐聚物的嵌段共聚物，且在嵌段共聚物中 PPEKK 链和 PEEKK 链的相容性较好，部分 PEEKK 链中参与结晶的链进入嵌段共聚物的非晶区，导致在嵌段共聚物中参与结晶的链数量减少，共聚物结晶度降低；且处于非晶区的 PPEKK 链由于空间上的不规则排列和扭曲非共平面的结构特征，会拉大分子链间距，降低分子链间作用力。由于在 PPEKK-*b*-PEEKK 嵌段共聚物中，两种链序列长度较长，与无规共聚物相比，PPEKK 链的破坏结晶能力相对较弱，对拉大分子链间距的贡献较小。

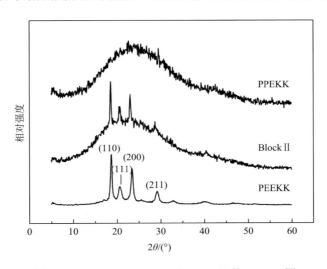

图 2-11　PPEKK、PEEKK 和 Block II 的 WAXD 图

3. 嵌段共聚物 Block II 的序列结构分析

Wang 等[7]指出，可以通过与双卤单体反应生成的结构单元中与羰基相连且靠近醚

键的叔碳进行定量分析，再经理论计算即可表征聚芳醚类共聚物的序列结构。图 2-12 列出了 BlockⅡ嵌段共聚物中 BFBB 结构单元可能出现的键接方式，Z 代表 DHPZ 结构单元，Q 代表 HQ 结构单元，K 代表 BFBB 结构单元。在 PPEKK-*b*-PEEKK 嵌段共聚物分子链中，BFBB 与酚氧基团键接的方式只能有四种(图 2-12)，其中 Z-K-Q 和 Q-K-Z 的键接方式是一致的，可以在 ^{13}C NMR 谱的碳化学位移为 $\delta = 114 \sim 127$ ppm 的区域放大图中对嵌段共聚物中相应的碳进行归属。

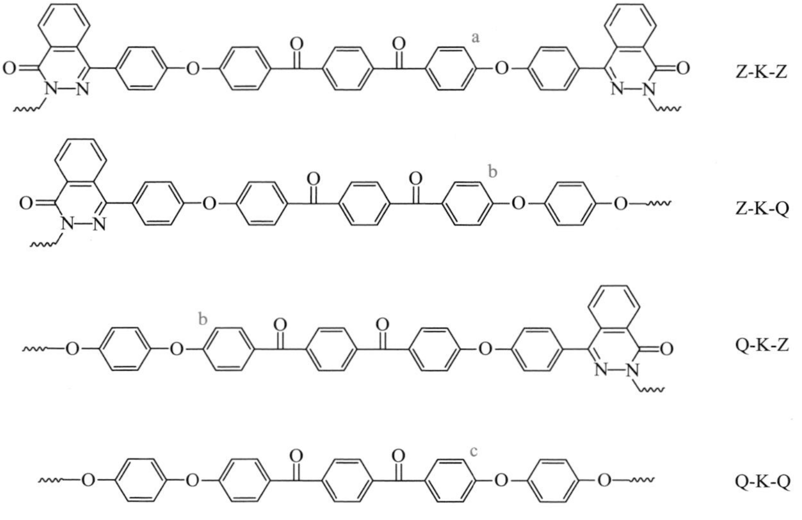

图 2-12　嵌段共聚物序列结构

由图 2-13 中 BlockⅡ、PEEKK 和 PPEKK 的 ^{13}C NMR 区域放大图($\delta = 114 \sim 127$ ppm)可知，C_a 的化学位移在 $\delta = 118$ ppm 处，C_b 的化学位移在 $\delta = 117$ ppm 处，

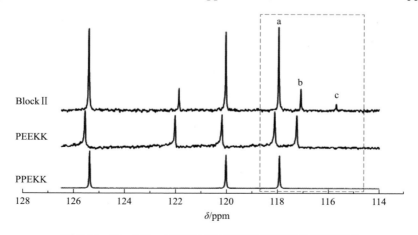

图 2-13　BlockⅡ、PEEKK 和 PPEKK 的核磁共振碳谱图

共聚物中 C_c 的化学位移在 $\delta = 115.6$ ppm 处。由 Block II 中相应碳的归属可知，由于共缩聚反应温度较高、时间较长，反应体系中醚交换反应对最终产物的序列结构影响十分明显，在最终产物中形成了大量的无规共聚物的键接方式。

根据 PPEKK-*b*-PEEKK 嵌段共聚物各特征峰的信号强度与所有不同的键接方式信号总强度之比，按式（2-2）和式（2-3）可求得共聚物中 PPEKK 和 PEEKK 两种链的摩尔分数(P_Z, P_Q)[8]：

$$P_Z = \frac{1}{2} P_{ZKQ} + P_{ZKZ} \tag{2-2}$$

$$P_Q = \frac{1}{2} P_{ZKQ} + P_{QKQ} \tag{2-3}$$

式中，P_{ZKZ}、P_{ZKQ} 和 P_{QKQ} 分别表示相应于 Z-K-Z、Z-K-Q 或 Q-K-Q 型键接结构的信号强度与该碳原子信号总强度之比。则在 Z-K 单元上继续键接 Q-K 单元的概率为

$$P_{ZQ} = \frac{P_{ZKQ}}{2P_Z} \tag{2-4}$$

同样，在 Q-K 单元上继续键接 Z-K 单元的概率为

$$P_{QZ} = \frac{P_{QKZ}}{2P_Q} \tag{2-5}$$

因此，无规度(B)的定义为

$$B = P_{ZQ} + P_{QZ} \tag{2-6}$$

根据无规度的定义，其取值可为 0~2。当 $B = 1$ 时，Z-K 单元和 Q-K 单元呈无规分布，且在共聚物中发现 Z-K 单元或 Q-K 单元概率遵循 Bernoulli 统计规律：

当 $B < 1$ 时，这些单元趋于形成嵌段共聚物；

当 $B = 0$ 时，为典型的两种均聚物的共混物；

当 $B > 1$ 时，这些单元序列长度变短；

当 $B = 2$ 时，形成交替共聚物。

Z-K 单元的数均序列长度(L_{ZK})及 Q-K 单元的数均序列长度(L_{QK})定义为

$$L_{ZK} = \frac{1}{P_{ZQ}} \tag{2-7}$$

$$L_{QK} = \frac{1}{P_{QZ}} \tag{2-8}$$

由 ^{13}C NMR 谱图中相应各峰的强度和式（2-3）~式（2-8）可以得到：$B = 0.69$，$L_{ZK} = 10.33$，$L_{QK} = 1.67$。由 Bernoulli 统计规律可知，Block II 的无规度值小于 1，

表明所得共聚物为嵌段共聚物，但相应的链长度与设计相差较大(设计链长度：$L_{ZK} = 35.00$，$L_{QK} = 5.00$)，由共缩聚反应中的现象(聚合体系黏度逐渐减小)和对形成的共聚物进行序列结构分析可知，共聚物数均序列长度较设计序列长度相差较大是由醚交换[7]反应引起的。

4. PPEKK、PEEKK 和 Block II 的哈克流变性能

为比较嵌段共聚后，材料熔融加工性能的变化情况，在哈克流变仪转子速度为 20 r/min 的条件下，在 360℃下分别测试了 PPEKK、PEEKK 和 Block II 三种聚合物的哈克扭矩及温度对密炼时间曲线，详细结果列于图 2-14～图 2-16。各图中在 5 min 以前出现的不规则"吸收峰"式的扭矩变化是由加料过程引起的，吸收峰的数量代表加料次数。在密炼过程中，随着加料完毕和密炼室的封闭，密炼室内温度都随密炼时间的延长而上升，这是由转子剪切生热引起的。当扭矩值平稳后，PEEKK 和 Block II 的温度时间曲线基本保持恒定，PPEKK 的温度曲线呈逐渐上升趋势。

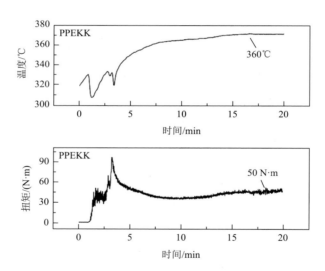

图 2-14　PPEKK 的哈克扭矩(温度)对密炼时间曲线图

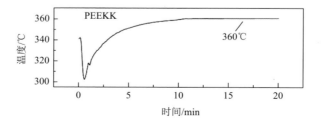

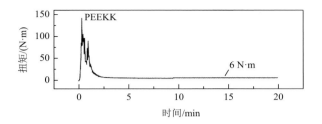

图 2-15　PEEKK 的哈克扭矩（温度）对密炼时间曲线图

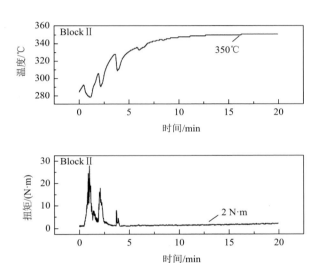

图 2-16　Block II 的哈克扭矩（温度）对密炼时间曲线图

PEEK 的扭矩值在 15 min 以后基本恒定为 6 N·m，温度恒定在 360℃，因为 PEEK 是半结晶聚合物，其聚合物主链中分子链排列规整，在保持剪切速率恒定的条件下聚合物的温度和黏度基本保持恒定。在 Block II 中，共聚物主链中含有长度较长、排列规整、结晶度高的 PEEKK 链，达到其熔点后，共聚物进入熔融态，对其施以一定剪切应力后 PEEKK 链取向程度增加，黏度降低，哈克扭矩值基本恒定在 2 N·m。PPEKK 纯树脂为无定形材料，共聚物主链排列不够规则，且扭曲非共平面构型的二氮杂萘酮联苯结构存在使分子链间相互缠结。因此，即使达到其黏流态，PPEKK 链仍然不能有效取向，聚合物熔体黏度大，施加剪切应力后，剪切生热致使密炼室的温度较高，因此 PPEKK 的哈克密炼温度时间曲线是呈逐渐上升趋势的。

经哈克流变仪密炼 20 min 后的 Block II 仍然可以溶解于三氯甲烷和 NMP 中，而 PPEKK 则只有少量可以溶解于三氯甲烷和 NMP 中。密炼后聚合物的溶解性测试表明，PPEKK 聚合物在密炼过程中可能发生了交联。

5. 嵌段共聚物 Block Ⅰ/Block Ⅱ 的拉伸性能测试

将 Block Ⅰ 和 Block Ⅱ 样品模压成型，制成标准哑铃形样条测试其拉伸性能，测试结果列于表 2-4 中。由表可知，Block Ⅰ 的拉伸强度为 79 MPa，Block Ⅱ 的拉伸强度为 89 MPa，Block Ⅱ 数均分子量高于 Block Ⅰ，因此其拉伸强度提高了 10 MPa，但均低于纯 PPEKK 树脂拉伸强度值 100 MPa[6]。由 Block Ⅱ 核磁共振碳谱的序列结构表征的讨论可知，因聚合反应同时伴有醚交换反应，有可能发生分子链的断裂从而导致共聚物的重均分子量降低。

表 2-4   PPEKK-*b*-PEEKK 嵌段共聚物的拉伸性能

共聚物	数均分子量	拉伸强度/MPa	拉伸模量/GPa	断裂伸长率/%
Block Ⅰ	19236	79	0.84	8.76
Block Ⅱ	22328	89	1.00	9.58

综上，PPEKK-*b*-PEEKK 嵌段共聚物中 PPEKK 链和 PEEKK 链具有较好的相容性，只有一个明显的 T_g，由于晶片厚度变薄，共聚物的 T_m 较 PEEKK 齐聚物降低了 5～8℃，嵌段共聚物的 $T_{d5\%}$ 高于 515℃，具有优异的热稳定性。嵌段共聚的晶体结构属正交晶系，由于扭曲非共平面二氮杂萘酮联苯结构的引入，晶面间距值均有所增大，分子链间距离变大。共聚物的无规度值远小于 1，共聚物趋于形成嵌段共聚物结构。经哈克流变性能研究表明，PPEKK-*b*-PEEKK 嵌段共聚物在 350℃下的哈克扭矩值为 2 N·m，比纯 PPEKK 树脂哈克扭矩值(50 N·m)降低了 96%(48 N·m)，比 PEEK 材料 360℃下哈克扭矩值(6 N·m)低 4 N·m。经嵌段共聚法合成的杂萘联苯聚芳醚酮嵌段共聚物在保证其拉伸强度保持在较高水平的前提下，其熔融加工性能有了很大程度上的改善。

2.3.2 含芴基结构杂萘联苯聚芳醚酮共聚物

PPEKK 分子链之间缠结的聚集态结构是 PPEKK 熔体黏度高的主要原因。将结构规整的 PEEKK 链段插入 PPEKK 分子链中制备的共聚物有效改善了杂萘联苯聚芳醚酮的热成型加工性能。研究表明：与体积较大的单体共聚可以有效地增加分子链之间的距离，减少分子链之间的纠缠[9]。9, 9-双(4-羟基苯基)芴(BHPF)是一种具有较大体积的双酚单体，将其与 DHPZ 作为共聚单体，合成了含芴基结构的杂萘联苯聚芳醚酮酮(PPFEKK)，具体合成路线如图 2-17 所示。目标是在杂萘联苯聚芳醚酮类树脂的主链上引入"大体积"结构，以期在保持树脂优异的耐热性的同时，增加分子链的间距，减少分子链缠结，进而达到降低树脂的熔体黏度，改善树脂的热成型加工性能的目的。

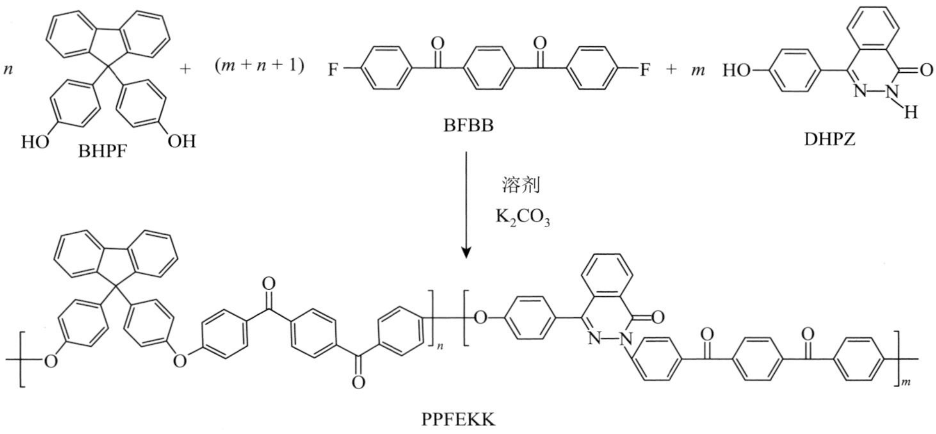

图 2-17　无规共聚物 PPFEKK 的合成路线

因引入大的自由体积会降低聚合物的玻璃化转变温度[9]，所以，对 DHPZ 与 BHPF 的投料比例进行了控制，制备了一系列含双酚芴结构的杂萘联苯共聚聚芳醚酮酮树脂，具体的命名和单体配比见表 2-5。由表可知，共聚树脂 PPFEKK 的 $\bar{M}_n$ 和 $\bar{M}_w$ 分别为 33300～62700 g/mol 和 69600～146900 g/mol，共聚物的分子量随着共聚单体中 BHPF 含量的增加而增加。

表 2-5　无规共聚物 PPFEKK 的单体配比及其分子量

| 共聚物名称 | 单体配比/mol% | | | 产率 [a]/% | 数均分子量 [b] | 重均分子量 [b] | 分子量分布 |
	BFBB	DHPZ	BHPF				
PPFEKK0100	100	0	100	95%	62700	146900	2.34
PPFEKK2575	100	25	75	94%	59200	137300	2.32
PPFEKK5050	100	50	50	95%	56300	137700	2.45
PPFEKK7525	100	75	25	96%	38600	96900	2.51
PPFEKK1000	100	100	0	93%	33300	69600	2.09

a. 产率 = 实际收获的聚合物的质量（$m_{实}$）/根据投料比计算的聚合物的理论质量（$m_{理}$）；b. 由以氯仿为流动相的常温 GPC 测得。

使用傅里叶变换红外光谱(FTIR)和核磁共振氢谱(^{1}H NMR)对无规共聚物的化学结构进行表征。图 2-18 所示为共聚物 PPFEKK 的红外测试结果。所有的共聚物的红外测试谱线中，在波数为 1240 cm^{-1} 处均可以捕捉到醚键(C—O—C)的吸收峰，这说明单体间成功地进行了芳香亲核取代聚合反应。在波数为 1593 cm^{-1} 和 1498 cm^{-1} 处均可以观察到两个强吸收峰，归属于苯环上的碳的骨架振动。此外，在波数为 1670 cm^{-1} 处有 C=O 的伸缩振动峰。以苯环在 1593 cm^{-1} 处的特征峰为基准，计算各共聚物在 1670 cm^{-1} 与 1593 cm^{-1} 处的吸收峰的吸光度之比（A_{1670}/A_{1593}），

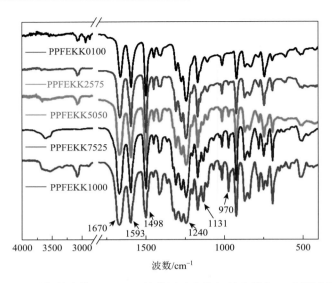

图 2-18　无规共聚物 PPFEKK 的傅里叶变换红外光谱(FTIR)测试曲线

计算结果如表 2-6 所示。A_{1670}/A_{1593} 的比值随着无规共聚物 PPFEKK 中 DHPZ 含量的增加而增加，与预期一致。因为无规共聚物 PPFEKK 分子链中的羰基主要来自 BFBB 与 DHPZ 单体，DHPZ 的增加势必导致 A_{1670}/A_{1593} 比值的增大。另外，波数为 1131 cm^{-1} 和 970 cm^{-1} 处的渐变吸收归属于叔酰胺 C—N 的伸缩振动峰。当无规共聚物 PPFEKK 中 DHPZ 的含量从 0 mol%(摩尔分数)增加到 100 mol%时，这两处吸收峰的强度由无到有并逐渐增强，与羰基吸收峰的变化相吻合。综上，DHPZ、BFBB 与 BHPF 之间成功地进行了缩聚反应，所得共聚物的主链结构与设计基本一致。

表 2-6　根据 FTIR 谱图计算的 PPFEKK 共聚物在 1670 cm^{-1} 和 1593 cm^{-1} 处的吸光度的比值

共聚物名称	PPFEKK0100	PPFEKK2575	PPFEKK5050	PPFEKK7525	PPFEKK1000
A_{1670}/A_{1593}[a]	0.77	0.79	0.92	1.03	1.05

　　a. A_{1670}：红外光谱图中，波数 1670 cm^{-1} 处的吸收峰的吸光度值；A_{1593}：红外光谱图中，波数 1593 cm^{-1} 处的吸收峰的吸光度值。

　　为进一步对无规共聚物 PPFEKK 的结构进行确定，使用核磁共振氢谱对其进行表征。图 2-19 所示为共聚物及相应单体的 ^{1}H NMR 图，所有的信号都根据它的化学位移和积分面积与相应的质子进行归属，具体的归属情况已在图中标出。图 2-19 中没有出现代表活泼氢的 H21、H22 以及 H23 的信号，这说明双酚单体 DHPZ 与 BHPF 在亲核反应中被完全消耗。此外，化学位移 $\delta = 8.6$ ppm 的信号峰对应的是 PPFEKK 主链上的 H15，化学位移 $\delta = 6.9$ ppm 的信号峰对应的是 PPFEKK 主链上的 H6，而 H15 与 H6 的来源分别是 DHPZ 单体与 BHPF 单体。因此，可以根据它们的积分面积来评估共聚物中各聚合单体的相对含量（表 2-7）。由表可见，共聚物 PPFEKK 中相应特征氢的积分面积比的理论值与计算值均较接近，如 PPFEKK2575 中 H15 和 H6 峰的积分面积比值为 3∶3.96，接近理论值 3∶4。这些结果充分地说明所得共聚物的结构与设计结构是一致的。

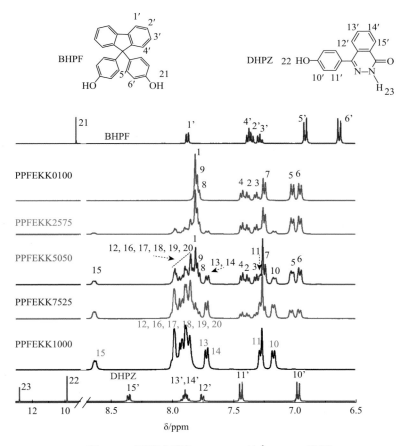

图 2-19　无规共聚物 PPFEKK 的 ^{1}H NMR 谱图

表 2-7　根据 PPFEKK 的 ^{1}H NMR 谱图来计算的 H15 和 H6 的积分之比

项目	PPFEKK0100	PPFEKK2575	PPFEKK5050	PPFEKK7525	PPFEKK1000
H15 : H6（理论值）[a]	1 : 0	3 : 4	1 : 4	1 : 12	0 : 1
H15 : H6（实验值）	1 : 0	3 : 3.96	1 : 3.98	1 : 11.94	0 : 1

a. H15：^{1}H NMR 谱图中，代表 H15 的信号的积分面积；H6：^{1}H NMR 谱图中，代表 H6 的信号的积分面积。

使用 WAXD 对无规共聚物 PPFEKK 的聚集态结构进行研究，测试结果显示在 5°～80°的扫描范围内未发现任何尖锐的衍射峰，只在 $2\theta = 15°～25°$ 出现一个较宽的"馒头峰"。这是因为具有全刚性、扭曲、非共平面结构的杂萘联苯结构和大体积双苯基芴结构破坏了分子链的规整性，同时也抑制了分子链的调整能力，从而呈现出无定形的聚集态结构。

图 2-20 是 PPFEKK 的 DSC 曲线。DSC 测试结果显示 [图 2-20(a)]，无规共聚物 PPFEKK 均只经历一次玻璃化转变过程，没有出现熔融过程，说明共聚物为非晶态的。共聚物 PPFEKK1000、PPFEKK7525、PPFEKK5050、PPFEKK2575、PPFEKK0100 的 T_g 分别为 250℃、247℃、245℃、243℃和 240℃，随聚合物分子主链中双苯基芴基结构的增加而降低。这是因为 BHPF 单元的加入可以增加树脂分子链之间的间距，进而降低分子链间的缠结。使用 Fox 方程对无规共聚物的 T_g 进行了计算，结果如图 2-20(b) 所示。对比结果表明，各共聚比例的共聚物的 T_g 理论值与实验值基本一致。

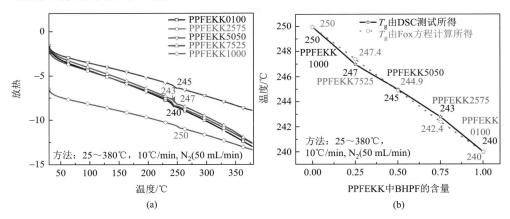

图 2-20　(a)无规共聚物 PPFEKK 的 DSC 曲线；(b)由 DSC 测试所得的 T_g 与 Fox 方程计算所得的 T_g 对比

图 2-21 所示为 PPFEKK 分别在氮气和空气氛围下的 TGA 测试曲线。由图可见，其呈现出优异的热稳定性和热氧稳定性。无论是在氮气氛围下还是在空气氛围下，所有的无规共聚物 PPFEKK 在 450℃时均未出现降解。在氮气氛围下，PPFEKK 树脂的 $T_{d5\%}$、$T_{d10\%}$ 分别为 513～560℃和 540～573℃。由 DTG 曲线可知，

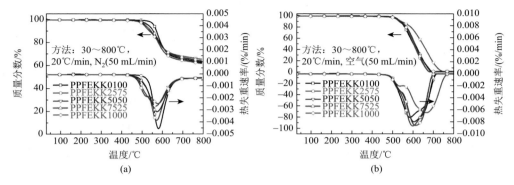

图 2-21　(a) PPFEKK 在氮气氛围下的 TGA 曲线；(b) PPFEKK 在空气氛围下的 TGA 曲线

含有杂萘联苯单元的 PPFEKK1000、PPFEKK7525、PPFEKK5050、PPFEKK2575 树脂均经历了两个热降解过程，分别位于 450～540℃和 540～650℃；而仅含有双苯基芴结构单元的 PPFEKK0100 仅经历了一个热降解过程，位于 540～650℃。共聚物 PPFEKK 的降解温度随着共聚物分子链中双苯基芴结构含量的增加而逐渐升高，说明在 450～540℃温度范围内出现的降解过程应该发生在杂萘联苯结构上。喻桂朋等[10]和孟跃中等[11]也得到了类似的结论，认为第一阶段（450～540℃）的降解过程可能是由杂萘联苯基团的交联降解或者重排导致的。在空气氛围下，无规共聚物 PPFEKK 的 $T_{d5\%}$、$T_{d10\%}$、T_{dmax}、C_y（残炭率）也呈现出相似的变化趋势。

使用旋转流变仪对无规共聚物 PPFEKK 的黏度随温度的变化进行定性研究，结果如图 2-22 所示。由图 2-22 可知，PPFEKK 树脂的黏度随着温度的升高，呈现出"先下降，后平衡，再升高"的变化趋势。推测可能是"剪切场"和"温度场"共同作用的结果。"剪切场"，剪切作用可以破坏分子链之间的缠结，致使树脂的黏度下降；而"温度场"，随着温度的升高，树脂分子链的运动加剧，增加分子链的缠结可能性，导致树脂黏度上升。当测试温度为 250～260℃时，树脂的链段开始运动，此时"剪切场"作用占据主导，树脂的黏度急剧下降；当测试温度在 260～370℃之间时，树脂分子链的运动能力进一步提升，"温度场"作用凸显，与"剪切场"作用平分秋色，树脂的黏度变化不大，处于相对平衡状态；随着温度的进一步提升，"温度场"作用进一步提升，在抵消"剪切场"作用之余还有富余，树脂的黏度急剧增加。此时，树脂还可能发生了部分交联反应。此外，比较各共聚树脂在"平衡态"时的黏度发现，随着共聚树脂中双苯基芴结构含量的增加，树脂的黏度显著下降，由 PPFEKK1000 的 92000 Pa·s 下降至 PPFEKK0100 的 17000 Pa·s，降幅达 81.5%。这一结果可能是因为双苯基芴结构单元的存在增加了分子链之间的距离，减少了分子链之间的纠缠，最终导致熔体黏度降低。也就是说，在杂萘联苯聚芳醚树脂的分子链中加入双苯基芴结构单元可以有效地降低该类树脂的黏度，改善该类树脂的热成型加工性能。

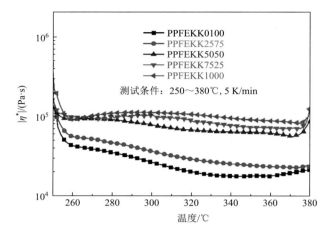

图 2-22   无规共聚物 PPFEKK 流变测试曲线（1Hz，250～380℃）

$|\eta^*|$ 为本征黏度

在室温下，使用万能试验机对树脂的拉伸性能进行测试，拉伸强度（σ_t）、拉伸模量（E_t）和断裂伸长率（ε_t）测试结果见表 2-8，表明 PPFEKK1000～PPFEKK0100 树脂的 E_t 为 1.30～1.36 GPa，σ_t 为 78～88 MPa，两者均随着分子链中 BHPF 含量的增加而降低。总的来说，PPFEKK 共聚物呈现较好的机械性能。

表 2-8   无规共聚物 PPFEKK 的拉伸强度、拉伸模量以及断裂伸长率

共聚物	拉伸强度/MPa	拉伸模量/MPa	断裂伸长率/%
PPFEKK1000	88±0.8	1356±28	12.3±0.37
PPFEKK7525	86±1.2	1349±8	13.7±0.30
PPFEKK5050	82±1.5	1344±10	12.2±0.19
PPFEKK2575	78±1.3	1367±13	11.6±1.15
PPFEKK0100	80±0.5	1300±10	12.5±1.62

上述研究表明，将双苯基芴结构引入杂萘联苯聚芳醚酮树脂体系，有效地降低了杂萘联苯聚芳醚酮树脂的熔体黏度，改善了其热成型加工性能。同时，含双苯基芴结构杂萘联苯聚芳醚酮树脂还具有优异的耐热性能、机械性能和溶解性能。

2.3.3   其他类型杂萘联苯聚芳醚酮共聚物

将 DHPZ 和联苯二酚 BP 以及双卤单体 BFBB 进行高温溶液缩聚，分别通过

一步加料和分步加料，发现可以分别得到热致液晶[10]或者溶致液晶[11]产物。当 DHPZ 的摩尔分数大于 60% 时得到的聚合物既能表现出溶致液晶行为，又能表现出热致液晶行为，可作为改善杂萘联苯聚芳醚酮熔融黏度的改性剂使用。

以对苯二酚（HQ）和 DHPZ 为两种双酚单体，以 BFBB 为双卤单体，采用两步加料方法，已经成功合成出了一系列杂萘联苯聚芳醚酮共聚物，具体路径如图 2-23 所示。

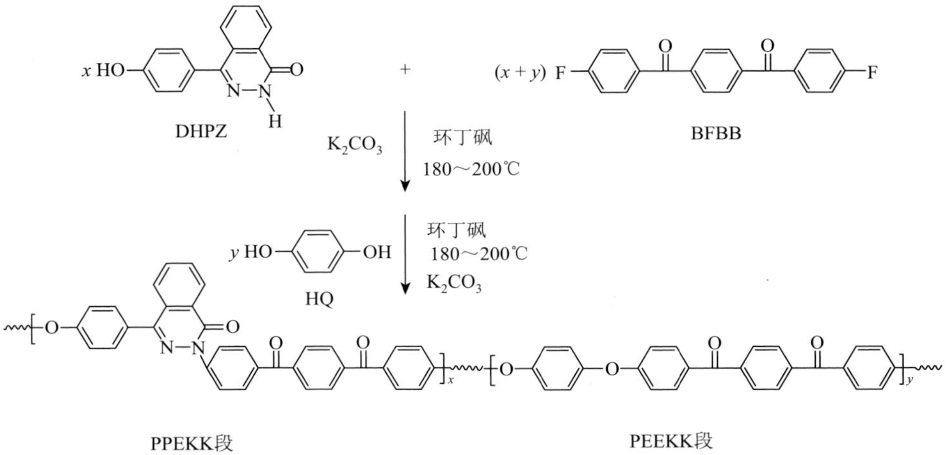

图 2-23　对苯二酚和杂萘联苯类双酚共聚得到的聚芳醚酮共聚物合成路线

研究表明，当 DHPZ 摩尔分数为 60% 以上时，共聚物可以溶解于氯仿、N-甲基吡咯烷酮、四氯乙烷，且当 DHPZ 摩尔分数为 60% 以上时，共聚物的数均分子量 $\bar{M}_n$（GPC 测试）才能达到 56000（表 2-9），能得到高分子量共聚物，才能作为材料使用。所有的 PAEK 共聚物均只有一个 T_g，表明这些共聚物中 PPEKK 链和 PEEKK 链间具有良好的相容性。与共混相比，采用共聚方法可以在共聚物分子链中加入更多的 PEEKK 链来改善聚合物的加工性能，而用共混方式加入 PEEK 聚合物时，当 PEEK 添加量超过 20% 时即发生相分离[12]。由表 2-9 可见，T_m 值随着共聚物主链中二氮杂萘酮联苯结构含量的增加而降低。因为随着共聚物主链中二氮杂萘酮联苯结构含量增加，共聚物体系中分子链间距离被拉大，分子链间不能进行紧密堆砌，分子间作用力降低，从而导致 ΔH 值降低。分子链排列的有序性遭到破坏，从而导致 ΔS 值升高。当共聚物主链中杂萘联苯结构摩尔分数达到 70% 时，共聚物熔融温度降至最低为 285℃。在共聚物的 DSC 曲线中有熔融峰出现表明在所合成的无规共聚物的主链中仍然存在序列长度较短的 PEEKK 链结构[13]。当杂萘联苯结构摩尔分数达到 80% 时，共聚物已经检测不到熔点。所以，从加工角度，PAEK 的共聚单体合理比例控制在 DHPZ：HQ 为 6：4～7：3 为宜。

表 2-9　PAEK 共聚物投料比、分子量及热性能

共聚物	组成 DHPZ/HQ	数均分子量[a]	D^c	玻璃化转变温度[a] /℃	玻璃化转变温度[b] /℃	玻璃化转变温度[c] /℃	熔点[a] /℃	熔变[a] /(J/g)	熔点[b] /℃	熔变[b] /(J/g)
PAEK19	10/90	6700[b]	—[d]	171	168	169	355	38.2	352	37.0
PAEK28	20/80	7500[b]	—	182	179	177	347	30.1	344	28.8
PAEK37	30/70	8200[b]	—	192	188	185	338	26.4	336	24.5
PAEK46	40/60	9800[b]	—	199	195	193	327	22.3	323	20.0
PAEK55	50/50	11000[b]	—	202	200	201	313	12.9	309	10.7
PAEK64	60/40	56000	2.01	207	208	209	297	8.5	293	5.9
PAEK73	70/30	71000	2.63	214	216	218	288	0.3	285	0.1
PAEK82	80/20	29000	3.95	222	224	227	—[e]	—	—	—
PAEK91	90/10	27000	2.45	233	235	236	—	—	—	—

　　a. DSC 测试，10℃/min 升温速率下氮气环境，第一次扫描曲线上热容变化的中点，测试范围 50～400℃；b. DSC 测试，10℃/min 升温速率下氮气环境，第二次扫描曲线上热容变化的中点，测试范围 50～400℃；c. 由 Fox 方程计算得到；d. 未检测到。

　　研究表明，对于含二氮杂萘酮联苯结构的共聚物的序列结构分析，可以通过对双卤单体生成的结构单元中与羰基相连且靠近醚键的叔碳进行定量分析，再经理论计算即可表征聚芳醚酮共聚物的序列结构[14]。图 2-24 列出了 PAEK 共聚物中各结构单元可能出现的键接方式，Z 代表 DHPZ 结构单元，Q 代表 HQ 结构单元，K 代表 BFBB 结构单元。由于二氮杂萘酮联苯结构是不对称的，共聚物主链中二氮杂萘酮联苯结构与 BFBB 的链接顺序有两种，分别为 Z-K 和 K-Z（图 2-24）。所以在 ^{13}C NMR 中，C_a 和 C_b 的化学位移相差很大。

Z-K

K-Z

K-Q

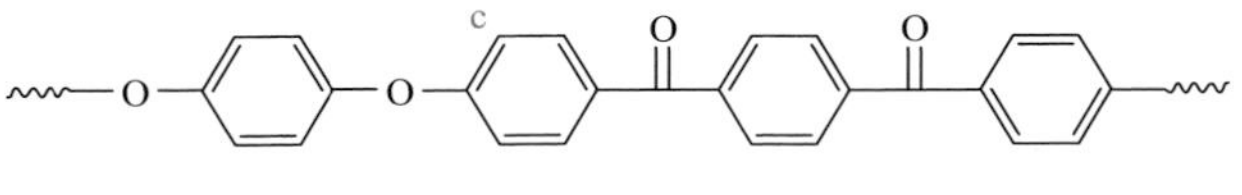

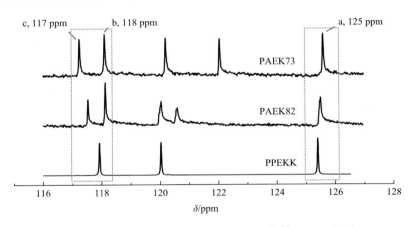

图 2-24　PAEK 共聚物的序列结构

由图 2-25 中 PAEK73、PAEK82 和 PPEKK 的 ^{13}C NMR 区域放大图($\delta = 116 \sim 127$ ppm)可知，C_a 的化学位移在 $\delta = 125$ ppm 处，C_b 的化学位移在 $\delta = 118$ ppm 处，共聚物中 C_c 的化学位移在 $\delta = 117$ ppm 处。根据共聚物中各特征峰的信号强度与所有不同的键接方式信号总强度之比，P_{KZ}、P_{ZK}、P_{QK}、P_{KQ}、P_{ZQK}、P_{QKZ}、P_Z、P_Q 分别为各种键接单元含量。S 为在相应化学位移处的峰面积，B 为无规度，L 为平均序列长度。结果列于表 2-10。对于无规共聚物 B 值接近于 1，对于嵌段共聚物 B 值接近于 0，对于交替共聚物 B 值接近于 2。由表 2-10 可知，共聚物中两种双酚单元含量之比(P_Z/P_Q)与反应初期投料比基本相当，说明在聚合过程中所有单体都按照比例进行了共聚反应，形成了高分子量聚合物。Z-K 序列和 Q-K 序列的平均链长度与投料比相关。含量较少的双酚单元平均序列长度较短，但共聚物的无规度均接近于 1，说明合成的共聚物主链中 Z-K 和 Q-K 序列结构趋于无规分布，即合成的共聚物为无规共聚物。

图 2-25　PPEKK、PAEK82 和 PAEK73 的 ^{13}C NMR 谱图

表 2-10　PAEK 共聚物的平均序列长度及无规度

共聚物	P_{KZ}	P_{ZK}	P_Z	P_Q	P_Z/P_Q	P_{ZQ}	P_{QZ}	B	L_{ZK}	L_{QK}
PAEK91	0.43	0.45	0.88	0.12	88/12	0.13	0.86	0.98	7.89	1.16
PAEK82	0.38	0.42	0.81	0.19	81/19	0.20	0.79	0.98	5.10	1.27
PAEK73	0.36	0.37	0.73	0.27	73/27	0.27	0.73	0.99	3.75	1.37
PAEK64	0.33	0.31	0.64	0.36	64/36	0.36	0.65	1.01	2.79	1.55

选取共聚物中 PAEK64 作为测试样品（$\bar{M}_n = 21225$，$\bar{M}_w = 47312$），在哈克流变仪转子速度为 20 r/min 时，在其熔融温度 300℃时进行密炼。图 2-26 分别列出了 PAEK64 的哈克扭矩及温度对密炼时间的曲线。

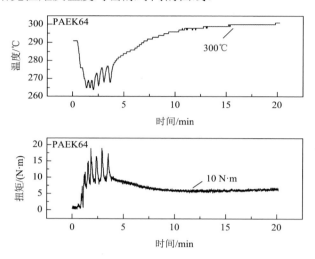

图 2-26　PAEK64 的哈克扭矩及温度对密炼时间曲线图

在密炼过程中，随着加料完毕和密炼室的封闭，密炼室内温度随密炼时间的延长而上升，当扭矩值平稳后，PAEK64 温度曲线略有上升趋势。PAEK64 分子主链序列结构虽然是无规分布的，但通过 DSC、WAXD 及序列结构分析结果可以得出，共聚物主链中仍然存在序列长度较短的 PEEKK 链。因此当共聚物进入其熔融态后，分子链依然会随剪切力作用取向，黏度便会降低。在此测试条件下，密炼体系稳定后，PAEK64 的哈克扭矩值为 10 N·m，经哈克流变仪密炼 20 min 后的 PAEK64 仍然可以完全溶解于三氯甲烷和 NMP 中，表明 PAEK64 在密炼过程中没有发生交联。

将经哈克流变仪密炼 20 min 后的 PAEK64 样品模压成型，制成标准哑铃形样条测试其拉伸性能，测试结果列于表 2-11 中。由表 2-11 可知，当重均分子量为 47312 时，PAEK64 的拉伸强度为 82.82 MPa，而当聚合物重均分子量达到 131125 时，PAEK64 的拉伸强度值为 98.74 MPa，十分接近纯 PPEKK 树脂的拉伸强度值。所以，经 DHPZ 与 HQ 共聚得到的杂萘联苯聚芳醚无规共聚物，在保证其拉伸强度保持在较高水平的前提下，其熔融加工性能有很大程度的改善。

表 2-11　PAEK64 的拉伸性能

PAEK64 的重均分子量 $\bar{M}_w$	拉伸强度/MPa	拉伸模量/GPa	断裂伸长率/%
47312	82.82	1.32	8.44
131125	98.74	2.32	13.36

我们又利用假高稀的技术以过量的 DFK 与 BP 为原料合成含联苯结构的双卤酮式单体(K-trimer)，再利用其与 DHPZ 反应合成具有交替结构的杂萘联苯聚芳醚酮(a-PPBEK)，具体合成路线如图 2-27 所示。这种聚合方法得到的聚合物 a-PPBEK 的 T_g(DSC 测试)为 216℃，从聚合物的 WAXD 测试得出，a-PPBEK 在 $2\theta = 20°$附近出现一个宽的弥散峰，显示出无定形聚合物的特征。选用 a-PPBEK 测试样品($\eta_{inh} = 1.37$ dL/g，η_{inh} 为特性黏度)，在 319℃(约 $T_g + 100$℃)下进行密炼(图 2-28)，a-PPBEK 在对应的测试温度下具有低的平衡扭矩，说明 a-PPBEK 具有良好的热加工性能。

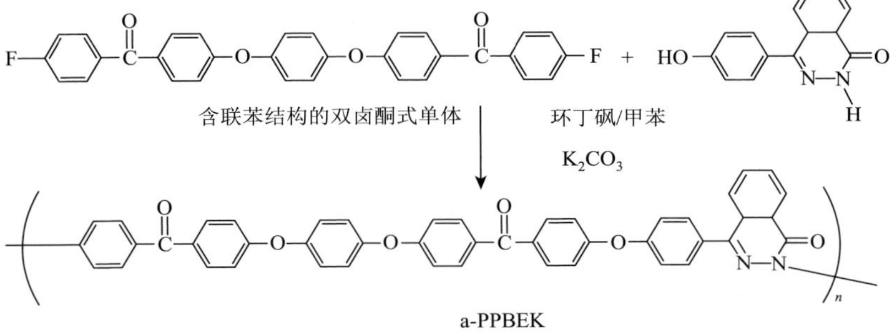

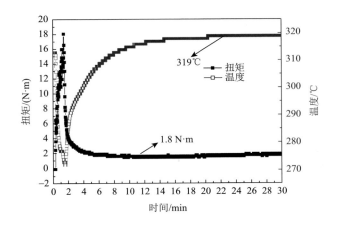

图 2-27　具有交替结构的杂萘联苯聚芳醚酮(a-PPBEK)合成路线

图 2-28　a-PPBEK 的 HAAKE 流变曲线

杂萘联苯聚芳醚酮和杂萘联苯聚芳醚酮酮是本书作者研究团队近年来成功开发的一类高性能聚合物，是目前耐热等级最高的可溶性聚芳醚酮新品种，其性能价格比优异，具有广阔的应用前景。本书作者研究团队针对其熔体黏度高的问题，采用共聚方法，引入 PEEKK 或 PEEK 的链段或芴基大体积结构，降低其分子链间缠结，改善其热成型加工性能，但上述方法均使杂萘联苯聚芳醚酮的耐热性能略有降低。所以，针对不同的用途适当调整共聚单体 DHPZ 与联苯二酚或对苯二酚的比例，兼顾耐热性能和热成型加工性能。例如，本书作者开发的一个牌号 BK870，其 T_g 为 244℃，从其 DMA 测试得到的储能模量与商售的 PEEK 的储能模量对比可见（图 2-29），在 200℃时 BK870 的储能模量为 6205 MPa，PEEK 的储能模量在其 T_g 后大幅度下降，在 200℃处储能模量为 2247 MPa，所以，BK870 具有更优异的高温力学性能，是适合在其 T_g 以下使用的耐高温高性能工程塑料。

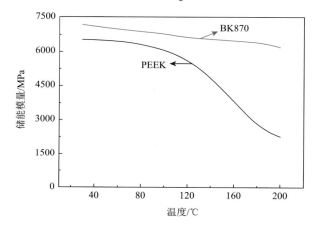

图 2-29　杂萘联苯聚芳醚酮 BK870 与 PEEK 纯树脂的储能模量对比

参 考 文 献

[1]　Mani R S, Zimmerman B, Bhatnagar A, et al. Poly (aryl ether ketone) synthesis via competing SNAR and SRN1 reactions: 1. Polymers derived from 1, 3-bis (p-chlorobenzoyl) benzene and 1, 3-bis (p-fluorobenzoyl) benzene with hydroquinone and 4, 4′-isopropylidenediphenol. Polymer, 1993, 34 (1): 171-181.

[2]　Hergenrother P M, Jensen B J. Poly (arylene ethers) From Bis-1,3 and 1,4- (4-Chlorobenzoyl) -Benzene. Polymeric Preprints (American Chemical Society, Division of Polymer Chemistry), 1985. 26: 174-175.

[3]　Percec V, Clough R S. Termination by reductive elimination in the polyetherification of bis (aryl chlorides), activated by carbonyl groups, with bisphenolates. Macromolecules, 1991, 24: 5889-5892.

[4]　Percec V, Clough R S, Rinaldi P L, et al. Reductive dehalogenation vs. substitution in the polyetherification of bis (aryl chloride) s activated by carbonyl groups with hydroquinones: a potential competition between SET and polar pathways. Macromolecules, 1994, 27 (6): 1535-1547.

[5]　Sun Q M, Wang J Y, He L S, et al. Synthesis and properties of organic soluble semicrystalline poly (aryl ether ketone) s copolymers containing phthalazinone moieties. Journal of Applied Polymer Science, 2007, 104 (3): 1744-1753.

[6]　刘彦军, 蹇锡高, 刘圣军, 等. 含二氮杂萘酮结构聚醚酮酮的合成及表征. 高分子学报, 1999, (1): 39-43.

[7]　Wang Z G, Chen T L, Xu J P. Sequence analysis of fluorine containing polyarylethersulfone copolymers by ^{13}C

NMR. Journal of Applied Polymer Science, 1994, 51 (9): 1533-1538.

[8] Yamadera R, Musano M. The determination of randomness in copolyestes by high resolution nuclear magnetic resonance. Journal of Polymer Science Part A-1: Polymer Chemistry, 1967, 5 (9): 2259-2268.

[9] Zong L S, Liu C, Liu R, et al. Soluble and thermally stable copoly (phenyl-s-triazine) s containing both diphenylfluorene and phthalazinone units in the backbone. Polymer Bulletin, 2014, 71 (10): 2641-2660.

[10] Yu G P, Liu C, Wang J Y, et al. Synthesis, characterization and properties of heat-resistant and soluble poly (aryl ether) s containing s-triazine units in the main chain. Polymer Degradation and Stability, 2009, 94 (7): 1053-1060.

[11] Meng Y Z, Jian X G, Xu Y, et al. Study on the thermooxidizing stability of poly (aryl ether) keton containg phthalazone moiety. Polymer Materials Science & Engineering, 1994, 18 (6): 85-88.

[12] Xia J Q, Zhang J, Liao G X, et al. Copolymerization and blending of poly (phthalazinone ether ketone) s to improve their melt processability. Journal of Applied Polymer Science, 2007, 103 (4): 2575-2580.

[13] Ke Y C, Fang Z J, Wang J Z, et al. Structure crystallization and properties of poly (aryl ether ketone ketone) s containing meta-phenyl links and their copolymers. Journal of Applied Polymer Science, 1996, 61: 1293-1303.

[14] 廖功雄, 蹇锡高, 何伟, 等. 含硫醚和二氮杂萘酮结构聚芳醚酮的合成与性能. 高分子学报, 2002, 5: 641-646.

第 3 章

杂萘联苯聚芳醚砜

3.1 引言 ◀◀◀

聚芳醚砜是在分子主链上含有砜基(—SO₂—)、醚键(—O—)和芳环的一类非结晶高性能工程塑料。在其重复单元结构中含有砜基基团,由于硫原子处于最高氧化态,强极性的砜基基团使这类树脂材料具有出色的耐热氧化稳定性,同时,砜基与其连接的两端苯环形成近 90°的空间结构(图 3-1),所以聚芳醚砜树脂具有较好的溶解性能[1-3]。

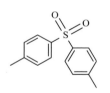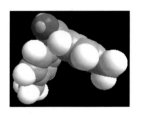

图 3-1　砜基的化学结构及空间结构示意图

双酚 A 聚砜树脂(PSF 或 PSU)[1]是美国 UCC 公司于 1965 年开发成功的,以双酚 A 和 4, 4′-二氯二苯砜为原料,经溶液亲核取代缩聚而成,其化学结构如图 3-2 所示。其玻璃化转变温度(T_g)为 195℃,可在 100～150℃长期使用。

$$\left(O-\!\!\!\left\langle\bigcirc\right\rangle\!\!\!-\overset{\underset{\textstyle CH_3}{|}}{\underset{\underset{\textstyle CH_3}{|}}{C}}-\!\!\!\left\langle\bigcirc\right\rangle\!\!\!-O-\!\!\!\left\langle\bigcirc\right\rangle\!\!\!-\overset{\overset{\textstyle O}{\|}}{\underset{\underset{\textstyle O}{\|}}{S}}-\!\!\!\left\langle\bigcirc\right\rangle\!\!\!\right)_n$$

图 3-2　双酚 A 聚砜树脂的化学结构示意图

1967 年,美国 3M 公司开发出聚芳砜(PAS)并以 Astrel360 牌号生产,其化学结构如图 3-3 所示。其 T_g 提高到 290℃,可在 260℃高温下长期耐老化。它是由二苯醚二磺酰氯和联苯经傅-克(Friedel-Crafts)亲电加成反应而成[1]，但亲电加成反应路线存在支化反应，使得其熔体黏度较大，难以成型加工，没有规模化生产。

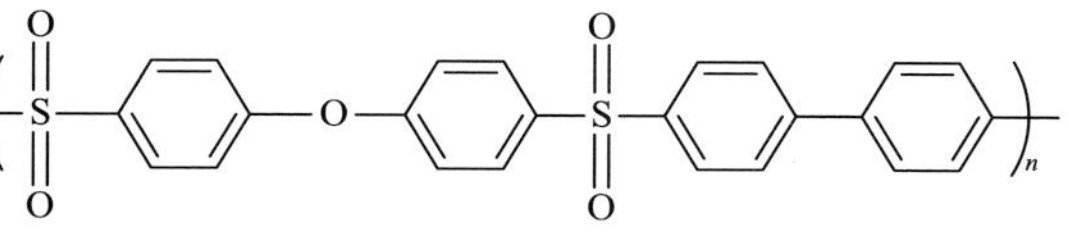

图 3-3　美国 3M 公司开发出聚芳砜的化学结构示意图

1972 年英国 ICI 公司开发并以 Vixtrex 商品牌号生产的聚醚砜(PES)[图 3-4(a)]，$T_g = 225℃$，可在 190℃下长期使用，其合成方法采用通常的亲核缩聚路线，分子链中醚键含量的增加和规整的线型结构，赋予聚醚砜较好的热加工性能和优良的综合性能，使之大量应用于电子、电气、机械、医疗、食品及航天航空领域。后来美国 UCC 公司采用联苯二酚与 4,4′-卤代二苯砜反应合成了聚亚苯基砜(PPSU)[图 3-4(b)]，其 $T_g = 220℃$，长期使用温度为 190℃。Solvay 公司取得销售权后以 Radel® PPSU 商品名进行销售。德国巴斯夫公司也生产 PPSU，商品名为 Ultrason® P。PPSU 与 PEU 和 PES 相比，其分子主链中联苯结构赋予了其优异的抗缺口冲击性能，缺口冲击强度超过 660 kJ/m²，有的牌号高达 694 kJ/m²，使 PPSU 能应对更苛刻的使用环境。

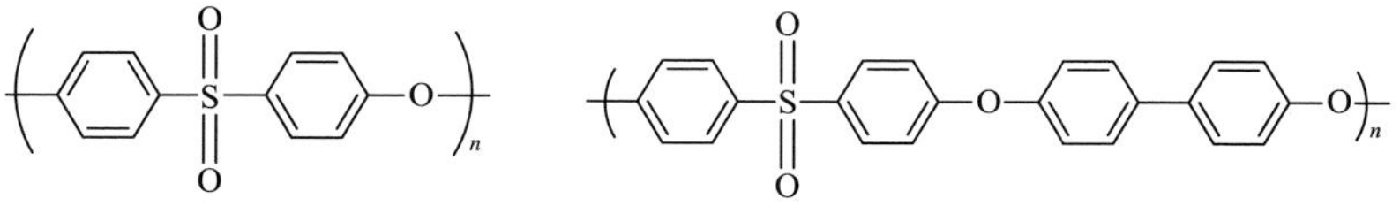

图 3-4　聚醚砜(PES)(a)和聚亚苯基砜(PPSU)(b)的化学结构示意图

聚芳醚砜综合性能优异，具有良好的热稳定性，优异的机械性能、抗辐射性和阻燃性。不但可以加工成各种型材，而且可以加工成薄膜、胶黏剂和复合材料。自开发以来，被广泛应用在航天、电子、电气、机械等领域，在欧美等西方发达国家聚芳醚砜的年增长速度很快。

随着科学技术发展，对聚合物的耐热性能提出越来越高的要求。中国科学院长春应用化学研究所以酚酞代替双酚 S 与二氯二苯砜经亲核取代逐步聚合，制得含 Cardo 基团的聚醚砜新品种[4]，并在中国科学院长春应用化学研究所徐州工程塑料厂投产，其玻璃化转变温度为 262℃。本书作者利用二氮杂萘酮联苯结构的全芳香和扭曲非共平面的结构特点，通过合成不同取代基的杂萘联苯类双酚单体并使其与 4,4′-二氯二苯砜聚合得到杂萘联苯聚芳醚砜系列聚合物，且为了改善其加工性能研制其共聚物。

3.2 **杂萘联苯聚芳醚砜的合成及性能** ◀◀◀

以 4-(4-羟基苯基)-2, 3-二氮杂萘-1-酮(DHPZ)及其衍生物与 4, 4′-二氯二苯砜经亲核取代逐步聚合得到含二氮杂萘酮联苯结构的系列聚芳醚砜(PPES)，其反应路线如图 3-5 所示。

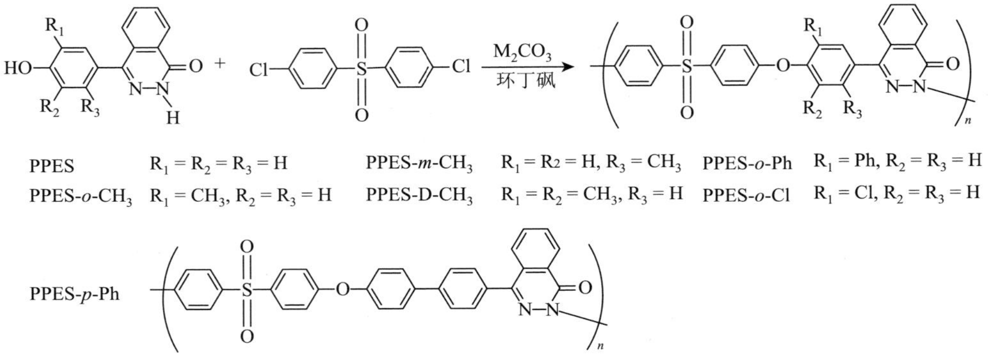

| PPES | $R_1 = R_2 = R_3 = H$ | PPES-m-CH$_3$ | $R_1 = R_2 = H, R_3 = CH_3$ | PPES-o-Ph | $R_1 = Ph, R_2 = R_3 = H$ |
| PPES-o-CH$_3$ | $R_1 = CH_3, R_2 = R_3 = H$ | PPES-D-CH$_3$ | $R_1 = R_2 = CH_3, R_3 = H$ | PPES-o-Cl | $R_1 = Cl, R_2 = R_3 = H$ |

图 3-5　杂萘联苯聚芳醚砜系列聚合物的合成路线图

所得杂萘联苯聚芳醚砜系列聚合物的物理性能见表 3-1。"扭曲非共平面"结构的引入，一方面增大了分子链的空间位阻，阻碍了分子链的运动，另一方面，分子主链发生了扭曲，由此生成高分子量聚合物的分子链往往易发生缠绕，导致系列 PPES 聚合物具有较高的 T_g，其中没有取代基的 PPES 的 T_g 为 305℃，当 DHPZ 的邻位被两个甲基取代后，所得的 PPES-D-CH$_3$ 的 T_g 高达 322℃，联苯基取代的聚合物 PPES-p-Ph 的 T_g 为 315℃，比 PPES-D-CH$_3$ 略低。从表 3-1 中还可看出，邻位取代基 DHPZ 的衍生物因位阻效应其活性降低，其特性黏度较低，而邻位氯取代的聚合物 PPES-o-Cl 的特性黏度只有 0.18。由表 3-1 可以看出，双酚单体中取代基的存在，使得其与活性较差的二氯二苯砜反应时，其分子量难以提高。从其 T_g 可以看出，极性取代基的引入会使 T_g 升高，单个非极性取代基的存在会使 T_g 降低，由于邻位取代基对于链旋转的阻力的贡献要大于间位取代基，因此邻位取代基聚合物的 T_g 高于间位取代聚合物。所有聚合物均在室温下溶解于 N, N-二甲基乙酰胺(DMAc)、N-甲基吡咯烷酮(NMP)和氯仿极性非质子有机溶剂，而在 N, N-二甲基甲酰胺(DMF)和二甲基亚砜(DMSO)部分溶解或者不溶解。由上述分析可见，无取代的 PPES、PPES-D-CH$_3$ 和 PPES-p-Ph 的玻璃化转变温度均高于 300℃，是目前国际上耐热等级最高的可溶性聚芳醚砜新品种。

表 3-1　杂萘联苯聚芳醚砜系列聚合物黏度及其玻璃化转变温度

聚合物	特性黏度 a /(dL/g)	玻璃化转变温度 b/℃	5%热失重温度 c/℃	溶解性 d				
				N,N-二甲基乙酰胺	N,N-二甲基甲酰胺	氯仿	N-甲基吡咯烷酮	二甲基亚砜
PPES	0.45	305	480	+	±	+	+	±
PPES-o-CH$_3$	0.24	290	420	+	±	+	+	±
PPES-m-CH$_3$	0.20	285	422	+	±	+	+	±
PPES-D-CH$_3$	0.44	322	421	+	±	+	+	±
PPES-o-Ph	0.21	264	442	+	±	+	+	±
PPES-o-Cl	0.18	289	445	+	±	+	+	±
PPES-p-Ph	0.48	315	480	+	±	+	—	±

　　a. 采用在 (25 + 0.1)℃, 0.5 dL/g 氯仿溶液中测试；b. DSC 测试，10℃/min 升温速率下氮气环境，第二次扫描曲线上热容变化的中点，测试范围 50~400℃，样品测试前均在 260℃下热处理 5 h；c. 氮气氛围下，升温速率 10℃/min，测试范围 200~800℃，5%热失重起始温度；d. +：室温溶解，±：室温部分溶解，—：室温下不溶解。

3.3　杂萘联苯共聚芳醚砜的结构调控与性能 ◄◄◄

　　为了解决 PPES 的耐热性和加工性的矛盾问题，采用共聚方法，引入 PPSU 链结构［结构式如图 3-4(b)所示］，以改善 PPES 扭曲相互缠绕的分子链结构，期望在尽可能保持材料优异热性能的前提下，降低其熔融黏度，改善其熔融加工性能。

　　由于 PPSU 的分子主链中带有柔性较大的醚键（—O—），与 C—C 键相比，醚键具有较低的旋转阻碍，因此韧性和耐冲击性好[4-6]；另外，PPSU 分子链中具有柔性较大亚苯基醚链段，因此聚合物表现为高的伸长率、延展性以及易于进行熔融加工。杂萘联苯三元共聚芳醚砜(PPBES)的合成路线如图 3-6 所示。

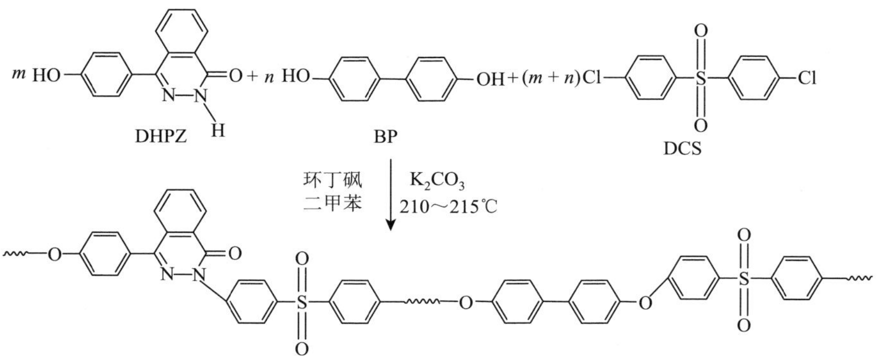

图 3-6　杂萘联苯三元共聚芳醚砜的合成路线

3.3.1 共聚芳醚砜的聚合反应的影响因素

在平衡缩聚反应过程中，容易发生一些副反应，如环化反应[7]，这是不可避免的，同时也是不希望发生的[8]，环化作用可以在双官能团单体分子自身作用下产生，也可以在形成二聚体和三聚体时发生。为了估计单体环化作用的能力，曾引出环化作用常数 L 的概念[9]，它等于环化反应速率常数 k_c 与缩聚反应速率常数 k_p 的比值，如式(3-1)所示。

$$L = \frac{k_c}{k_p} \tag{3-1}$$

由式(3-1)可见，凡是影响速率常数的因素都可能影响 L 值的大小。降低反应物浓度和提高温度都有利于形成环状化合物，从而降低聚合物的产率。为了得到高分子量的线性聚合物，理论上宜采用高的初始反应浓度。

因为该缩聚反应是平衡反应，所以聚合物的分子量不可能达到无限增长的程度，可见缩聚物的分子量与反应平衡有关，另外，单军等[10]认为初始官能团的浓度对反应的影响不能忽视，并且采用式(3-2)来反映平衡反应的聚合度 $\overline{X_n}$ 与平衡常数 K、官能团的反应程度 P、小分子产物浓度 n_w，以及起始官能团浓度[M_0]之间的关系。

$$\overline{X}_n = \sqrt{([M_0] \cdot K)/(P \cdot n_w)} \tag{3-2}$$

式(3-2)表明，平衡常数一定时，缩聚反应产物的聚合度与小分子产物的浓度成反比。通常反应需在密闭的反应体系中进行，且必须降低小分子产物的浓度，即从反应体系中不断移除小分子，在本反应中主要是脱除生成的水。如果缩聚反应的副产物水不及时脱出，影响缩聚反应向右进行[11, 12]，从而使体系黏度较低，最后导致反应失败。

另外，从式(3-2)可以看出，起始官能团浓度(或单体浓度)对缩聚物的分子量是有影响的。式(3-2)表明适当增大起始官能团浓度[M_0]，对提高产物的分子量有利，但对于平衡缩聚反应，欲获得高分子量的缩聚物，采用增大起始官能团浓度的方法是非常有限的，起始单体浓度的改变一般不影响分子量的数量级，在平衡常数 K 不大的情况下，分子量的大小主要取决于体系中小分子物质的浓度 n_w。由于缩聚反应速率与单体浓度成正比，因此提高单体浓度可以缩短反应达到平衡以及获得高分子量缩聚物所需要的时间(即缩短反应周期)。

░░░ 1. 初始浓度对聚合的影响

选取 DHPZ/BP 摩尔比为 60/40 的体系进行实验，分别采用 10%、20%、30%、40%、50%、60%的初始反应浓度进行实验，初始浓度按式(3-3)计算。

$$C=\frac{W_{\mathrm{DHPZ}}+W_{\mathrm{BP}}+W_{\mathrm{DCS}}}{W_{\mathrm{DHPZ}}+W_{\mathrm{BP}}+W_{\mathrm{DCS}}+W_{\mathrm{CBS}}}\times100\%\qquad(3\text{-}3)$$

式中，C 为反应初始浓度(%)；W_{DHPZ}、W_{BP}、W_{DCS}、W_{CBS} 分别为单体 DHPZ、BP、4,4′-二氯二苯砜(DCS)，以及溶剂环丁砜(CBS)的质量(g)。对合成出的聚合物进行了 GPC 测试，结果列于表 3-2 中。

表 3-2　不同初始反应浓度下 PPBES 60/40 的性质

浓度/%	反应时间/h	数均分子量[a]	重均分子量[a]	分子量分布[b]	环化物含量[c]/%
10	7.0	6460	40539	6.28	18.8
20	7.0	7710	70781	9.18	10.0
30	7.0	10140	78256	7.72	5.20
40	7.0	13700	56049	4.09	2.10
50	7.5	18250	76283	4.18	1.10
60	7.5	18240	54900	3.01	0.74

a. GPC 测试，溶剂氯仿；b. 分子量分布 = 重均分子量/数均分子量；c. GPC 测试。

由于聚合物的分子量对物理机械性能有重要的影响，分子量达到某一数值后才能显示出力学强度，又由于高分子化合物的分子量存在多分散性，分子量分布同样影响着高分子材料的性能，因此对聚合物的分子量及其分布的研究十分重要。从表 3-2 中可以看出，采用不同初始浓度聚合的体系在较短的时间就能达到较高的分子量，且反应时间受浓度的影响并不大，随着反应初始浓度的增加，共聚物的数均分子量随之增加，这是由于起始官能团浓度[M_0]的增加，体系中参与反应的官能团的数量增加，从而导致聚合反应速率增大，如图 3-7 所示，在起始浓度为 10%~50% 时，共聚物的数均分子量($\bar{M}_{\mathrm{n}}$)增加很快，表明在这个过程中，初始反应浓度对共聚物的分子量影响较显著，当浓度从 50% 上升到 60% 的过程中，聚合物的数均分子量几乎不再增加，这说明初始浓度对共聚物的分子量的影响在一定范围内很明显，超过了这个范围，影响反而降低。

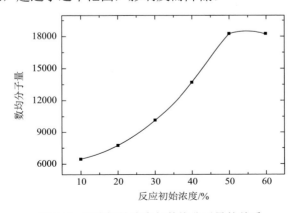

图 3-7　反应初始浓度与数均分子量的关系

图 3-8 是初始浓度与共聚物的分子量分布的关系图，从图中的曲线可以看出，随着初始浓度上升到 20%，共聚物的分子量分布逐渐变宽，在 20%～40%区间，分子量分布逐渐变窄，继续增大初始浓度，分子量分布变化不大，但在 50%～60%区间，分子量分布略有下降，最后达到 3.01。由此可见，初始浓度的高低对分子量分布的影响不容忽视，较高的初始浓度可以保证聚合体系中分子量分布较窄。

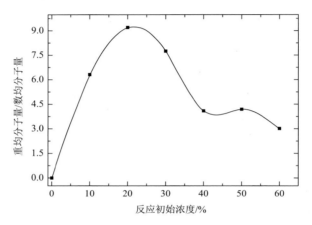

图 3-8   反应初始浓度与分子量分布的关系

图 3-9 为环状化合物含量随反应初始浓度的变化规律，当反应初始浓度在 10%～40%之间时，小分子环状物含量下降非常明显，当反应初始浓度达到 50%以上时，产物中小分子环状物含量基本可控制在 1%以下。上述结果表明，缩聚反应中低初始浓度有利于成环，高初始浓度有利于线型缩聚。为了减少环状化合物含量并降低分子量分布，宜选取高的初始反应浓度。

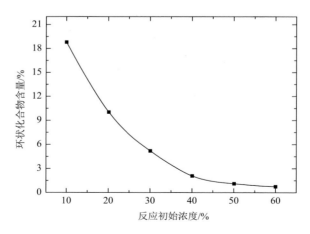

图 3-9   环状化合物含量与反应初始浓度的关系

2. 催化剂的影响

利用研钵将无水碳酸钾研磨成较小的颗粒，在 120℃ 置于真空烘箱中干燥 4 h。分别采用研磨前和研磨后的碳酸钾在相同条件下制备 PPBES。以 DHPZ/BP 配比为 60/40 的聚合体系为研究对象，初始浓度设定为 50%，实验从甲苯带水后升温至 210℃ 开始计时，分别于 110 min、130 min、160 min、190 min、250 min、310 min 取样做 GPC 测试，结果见表 3-3。

表 3-3　研磨前后的碳酸钾对共聚物 PPBES6040 分子量的影响

共聚物		反应时间/min					
		110	130	160	190	250	310
P I [a]	重均分子量 [c]	19600	34300	55600	74780	80950	85910
	数均分子量 [c]	9390	15080	22810	31720	31550	36550
	分子量分布 [d]	2.09	2.27	2.44	2.36	2.57	2.35
P II [b]	重均分子量	12192	24280	48790	63620	78130	81650
	数均分子量	6620	11240	20630	27890	30880	33460
	分子量分布	1.84	2.16	2.37	2.28	2.53	2.44

a. 粉末状碳酸钾合成 PPBES 60/40；b. 粗碳酸钾合成 PPBES 60/40；c. GPC 测试；d. 分子量分布 = 重均分子量/数均分子量。

研磨前后的碳酸钾催化的聚合反应，聚合物分子量及其分布的变化规律如图 3-10 和图 3-11 所示。从图 3-10 中可看出，不同颗粒的碳酸钾催化的反应，聚合物分子量的变化规律大致相同，反应 2 h 后其分子量迅速增长，4 h 时基本达到最大

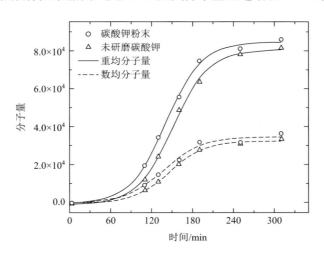

图 3-10　研磨前后碳酸钾对聚合物分子量的影响

值。在相同反应时间里，未研磨的碳酸钾作催化剂反应得到的共聚物与研磨后的碳酸钾作催化剂所得的共聚物的分子量（$\bar{M}_w$、$\bar{M}_n$）相差较大。这是因为后者在体系中易于促进酚氧盐的形成，从而加快反应速率，导致聚合物分子量较大。从图 3-11 中可以观察到研磨后的碳酸钾参与的聚合反应在较短的时间里，分子量分布趋于平稳，而未研磨的碳酸钾参与的反应虽然在反应初期分子量分布较窄，但随着反应的继续进行，分子量分布反而有变宽的趋势，这可能是因为未研磨的碳酸钾没有使酚氧盐完全生成，在反应后期聚合体系不均匀。

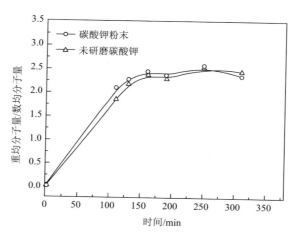

图 3-11   研磨前后碳酸钾对共聚物分子量分布的影响

3. 带水剂的影响

选取 DHPZ/BP 比为 60/40 的体系，分别以二甲苯和氯苯作带水剂。从升温开始计时，在不同时间取样做 GPC 测试。测试结果分别见表 3-4 和表 3-5。

表 3-4   二甲苯作带水剂聚合产物的 GPC 测试结果

反应时间/min	重均分子量[a]	数均分子量[a]	分子量分布[b]
120	3690	2460	1.5
150	5520	3220	1.71
180	7620	4050	1.88
210	9850	4900	2.01
240	13620	6310	2.16
300	22750	9500	2.40
330	35010	13400	2.61
360	42700	15680	2.72

a. GPC 测试，溶剂为氯仿；b. 分子量分布 = 重均分子量/数均分子量。

表 3-5　氯苯作带水剂聚合产物的 GPC 测试结果

反应时间/min	重均分子量[a]	数均分子量[a]	分子量分布[b]
110	12190	6620	1.84
130	24280	11240	2.16
160	48790	20630	2.37
190	63620	27890	2.28
250	78130	30880	2.53
310	81650	33460	2.44

a. GPC 测试，溶剂为氯仿；b. 分子量分布 = 重均分子量/数均分子量。

从聚合物的分子量及其分布随时间变化的规律可见，二甲苯作带水剂时（表 3-4），聚合物的分子量随时间增加而增加，当反应时间达到 360 min 时，M_w 为 42700，相应地，氯苯作带水剂时（表 3-5），分子量增加很快，在 310 min 的反应时间里，聚合物的重均分子量就达到 81650，这可能是因为氯苯使得反应生成的小分子水可以快速地脱除，从而加快正反应速率，导致聚合物分子量短时间达到很高。

图 3-12 为不同带水剂下聚合物的分子量分布，氯苯作带水剂分子量分布较宽，这是由于相同的反应时间里重均分子量上升很快，当聚合时间达到 150 min 后，分子量分布基本保持不变，这说明反应体系达到了平衡状态，而二甲苯作带水剂，360 min 之前分子量分布一直呈上升状态，这可能是由于二甲苯作带水剂时反应较慢，达到相同的平衡反应需要较长的时间。氯苯作为带水剂虽然短时间可以达到较高的分子量，但由于氯苯的密度比水大，因此在操作过程中极易被水带出，又由于氯苯对人体健康及环境危害较二甲苯严重，综合考虑，采用毒副作用较小的二甲苯作带水剂。

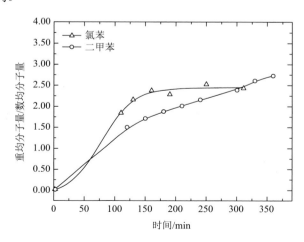

图 3-12　不同带水剂条件下共聚物分子量分布随时间的变化比较

4. 聚合时间的影响

在本聚合反应中，第一个反应过程为双酚单体的成盐阶段，成盐是否充分意味着所形成的亲核试剂是否充分，直接影响着聚合产物的分子量；第二个反应过程为低聚体生成高聚物的过程，聚合物的分子量增加主要发生在反应的中后期，如果提前终止反应很难得到高分子量的聚合物。所以必须保证聚合时间的充分。另外，聚合反应中聚合时间之所以是一个非常重要的参数，是因为它对催化剂的活性有一定的影响[13-16]，催化剂活性随着聚合时间的延长而下降，因此应合理地控制反应时间。

为了考察不同聚合时间对分子量的影响，选取 DHPZ/BP 摩尔比为 60/40 的共聚物进行实验测定。不同的聚合时间所得的聚合物的不同分子量列于表 3-6。共聚物数均分子量随聚合时间的变化规律如图 3-13 所示。

表 3-6　不同聚合时间对共聚物分子量的影响

DHPZ/BP/DCS	反应时间/min	数均分子量 [a]	重均分子量 [a]	分子量分布 [b]	环化物含量/%
60/40/100	430	42400	91300	2.15	<2
	450	47970	136080	2.84	<2
	480	50930	152830	3.00	<2
	570	45310	117590	2.60	<2

a. GPC 测试，溶剂为氯仿；b. 分子量分布 = 重均分子量/数均分子量。

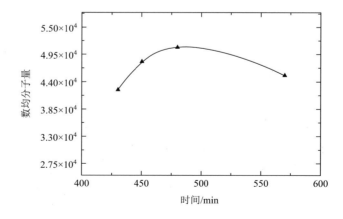

图 3-13　共聚物数均分子量与聚合时间的关系

由图 3-13 可以看出，最初随着聚合时间的延长，聚合物数均分子量有上升趋势，但聚合时间达到 480 min 后，继续延长聚合时间，聚合物数均分子量反而下降，这一方面是因为聚合中反应时间延长，催化剂的活性下降，另一方面是反应后期出现了解聚副反应，从而导致分子量下降。

5. 不同组分对聚合的影响

高分子的链结构分为近程结构和远程结构。近程结构属于化学结构，又称一级结构。远程结构包括分子的大小与形态，链的柔顺性及分子在各种环境中所采取的构象，又称二级结构[17]。采用 60%的初始浓度，在无水、无氧、210℃的高温下，通过溶液缩聚法反应，调节双酚单体 DHPZ 和 BP 的配比，制得一系列不同结构的共聚物 PPBES。共聚物的组成及分子量见表 3-7。

表 3-7　共聚物的组成及其分子量

共聚物	DHPZ/BP	反应时间/h	数均分子量[a]	重均分子量[a]	分子量分布[b]	环化物含量/%
PPBES8020	80/20	10.0	32200	78890	2.45	2.2
PPBES7030	70/30	10.0	42200	101300	2.40	2.3
PPBES6040	60/40	10.0	45310	117590	2.60	2.0
PPBES5050	50/50	8.5	46820	124440	2.66	2.0
PPBES4060	40/60	7.5	47240	129780	2.74	<2.0
PPBES2080	20/80	7.0	27640	65510	2.37	<2.0
PPSU	0/100	6.0	29700	60920	2.05	<2.0

a. GPC 测试，溶剂为氯仿；b. 分子量分布 = 重均分子量/数均分子量。

由表 3-7 中结果可看出，采用高初始浓度高温溶液聚合体系，反应速率快，短时间内能达到较高的分子量。此外，聚合反应时间随着联苯二酚单体摩尔进料比的增加而缩短，当 BP 摩尔分数为 20%～50%时，聚合时间从 10.0 h 下降到 8.5 h，继续增加 BP 摩尔分数到 100%，聚合时间缩短到 6.0 h，且共聚物的分子量随着主链中 PPSU 链结构含量的增加呈现先增加后下降的趋势，这是因为联苯二酚中的羟基—OH 的反应活性比二氮杂萘酮联苯酚中—NH 的高，在较短的反应时间里就能形成较高分子量的聚合物。

此外，由表 3-7 中可见，共聚物中低分子量环状化合物的含量在 2.5%以下，并随着共聚物中二氮杂萘酮联苯结构含量的增加而增加，这可能是二氮杂萘酮联苯酚扭曲的分子结构使得在聚合初期小分子之间头尾相连的概率增大。其次，两官能度的线型缩聚体系，单体之间存在成环的倾向，这种成环反应的发生，在一定程度上破坏了参与缩聚反应单体之间官能团的聚合，从而可阻止缩聚反应向高分子量产物方向进行。

联苯二酚的摩尔分数与聚合物分子量及其分布的关系如图 3-14 所示。由图可以看出，当联苯二酚摩尔分数从 20%上升到 60%的过程中，共聚物的分子量随之增大，分子量分布变宽，然而随着主链中 PPSU 结构含量的再增加，分子量反而下降，分子量分布变窄，如图中 60%～100%之间的曲线，这可能是 PPSU 的对称结构导致共聚物的主链变得规整，因此随着共聚物主链中规整结构的增加，共聚物在反应溶剂中溶解性下降，从而导致聚合物的分子量下降。

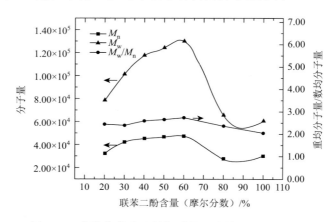

图 3-14　共聚物的分子量与联苯二酚单体配比的关系

不同配比的共聚芳醚砜的 GPC 谱图如图 3-15 所示。凝胶色谱法 GPC 的固定相采用凝胶状多孔性填充剂，该方法是根据样品中各种分子流体力学体积的不同来进行分离的。大分子能进入凝聚孔洞的少，在孔内流经的路程也短，所以大分子在凝胶色谱柱中所走路程短，先从色谱柱柱中流出，保留时间短，而小分子流经的路程长，保留时间也长。因此大分子流程短，保留值小；小分子流程长，保留值大。从 GPC 图中可以看出，60% BP 的共聚物 PPBES 4060 的 GPC 流出时间低于 PPBES 6040 和 PPBES 8020，这表明共聚物 PPBES 4060 的分子量高于 PPBES 6040 和 PPBES 8020，BP 摩尔分数在 20%～60%区间，分子量随着主链中 PPSU 链结构含量的增加而增大；流出时间为 20 min 左右时，在高分子量分布的末端出现了一个小的峰值，这主要是体系中的环状齐聚物组成的，比较 PPSU 与三元共聚芳醚砜的小分子环化物含量，发现前者含量较低，这可能是因为二氮杂萘酮联苯结构的扭曲非共平面在聚合中较易形成环化物，此齐聚物的存在会影响材料的力学性能和使用性能，在实验中要严格控制其含量。

3.3.2　共聚芳醚砜的谱学分析

图 3-16 和图 3-17 分别为杂萘联苯共聚芳醚砜 PPBES 的傅里叶变换红外光谱（FTIR）和核磁共振氢（^{1}H NMR）图。由 FTIR 可以看出，共聚物在 1320 cm^{-1} 附近出现了砜基（O＝S＝O）的特征吸收峰，1240 cm^{-1} 是醚键（C—O—C）的特征吸收振动峰，谱图中 1670 cm^{-1} 附近出现的峰归属于二氮杂萘酮联苯结构中羰基（C＝O）的

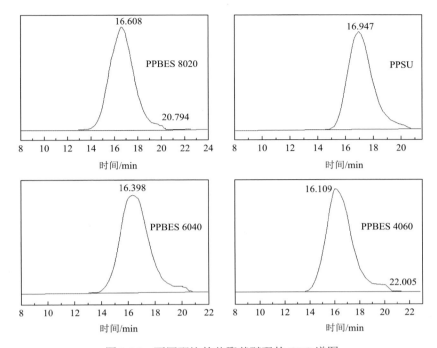

图 3-15　不同配比的共聚芳醚砜的 GPC 谱图

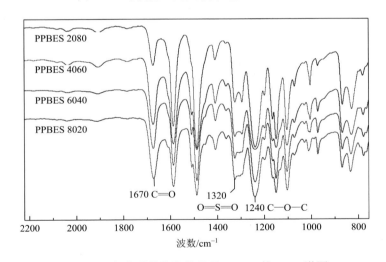

图 3-16　杂萘联苯共聚芳醚砜 PPBES 的 FTIR 谱图

振动吸收峰，其强度随着共聚物结构中二氮杂萘酮联苯含量的增加而增加，表明所合成的共聚芳醚砜的结构与所设计的一致。

在共聚物的 ^1H NMR 谱图中，化学位移 $\delta = 7.27$ ppm 处为氘代试剂 $CDCl_3$ 的残留质子峰，聚合物在化学位移 $\delta = 8.57$ ppm 处出现了一个单峰，这是二氮杂萘

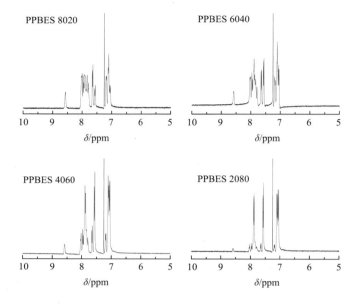

图 3-17   杂萘联苯共聚芳醚砜 PPBES 的 ^{1}H NMR 谱图

酮联苯结构中的迫位氢的化学位移，由于受到邻近羰基的去屏蔽作用，它的化学位移向低场移动。其强度随着共聚物中二氮杂萘联苯结构含量的减少而减弱，图中 $\delta = 8.03 \sim 7.79$ ppm 处的多重峰为二氮杂萘酮联苯结构上氢的化学位移，^{1}H NMR 谱图进一步证实了所合成出的聚合物结构的正确性。

3.3.3   共聚芳醚砜的封端

由于 DHPZ 和 BP 单体具有高活性的反应基团(—OH、—NH)，在共聚体系中，当共聚物的分子链以—OH 或—NH 为末端基团时，共聚物在一定条件下容易发生氧化等副反应，从而影响材料的热性能及机械性能，因此要对其进行封端。采用小分子封端剂与预先合成的大分子发生末端反应，可以有效阻止这类副反应的发生，从而保证材料具有良好的使用性能。

::::: 1. 甲基封端 DHPZ 的结构分析

本书作者采用一氯甲烷对 DHPZ 进行封端反应，具体反应步骤与聚合物的反应历程相同。在带有机械搅拌、温度计和氮气进出口的 100 mL 三口烧瓶中依次加入 0.01 mol DHPZ、0.01 mol 无水碳酸钾、5 mL 溶剂环丁砜和 12 mL 带水剂二甲苯。设定油浴温度为 150℃，在氮气保护下快速搅拌，待 DHPZ 成盐后蒸出二甲苯，补加 10 mL 溶剂环丁砜。通一氯甲烷气体进入液面以下，几分钟后加入 1 mL 溶有 0.096 g 碳酸钾的去离子水。继续反应 2 h，体系变为浅黄绿色，将反应溶液倒入滴加数滴 HCl 的去离子水中，得到白色粉末状产物。将反应产物在氯仿中溶解，将滤液沉降在无水乙醇中，过滤得到白色絮状物。将烘干后的产品用丙酮抽提 12 h，后置于真空烘箱中在 60℃下干燥 12 h。图 3-18 为封端 DHPZ 的 ^{1}H NMR 谱图，从图中可以看出有 6 种化学位移的氢原子，含有氢原子总数为 14，与目标产物一致。各信号峰归属为：8.50 ppm（1H，Ha），7.74～7.69 ppm（3H，Hb，Hc），7.50 ppm（2H，He），7.02 ppm（2H，Hd），3.88 ppm（s，3H，—NCH$_3$），3.85 ppm（s，3H，—OCH$_3$）。7.23 ppm 处为 CDCl$_3$ 的残留质子峰。DHPZ 原有的 N—H 和 O—H 的化学位移都消失了，图 3-19 中封端 DHPZ 在 2837 cm^{-1}、2958 cm^{-1} 处出现了甲基（—CH$_3$）的特征吸收振动峰，在 1024 cm^{-1} 处出现了甲氧基（—OCH$_3$）中碳氧键的吸收振动峰，证明此方法进行封端是可行的。

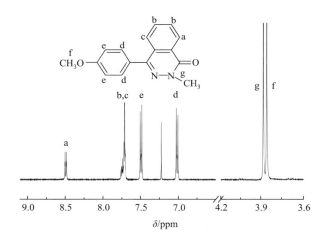

图 3-18　封端 DHPZ 的 ^{1}H NMR 谱图

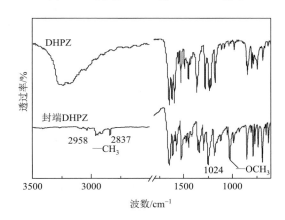

图 3-19　DHPZ 和封端 DHPZ 的红外光谱图

2. DHPZ/BP/DCS 共聚物的封端

对封端共聚物进行红外测试，如图 3-20 所示，图中没有出现明显的甲基的特征吸收峰，可能是因为共聚物的分子链较长，其末端的含量太低，检测过程中分辨不出来。

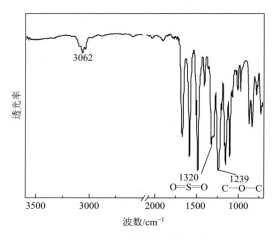

图 3-20   DHPZ/BP/DCS 共聚物的甲基封端产物红外光谱图

利用 NETZSCH TGA209 型热重分析仪对封端的共聚物进行热失重测试，将其结果与未封端的相同配比的共聚的热失重曲线进行对比，如图 3-21 所示。

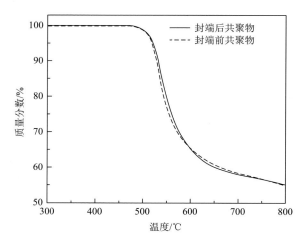

图 3-21   共聚物封端前后热失重曲线的对比

从对比数据可知，封端前后共聚物的 5%热失重温度变化不大，封端后共聚物的 10%热失重温度有所上升，由封端前的 532℃上升到 538℃。此结果说明封端后的聚合物在热稳定性方面有所提升，甲基封端后可在一定程度上抑制聚合物分子链末端发生的氧化降解反应，在实际加工过程中可提高聚合物的加工稳定性。

3.3.4　共聚芳醚砜中金属离子的脱除

聚合体系中某些金属离子(Na^+、Ca^{2+}、Mg^{2+}、Fe^{3+}、Fe^{2+})的存在既影响聚合物分子量的大小，也影响其稳定性，Fe^{2+}可以发生氧化还原反应，因此对聚合产生了一定的影响；同时，某些金属离子的存在会降低催化剂的反应活性，从而会降低聚合反应速率，既影响聚合物的加工性，同时又给材料的热性能及机械性能带来一定的影响，因此要对反应体系进行纯化处理，除去体系中的金属离子，以达到最佳的使用效果。

1. 共聚物中金属元素的来源

共聚物中金属元素主要来源于原料、聚合反应设备及管路和后处理过程等方面。利用电感耦合等离子体发射光谱(ICP-AES)对所用单体、溶剂、盐等粗原料进行测试，结果列于表 3-8。

表 3-8　原料中金属元素的含量

样品	金属元素含量/ppm[a]									
	Zn	Ni	Fe	Mn	Cr	Ca	Cu	Al	Na	K
DHPZ	3	1.3	72	0.7	2.6	29	2.6	29	5	2.3
BP	0.03	0.02	1.1	0	0.06	15	2	1.1	1.3	0.02
DCS	0.15	0.37	27	0.11	1.1	27	0.17	29	2	1.3
CBS	1.1	0.8	3.6	0	0.3	151	3.3	59	51	9.3
K_2CO_3	0.7	0.04	0.87	0.82	1	7.2	0.2	0.16	312	—
自来水	1.7	0.007	1.8	0.08	0	257	0.018	0.09	205	33

a. ppm = 10^{-6}。

从表 3-8 中可看出，原料中含量比较多的几种金属元素为 Fe、Ca、K、Na、Al。其中含 Fe 元素最多的是单体 DHPZ，含量为 72 ppm，其次是单体 DCS，含量为 27 ppm，其他几种原料中含量较少。含 Ca 元素最多的为自来水，含量为 257 ppm，其次是溶剂 CBS，含量为 151 ppm，DHPZ 中 Ca 元素含量为 29 ppm；含 Na 元素最多的是 K_2CO_3，其次是自来水，溶剂 CBS 中也含有 51 ppm 的 Na 元素；含 K 元素最多的为自来水，其次是溶剂 CBS；含 Al 元素最多的是溶剂 CBS，其次是单体 DHPZ 和 DCS。其他几种元素 Zn、Ni、Mn、Cr、Cu 在原料中的含量都很少。

综合以上数据，含金属元素较多的原料是单体 DHPZ、溶剂 CBS 和后处理过程中用到的自来水。

表 3-9 是共聚物的 ICP 测试结果。P 为大连宝力摩新材料有限公司中试车间生产，L 是在实验室条件下合成的聚合物。二者在沉降方式上有很大的差别，中试车间采取喷降的方式，得到的产物呈粉末状，实验室条件下得到的产物为条状。从表 3-9 中可看出，P 中含量较多的金属元素依次为 Ca、Na、Zn、K、Fe、Al，L 中含量较多的金属元素依次为 K、Ca、Na、Fe、Al、Zn。由两者的对比可知，实验室条件下得到的条状产物对金属元素 K 的包裹程度比较严重，水煮过程难以使其从聚合物中分离出来，而中试车间粉末状的产物有利于 K 元素的分离。对比表 3-8 中的结果可知，产物中含量较多的金属元素 Na 和 Ca 应主要来源于后处理过程中使用的自来水，Fe 应主要来源于单体 DHPZ。而产物 P 中含量较多的金属元素 Zn 可能来源于聚合反应设备、输送管道和盛装容器。

表 3-9   杂萘联苯共聚芳醚砜 PPBES 中金属元素的含量

样品	金属元素含量/ppm									
	Zn	Ni	Fe	Mn	Cr	Ca	Cu	Al	Na	K
P	93	25	83	12	6	2290	—	58	434	87
L	15	6	38	2	6	862	—	38	340	1524

2. 原料精制对金属元素的脱除

对原料精制，降低单体及溶剂中金属元素的含量，可减少此类金属元素的引入。表 3-8 对原料测试结果表明，DHPZ 含金属元素较多，因此应着手对这种原料进行精制。比较表 3-8 与表 3-10，DHPZ 精制后，原料中 Fe、K、Zn 的含量均有所下降，尤其是 Fe 的含量从原来的 72 ppm 下降到 14 ppm，可见，在聚合前对金属含量较高的单体和溶剂进行精制是必要的。

表 3-10   精制原料中金属元素的含量

样品	金属元素含量/ppm			
	Ca	Fe	K	Zn
DHPZ	32	14	0	0

3. 水煮对聚合物中金属离子的脱除

研究了杂萘联苯共聚芳醚砜 PPBES 中原料配比为 60/40/100（DHPZ/BP/DCS）的金属离子脱除方法。从原料分析结果来看，聚合物在沉降后的水煮过程可能会引入大量的 Ca、Na、K 等金属元素。表 3-11 为聚合物在自来水和去离子水煮后的金属元素的残留量。从表中可看出，在不同的水煮条件下，聚合物中残留的金属元素含量差别很大。用自来水处理聚合物会使大量金属元素残留在聚合物中，其中 Ca 元素的残留量是相同条件下用去离子水处理的 14.4 倍,达到了 2974 ppm。K、Fe 等元素也高出很多。

表 3-11　去离子水和自来水处理后聚合物中金属元素的含量

样品	金属元素含量/ppm			
	Ca	Fe	K	Zn
1# a	206	11	6	0
1# b	2974	38	46	4

注:1#a. 精制后去离子水煮;1#b. 精制后自来水煮。

将聚合物粉碎、过滤,称取相同质量的 10 份聚合物,见表 3-12,1#~5#每份用 500 mL 的去离子水(含 1% HCl)煮,采用不同的水煮时间,在煮的过程中不换水,若水分挥发严重,适量补加少量去离子水(不含 HCl)。6#~10#每份同样用 500 mL 的去离子水(含 1%HCl)煮,在水煮时间(1 h)相同的条件下,增加换水次数(所换水中含 1%HCl)。

表 3-12　不同水煮方式下聚合物中金属元素的含量

样品	金属元素含量/ppm				水煮时间/h	换水次数/次
	Ca	Fe	K	Zn		
1#	102	22	248	0	0.5	0
2#	91	36	197	0	1.5	0
3#	97	17	163	0	2.0	0
4#	113	33	212	0	2.5	0
5#	113	23	213	0	3.5	0
6#	89	37	85	0	1.0	1
7#	28	18	45	0	1.0	2
8#	35	61	29	0	1.0	4
9#	65	33	39	0	1.0	5
10#	33	29	23	0	1.0	6

注:1#~10#用含 1%HCl 的去离子水处理。

表 3-12 中 1#~5#样品中 Ca、K 元素的残留量远高于 6#~10#样品中 Ca、K 元素的残留量,而 Fe 等元素的差别稍小,这表明延长水煮时间对 Ca、K 离子的脱除效果并不明显,而采用更换去离子水对聚合物进行水煮可以有效脱除 Ca、K 离子,且换水次数越多,K 离子的脱除效果越好,而无论是换水还是增加水煮时间对 Fe 离子的脱除影响都不大,此结果表明直接用加 1%HCl 的去离子水处理聚合物,可有效降低聚合物中 Fe 离子的含量。

4. 微量金属离子的脱除

聚合物的精制主要方法是溶解、过滤、沉降，通过这种方法可有效除去聚合物中的不溶性杂质。乙二胺四乙酸二钠盐（$Na_2H_2Y \cdot 2H_2O$）也称为乙二胺四乙酸（EDTA）二钠盐，EDTA 可与金属离子配位形成具有五元环结构稳定的配合物，利用 EDTA 的这种与金属离子的络合效果可将聚合物中的金属离子分离出来。

表 3-13 是不同浓度的 EDTA 溶液对聚合物氯仿溶液进行处理后的 ICP 测试结果。根据原料及聚合产物的 ICP 结果分析，在聚合物精制过程中主要考察精制手段对 Ca、Fe、K、Zn 四种金属元素的脱除效果。从表 3-13 中可看出，EDTA 溶液浓度的差别对金属元素残留量的影响差别不大，只要达到一定的浓度条件就足够了。同时，结果表明，用 EDTA 溶液处理，对聚合物中 K、Fe 离子的去除效果明显，对 Ca 离子也有较强的去除能力，但不能达到要求值，这可能是由 EDTA 络合时的酸效应引起的。

表 3-13   EDTA 溶液处理后聚合物中金属元素的含量

样品	金属元素含量/ppm			
	Ca	Fe	K	Zn
1#	151	16	4	0
2#	117	22	0	0
3#	127	33	1	0
4#	191	34	0.2	0

注：1#用 0.002 mol/L EDTA 处理；2#用 0.005 mol/L EDTA 处理；3#用 0.008 mol/L EDTA 处理；4#用 0.010 mol/L EDTA 处理。

EDTA 与金属离子形成的配合物存在一个稳定常数 K_{MY}，K_{MY} 越大，形成的配合物越稳定，有利于金属离子的分离。但溶液的酸度对 K_{MY} 的影响较大，不同的金属离子都存在一个最低 pH，低于这个 pH，配合物的稳定性就会迅速下降。部分金属离子与 EDTA 络合的最低 pH 见表 3-14。

表 3-14   不同金属离子与 EDTA 稳定络合的最低 pH

项目	金属离子									
	Mg^{2+}	Ca^{2+}	Mn^{2+}	Fe^{2+}	Zn^{2+}	Al^{3+}	Ni^{2+}	Cu^{2+}	Fe^{3+}	Cr^{3+}
最低 pH 条件	9.7	7.6	5.2	5.0	3.9	4.2	3.0	2.9	1.0	1.4

由表 3-14 可知，Ca^{2+} 与 EDTA 稳定络合的最小 pH 为 7.6，而对聚合物溶解后滴加的数滴盐酸降低了聚合物溶液的 pH，这对 Fe^{2+}、Fe^{3+}、Zn^{2+} 等离子的去除有利，但对 Ca^{2+} 的去除有一定的影响。

表 3-15 是用 EDTA 溶液和 1% HCl 溶液单独或配合处理聚合物的结果。表中结果表明，单独用 1% HCl 溶液和单独用 0.005 mol/L EDTA 溶液处理聚合物溶液，二者的差别不大，EDTA 溶液对 Ca 的络合效果稍差，与前文论述一致。二者结合起来使用，对 Fe 离子的去除可更进一步，表明在酸性条件下，EDTA 对 Fe 离子的络合作用较强，可在较大程度上去除聚合物中含有的 Fe 元素。这几种处理方式对 K 和 Zn 元素的去除效果比较明显，但差别不大，这表明在聚合物溶解时加入的盐酸即可将 K 和 Zn 元素去除。聚合物的水煮除盐过程中使用的自来水会导致大量的 Ca、Na 等金属元素残留于聚合物中，处理过程使用添加 1% HCl 的去离子水可有效去除聚合物中的金属离子。

表 3-15　EDTA 溶液和 HCl 溶液单独或配合处理后聚合物中金属元素的含量

样品	金属元素含量/ppm			
	Ca	Fe	K	Zn
P	2290	83	87	93
1#	235	31	2	0
2#	317	31	5	0
3#	258	19	2	0
4#	224	18	3	0

注：1#用 1%HCl 处理 1 次；2#用 0.005 mol/L EDTA 处理 1 次；3#用 1%HCl 处理 1 次，然后用 0.005 mol/L EDTA 处理 2 次；4#用 0.005 mol/L EDTA 处理 1 次，然后用 1%HCl 处理 2 次。

3.3.5　共聚芳醚砜的溶解性能

定性研究的不同配比的杂萘联苯共聚芳醚砜在几种非质子性溶剂中的溶解性能结果见表 3-16。

表 3-16　共聚芳醚砜的溶解性能

共聚物	溶解性 a							
	氯仿	N-甲基吡咯烷酮	N, N-二甲基乙酰胺	N, N-二甲基甲酰胺	吡啶	四氢呋喃	二甲基亚砜	氯苯
PPSU	＋＋	＋＋	＋＋	＋＋	＋＋	＋－	－＋	＋－
PPBES 2080	＋＋	＋＋	＋＋	＋＋	＋＋	＋－	－＋	＋－
PPBES 4060	＋＋	＋＋	＋＋	＋＋	＋＋	＋－	－＋	＋－
PPBES 5050	＋＋	＋＋	＋＋	＋＋	＋＋	＋－	－＋	＋－
PPBES 6040	＋＋	＋＋	＋＋	＋＋	＋＋	＋－	－＋	—
PPBES 7030	＋＋	＋＋	＋＋	＋＋	＋＋	＋－	－＋	—
PPBES 8020	＋＋	＋＋	＋＋	＋＋	＋＋	－＋	－＋	—
PPES	＋＋	＋＋	＋＋	＋＋	＋＋	—	—	—

a. 50 mg 聚合物溶解在 1 mL 溶剂中。＋＋表示室温溶解；＋－表示室温部分溶解；－＋表示加热溶解；—表示不溶解。

从表 3-16 中可以看出：不同配比的共聚物在室温下能溶于 NMP、DMAc、DMF、吡啶和氯仿等有机溶剂，随着共聚物主链中结构不同，PPBES 的溶解性有所差异，具体表现为：主链中 PPSU 链结构含量增加，共聚物在 THF、DMSO 及氯苯中的溶解性有所提高，这可能是由于增加 PPSU 结构中柔性醚键的含量，有利于溶剂小分子链间的扩散，从而提高了其溶解性能。

3.3.6　共聚芳醚砜的热性能

通过 DSC 和 TGA 对 PPBES 系列共聚物进行了热性能测试，通过 Fox 方程计算得出的共聚物的玻璃化转变温度，结果如图 3-22 所示。由图 3-22 可知，聚合物的 T_g 在 234～305℃之间变化，随着主链中 PPSU 链结构含量的增加，共聚物的玻璃化转变温度逐渐下降。这是由于在聚合物的分子链中引入了 PPSU 结构，增加了共聚物分子链的柔顺性，进而使共聚芳醚砜的玻璃化转变温度下降。通过调节反应单体 DHPZ 与 BP 的配比，可以得到不同的 T_g，以满足加工和应用的需求。通过 Fox 方程计算得到的 T_g 与实际测试所得的结果相差不大，可见共聚物的 T_g 随主链中组分含量的变化规律基本符合 Fox 方程，因此从 DSC 检测的结果判断 PPBES 为无规共聚物。

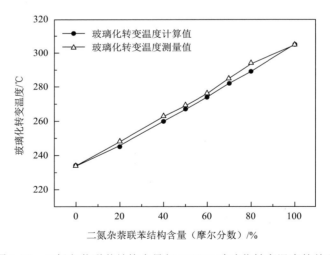

图 3-22　二氮杂萘联苯结构含量与 PPBES 玻璃化转变温度的关系

图 3-23 和图 3-24 分别为共聚物的热失重曲线和微分热失重(DTG)曲线。随着共聚物中 PPSU 链结构含量的增加，其 5%、10%热失重温度以及最大失重温度都有升高的趋势。这表明共聚物中 PPSU 链结构在高温下的稳定性要高于二氮杂萘酮联苯链段结构。从图 3-23 可看出，PPBES 从失重开始到 600℃之间的失重量占总失重量的 70%～80%，相对应的 DTG 曲线(图 3-24)上出现了一个较大的峰值，

表明共聚物的分子链在此范围内发生显著的变化。从图 3-24 还可以看出，当失重速率很快达到一个峰值后又趋于平缓，可以推测其热解模式主要是以大分子链的断裂为主[18]。可能的变化为结构单元中二氮杂萘环的 N—N 键断裂，形成具有共轭氰基和异氰基的苯环化合物；二芳基醚键、二芳基砜键断裂，脱除 CO 和 SO_2 等小分子气体[19]。

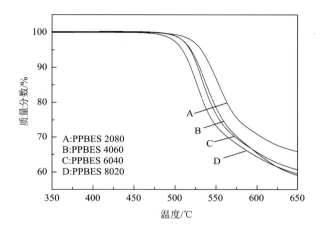

图 3-23　不同组分 PPBES 的 TGA 曲线

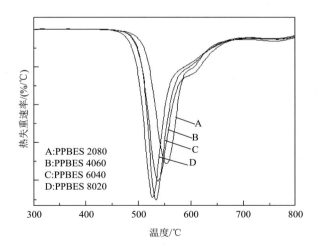

图 3-24　不同组分 PPBES 的 DTG 曲线

3.3.7　共聚芳醚砜的动态机械热分析性能

动态热机械分析(dynamic mechanical analysis，DMA)是在程序控温和交变应力作用下，测量黏弹性材料的力学性能与时间、温度或频率关系的现代科学分析方法。它通过材料的结构、分子运动的状态来表征材料的特性，能提供材料由物理与化学变化所引起的黏弹性变化及热膨胀性质；直接提供材料在所关心的频率范围内的阻尼特性[20, 21]和高聚物材料的结构、分子运动及其转变等的重要信息[22, 23]。α转变对加工过程产生的变化较敏感，且随着使用的热历史、加工条件的改变及物理老化而下降[24]。

图 3-25 所示是共聚物 PPBES 7030 在测试频率为 1 Hz、升温速率为 5℃/min 的条件下，储能模量(E′)、损耗模量(E″)与温度的关系。从图中可以看出共聚物的储能模量在 150℃以前保持在一个相对较高值，可见该材料的刚度极佳。与此同时损耗模量保持在一个相对较低值，尺寸稳定性保持良好，这时无定形聚合物刚性链处于冻结状态，是玻璃态材料的一个特征[25]。

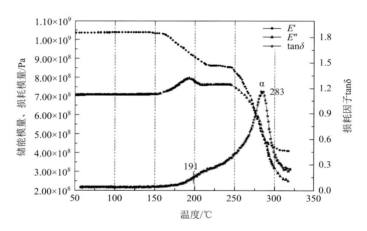

图 3-25　PPBES 7030 动态热机械性能：储能模量、损耗模量和损耗因子与温度之间的关系

随着温度升高，PPBES 7030 的储能模量有所变化，损耗模量在 191℃出现一个峰值，对应的 tanδ 曲线也随之发生较明显的变化，出现一个小台阶，因此峰的出现位置与 PPSU 的玻璃化转变温度很接近，故推断该处可能是主链中 PPSU 链段运动产生的结果，该共聚物可能是含有 PPSU 链结构单元的微嵌段型共聚物。这种微小的转变在 DSC 测试中没有检测出来，这是由于 DMA 在评价材料的耐热性等方面的灵敏度比传统的热分析技术 DSC 等高许多[26, 27]，原因是在玻璃化转变区内，储能模量发生数量级的变化，且损耗模量与 tanδ 出现峰值，这些现象在 DMA 温度谱上是不可能被忽略的。在 DSC 检测中，其玻璃化转变前后的比热容变化对 DSC 曲线基线移动的微小贡献有时容易被忽略[28]。

在 250～300℃温度时，出现一个松弛转变峰(α转变)即高聚物的玻璃化转变温度[29]，通常取损耗模量或损耗因子随温度变化的峰值温度[30]。此时储能模量和损耗模量值都相对较低，对应聚合物链段开始运动的温度，也是聚合物从玻璃态向高弹态转变的温度，PPBES 7030 在扫描频率为 1 Hz 条件下 T_g 为 283℃。

图 3-26 为 PPBES 8020 在相同的测试条件下，储能模量和损耗模量与温度之间的变化关系。表现的规律与 PPBES 7030 相似，PPBES 8020 的小嵌段 PPSU 链段运动转变峰出现在 210℃，在 293℃出现共聚物的 α 主转变峰。

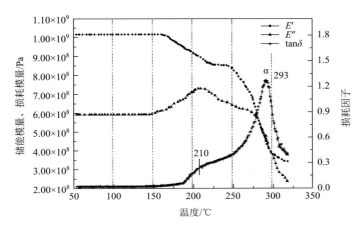

图 3-26　PPBES 8020 动态热机械性能：储能模量、损耗模量和损耗因子与温度之间的关系

图 3-27 表示出了共聚物主链中的不同结构对玻璃化转变温度的影响，从图中可看出，随着共聚物中二氮杂萘联苯结构含量的增加，共聚物的玻璃化转变温度向高温方向移动，PPBES 8020 的 T_g 比 PPBES 7030 高 10℃，表明前者的耐热性能比后者优异，这主要是由于含有较高含量的扭曲非共平面的二氮杂萘联苯结构赋予共聚物更高的耐热性，此外，PPBES 8020 的阻尼峰值高于 PPBES 7030，说明前者

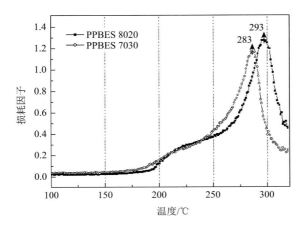

图 3-27　不同配比 PPBES 的 tanδ 的对比

在更高的温度下才能发生链段运动，反映前者具有更高的阻尼性能。图 3-28 所示为不同配比的共聚物在不同温度下储能模量 E' 的变化，从图中可以看出，两种不同配比共聚芳醚砜 PPBES 8020 和 PPBES 7030 的储能模量在 249℃ 和 245℃ 下分别为 1.065×10^9 Pa 和 1.038×10^9 Pa。这表明随着杂萘联苯结构含量的增加，共聚物的储能模量有所提高，这是由于 PPSU 链结构的刚性小于杂萘联苯结构的刚性。

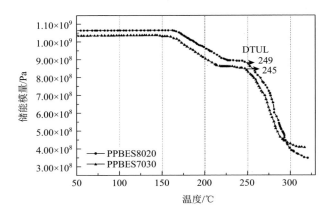

图 3-28　不同配比 PPBES 在不同温度下的储能模量

DMA 曲线可以帮助提供材料的负重变形温度(DTUL)，由此推断出材料的长期、高温性能[31]。无定形体系的 DTUL 与材料的玻璃化转变温度紧密相关，一般总是落在模量曲线陡坡部位。这样，DTUL 发生在高聚物的结构(聚集态结构)非常不稳定的区域，PPBES 8020 和 PPBES 7030 的 DTUL 温度分别是 249℃ 和 245℃。

采用二氯砜单体的过量摩尔分数来控制聚合物的分子量及其分布，聚合实验表明，共聚物的分子量及其玻璃化转变温度随着二氯砜过量摩尔分数的增加而下降，分子量分布变窄；对重均分子量 57000 的共聚芳醚砜进行热性能测试，结果表明：共聚芳醚砜在 370℃ 下在 DSC 样品池中停留时间较长，随着温度升高和时间的延长，共聚物的分子量上升，且分子量分布随之加宽，在没有造粒的条件下，共聚物的熔融指数在 370℃ 和 380℃ 分别为 5.0 g/10 min 和 7.0 g/10 min。HAAKE 扭矩测试表明：共聚物的稳定扭矩随着分子量的增加而增大，随着 PPSU 链结构含量的增加而下降，说明联苯结构的引入在一定程度上可以改善共聚物的熔融加工性。聚合物在 385℃ 下的挤出样品，具有良好的韧性和强度，表明聚合物具有良好的成型加工性。力学性能测试表明：新型共聚芳醚砜在常温的拉伸强度高于 PPSU。

将精制后的共聚物在 NMP 中配成浓度 10% 的溶液，过滤后在铺膜机上进行铺膜实验，浇铸后的膜平整、透明，该膜具有良好的韧性和强度，共聚物表现出良好的成膜性。

将浇铸后透明韧性膜进行电性能测试，结果表明，杂萘联苯共聚芳醚砜的表面电阻和体积电阻在 10^{15} Ω 数量级以上，表现出良好的电绝缘性能。PPSU 链结构的引入使得共聚物的表面电阻和体积电阻均有所下降，这是因为 PPSU 的规整结构导致聚合物的分子之间紧密靠近，自由体积减小，因此有利于电子的"跳跃"通过，故电子的迁移率变大，导电性变强，因此绝缘性下降。该新型材料可以广泛应用于接线端子、插座、开关、复印机零件，以及高频加热器零件、绝缘薄膜、配电盘、电线包覆材料等领域。

3.3.8　共聚芳醚砜的流变性能

通过对高分子材料流变特性的测试来评价聚合物的熔融行为、流变性和热稳定性等加工特性，从而确定适宜的加工条件和实际生产加工工艺[32, 33]。采用联苯结构占 40%摩尔分数的 PPBES 6040 产品（$\bar{M}_n = 20700$，$\bar{M}_w = 55200$）为研究对象，分别考察测试温度、分子量及共聚物组成对 HAAKE 扭矩的影响。PPBES 6040 在测试温度分别为 370℃和 380℃的条件下进行扭矩测试，测试结果如图 3-29 所示。

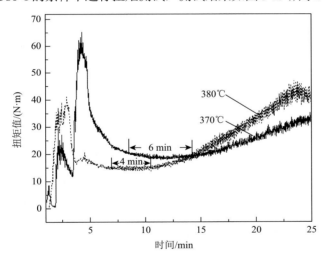

图 3-29　不同温度下 PPBES 6040 的 HAAKE 流变曲线

稳定扭矩反映了加工条件下物料表观黏度的大小，间接地反映了物料的流动性能。从图 3-29 中可看出，温度对其流动性能影响较大，370℃下的稳定扭矩比 380℃下要高出 5 N·m 左右。不同温度下，材料的热稳定性差异也比较明显，如图所示，370℃下稳定时间可达 6 min，而 380℃下稳定时间只有 4 min，380℃下的稳定时间较 370℃缩短，样品的扭矩上升的速度也较快，这表明 380℃下共聚物熔体黏度上升较快，从而可推断高温加工条件下共聚物分子链产生交联的速率比低温时要迅速得多。在实际生产中本书作者要采用适当的加工温度以免聚合物产生交联。

多组分共聚物不同含量引起流变性能的改变，可以通过哈克扭矩流变仪的扭矩变化来表现[34]。表 3-17 列出了三种不同配比的共聚芳醚砜 PPBES 的分子量及分子量分布，在分子量相差不大的条件下，考察共聚物分子主链中 PPSU 链结构的引入对哈克(HAAKE)扭矩的影响。

表 3-17   不同组分的共聚物的分子量及其分布

样品	DHPZ/BP	数均分子量[a]	重均分子量[a]	分子量分布[b]
PPBES 8317	83/17	24810	51570	2.08
PPBES 7228	72/28	26230	52640	2.00
PPBES 6040	60/40	21670	53780	2.48

a. GPC 测试，溶剂为氯仿；b. 分子量分布＝重均分子量/数均分子量。

图 3-30 为不同组分的共聚物的测试扭矩与时间的关系图。当改变共聚物的分子主链组成时，即 BP 含量分别为 17%(LP8)、28%(LP9) 和 40%(LP5) 时，尽管 $\bar{M}_{w8} < \bar{M}_{w9} < \bar{M}_{w5}$，但实验测得的三种不同配比的稳定扭矩值相差不大，这是因为主链中直链型的 PPSU 结构单元增多，共聚物分子之间的缠绕降低，故熔融挤出相对容易，因此降低了聚合物的熔融黏度。从图中还可以观察到，随着测试时间的延长，共聚物的扭矩都有上升的趋势，这是因为在较长的时间和高温下，共聚物受到强的剪切力作用使其分子链断裂，并发生交联反应，因此聚合物熔体的黏度迅速上升。在实际加工过程中为减少这种交联反应的发生，可添加适量的稳定剂或者控制加工温度。

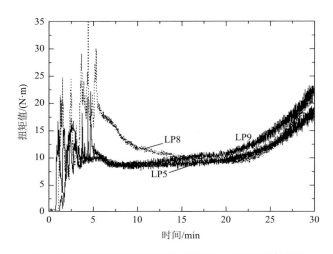

图 3-30   不同组分 PPBES 的哈克(HAAKE)流变曲线

3.3.9   共聚芳醚砜的加工性能

聚合物在挤出机中受到强烈的剪切和外加热作用，分子链易发生机械降解和热氧降解。这些降解反应会导致聚合物的分子量降低和分子量分布加宽，严重时会直接影响成型材料的使用性能。在不同温度设置下，对样品 PPBES 6040（$\bar{M}_n = 20700$，$\bar{M}_w = 46470$）进行挤出测试，表 3-18 为样品在双螺杆挤出机上重复挤出 6 次以及在不同温度设置下进行挤出的实验结果。

表 3-18   挤出 PPBES 6040 的分子量和热性能测试结果

标号	重均分子量[a]	分子量分布[b]	玻璃化转变温度/℃	5%热失重温度/℃	10%热失重温度/℃	残碳率[c]/%
PPBES 6040	46470	2.55	265	506	516	56.8
1	45350	2.80	264	515	525	54.5
2	46850	2.78	263	515	526	56.8
3	48340	3.02	264	514	525	56.1
4	49160	3.05	266	510	523	54.1
5	44220	3.02	262	510	522	54.9
6	45080	3.35	263	510	524	52.5
E1	42480	2.86	262	513	523	54.2
E2	41620	2.98	254	512	523	52.5
E3	45500	2.79	267	513	524	54.6

a. GPC 测试，溶剂为氯仿；b. 分子量分布 = $\bar{M}_w / \bar{M}_n$；c. 800℃下氮气氛围残碳率。

挤出的样品表面光滑、无气孔，具有较好的韧性。在表 3-18 的 1~6 温度条件下样品经重复挤出后，颜色逐渐加深，第 6 次挤出后，样品中有少量不溶性凝胶。GPC 分析结果表明，样品经重复挤出后，其分子量变化较小，分子量分布稍加宽。样品玻璃化转变温度变化不大，热失重温度稍有提高。由此可知，在此温度下，共聚物在挤出机中受到的机械混合及热氧作用，会引起部分小分子的分解，但这种变化不会引起材料本身使用性能上的改变。在不同温度设置下的挤出结果基本相同，其中 E2 由于温度设置稍高于其他几次测试，挤出后样品出现部分不溶性凝胶，分子量降低比较明显，其玻璃化转变温度也有所降低。因此，在挤出加工过程中应严格控制料腔的温度。

3.3.10 共聚芳醚砜的力学性能

采用 40%BP 的 PPBES 为研究对象，通过过量 DCS 摩尔分数来调控共聚物的分子量及其分布，将两组共聚芳醚砜制成注塑样条 I 型后测试其力学性能，其数据列于表 3-19。从表中的数据可以看出，对于分子量相差不大的共聚物 LP13 和 LP14，在室温时的拉伸强度也相差不大，分别为 74 MPa 和 78 MPa，比苏威公司 PPSU（$\bar{M}_w$：63000，PD：2.60，$T_g = 220℃$）的拉伸强度 70 MPa 有所提高；当温度升高到 150℃，LP13 的拉伸强度下降到 62 MPa，降低了 16%，这是温度升高使得聚合物的自由体积增大，且聚合物链段活动增强导致的；室温下，弯曲强度与弯曲模量分别为 120 MPa 和 3.37 GPa；实验表明：新型共聚芳醚砜表现出良好的力学性能。

表 3-19   PPBES 6040 粉料的力学性能

样品	玻璃化转变温度/℃	数均分子量ᵃ	重均分子量ᵃ	分子量分布ᵇ	拉伸强度(150℃)/MPa	拉伸强度/MPa	弯曲强度/MPa	弯曲模量/GPa
LP13	276	20720	55200	2.66	62.0	74.0	120	3.37
LP14	274	18763	55030	2.93	62.0	78.0	—ᶜ	—

a. GPC 测试，溶剂为氯仿；b. 分子量分布 = $\bar{M}_w/\bar{M}_n$；c. 未测试。

图 3-31 分别是注塑成型的样品 LP13 和 LP14 的拉伸断裂前后的比较图，断裂后材料产生了屈服，这表明该聚合物是韧性断裂，共聚物 PPBES 具有良好的韧性。

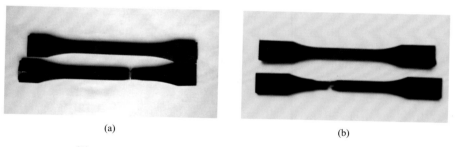

(a)   (b)

图 3-31   注塑样品 LP13(a) 和 LP14(b) 拉伸断裂前后对比

参 考 文 献

[1] 吴忠文. 特种工程塑料聚醚砜、聚醚醚酮树脂国内外研究、开发、生产现状. 化工新型材料, 2002(6): 15-18.

[2] 范广宇, 刘克静. 酚酞型聚芳醚砜共聚物的合成与表征. 工程塑料应用, 1992(3): 15-19.

[3] Rose J B. Preparation and properties of poly (arylene ether sulphones). Polymer, 1974, 15(7): 456-465.

[4] Robeson L M, Farnham A G, McGrath J E. Molecular Basis of Transitions and Relaxations. London: Gordon & Breach Science Publishers, 1978: 405-425.

[5] Yee A F, Smith S A. Molecular structure effects on the dynamic mechanical spectra of polycarbonate. Macromolecules, 1981, 14: 54-64.

[6] Dumais J J, Cholli A L, Jelinski L W, et al. Molecular basis of the β-transition in Poly (arylene ether sulfones). Macromolecules, 1986, 19: 1884-1889.

[7] Kricheldorf H R, Vakhtangishvili L, Schwarz G, et al. Cyclic poly (ether sulfone) s derived from 4-tert-butylcatechol. Polymer, 2003, 44(16): 4471-4480.

[8] Eichinger B E. Cyclization in reversible and irreversible step-growth polymerizations. Computational and Theoretical Polymer Science, 2000, 10: 83-88.

[9] 天津大学化工系高分子教研室. 高分子化学. 北京: 化学工业出版社, 1979.

[10] 单军, 左光汉, 刘占军. 平衡缩聚反应中起始官能团浓度对平均聚合度 Xn 的影响. 高分子材料科学与工程, 1997, 13(1): 128-130.

[11] Hedrick J L, Mohanty D K, Johnson B C, et al. Radiation resistant amorphous-all aromatic polyarylene ether sulfones: Synthesis, characterization, and mechanical properties. Journal of Polymer Science Part A: Polymer Chemistry, 1986, 24(2): 287-300.

[12] Hedrick J L, Dumais J J, Jelinski L W, et al. Synthesis and characterization of deuterated poly(arylene ether sulfones). Journal of Polymer Science Part A: Polymer Chemistry, 1987, 25(8): 2289-2300.

[13] Kim I, Choi H K, Kim J H, et al. Kinetics study of slurry-phase propylene polymerization with highly active Mg(OEt)$_2$/benzoyl chloride/TiC$_{14}$ catalyst. Journal of Applied Polymer Science, 1994, 52(12): 1739-1750.

[14] Terano M, Kataoka T, Hasak M. Olefin polymerization catalyst. Jpn. Kokai Tokkyo Koho JP 62 121 703 Toho Titanium Co., Ltd. 1987.

[15] Terano M, Kimura K, Masuo I. Method for producing olefin polymerization catalytic components. Jpn. Kokai Tokkyo Koho JP 6 96 006 Toho Titanium Co., Ltd. 1986.

[16] Makio H, Kioka M, Kashiwa N. Effect of external donor in polymerization of propylene by a MGCL 2 supported titanium catalyst. Macromolecular Symposia, 1994, 84: 1-4.

[17] 何曼君, 张红东, 陈维孝, 等. 高分子物理. 上海: 复旦大学出版社, 2008.

[18] 孟跃中, 蹇锡高, 徐艳. 杂萘联苯型聚芳醚酮热稳定性研究. 高分子材料科学与工程, 1994, 10(6): 85-88.

[19] 朱桂茹, 张守海. 聚醚砜酮薄膜在炭化过程中化学结构的变化. 新型碳材料, 2004, 19(1): 49-52.

[20] 过梅丽. 世界先进的动态机械热分析仪(DMTA) 及其应用. 现代科学仪器, 1996(4): 57-59.

[21] 邓友娥, 章文贡. 动态机械热分析技术在高聚物性能研究中的应用. 实验室研究与探索, 2002, 21(1): 38-39.

[22] 欧国容, 张德震. 高分子科学与工程实验. 上海: 华东理工大学出版社, 1997.

[23] Chen D Z, Tang C Y, Chan K C, et al. Dynamic mechanical properties and in vitro bioactivity of PHBHV/HA nanocomposite. Composites Science and Technology, 2007, 67(7-8): 1617-1626.

[24] Lobo H, Bonilla Jose V. Handbook of planstics analysis. New York: Marcel Dekker, Inc, 2003.

[25] Jenkins M J. Relaxation behaviour in blends of PEEK and PEI. Polymer, 2000, 41(18): 6803-6812.

[26] Wetton R E, Marsh R D, Van-De-Velde JG. Theory and application of dynamic mechanical thermal analysis. Thermochim. Acta, 1991, 175(1): 1-11

[27] Vilas J L, Laza J M, Garay M T, et al. Unsaturated polyester resins cure: Kinetic, rheologic, and macha-nical dynamical analysis. Ⅱ. The glass transition in the mechanical dynamical spectrum of polyester networks. Journal of Polymer Science Part B: Polymer Physics, 2001, 39(1): 146-152.

[28] Stoelting J, Karasz F E, MacKnight W J. Dynamic mechanical properties of poly(2, 6-dimethyl-1, 4-phenylene ether)-polystyrene blends. Polymer Engineering and Science., 1970; 10(3): 133-138.

[29] 过梅丽. 高聚物与复合材料的动态力学热分析. 北京: 化学工业出版社, 2002.

[30] Jens R. The glass transition temperature T_g of polymers-comparison of the values from differential thermal analysis(DTA, DSC) and dynamic mechanical measurements(torsion pendulum). Polymer Testing, 2001, 20(2): 199-204.

[31] 台会文, 夏颖. DMTA 在高分子材料中的应用. 塑料科技, 1998, (2): 55-58.

[32] 郑昌仁. 高聚物分子量及其分布. 北京: 化学工业出版社, 1986.

[33] 张洁. Haake 流变仪在聚合物加工中的应用. 塑料科技, 2002, (2): 56-58.

[34] 杜启玫, 周持兴. 哈克转矩流变仪在聚合物加工中的应用. 实验室研究与探索, 2004, 23(7): 46-47.

第4章

杂萘联苯聚芳醚砜酮

4.1　引言　◀◀◀

特种工程塑料具有优异的综合性能，能够在条件极为苛刻的环境中使用，是国家重点工程不可或缺的重要材料。然而，目前特种工程塑料的价格显著高于普通塑料，限制了其大规模的推广应用。"十一五"期间，国家将"低成本化"作为开发新型工程塑料的重点工作。因此进一步提高和改善特种工程塑料物理力学性能和加工性能的同时，拓宽应用领域、降低产品成本势在必行。同时，如何通过分子结构设计，提高高性能工程塑料的耐热性能，并保持其良好的加工性能和溶解性能，一直是开发高性能高分子材料关键科学问题。共聚改性是改善聚合物物理性能或者加工性能的常用方法。

另外，目前合成的聚芳醚酮价格昂贵的主要原因之一是其氟代单体 4, 4′-二氟二苯甲酮的售价高，而其同系物 4, 4′-二氯二苯甲酮的活性较低，难以得到高分子量的聚合物。为了降低聚芳醚高性能工程塑料的成本，采用 4, 4′-二氯二苯砜与 4, 4′-二氟二苯甲酮共聚，在一定程度上也能降低聚芳醚的合成成本。

杂萘酮联苯聚芳醚砜(PPES)和聚芳醚酮(PPEK)是以 4-(4-羟基苯基)-2, 3-二氮杂萘-1-酮(DHPZ)与市售 4, 4′-二氟二苯甲酮(DFK)、4, 4′-二氯二苯砜(DCS)经溶液亲核取代逐步聚合而成(图 4-1)，其典型性能见表 4-1。从表中可知，PPEK具有优异的力学性能，PPES 表现出优异的耐热性能。如果将二者共聚，能兼具优异的耐热性能和力学性能。我们也尝试采用 4, 4′-二氯二苯甲酮部分替代 4, 4′-二氟二苯甲酮，合成杂萘联苯聚芳醚砜酮共聚物，旨在进一步降低合成成本，实现低成本可控制备。

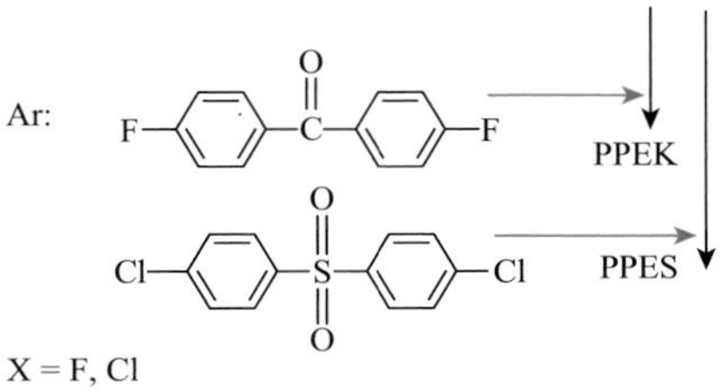

$$Ar:$$

图 4-1　杂萘联苯聚芳醚砜和聚芳醚酮的结构式

表 4-1　杂萘酮联苯聚芳醚砜、聚芳醚酮和聚芳醚酮酮的物理性能

性能	PPES	PPEK	PPEKK
玻璃化转变温度/℃	305	263	246
5%热失重温度/℃，N_2	>500	>500	>500
拉伸强度/MPa	90	122	102
断裂伸长率/%	11	19	13
弯曲强度/MPa	135	172	167
弯曲模量/GPa	3.5	3.2	3.0
体积电阻/(Ω/cm^3)	10^{16}	10^{16}	10^{16}
氧指数	36	34	34
溶解性能	均可溶于 N-甲基吡咯烷酮，N,N-二甲基乙酰胺，氯仿		

4.2　4,4′-二氯二苯甲酮合成杂萘联苯聚芳醚砜酮 ◀◀◀

4.2.1　杂萘联苯聚芳醚砜酮的合成

以 DHPZ、4,4′-二氯二苯甲酮(DCK)和 DCS 为原料进行溶液缩聚，通过调节单体的比例，制得系列不同砜酮比例的含二氮杂萘酮联苯结构聚芳醚砜酮 PPESK。聚合物的合成路线如图 4-2 所示。以 PPESEK55(55 代表单体 DCS 与 DCK 的摩尔比为 5∶5)合成过程为例描述如下：在配有机械搅拌器、回流分水器、冷凝管及氮气出入口的 100 mL 三口烧瓶中，加入 DHPZ(10 mmol，2.3825 g)、DCK(5 mmol，1.2556 g)、K_2CO_3(12 mmol，1.6585 g)、3 mL 环丁砜，以甲苯为带水剂，在氮气保护下升温至 150℃，共沸脱水完全后蒸出甲苯，升温至 210℃，反应 5~6 h 后，将 DCS(5 mmol，1.4358 g)溶于 2 mL 环丁砜中，并加入到反应体系，继续反应 3~4 h，趁热将聚合物溶液倒入热水中，析出白色纤维状聚合物，经热水洗涤后过滤、烘干，将聚合物溶解于氯仿，然后在乙醇中沉降，得到白色絮状聚合物PPESK55。

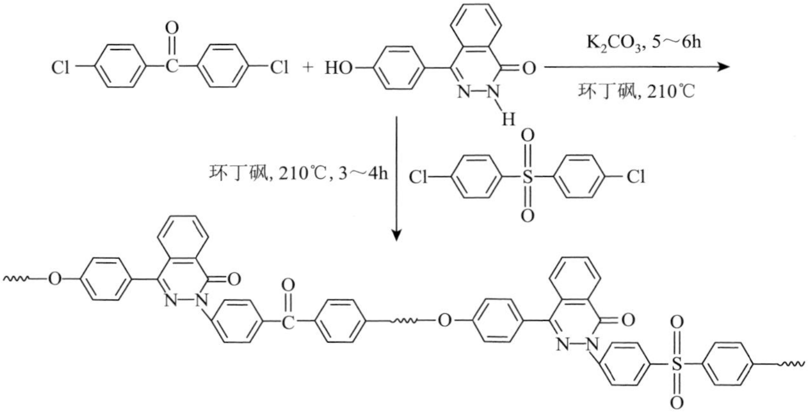

图 4-2　分步加料合成 PPESK

为了得到高分子量的 PPESK，分别考察了同步加料和分步加料的方式对聚合反应的影响。采用不同加料方式得到 PPESK 的特性黏度列于表 4-2 中。从表 4-2 中可以看出，采用同步加料的方式得到的 PPESK 的特性黏度均在 0.20～0.35 dL/g 之间，而采用分步加料方式得到的 PPESK 的特性黏度在 0.40～0.60 dL/g 之间。这是 DCK 和 DCS 单体中与氯原子相连的碳原子的亲电性不同，以及反应过程中 DHPZ 单体中形成的—O-K+和—N-K+反应活性不同的共同结果所致。已有研究表明，反应过程中 DHPZ 中形成的—N⁻和—O⁻的反应活性存在一定的差异，在高温反应时，—N⁻的活性低于—O⁻[1, 2]，DCS 中由于砜基的吸电子能力比 DCK 中羰基的吸电子能力强，因此，在亲核取代反应中，DCS 的活性略高于 DCK。对反应单体来说，活性越低，选择性越大。当采用同步加料方式时，DHPZ 中形成的活性较高的—O⁻优先和活性较高的 DCS 反应，余下较多的—N⁻与活性较低的 DCK 反应，最终会导致得不到高分子量的聚合物。而采用分步加料方式时，先加入的 DHPZ 和 DCK 反应一段时间后，余下的—N⁻会进一步与活性较高的 DCS 反应，—NH 的反应程度会有所提高，从而提高了聚合物的分子量。

表 4-2　不同加料方式所得 PPESK 的特性黏度

PPESK	DHPZ/DCS/DCK（摩尔比）	η^a/(dL/g)	
		同步加料	分步加料
PPESK19	100/10/90	0.24	0.40
PPESK28	100/20/80	0.35	0.60

续表

PPESK	DHPZ/DCS/DCK（摩尔比）	$\eta^a/(dL/g)$	
		同步加料	分步加料
PPESK37	100/30/70	0.17	0.48
PPESK46	100/40/60	0.34	0.48
PPESK55	100/50/50	0.34	0.54
PPESK64	100/60/40	0.23	0.56
PPESK73	100/70/30	0.35	0.53
PPESK82	100/80/20	0.30	0.41
PPESK91	100/90/10	0.20	0.46

a. 特性黏度：$CHCl_3$ 25℃，浓度 0.5 g/dL 下测试。

4.2.2　杂萘联苯聚芳醚砜酮的结构表征

用 FTIR 和 ^{1}H NMR 对 PPESK 聚合物进行了结构表征。图 4-3 为 PPESK 系列聚合物的红外谱图，从中可以看出在 3400 cm^{-1} 附近—NH 或—OH 的伸缩振动吸收峰基本消失，表明缩聚反应基本反应完全。聚合物均在 3069 cm^{-1} 处出现了苯环上 C—H 伸缩振动峰，在 1668 cm^{-1} 处出现了二氮杂萘酮联苯结构中羰基和 4, 4′-二氯二苯酮结构中羰基的伸缩振动吸收峰，1590 cm^{-1} 和 1490 cm^{-1} 处出现了苯环骨架伸缩振动吸收峰，1240 cm^{-1} 处出现了芳香醚键伸缩振动吸收峰。在 1325 cm^{-1} 和 1153 cm^{-1} 处分别出现了砜基的对称和不对称伸缩振动吸收峰，并且随着聚合物主链中砜基含量的增加，砜基的对称和不对称伸缩振动吸收峰均有所增强。红外谱图表明，所合成的聚合物的结构和所设计的一致。

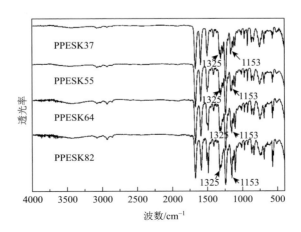

图 4-3　PPESK 系列聚合物的红外谱图

　　聚合物的核磁共振氢谱如图 4-4 所示，参照文献[3, 4]对出现的氢质子化学位移进行了归属，并列于图 4-4 中。$\delta = 8.62$ ppm 处出现的峰为杂萘环上 H1 的吸收峰。由于羰基较强的吸电子能力，羰基旁边的 H8、H9 出现在低场 $\delta = 7.96$ ppm 左右。由于砜基具有很强的吸电子能力，H11、H12 出现在更低场 $\delta = 8.03$ ppm 左右，从图中可以看出，随着聚合物主链中砜基含量的增加，羰基邻位 H8、H9 的积分面积逐渐减小，而砜基邻位的 H11、H12 的积分面积逐渐增加，且根据 H1 和 H11 和 H12 的积分面积比计算出的砜基含量与设计主链中砜基的含量相吻合。说明通过分步加料法成功地合成了 PPESK 聚合物。

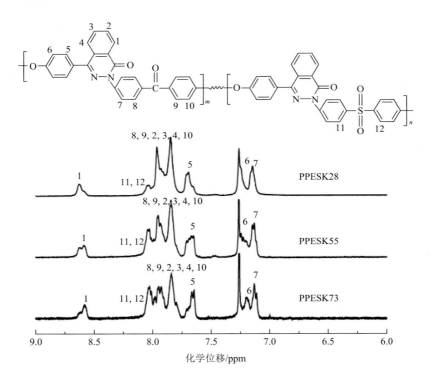

图 4-4　PPESK 的核磁共振氢谱图

4.2.3　杂萘联苯聚芳醚砜酮的热性能

　　通过差示扫描量热仪(DSC)和热失重分析仪(TGA)对 PPESK 进行了热性能测试。图 4-5 是聚合物 PPESK 的 DSC 曲线，从图 4-5 中可以看出，每个共聚物只出现了一个玻璃化转变，这表明产物是共聚物而不是两种聚合物的共混物。且 T_g 随着聚合物主链中砜基含量的增加而增大，这主要是因为砜基的极性较大，增加了分子链之间的相互作用。

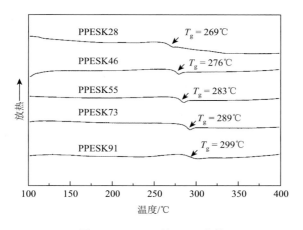

图 4-5　PPESK 的 DSC 曲线

图 4-6 为 PPESK 的玻璃化转变温度与砜基含量之间的关系图，其中虚线为根据 Fox 方程得到的 T_g 值与共聚物主链中砜基含量之间的关系图，实线为 DSC 曲线测得的 T_g 值与共聚物主链中砜基含量之间的关系图。方程是由 T. G. Fox[5] 在 1956 年提出的，广泛用于表征共聚物或共混物含量(组分)与 T_g 之间的关系，如式(4-1)所示：

$$\frac{1}{T_g} = \frac{W_1}{T_{g1}} + \frac{W_2}{T_{g2}} \tag{4-1}$$

式中，T_{g1} 代表 PPEK 的 T_g；T_{g2} 代表 PPES T_g；W_1 代表共聚物中 PPEK 结构单元的质量百分含量；W_2 代表共聚物中 PPES 结构单元的质量百分含量。

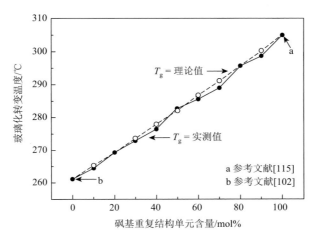

图 4-6　PPESK 的玻璃化转变温度与砜基含量的关系

从图 4-6 中可以清楚地看出 PPESK 共聚物的 T_g 与理论值相吻合,说明 PPESK 链段中 PPEK 和 PPES 两种链段的相容性较好。进一步说明了分步法投料方式合成的 PPESK 其玻璃化转变温度可通过单体 DCS、DCK 的摩尔投料比而调控。

从图 4-7 中可以看出聚合物在 500℃ 以下均没有明显的失重现象。5%热失重温度均在 506~512℃ 之间,10%热失重温度均在 518~527℃ 之间,800℃ 残碳率均高于 54%,表明所合成的聚合物均具有优异的热稳定性。相对应的 DTG 曲线(图 4-8)上出现了一个较大的峰值,表明共聚物的分子链在此范围内发生显著的变化,其温度均在 500℃ 以上,表明聚合物具有优良的热稳定性能。从图 4-8 还可以看出,当失重速率很快达到一个峰值后又趋于平缓,可以推测其热解模式主要是以大分子链的断裂为主。可能的变化为结构单元中二氮杂萘环的 N—N 键断裂,形成具有共轭氰基和异氰基的苯环化合物;二芳基醚键、二芳基砜键断裂,脱除 CO 和 SO_2 等小分子气体。

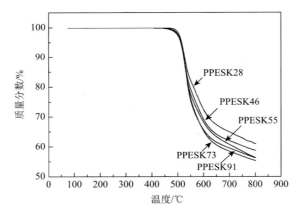

图 4-7　PPESK 的 TGA 曲线

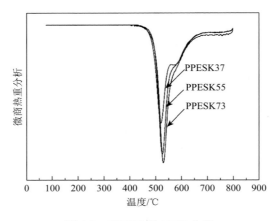

图 4-8　PPESK 的 DTG 曲线

4.2.4　杂萘联苯聚芳醚砜酮的力学性能和电性能

将精制后的 PPESK 共聚物在 NMP 中配成浓度 10%的溶液，过滤后在刮膜机上进行铺膜实验，浇注后的膜平整、透明，该膜具有良好的韧性和强度，共聚物表现出良好的成膜性。对其进行力学性能测试，结果列于表 4-3 中。所有样品拉伸强度高于 68 MPa，断裂伸长率高于 19%，拉伸模量为 0.83 GPa，表明用 DCS 及活性较低的氯代芳酮 4, 4′-二氯二苯甲酮合成的聚芳醚砜酮具有较好的力学性能。

表 4-3　PPESK 的力学性能

聚合物	断裂伸长率/%	拉伸强度/MPa	拉伸模量/GPa
PPESK19	24	77	0.92
PPESK28	36	74	0.86
PPESK37	19	76	0.94
PPESK46	21	74	0.88
PPESK55	23	72	0.83
PPESK64	19	68	0.80
PPESK73	22	69	0.83
PPESK82	21	71	0.84
PPESK91	19	69	0.85

将浇注后的透明韧性膜进行电性能测试，结果表明，PPESK 的表面电阻和体积电阻在 10^{15} Ω 数量级以上，表现出良好的电绝缘性能。这是因为扭曲非共平面杂萘联苯酮结构的引入，增大了分子链之间的自由体积，阻碍了电子的"跳跃"，电子的迁移率变小，导电性变弱，因此绝缘性增强。该新型材料可以广泛应用于接线端子、插座、开关、复印机零件，以及高频加热器零件、绝缘薄膜、配电盘、电线包覆材料等领域。

4.3　杂萘联苯共聚芳醚砜酮的合成与性能　◀◀◀

4.3.1　杂萘联苯四元共聚物 PPBESK 的合成

1. 一步法合成的共聚芳醚砜酮

采用一步亲核取代缩聚方法，合成含二氮杂萘联苯四元共聚芳醚砜酮

PPBESK（PPBESK-Ⅰ），具体实验方法如下：在装有搅拌器、分水器、冷凝管、氮气导入管的干燥的 100 mL 三口烧瓶中，同时加入计算量的类双酚单体 DHPZ、4,4'-联苯二酚（BP）、4,4'-二氯二苯砜（DCS）和 4,4'-二氟二苯甲酮（DFK）四种单体，再加入反应溶剂环丁砜、二倍溶剂体积的带水剂二甲苯、催化剂无水碳酸钾。通氮气，边升温边搅拌，温度升高到 150℃左右保持回流 2～2.5 h，完全蒸出体系中的二甲苯和水，然后继续升温至 200℃进行聚合反应，反应物逐渐溶解，在此温度反应 8～10 h，当体系变黏稠时，可补加适量溶剂。当体系表观黏度不再上升时，可视为反应达到终点。通过调节四种反应单体的比例，合成主链中含有不同组分的共聚芳醚砜酮，聚合反应式如图 4-9 所示。

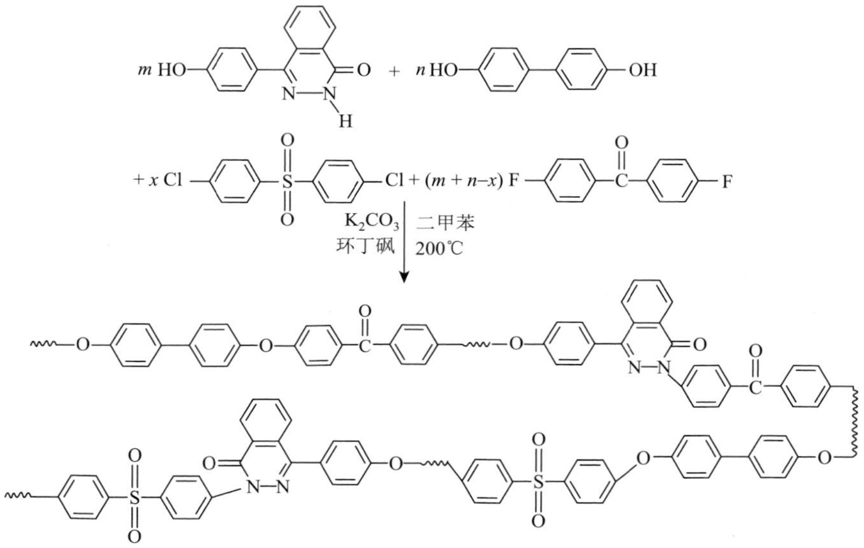

图 4-9　一步法共聚芳醚砜酮的合成路线

2. 两步法合成的共聚芳醚砜酮

采用两步加料，通过亲核取代的方法，合成了四元共聚芳醚砜酮 PPBESK（PPBESK-Ⅱ）。先将 DHPZ、BP、DCS 三种单体加入到三口烧瓶中，溶剂、带水剂、催化剂按计算量加入，150℃回流脱水 2～2.5 h，当反应升温至 200℃时，使体系先聚合一段时间，然后将反应降至室温，加入 DFK 单体，再升温至 200℃进行四元共聚，其他操作与一步投料法相同。反应路线如图 4-10 所示。将反应后的聚合物溶液倒入热水中，得到白色条状产品，煮沸 2～3 h 后烘干。将聚合物在氯仿中溶解，将滤液沉降在无水乙醇中，过滤得到白色絮状物，水煮，烘干备用。

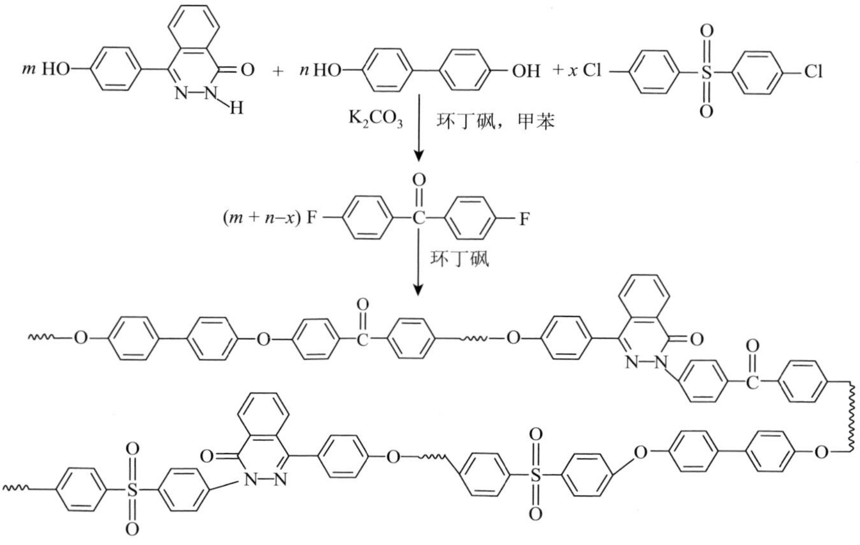

图 4-10　两步法共聚芳醚砜酮的合成路线

4.3.2　PPBESK–Ⅰ与PPBESK–Ⅱ的结构表征

图 4-11 为一步法合成的配比为(DHPZ/BP/DCS/DFK) 90/10/50/50 的共聚芳醚砜酮的红外谱图，测试范围为波数 400～4000 cm^{-1}。其中，a 为类双酚单体 DHPZ 的红外谱图，b 为共聚物 PPBESK 90/10/50/50 的红外谱图。a 中 3000～3500 cm^{-1} 附近出现的 DHPZ 单体的—NH 和—OH 的特征吸收峰，在 b 中几乎不存在；而 a 中在 1641 cm^{-1} 左右出现的羰基(—C=O)的特征吸收峰在 b 中稍有偏移(1668 cm^{-1})；b 中 1326 cm^{-1} 处出现砜基(O=S=O)的特征吸收峰，1242 cm^{-1} 为醚键(C—O—C)的特征吸收峰。1595 cm^{-1} 附近为共聚物中苯环骨架的特征吸收峰，红外测试结果表明，所合成的聚芳醚砜酮的结构与设想的结果一致。

为了进一步分析聚合物的结构，对聚合物进行了 ¹H NMR 分析，如图 4-12 所示。从图中可以进一步看出，7.23 ppm 处为 $CDCl_3$ 的残留质子峰，单体 DHPZ 的—N—H 键和 O—H 键分别在 12.6 ppm 和 10.2～10.6 ppm 附近出现的峰在 PPBESK 图谱中消失了，表明—NH 和—OH 参与了反应，图中聚合物在 8.54 ppm 处出现了一个单峰，这是二氮杂萘酮联苯结构中的迫位氢的化学位移，由于受到临近羰基的去屏蔽作用，它的化学位移向低场移动。图中 7.10～8.03 ppm 处的多重峰为二氮杂萘联苯结构上氢的化学位移。¹H NMR 进一步证实了所合成出的聚合物结构的正确性。

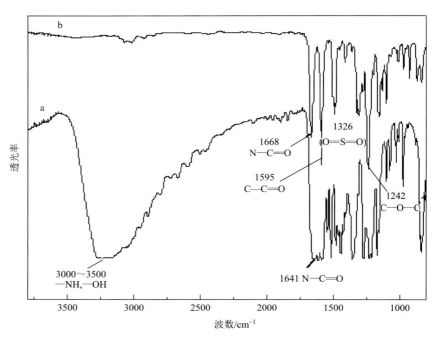

图 4-11　一步法合成的共聚芳醚砜酮(PPBESK 90/10/50/50)的红外谱图

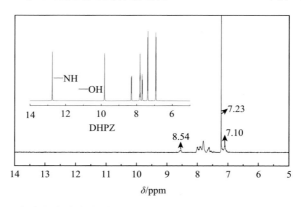

图 4-12　一步法合成共聚芳醚砜酮(PPBESK 90/10/50/50)的核磁共振氢谱图

采用两步投料合成工艺,目的是避免活性较高的联苯二酚(BP)和 4, 4′-二氟二苯甲酮(DFK)优先聚合,生成过多含有联苯二酚和二氟酮聚合的结晶链段,从而改善共聚物的溶解性,扩大新型共聚芳醚砜酮的应用领域。通过此工艺合成了一系列不同配比的聚合物,并考察了不同组分对聚合物性能的影响。

对不同组分的共聚物进行了 FTIR 分析。如图 4-13 所示,在 3068 cm^{-1} 处出现中等强度苯环的伸缩振动,1668 cm^{-1} 为杂萘联苯结构中的羰基(C=O)的特征吸收峰,此吸收峰值的强弱随主链中杂萘联苯结构含量的变化而变化,如图中的

PPBESK 80/20/80/20 在此处的吸收峰强度大于 PPBESK 50/50/80/20，1600 cm⁻¹ 附近为共聚物中苯环骨架的特征吸收峰，砜基和醚键的特征吸收峰分别出现在 1326 cm⁻¹ 和 1247 cm⁻¹ 处，从图中可以看出，共聚物 PPBESK 80/20/80/20 的砜基吸收强度大于 PPBESK 80/20/50/50，这是因为前者主链中砜基含量高于后者。

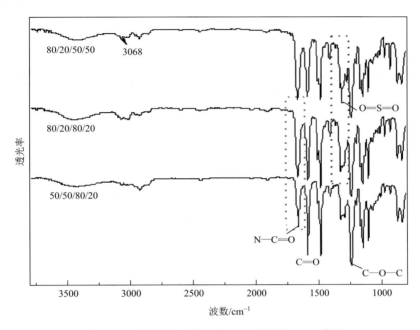

图 4-13　两步法合成的共聚芳醚砜酮的 FTIR 谱图

考察共聚物中氢的化学位移我们可以进一步证明结构的正确性，图 4-14 是共聚物的 ¹H NMR 谱图。从图中可以看出，聚合物在化学位移 8.5 ppm 处出现了

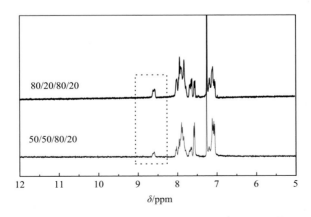

图 4-14　两步法合成的共聚芳醚砜酮的 ¹H NMR 谱图

氢质子化学位移峰，它是二氮杂萘联苯结构中的迫位氢的化学位移向低场移动的结果，且随着投料比的变化其强度也有所不同：主链中含二氮杂萘结构含量较多的 PPBESK 80/20/80/20 的迫位氢的振动峰较 PPBESK 50/50/80/20 的强度大，从而进一步证明聚合反应是按照预期的设计进行的。

4.3.3 PPBESK-Ⅰ与 PPBESK-Ⅱ的溶解性表征

在几种非质子性有机溶剂中对一步法合成的四元共聚物进行溶解性测试，测试结果见表 4-4。

表 4-4   PPBESK-Ⅰ在不同溶剂中的溶解性能

DHPZ/BP/DCS/DFK	溶剂 a							
	氯仿	N-甲基吡咯烷酮	吡啶	1, 1, 2, 2-四氯乙烷	N, N-二甲基乙酰胺	四氢呋喃	二甲基亚砜	N, N-二甲基甲酰胺
90/10/50/50	＋＋	＋＋	＋＋	＋＋	＋＋	－	－	－
90/10/70/30	＋＋	＋＋	＋＋	＋＋	＋＋	－	－	－
90/10/80/20	＋－	＋＋	＋＋	＋＋	＋＋	－	－	－
80/20/80/20	＋－	＋＋	＋＋	＋＋	＋－	－	－	－
80/20/70/30	＋－	＋＋	＋＋	＋＋	＋－	－	－	－
70/30/80/20	＋－	＋＋	＋＋	＋＋	＋－	－	－	－
60/40/80/20	＋－	＋＋	＋＋	＋＋	＋－	－	－	－
60/40/50/50	＋－	＋＋	＋＋	＋＋	＋－	－	－	－

a. 50 mg 聚合物溶解在 1 mL 溶剂中；N-甲基吡咯烷酮：NMP；N, N-二甲基乙酰胺：DMAc；二甲基亚砜：DMSO；四氢呋喃：THF；1, 1, 2, 2-四氯乙烷：TCE；＋＋：室温溶解；＋－：室温部分溶解；－：不溶解。

可见，采用一步法合成的系列共聚芳醚砜酮溶于 TCE、NMP 和吡啶（Pyridine）等强极性溶剂；不溶于 THF、DMSO 和 DMF 溶剂中。而在氯仿和 DMAc 中溶解性存在一定差异，这是由于在聚合过程中，反应活性较高的 BP 和 DFK 优先聚合，由于这两种单体的分子结构是规整的对称结构，所以随着体系中联苯二酚含量的增加，大量的联苯二酚单体与二氟酮单体结合在一起，在聚合物中形成了对称的结晶链段，因此降低了聚合物在溶剂中的溶解性。为了提高 PPBESK 的溶解性，扩大其应用领域，考虑采用两步投料法进行聚合反应。

不同投料配比的共聚物在非质子性有机溶剂中的溶解性见表 4-5。

表 4-5 PPBESK-Ⅱ在不同溶剂中的溶解性能

DHPZ/BP/DCS/DFK	溶剂[b]							
	氯仿	N-甲基吡咯烷酮	吡啶	1, 1, 2, 2-四氯乙烷	N, N-二甲基乙酰胺	四氢呋喃	二甲基亚砜	N, N-二甲基甲酰胺
80/20/80/20	+ +	+ +	+ +	+ +	+ +	–	–	–
80/20/70/30	+ +	+ +	+ +	+ +	+ +	–	–	–
80/20/60/40	+ +	+ +	+ +	+ +	+ +	–	–	–
80/20/50/50	+ +	+ +	+ +	+ +	+ +	–	–	–
60/40/80/20	+ +	+ +	+ +	+ +	+ +	–	–	–
70/30/80/20	+ +	+ +	+ +	+ +	+ +	–	–	–
60/40/70/30	+ +	+ +	+ +	+ +	+ +	–	–	–
50/50/80/20	+ +	+ +	+ +	+ +	+ +	–	–	–

a. 50 mg 聚合物溶解在 1 mL 溶剂中；N-甲基吡咯烷酮：NMP；N, N-二甲基乙酰胺：DMAc；二甲基亚砜：DMSO；四氢呋喃：THF；1, 1, 2, 2-四氯乙烷：TCE；＋＋，室温溶解；＋－，室温部分溶解；－＋，加热溶解；－，不溶解。

从溶解性的测试可以看出，两步法合成的共聚芳醚砜酮在室温下完全溶解于氯仿、NMP、TCE、DMAc 和吡啶等有机溶剂中，但在 THF、DMSO 和 DMF 溶剂中难于溶解，较一步法合成的共聚物的溶解性大大提高，这是因为两步投料法避免了活性较高的联苯二酚和二氟二苯酮的优先反应，从而减少了部分结晶链段的生成，共聚物主链的结晶性下降，从而提高了共聚物的溶解性。为此，接下来将对 PPBESK-Ⅱ的性能进行系统研究。

4.3.4 PPBESK-Ⅱ的热性能

通过 DSC 和 TGA 对两步法合成的共聚芳醚砜酮 PPBESK-Ⅱ进行热性能测试，数据列于表 4-6 中。由表可知，不同投料比的聚合物的玻璃化转变温度(T_g)高于 252℃，共聚物表现出较好的热性能。同时，聚合物 5%热失重温度均在 480℃以上，说明聚合物具有很好的热稳定性。

表 4-6 两步法合成共聚芳醚砜酮的热性能

PPBESK-Ⅱ	DHPZ/BP/DCS/DFK	玻璃化转变温度[a]/℃	5%热失重温度[b]/℃	10%热失重温度/℃	氮气下最大失重温度[c]/℃
P1-Ⅱ	80/20/80/20	269	495	506	510
P2-Ⅱ	80/20/70/30	264	488	503	515
P3-Ⅱ	80/20/60/40	263	490	504	508
P4-Ⅱ	80/20/50/50	258	494	508	509
P5-Ⅱ	70/30/80/20	259	500	512	514

续表

PPBESK-Ⅱ	DHPZ/BP/DCS/DFK	玻璃化转变温度[a]/℃	5%热失重温度[b]/℃	10%热失重温度/℃	氮气下最大失重温度[c]/℃
P6-Ⅱ	60/40/80/20	258	488	504	513
P7-Ⅱ	60/40/70/30	261	493	506	513
P8-Ⅱ	60/40/60/40	255	500	512	513
P9-Ⅱ	50/50/80/20	252	500	511	517
P10-Ⅱ	100/0/50/50	284	508	—[d]	—

a. DSC 测试，氮气下升温速率 10℃/min；b. 氮气下 5%热失重温度，升温速率 20℃/min；c. 氮气下最大失重温度，升温速率 20℃/min；d. 未检测。

图 4-15 为四种不同单体摩尔配比的 PPBESK 的 DSC 曲线。从图中可以看出，所有的 DSC 曲线均出现一个玻璃化转变温度，由此从 DSC 结果初步判定共聚物为无规结构；其次，当 DHPZ 与 BP 的摩尔比不变(80/20)时，增加 DCS 的摩尔量，聚合物的玻璃化转变温度增大，这是因为 DCS 的结构中的砜基基团是强极性基团，因此 DCS 加入量增加，使聚合物中的强极性基团增多，最终使聚合物的 T_g 增大；当 DCS 与 DFK 的摩尔比不变(80/20)时，增加 DHPZ 的摩尔量，聚合物的玻璃化转变温度也随之增大，这是因为杂萘联苯结构的含量增加，刚性增强，聚合物的 T_g 升高，可见调整单体的配比能调控共聚物的耐热性能。

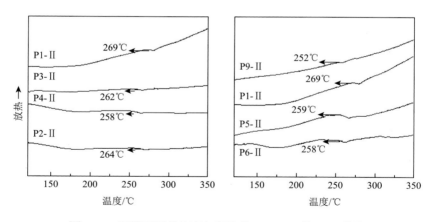

图 4-15 四种不同单体摩尔配比的 PPBESK 的 DSC 曲线

在 N₂ 氛围中，采用 10℃/min 升温速率对 PPBESK 样品进行热失重(TGA)及微分热失重(DTG)分析，示于图 4-16。从图可以看出，PPBESK 在 400℃以前，几乎没有任何明显热失重现象发生，温度在 520℃左右，聚合物的热失重速率达到最大，说明该聚合物具有良好的热稳定性能。

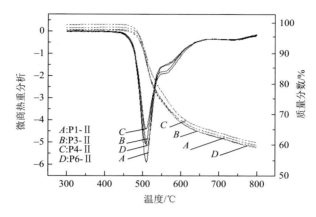

图 4-16　两步法合成共聚芳醚砜酮的 TGA 和 DTG 曲线图

当改变其中两种单体即 DCS 和 DFK 摩尔分数时，共聚物的热分解速率随着砜基含量的增加而下降，如图 4-16 中曲线 A、B、C 所示。这说明共聚物的热稳定性随着砜基含量的增加而增强；改变 DHPZ 与 BP 的摩尔分数时，共聚物的热分解速度随着二氮杂萘联苯结构含量的增加而下降，如图中一阶微分热失重曲线 A、D。这是由于 DHPZ 特殊的非共平面结构赋予共聚物更好的热稳定性。

4.3.5　PPBESK–Ⅱ的动态机械热分析

:::::: 1. 不同砜酮比的共聚物的 DMA 谱图及性能

动态力学分析具有下列优点：① 只需要一根小试样就能在较短时间获得材料的模量与阻尼在宽阔范围内的连续变化；② 动态力学热分析中，材料中每一种分子运动单元运动状态的转变（包括主转变与次级转变），都会在内耗-温度曲线上有明显的反映。

1）两种配比的共聚芳醚砜酮 DMA 谱图

玻璃化转变温度 T_g 是度量高聚物链段运动的特征温度，也是聚合物性能的重要表征参数。图 4-17 所示是采用 DMA 拉伸模式，频率为 1 Hz 测试条件下，共聚芳醚砜酮 PPBESK 80/20/70/30 的储能模量 E'、损耗模量 E'' 和 tanδ 随温度变化的动态热力学谱图。当共聚物所处的温度低于 150℃时，高分子的链段被“冻结”，形变主要由高分子链中原子间的化学键的键长、键角改变所产生，材料表现为完全弹性性质，故储能模量 E' 较高（$>10^9$ Pa），tanδ 小，力学状态为玻璃态。随着温度升高到 167℃，共聚物的阻尼峰出现了一个小转变，这可能是活性较高的联苯二酚与二氟酮聚合生成的小链段自由运动的结果，温度继续升高，在 250～300℃之间，阻尼曲线表现为急剧向上弯曲后又急剧下降，出现一个α

转变区，这是共聚物的玻璃化转变区。相对应的储能模量 E' 曲线在此区间表现为先迅速下降，随后基本保持一平台，PPBESK 80/20/70/30 的玻璃化转变温度为 273℃。

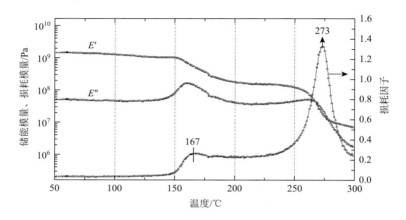

图 4-17　PPBESK 80/20/70/30 的储能模量和损耗模量与温度关系

在 DSC 检测中只出现一个主转变峰（α转变），由于 DMA 检测的灵敏性要远远高于 DSC 检测，因此通过 DMA 测试可以判断所合成的共聚物是主链上含有小链段的微嵌段型共聚物。

图 4-18 为 PPBESK 80/20/60/40 在扫描频率为 1Hz 条件下，储能模量和损耗模量与温度之间变化关系图。与图 4-17 的变化规律相似，PPBESK 80/20/60/40 的玻璃化转变温度为 265℃，表明 PPBESK 80/20/70/30 的耐热性比 PPBESK 80/20/

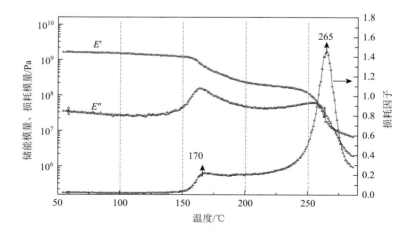

图 4-18　PPBESK 80/20/60/40 的储能模量和损耗模量与温度关系

60/40 优异。这与采用 DSC 方法得出的这两种聚合物的玻璃化温度差异结论相符。相应地，共聚物 PPBESK 80/20/60/40 在 170℃出现了由小链段的运动产生的小转变峰，此微小的转变峰来自于体系中活性较高的联苯二酚与二氟酮的聚合链段的自由运动。

2）共聚物组分对储能模量 E' 的影响

共聚物组分对材料的储能模量的影响，可以通过在相同测试条件下的动态力学性能来表征。储能模量 E' 与试样在每周期中储存的最大弹性成正比，反映材料黏弹性中的弹性部分，表征材料的拉伸模量或刚度。

从图 4-19 中可以看出，两种不同砜酮比的共聚物的储能模量都较大，高于 1×10^9 Pa，说明此种材料的刚性较好，适合作为结构材料使用。由于共聚物的组分不同，在 DMA 谱图中的储能模量也有所不同，从图 4-19 可以看出，在玻璃态，共聚物 PPBESK 80/20/60/40 的储能模量要高于 PPBESK 80/20/70/30，这说明主链中酮基含量高有助于提高共聚物的刚性；随着温度升高到玻璃化转变温度，储能模量的高低发生转变，PPBESK 80/20/60/40 的储能模量变得略低于 PPBESK 80/20/70/30，这表明共聚物在橡胶态的储能模量随着主链中砜基含量的增大而增大。

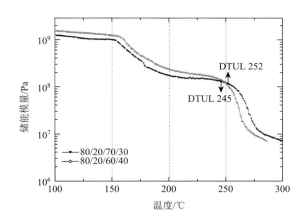

图 4-19　不同砜酮比的共聚芳醚砜酮的储能模量与温度关系

由于无定形体系的负重变形温度（DTUL）与材料的玻璃化转变温度紧密相关，一般落在模量曲线陡坡部位，故从 DMA 谱图上可以得到 DTUL 温度。从图 4-19 得出共聚物 PPBESK 80/20/70/30 的 DTUL 为 252℃，PPBESK 80/20/60/40 的 DTUL 温度为 245℃。

3）共聚物组分对损耗模量 E'' 的影响

损耗模量是表征由链段松弛而造成的能量吸收，有助于表征材料内部的运动机理[6, 7]。损耗模量与试样在每周期中以热的形式消耗的能量成正比，反映材料黏弹性中的黏性部分，利用高聚物的黏性性能，作为减振或隔音材料使用时，要求在使用频率和温度范围内有较高的阻尼。峰值越高，说明材料的黏性越强，阻尼越高。

从图 4-20 中可以看出，当温度升高到 150℃以上时，共聚物都出现了损耗模量峰，比较峰值的大小发现，PPBESK 80/20/60/40 的峰值高于 PPBESK 80/20/70/30，说明聚合物主链酮基含量越高其阻尼峰值越大，越有助于提高聚合物的黏性，当温度继续升高到 250℃附近时，PPBESK 80/20/60/40 的峰值仍然高于 PPBESK 80/20/70/30，这样进一步证实了前述的结论。因此主链中酮基含量高的共聚物适合作减振和隔音材料使用。

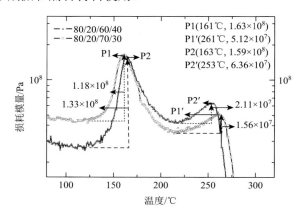

图 4-20 不同砜酮比的 PPBESK 损耗模量与温度关系

4）共聚物组分对 α 松弛峰的影响

对非晶态高聚物来说，聚合物材料的耐热性使用标准，从物理意义上应是玻璃化转变温度 T_g，当所处的温度低于 T_g 时，材料表现出完全弹性性质，tanδ 小，随着温度升高，链段开始运动，呈现 tanδ 峰，形变剧增。我们知道，温度谱中的 tanδ 值表示损耗模量与储能模量的比值的相对大小，同一体系中峰值越大，表明链段松弛运动导致的大分子层内摩擦越大，相对损耗能力越大。图 4-21 示出了 tanδ 随温度变化的关系，可以看出，当共聚物中砜酮基比例增大时，玻璃化转变温度明显提高，这是因为砜基的极性比酮羰基更强，PPBESK 80/20/60/40 的玻璃化转变的峰值高于 PPBESK 80/20/70/30，说明前者的链段松弛转变困难，需要更大的能量来克服由于链段松弛运动导致的大分子层内摩擦。从共聚物玻璃化转变区的宽度（阻尼峰半高度之间的宽度）能区别共聚物的均一性，均一性好的共聚物，其玻璃化转变温度区较窄；均一性差的就较宽[8, 9]。图 4-21 中的 W 值反映了共聚物均一性的大小，PPBESK 80/20/70/30 的峰宽大于 PPBESK 80/20/60/40，说明后者的链段均一性好于前者，这可能是后者的分子量分布较前者小，链段分布较前者均匀造成的。

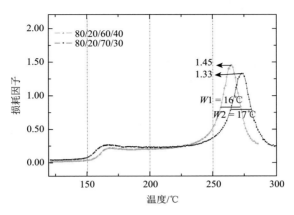

图 4-21　不同砜酮比的 PPBESK 的 α 转变

2. 不同双酚单体比例的共聚物的 DMA 谱图

1) 两种不同双酚单体配比的 DMA 谱图

图 4-22 和图 4-23 分别为不同双酚单体配比（PPBESK 80/20/80/20 和 PPBESK 50/50/80/20）的动态机械热分析谱图。

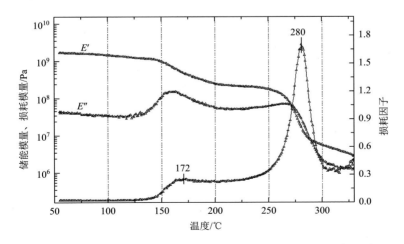

图 4-22　PPBESK 80/20/80/20 的储能模量和损耗模量与温度关系

从图 4-22 和图 4-23 中可以看出，在 150～180℃之间，随着温度升高储能模量有所降低，阻尼峰中出现了一个小转变峰，这可能是活性较高的联苯二酚与二氟酮聚合生成的小链段自由运动的结果，在 DSC 检测过程中被忽略，由此证明该

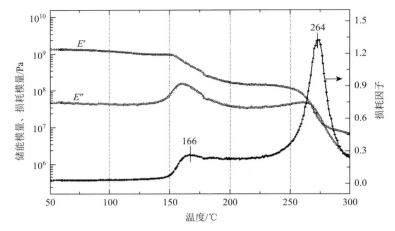

图 4-23   PPBESK 50/50/80/20 的储能模量和损耗模量与温度关系

材料是带有微嵌段型的共聚物，随着温度的继续升高，共聚物在 250～300℃间，tanδ 曲线出现了一个很大的峰形，并且储能模量出现迅速下降的趋势，表明在此范围内该共聚物从玻璃态向橡胶态发生转变，链段能够运动，在此区域，转变达到最大。图 4-22 和图 4-23 中 PPBESK 80/20/80/20 和 PPBESK 50/50/80/20 的玻璃化转变温度分别为 280℃和 264℃。

2)共聚物不同双酚配比对储能模量 E' 的影响

图 4-24 为共聚物不同双酚配比(PPBESK 80/20/80/20 和 PPBESK 50/50/80/20)的储能模量图，从曲线中可以看出，两种共聚物的储能模量都在 10^9～10^{10} 之间，说明此种材料具有良好的抗变形能力，二氮杂萘联苯结构含量高的共聚物其储能模量也大，即 PPBESK 80/20/80/20 的 E' 高于 PPBESK 50/50/80/20，随着温度升高，

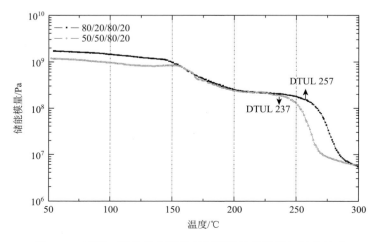

图 4-24   不同双酚比的共聚芳醚砜酮的储能模量与温度关系

在 250~300℃的玻璃态-橡胶态转变区,在相同的温度下,PPBESK 50/50/80/20 的储能模量值比 PPBESK 80/20/80/20 小,这表明主链中二氮杂萘联苯结构含量高 的共聚物在橡胶态其储能模量也较高,其玻璃化转变温度也较高。

同样,从储能模量图中也可以得出共聚物的负重变形温度(DTUL),图 4-24 中所示 PPBESK 80/20/80/20 的负重变形温度(DTUL)为 257℃,比 PPBESK 50/50/80/20 的负重变形温度(DTUL)237℃高 20℃。

3)共聚物不同双酚配比对损耗模量 E'' 的影响

图 4-25 列出了不同双酚配比的共聚物的损耗模量谱图。从图中可以看到,共 聚物在 160℃附近出现了损耗峰,共聚物的损耗模量的峰值越高,说明材料的黏 性越强,阻尼越高,共聚物 PPBESK 80/20/80/20 的峰值为 1.23×10^8 Pa,高于 PPBESK 50/50/80/20 的峰值为 1.02×10^8 Pa,这表明主链中含杂萘联苯结构含量高 的共聚物吸收能量的能力强,更适合做减振、隔音等材料。

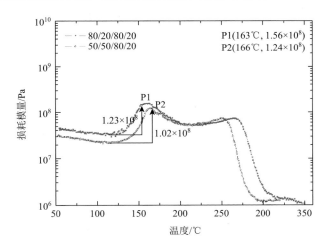

图 4-25 不同双酚配比的共聚芳醚砜酮损耗模量与温度关系

4)共聚物不同双酚配比对 α 松弛峰的影响

从内耗的角度分析,当链段开始运动的时候,链段之间的相互作用很小,链 段相对迁移所克服的摩擦力也不大,内耗也很小;只有从开始解冻到开始运动的 过程中,链段需要克服较大的摩擦力,因而内耗较大,损耗模量在玻璃化转变温 度达到最大值。

图 4-26 所示为两种不同双酚配比的共聚物(PPBESK 80/20/80/20 和 PPBESK 50/50/80/20)的 α 转变谱图。因为 α 转变是由聚合物的链段运动引起的,它表征聚 合物的玻璃化转变温度。聚合物玻璃化转变温度的峰值高低表明聚合物因主链的 运动而克服大分子链间摩擦的难易。从图中可以看出,在 250~300℃共聚物出现

了 α 转变峰，比较峰值的大小发现 PPBESK80/20/80/20 在 280℃附近出现 α 峰，其值为 1.70，高于 PPBESK 50/50/80/20 在 264℃的峰值 1.46。这主要是由于二氮杂萘结构的刚性极大，主链运动需要更大的能量来克服大分子链间摩擦。

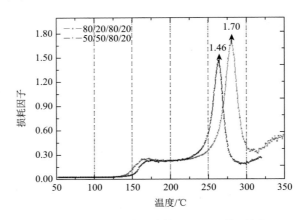

图 4-26   不同双酚配比的 PPBESK 的 α 转变

4.3.6   PPBESK–Ⅱ的流变性能

1. HAAKE 扭矩的测试

LP1-Ⅱ是共聚物 P1-Ⅱ在实验室的放大样品，360℃测试温度下，通过 HAAKE 流变仪测出的时间与扭矩的关系来考察其流变性，并与纯 PPESK 树脂的扭矩值比较，图 4-27 和图 4-28 所示为两种材料的 HAAKE 扭矩与时间的关系图。

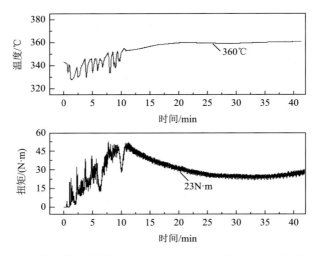

图 4-27   共聚芳醚砜酮 PPBESK 80/20/80/20 的 HAAKE 流变曲线

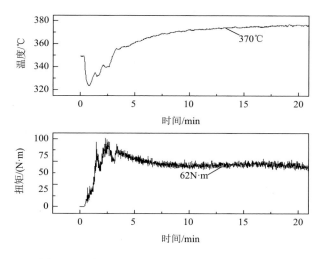

图 4-28 聚醚砜酮 PPESK 的 HAAKE 流变曲线

图 4-27 是共聚物 LP1-Ⅱ(PPBESK 80/20/80/20)在哈克流变仪转子速度为 20 r/min 时，其熔融温度 360℃处的密炼图。在 0～10 min 之间，测试处于加料状态，流变曲线上出现很多高低不等的"吸收峰"，在加料 12 min 时出现了最大扭矩值 45 N·m，在测试温度达到 360℃时，共聚物处于熔融状态，此时的稳定扭矩值 23 N·m；图 4-28 是纯 PPESK 树脂的哈克扭矩、熔融温度与时间的关系图，从图中可见，370℃熔融温度下，三元共聚芳醚砜酮 PPESK 稳定扭矩值是 62 N·m，这表明联苯二酚单体参与的聚合反应，大大降低了聚合物的熔融黏度，表明主链中引入 PPSU 链结构有助于降低共聚物分子链之间的缠绕，在测试过程中容易挤出，因此扭矩值下降，达到了改善聚合物的熔融加工性目的。

2. 双螺杆挤出测试

采用将放大样品经过双螺杆挤出机挤出时电流和模口压力的变化来考察共聚物的流变性，表 4-7 是不同双酚单体配比和不同分子量的共聚芳醚砜酮的 GPC 检测结果，表 4-8 是三种样品的挤出机电流变化及模口压力变化，三种样品的实际挤出温度与设置温度基本相当，含 40%BP 的共聚物 LP2-Ⅱ的挤出电流和模口压力小于 30%BP 的共聚物 LP3-Ⅱ和 LP4-Ⅱ，这说明前者的熔融黏度较低，在挤出过程中需要的压力和功率相对较小；此外，对于相同组分的共聚物 LP3-Ⅱ和 LP4-Ⅱ，分子量的不同，也会引起熔融黏度的变化，在挤出过程中，分子量较高的 LP4-Ⅱ的电流与 LP3-Ⅱ相差不大，模口压力有所提高，但提高幅度并不大，这表明 $\overline{M}_w$ 在 40000～50000 之间分子量对熔融黏度的影响很小。在实际生产中可以调节双酚单体的配比来改善共聚物的熔融加工性。

表 4-7　PPBESK-Ⅱ物理性能

PPBESK-Ⅱ	DHPZ/BP/DCS/DFK	玻璃化转变温度/℃	重均分子量	数均分子量	分子量分布	环化物含量/%
LP2-Ⅱ	60/40/20/80	215	37680	10520	3.58	2.9
LP3-Ⅱ	70/30/20/80	224	41200	10150	4.05	1.8
LP4-Ⅱ	70/30/20/80	241	47080	12980	3.62	1.5

表 4-8　PPBESK-Ⅱ挤出样品的挤出电流与模口压力

		Ⅰ	Ⅱ	Ⅲ	Ⅳ	Ⅴ	Ⅵ	Ⅶ	Ⅷ	电流/A	压力/MPa
设定温度/℃		300	335	335	330	330	330	330	330	—	—
实际温度/℃	LP2-Ⅱ	291	333	335	330	329	328	329	325	4.9～5.1	0.16～0.24
	LP3-Ⅱ	292	336	336	331	331	330	330	323	5.2～5.3	0.7～0.8
	LP4-Ⅱ	290	336	336	330	330	330	330	323	5.2～5.3	0.8～0.94

4.3.7　PPBESK-Ⅱ的力学性能

采用 LP2-Ⅱ和 LP4-Ⅱ的注塑样条进行力学性能测试实验。表 4-9 为共聚芳醚砜酮的力学性能，由表中数据可知，在常温测试条件下聚合物 LP2-Ⅱ和 LP4-Ⅱ的拉伸强度分别为 58 MPa 和 87 MPa，可见主链中 PPSU 链结构含量高，拉伸强度有所下降，升高温度拉伸强度也下降，这可能是温度升高导致自由体积增大，分子间的距离加大，从而导致拉伸性能下降所致。比较主链中不同组分的共聚物的弯曲强度和弯曲模量，可见 PPSU 链结构含量高，弯曲强度也有下降的趋势，这是因为相比于 PPSU 链结构，杂萘联苯结构的链段赋予共聚物更高的强度。

表 4-9　PPBESK-Ⅱ的力学性能

放大样品	拉伸强度(室温)/MPa	拉伸强度(150℃)/MPa	弯曲强度/MPa	弯曲模量/GPa	缺口冲击强度/(kJ/m²)
LP2-Ⅱ	58	34	100	0.35	4.35
LP4-Ⅱ	87	63	127	0.36	7.90

图 4-29 是基体与样品 LP2-Ⅱ和 LP4-Ⅱ的拉伸断裂后的对比图，从图中发现断裂后材料产生了屈服，表明该四元共聚物具有良好的韧性。

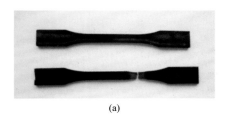 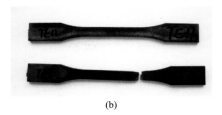

(a)   (b)

图 4-29   LP2-Ⅱ(a)和 LP4-Ⅱ(b)拉伸断裂后样条

参 考 文 献

[1]   Yoshida S, Hay A S. Synthesis of all aromatic phthalazinone containing polymers by a novel N-C coupling reaction. Macromolecules, 1995, 28(7): 2579-2581.

[2]   Yu G P, Liu C, Wang J Y. Synthesis, characterization, and crosslinking of soluble cyano-containing poly(arylene ether)s bearing phthalazinone moiety. Polymer, 2010, 51(1): 100-109.

[3]   靳琨, 肖树德, 彭勤纪, 等.二氮杂萘酮衍生物的核磁共振结构鉴定. 波谱学杂志, 2003, 20(3): 251-257.

[4]   靳琨, 刘程, 彭勤纪, 等.含二氮杂萘酮单元双官能团化合物结构的波谱表征. 分析化学, 2004(6): 729-734.

[5]   Fox T G. Influence of diluent and of copolymer composition on the glass temperature of a polymer system. Bulletin of the American Physical Society, 1956, 1(3): 123-135.

[6]   Yang S Y, Jaime taha-tijerina. Dynamic mechanical and thermal analysis of aligned vapor gron carbon nanofiber reinforced polyethylene. Composites, Part B: Engineering, 2007(38): 228-235.

[7]   过梅丽. 世界先进的动态机械热分析仪(DMTA)及其应用. 现代科学仪器, 1996(4): 57-60.

[8]   台会文, 夏颖. 动态机械分析在高分子材料中的应用. 塑料科技, 1998(2): 55-58.

[9]   邓友娥, 文页. 动态机械热分析技术在高聚物性能研究中的应用. 实验室研究与探索, 2002, 21(1): 38-39.

第 5 章

杂萘联苯聚芳醚腈

5.1 引言

　　聚芳醚腈是分子主链含有醚键、芳环和氰基侧基的一类聚合物，是 20 世纪末被开发的新型聚芳醚品种，由日本 Idemitsu Kosan 公司(出光兴产株式会社)开发并进行市场销售。聚芳醚腈含有强极性氰基侧基，增强了分子链间的偶极-偶极作用力，提高了聚芳醚的耐热性能与力学性能，并且因主链中 N 原子含量提高，而使 PEN 具有优异的阻燃性能。与聚芳醚酮/砜主链上的羰基、砜基不同，PEN 的氰基侧基不在主链上，其体积不大，对聚合物的加工流动性影响较小，因此聚芳醚腈具有良好的加工性能。此外，聚芳醚腈的氰基侧基是具有反应活性的官能团，因此聚芳醚腈类聚合物可以通过交联、官能化等方式进行改性[1, 2]。总之，作为一种高性能高分子材料，聚芳醚腈具有优异的耐热性能、阻燃性能、力学性能、抗紫外和抗蠕变等性能，可作为一类结构材料、电子材料等在航空航天、电子、通信，以及其他高技术领域具有广泛应用前景。

　　然而，日本公司开发的商品聚芳醚腈(PEN)因含有刚性和对称性结构，以及高结晶度，从而导致其溶解性较差，室温下只能溶解于浓硫酸，极大地限制了其应用范围。因此开发耐热性能优异、可溶解、可多种方式加工成型的新型聚芳醚腈树脂已成为研究热点之一。

　　大连理工大学蹇锡高院士团队成功开发了含杂萘联苯聚芳醚腈(PPEN)类高性能树脂，性能明显优于商业化的 PEN 产品。通过将扭曲、非共平面的二氮杂萘联苯结构引入到聚芳醚腈的主链中，解决了目前商品化聚芳醚腈存在的溶解性差、耐温等级不足的问题，成功开发出性能优异的系列新型聚芳醚腈树脂，并对所合成聚合物的耐热性能、溶解性能和结晶性能等进行了系统研究，其在耐高温复合材料、耐高温分离膜、耐高温涂料、绝缘漆等领域具有广阔的应用前景。

5.2 杂萘联苯聚芳醚腈类聚合物的合成、表征与性能◀◀◀

5.2.1 杂萘联苯二元聚芳醚腈的聚合机理与合成工艺

1973 年 D. R. Heath 就申请了通过二硝基苯腈与双酚进行亲核取代反应,制备聚芳醚腈的专利。反应式如图 5-1 所示。

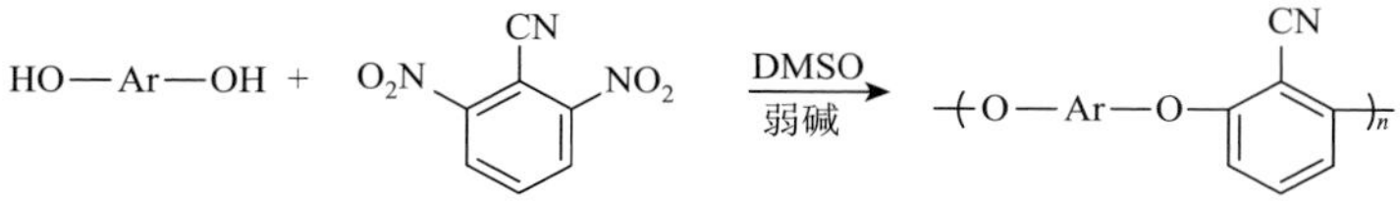

图 5-1 基于二硝基单体合成 PEN

但是,利用二硝基化合物与双酚的反应,聚合过程中容易生产亚硝酸盐,该副产物对聚合单体具有氧化作用,尤其是在高温条件下,这种氧化作用加剧,破坏了单体的化学计量比,很难得到高分子量的聚芳醚腈。因此,后来广泛采用双卤单体与双酚单体的亲核取代缩聚反应合成聚芳醚腈。

1993 年日本 Matsuo 等[3]报道了 2, 6-二氟苯腈、2, 6-二氯苯腈与不同双酚的聚合反应,研究了反应温度、溶剂类型和碱的种类等参数对聚合反应的影响,反应方程式如图 5-2 所示。

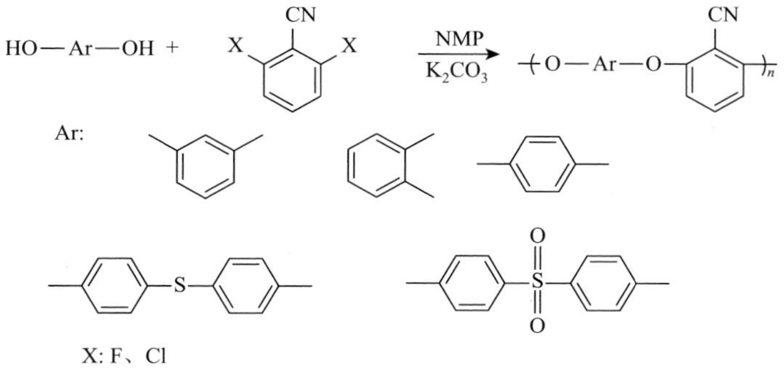

图 5-2 聚芳醚腈的合成方法

日本出光兴产株式会社(Idemitsu Kosan Co., Ltd)根据上述方法开发了以间苯二酚为原料的聚芳醚腈产品 PEN™,产品牌号为 PEN-ID300,PEN™ 的化学式如图 5-3 所示。在合成聚芳醚腈时,双酚单体中苯环上羟基的位置不同,其合成的聚芳醚腈的各项性能也存在较大的差异,例如,与基于对苯二酚(HQ)合成的聚芳醚腈相比,采用间苯二酚(RS)合成的聚芳醚腈具有更高的结晶性,而且耐热性也更高。

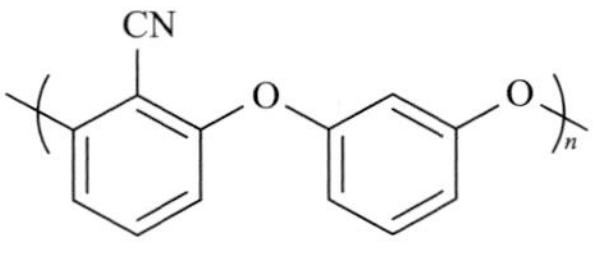

图 5-3　PEN™ 的化学式

含杂萘联苯结构聚芳醚腈也采用亲核取代逐步聚合反应机理合成，二氮杂萘酮联苯酚单体 DHPZ 的内酰胺键(N—H)的 H 质子属于活泼氢，具有一定的酸性，与 O—H 的 H 质子有相似的反应活性。反应机理为 $S_N Ar$ 反应，如图 5-4 所示，反应生成的水可借助带水剂蒸出，从而促进酚氧盐的形成，形成的酚氧盐是一种较强的亲核体，可以与卤代芳香类化合物发生亲核取代反应。当酚氧基接近活化卤代芳烃时，首先形成 Meisenheimer 络合物，并随着离去基的离去而生成芳醚键。反应的关键是 Meisenheimer 络合物的形成，因此，所有影响亲核体的亲核能力以及受体卤代芳烃中被进攻碳原子的电正性的各因素都将影响到反应的难易及快慢。

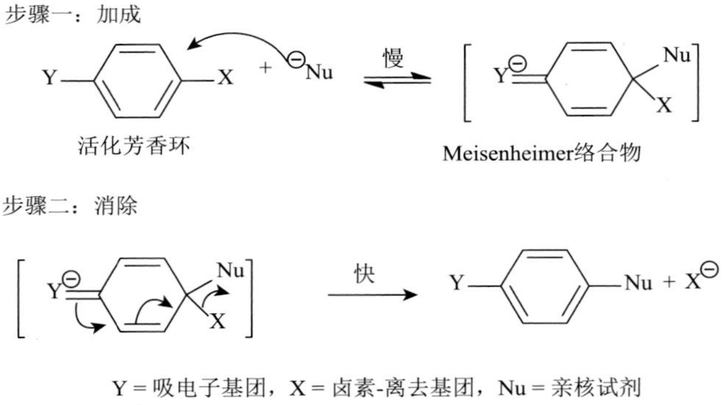

步骤一：加成

活化芳香环　　　　　　　　　　　　　Meisenheimer络合物

步骤二：消除

Y＝吸电子基团，X＝卤素-离去基团，Nu＝亲核试剂

图 5-4　$S_N Ar$ 的反应机理

因此在含杂萘联苯结构聚芳醚腈的合成过程中，反应的关键是 Meisenheimer 络合物的生成。而 Meisenheimer 络合物生成的难易程度，在很大程度上取决于反应单体的选择。影响芳烃卤代物活性的主要因素有两个：一是单体中是否存在较强吸电子能力的官能团，如砜基、羰基、氰基等，官能团吸电子能力越强，芳烃卤代物活性越高；二是卤素电负性的大小，电负性越大，与其相连的碳原子电正性越强，越容易受到亲核体的进攻，形成 Meisenheimer 络合物的速度越快，因此芳烃卤代物的活性顺序为：F＞Cl＞Br＞I。

由于二卤苯腈中的氰基为强吸电子基团，在进行亲核取代反应时，其处于离去基团的邻对位时，会因为稳定了 Meisenheimer 络合物而促进反应的进行。通过研究发现，采用 DHPZ 与 2, 6-二氯苯腈(DCBN)进行聚合反应时，由于单体活性较低，无法得到高分子量的聚合物。因此，采用活性较高的 2,6-二氟苯腈(DFBN)和 DHPZ 反应合成聚芳醚腈。

通过聚合催化体系和聚合工艺的优化，以 DHPZ 与 DFBN 为单体、以 K_2CO_3 为催化剂、以环丁砜为溶剂，采用高温溶液缩聚法，成功合成了高分子量的含杂萘联苯结构的聚芳醚腈 PPEN 树脂。

5.2.2　杂萘联苯聚芳醚腈的合成、表征与性能

针对商品化聚芳醚腈(PEN™)溶解性差的问题，我们以二氮杂萘酮联苯结构类双酚(DHPZ)与 2,6-二氟苯腈(DFBN)为单体，通过优化聚合催化体系和聚合工艺参数，合成了系列含杂萘联苯聚芳醚腈高性能树脂[4]，反应式如图 5-5 所示。

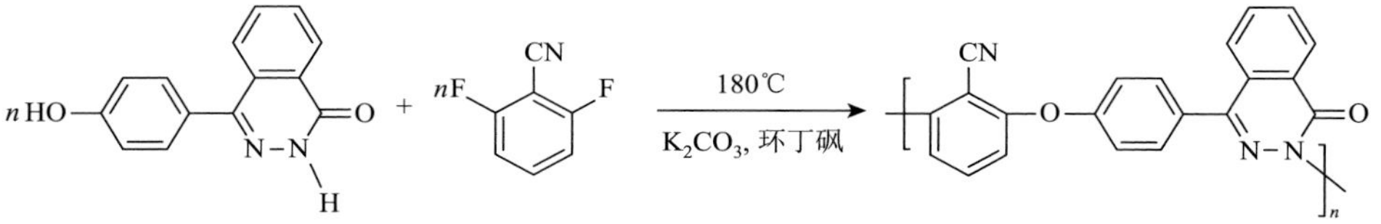

图 5-5　PPEN 的合成反应式

采用亲核取代逐步聚合反应体系，以四种邻位取代二氮杂萘酮联苯酚单体，分别与 2,6-二卤苯腈直接进行溶液缩聚反应，制备了一系列的取代型含二氮杂萘酮联苯结构的聚芳醚腈(s-PPEN)，聚合反应式如图 5-6 所示。

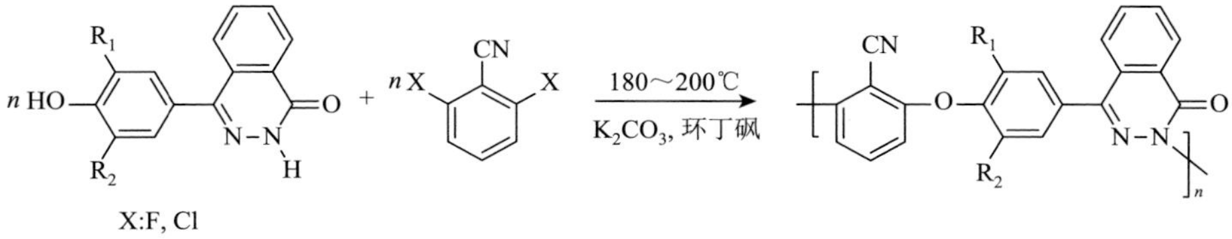

图 5-6　s-PPEN 的合成

对上述合成的各类杂萘联苯结构新型聚芳醚腈(s-PPEN)进行 FTIR 和 ^{1}H NMR 谱图分析，测试数据列于表 5-1 中，证明了合成聚合物与目标聚合物一致。

表 5-1　含二氮杂萘酮联苯结构聚芳醚腈的谱图数据

聚合物名称	取代基		^{1}H NMR，δ/ppm	FTIR，波数/cm^{-1}
	R_1	R_2		
PPEN	H	H	8.61(1H)，7.87～7.78(6H)，7.31～7.26(4H)	3018(芳环，C—H)，2231(—CN)，1677(二氮杂萘酮，C＝O)，1600，1508(芳环，C＝N，C＝C)，1259(C—O—C)

续表

聚合物名称	取代基		¹H NMR，δ/ppm	FTIR，波数/cm⁻¹
	R₁	R₂		
PPEN-oM	CH₃	H	8.62（1H），7.89~7.85（3H），7.73~7.46（4H），7.26~7.22（2H），2.39（—CH₃，3H）	3018（芳环，C—H），2920（CH₃），2231（—CN），1677（二氮杂萘酮，C=O），1600，1505（芳环，C=N，C=C），1258（CO—C）
PPEN-oDM	CH₃	CH₃	8.63（1H），7.89~7.26（8H），2.39~2.28（—CH₃，6H）	3018（芳环，C—H），2923（CH₃），2230（—CN），1679（二氮杂萘酮，C=O），1601（芳环，C=N），1258（C—O—C）
PPEN-oP	Ph	H	8.61（1H），7.86~7.26（14H）	3018（芳环，C—H），2231（—CN），1679（二氮杂萘酮，C=O），1601，1502（芳环，C=N，C=C），1258（C—O—C）
PPEN-oCl	Cl	H	8.61（1H），7.90~7.26（9H）	3018（芳环，C—H），2233（—CN），1679（二氮杂萘酮，C=O），1602，1496（芳环，C=N，C=C），1263（C—O—C）

以 PPEN 和 PPEN-oM 为例，其 FTIR 谱图如图 5-7 所示，在 3018 cm⁻¹ 附近出现中等强度的苯环 C—H 伸缩振动峰，在 2230 cm⁻¹ 附近出现氰基的伸缩振动峰，在 1677 cm⁻¹ 附近出现二氮杂萘酮联苯结构中的羰基的伸缩振动吸收峰，在 1508 cm⁻¹ 和 1600 cm⁻¹ 附近为苯环的特征吸收峰，在 1258 cm⁻¹ 附近为醚键的特征吸收峰，结合聚合物的核磁谱图表征结果，证明所合成的聚合物与设计相符。

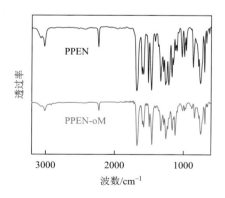

图 5-7　聚芳醚腈（s-PPEN）的红外谱图

对 PPEN 进行了五种含二氮杂萘酮联苯结构聚芳醚腈的溶解性能测试，测试结果列于表 5-2。

表 5-2　含杂萘联苯结构聚芳醚腈的溶解性能 [a]

聚合物名称	溶剂 [b]						
	NMP	DMAc	DMF	DMSO	氯仿	环丁砜	THF
PPEN	++	++	++	+	++	+	−
PPEN-oM	++	++	++	+	++	+	−
PPEN-oDM	++	++	++	+	++	+	−
PPEN-oP	++	++	++	+	++	+	−
PPEN-oCl	++	++	++	+	++	+	−

a. 溶解度："++"室温溶解;"+"部分溶解;"−"不溶解。b. NMP：N-甲基吡咯烷酮;DMAc：N,N-二甲基乙酰胺;DMF：N,N-二甲基甲酰胺;DMSO：二甲基亚砜;THF：四氢呋喃。

从表 5-2 中可以看出,含杂萘联苯结构聚芳醚腈室温可溶解于 NMP、DMAc、DMF 和氯仿等极性溶剂,部分溶解于 DMSO 和环丁砜,但不溶解于四氢呋喃。相对于已有聚芳醚腈品种,溶解性显著提高,这主要归因于扭曲、非共平面二氮杂萘酮联苯结构以及柔性醚键的引入,阻碍了聚芳醚腈分子主链的紧密堆砌,使自由体积增加,溶解性能得到改善。

通过广角 X 射线衍射测试,含杂萘联苯结构聚芳醚腈在 $2\theta = 10°\sim30°$ 处出现一个较宽的衍射峰,表明其为无定形聚合物,原因在于非对称、扭曲、非共平面二氮杂萘酮联苯结构的引入,打破了分子链的紧密堆砌,使大分子链的排列规整性降低,阻碍了聚合物结晶。

含杂萘联苯结构聚芳醚腈具有优异的耐热性能,如表 5-3 所示,玻璃化转变温度在 277～295℃。氯原子取代与无取代近似相等,最高值为 295℃,甲基取代次之,而含有苯基侧基的聚合物玻璃化转变温度最低。分析原因可能是较大体积的苯侧基的引入增大了分子间距,一定程度上破坏了分子之间的偶极作用,导致玻璃化转变温度降低;而甲基的引入也一定程度上破坏了偶极作用;氯原子对玻璃化转变温度影响较小。

表 5-3　含杂萘联苯结构聚芳醚腈的耐热性能和电性能

聚合物名称	热性能/℃			表面电阻 ρ_s/Ω	体积电阻 $\rho_v/(\Omega\cdot cm)$
	T_g [a]	$T_{d5\%}$ [c]	$T_{d10\%}$ [d]		
PPEN	295	516	527	1.30×10^{14}	1.71×10^{16}
PPEN-oM	283	449	495	6.12×10^{14}	3.19×10^{17}
PPEN-oDM	—[b]	425	451	3.06×10^{14}	9.78×10^{15}
PPEN-oP	277	500	526	4.08×10^{14}	1.03×10^{16}
PPEN-oCl	295	475	500	2.65×10^{14}	7.08×10^{15}

a. T_g 由 DSC 在但其气氛下以 20℃/min 的升温速率测得。b. 没有观察到明显的转变。c. 5%的热失重温度由 TGA 以 20℃/min 的升温速率测得。d. 10%的热失重温度由 TGA 以 20℃/min 的升温速率测得。

热失重分析（TGA）测试结果表明，含杂萘联苯结构聚芳醚腈具有优异的耐热稳定性，在氮气氛围中 5% 的热失重温度（$T_{d5\%}$）为 425～516℃，10% 热失重温度（$T_{d10\%}$）为 451～527℃。其中由于甲基取代基的耐热稳定性低于芳环，因此含有甲基取代的 PPEN-oM 和 PPEN-oDM 具有相对较低的热失重温度，$T_{d10\%}$ 分别为 495℃ 和 451℃；PPEN、PPEN-oP 分别为无取代和邻苯基取代，由于均不含有容易降解的脂肪族侧基，因此热稳定性相对较高，$T_{d10\%}$ 分别为 527℃、526℃；而 PPEN-oCl 中的氯原子容易在高温条件下生成 HCl 而损失，因此 $T_{d10\%}$（500℃）低于 PPEN 和 PPEN-oP。

由于含杂萘联苯结构聚芳醚腈可溶解于 NMP 等极性非质子性有机溶剂中，因此可刮制成透明、平整的韧性膜，对其进行电性能测试，表面电阻在 10^{14} Ω 数量级，体积电阻在 10^{16} Ω·cm 数量级，表明聚合物具有良好的绝缘性能，可以广泛应用于高频加热器零件、绝缘薄膜、配电盘、漆包线、电缆等领域。

5.2.3　杂萘联苯聚芳醚腈酮的合成、表征与性能

大量实验表明，共聚能破坏大分子链的有序排列和规整度，降低聚合物的结晶度，还可以调控聚合物的性能，因而是一种聚合物改性的有效方法。为了得到高分子量的含杂萘联苯结构聚芳醚腈酮，以 4,4′-二氟二苯甲酮（DFK）作为共聚单体，由于其有较高的活性，因此采用廉价易得、活性较低的 DCBN 即可制得高分子量的聚芳醚腈酮（PPENK），反应式如图 5-8 所示[5]。

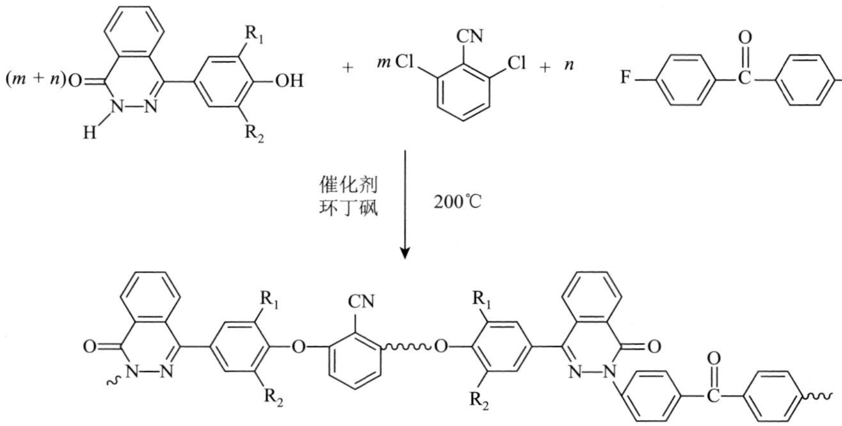

图 5-8　含杂萘联苯结构聚芳醚腈酮 PPENK 的合成

为了得到高分子量的 PPENK 聚合物，采用分步加料的方式聚合，即首先将 DHPZ 与活性相对较低的 DCBN 预聚一段时间后，加入高活性的 DFK 进行共聚合，最终合成 PPENK 树脂。

对所合成的含杂萘联苯结构新型聚芳醚腈酮进行 FTIR 谱图分析，红外谱峰归属数据如表 5-4 和图 5-9 所示。在 2923 cm^{-1} 处出现中等强度苯环上 C—H 的伸缩振动，在 2231 cm^{-1} 左右出现了氰基的伸缩振动，在 1670 cm^{-1} 左右为二氮杂萘酮和二苯酮结构中的羰基特征吸收峰，在 1598 cm^{-1} 和 1508 cm^{-1} 为芳环特征谱带，在 1245 cm^{-1} 附近为醚键的特征吸收峰。

表 5-4   含二氮杂萘酮联苯结构聚芳醚腈酮 PPENK 的红外数据

聚合物名称	基团		波数/cm^{-1}
	R$_1$	R$_2$	
PPENK5050	H	H	2231（—CN，氰基），1669（C=O），1598（C=N），1245（C—O—C）
PPENK-oM	CH$_3$	H	2923（—CH$_3$），2231（—CN，氰基），1668（C=O），1247（C—O—C）
PPENK-oDM	CH$_3$	CH$_3$	2923（—CH$_3$），2230（—CN，氰基），1670（C=O），1246（C—O—C）
PPENK-oP	Ph	H	2231（—CN，氰基），1670（C=O），1598（C=N），1261（C—O—C）
PPENK-oCl	Cl	H	2233（—CN，氰基），1672（C=O），1600（C=N），1262（C—O—C）

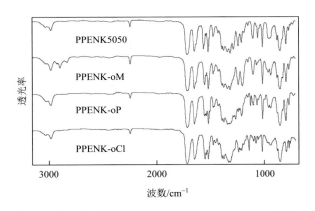

图 5-9   含杂萘联苯结构聚芳醚腈酮 PPENK 的红外谱图

为了进一步探究其聚集态结构，通过广角 X 射线衍射对系列 PPENK 的薄膜进行了测试，测试结果如图 5-10 所示。

从图中可以看出，含杂萘联苯结构聚芳醚腈酮(PPENK)均呈现宽的弥散峰，表明其具有无定形结构，这主要归因于无规共聚和非对称、扭曲、非共平面的二氮杂萘酮联苯结构的引入，阻碍了分子链的规整排列。

通过对 PPENK 的溶解性测试，定性研究了新型聚芳醚腈酮的溶解性能，测试结果列于表 5-5 中。

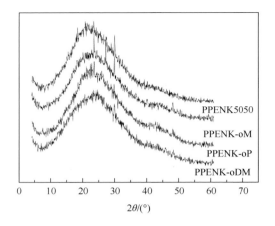

图 5-10   含杂萘联苯结构聚芳醚腈酮(PPENK)的广角 X 射线衍射图

表 5-5   含杂萘联苯结构聚芳醚腈酮 PPENK 的溶解性能 [a]

聚合物名称	N：K[b]	溶剂[c]						
		NMP	DMAc	氯仿	DMSO	环丁砜	DMF	THF
PPENK8020	4：1	++	++	++	+	+	−	−
PPENK7525	3：1	++	++	++	+	+	−	−
PPENK6733	2：1	++	++	++	+	+	−	−
PPENK5050	1：1	++	++	++	+	+	−	−
PPENK3367	1：2	++	+	++	+	+	−	−
PPENK2575	1：3	++	+	++	+	+	−	−
PPENK2080	1：4	++	+	++	+	+	−	−
PPENK-oM	1：1	++	++	++	+	+	−	−
PPENK-oDM	1：1	++	++	++	+	+	−	−
PPENK-oP	1：1	++	++	++	+	+	−	−
PPENK-oCl	1：1	++	++	++	+	+	−	−

a. 溶解性测试, ++：溶解+：部分溶解；−：不溶解；b. N：K，聚合物主链中氰基与酮羰基之比；c. 对应缩写为 NMP：N-甲基吡咯烷酮；DMAc：N, N-二甲基乙酰胺；DMF：N, N-二甲基甲酰胺；DMSO：二甲基亚砜；THF：四氢呋喃。

从表 5-5 中可以看出，所合成的聚芳醚腈酮可在室温下溶解于氯仿、NMP、DMAc 中；部分溶解于二甲基亚砜和环丁砜等极性非质子溶剂中，但不溶于 DMF 和 THF，表明系列杂萘联苯结构聚芳醚腈酮具有良好的溶解性，并对常用溶剂具有良好的耐腐蚀性。一方面，由于扭曲、非共平面、不对称的二氮杂萘酮联苯结构有效地改善了聚芳醚酮的溶解性；另一方面，共聚方式也打破了重复结构单元的规整排列。从表中聚芳醚腈酮在 DMAc 中的溶解性可以看出，随着 PPENK 主链中氰基含量的增加，聚合物的溶解性能有所提高，这说明氰基的引入有助于改善 PPENK 的溶解性能。

通过 DSC 和 TGA 对所合成的 PPENK 进行热性能测试，数据列于表 5-6 中。

表 5-6　含二氮杂萘酮联苯结构聚芳醚腈酮 PPENK 的热性能

聚合物名称	T_g/℃	$T_{d5\%}$/℃	$T_{d10\%}$/℃
PPENK8020	289	479	502
PPENK7525	280	488	505
PPENK6733	278	487	503
PPENK5050	275	490	510
PPENK3367	272	493	511
PPENK2575	270	489	505
PPENK2080	264	490	507
PPENK-oM	266	475	498
PPENK-oDM	310	444	457
PPENK-oP	255	493	510
PPENK-oCl	277	492	503

由表 5-6 可知，PPENK 系列聚合物均具有较高的玻璃化转变温度 ($T_g = 264 \sim 310℃$)，对于不同腈酮比的无取代 PPENK，聚合物的玻璃化转变温度随着聚合物中氰基结构含量的增加而增加，表明强极性氰基基团增强了聚合物主链间的相互作用，使聚合物主链链段运动受限，从而增加了聚合物的耐热性能。在取代型的聚芳醚腈酮中，二甲基取代的 PPENK-oDM 的 T_g 最高，为 310℃；氯原子取代的 PPENK-oCl 与无取代 PPENK 的 T_g 近似相等；甲基取代的 PPENK-oM 次之，而含有苯基侧基的聚合物 PPENK-oP 玻璃化转变温度最低，可能是由于较大体积苯侧基的引入增大了分子链之间的间距，一定程度上破坏了分子链之间的偶极作用，增加了聚合物链运动的自由体积，导致玻璃化转变温度降低；而甲基的引入也一定程度上破坏了偶极作用；氯原子对玻璃化转变温度影响较小；而对称的双甲基的引入，在一定程度上使分子链间的自由体积缩小，因此具有更高的耐热性能。

对于聚芳醚腈酮的耐热稳定性，氰基含量对无取代聚芳醚腈酮的热失重温度几乎没有太大的影响，主要是因为聚合物主链中的全芳杂环结构赋予了聚芳醚腈酮优异的耐热稳定性。与无取代型的聚芳醚腈酮进行比较，烷基取代聚芳醚腈酮的热失重温度均有所降低，这主要是由于烷基比芳环、芳杂环结构更容易降解，其中二甲基取代聚芳醚腈酮(PPENK-oDM)的热稳定性比其他结构的聚芳醚腈酮相对较低(10%热失重温度为 457℃)；苯基侧基对该类聚芳醚腈酮的热稳定性没有明显的影响(10%热失重温度为 510℃)；而氯取代基则稍有降低(10%热失重温度为 503℃)。综上所述，杂萘联苯结构聚芳醚腈均具有良好的耐热性和热稳定性。

高性能工程塑料不仅具有优异的耐热性能，其力学性能也是高性能工程塑料的重要指标之一。通过溶液铺膜法，将杂萘联苯结构聚芳醚腈酮制成厚度约 50 μm 的薄膜，裁制成约 30 mm 长，8 mm 宽的样条，室温下对其拉伸性能进行测试，测试结果列于表 5-7。结果表明，聚芳醚腈酮具有良好的拉伸性能，拉伸强度可达 95 MPa，断裂伸长率在 1.2%～9.9% 之间，拉伸模量高于 2.1 GPa。表明该类聚合物具有优异的力学性能。

表 5-7　杂萘联苯结构聚芳醚腈酮 PPENK 的拉伸性能

聚合物名称	拉伸强度/MPa	断裂伸长率/%	拉伸模量/GPa
PPENK8020	88	6.1	2.5
PPENK7525	90	5.6	2.2
PPENK6733	89	7.5	2.1
PPENK5050	95	9.9	3.0
PPENK3367	80	8.3	2.6
PPENK2575	68	6.0	2.2
PPENK2080	65	6.5	2.2
PPENK-oM	66	2.2	4.0
PPENK-oDM	70	2.6	3.0
PPENK-oP	83	1.2	5.2
PPENK-oCl[a]	—	—	—

a. 聚合物薄膜偏脆，没有测试。

初步考察了聚合物薄膜的电绝缘性能，如表 5-8 所示，在室温下，薄膜的表面电阻率为约 10^{13} Ω，体积电阻率达到 10^{15}～10^{16} Ω·cm，具有良好的电绝缘性能。

表 5-8　杂萘联苯结构聚芳醚腈酮 PPENK 的电绝缘性能

聚合物名称	表面电阻率 ρ_s/Ω	体积电阻率 ρ_v/(Ω·cm)
PPENK8020	6.54×10^{13}	2.5×10^{16}
PPENK7525	7.22×10^{13}	8.9×10^{15}
PPENK6733	5.56×10^{13}	8.7×10^{15}
PPENK5050	5.06×10^{13}	1.7×10^{16}
PPENK3367	4.56×10^{13}	1.4×10^{16}
PPENK2575	7.14×10^{13}	2.2×10^{16}
PPENK2080	1.05×10^{14}	1.5×10^{16}
PPENK-oM	6.04×10^{13}	9.2×10^{15}
PPENK-oDM	8.32×10^{13}	1.3×10^{16}
PPENK-oP	6.55×10^{13}	2.1×10^{16}
PPENK-oCl	5.48×10^{13}	2.2×10^{16}

5.2.4　杂萘联苯聚芳醚腈砜的合成、表征与性能

为了进一步提高聚芳醚腈的耐热性能，在杂萘联苯聚芳醚腈的主链中引入砜基，合成出了系列杂萘联苯聚芳醚腈砜树脂。采用亲核取代溶液缩聚体系，以不同摩尔分数的 DHPZ、DFBN 与 DCS 进行共缩聚反应，合成了系列杂萘联苯结构聚芳醚腈砜(PPENS)，聚合反应式如图 5-11 所示。

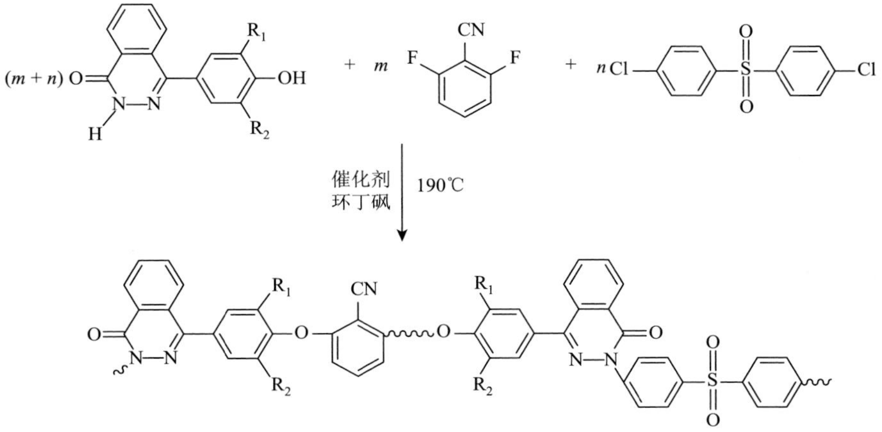

图 5-11　含二氮杂萘酮联苯结构聚芳醚腈砜的合成

与 PPENK 的聚合工艺类似，由于 DCS 活性低于 DFBN，因此仍需要考虑两步反应进行聚合，合成了一系列的新型聚芳醚腈砜 PPENS 聚合物。对其结构进行 FTIR 谱图分析，谱图数据列于表 5-9 中。

表 5-9　杂萘联苯结构聚芳醚腈砜 PPENS 的 FTIR 数据

聚合物名称	基团		FTIR 波数/cm^{-1}
	R_1	R_2	
PPENS5050	H	H	2230($-CN$)，1649($C=O$)，1602($C=N$)，1219($C-O-C$)，1150($S=O$)
PPENS-oM	CH_3	H	2918($-CH_3$)，2230($-CN$)，1672($C=O$)，1255($C-O-C$)，1153($S=O$)
PPENS-oDM	CH_3	CH_3	2923($-CH_3$)，2230($-CN$)，1674($C=O$)，1241($C-O-C$)，1158($S=O$)
PPENS-oP	Ph	H	2232($-CN$)，1673($C=O$)，1586($C=N$)，1247($C-O-C$)，1155($S=O$)
PPENS-oCl	Cl	H	2230($-CN$)，1671($C=O$)，1588($C=N$)，1255($C-O-C$)，1151($S=O$)

在聚芳醚腈砜的谱图(图 5-12)中，可以明显看到在 3150～3300 cm^{-1} 左右的羟基吸收峰和 DFBN 在 760 cm^{-1} 左右的 C—F 键吸收峰消失了，聚合物在 3015 cm^{-1} 处出现中等强度苯环的伸缩振动，在 2231 cm^{-1} 左右出现了氰基的伸缩振动，

1670 cm^{-1} 左右为二氮杂萘酮联苯结构中的羰基的特征吸收峰，1245 cm^{-1} 左右为醚键的特征吸收，1150 cm^{-1} 和 1360 cm^{-1} 左右分别为砜基的对称和非对称伸缩振动峰。

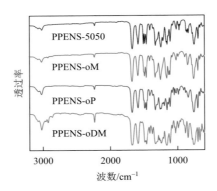

图 5-12　杂萘联苯结构聚芳醚腈砜 PPENS 的红外谱图

通过聚合物薄膜的广角 X 射线衍射测试表明，在不同氰基与砜基配比的 PPENS 中，聚合物在 $2\theta = 20°$ 左右均有一个宽的弥散峰，表明这些聚合物属于无定形结构。这是因为在聚合物主链中引入非对称性的二氮杂萘酮联苯结构，破坏了聚合物大分子链结构对称性；同时，体积较大的二氮杂萘酮联苯结构具有扭曲、非共平面的立体构象，降低了分子链间作用力和规整排列。

定性地研究了杂萘联苯结构聚芳醚腈砜的溶解性能，测试结果列于表 5-10 中。

表 5-10　含二氮杂萘酮联苯结构聚芳醚腈砜 PPENS 的溶解性能 [a]

聚合物名称	溶剂 [b]						
	NMP	DMAc	氯仿	DMSO	环丁砜	DMF	THF
PPENS8020	++	++	++	+	+	++	−
PPENS6733	++	++	++	+	+	++	−
PPENS5050	++	++	++	+	+	++	−
PPENS3367	++	++	++	+	+	++	−
PPENS2080	++	++	++	+	+	++	−
PPENS-oM	++	++	++	+	+	++	−
PPENS-oDM	++	++	++	+	+	++	−
PPENS-oP	++	++	++	++	+	++	−
PPENS-oCl	++	++	++	+	+	++	−

　　a. 溶解度："++"室温溶解；"+"部分溶解；"−"不溶解。b. NMP：N-甲基吡咯烷酮；DMAc：N,N-二甲基乙酰胺；DMF：N,N-二甲基甲酰胺；DMSO：二甲基亚砜；THF：四氢呋喃。

从表中可以看出：所合成的聚芳醚腈砜可在室温下完全溶解于氯仿、NMP、DMF、DMAc，部分溶解于 DMSO 和环丁砜等极性非质子溶剂中。与杂萘联苯结构聚芳醚腈酮(PPENK)相比，PPENS 的溶解性能具有一定提高。这主要是在聚合物主链中强极性砜基基团与极性溶剂存在相互作用，聚合物的溶解性能得到一定改善。此外，侧苯基取代的聚芳醚腈砜(PPENS-oP)具有更好的溶解性能，可以在室温下溶解于 DMSO，这主要是由于较大体积的侧基苯基的引入增大了聚合物主链间的自由体积，有利于溶剂小分子扩散到聚合物主链之间，因此溶解性能得到提高。

通过 DSC 和 TGA 对所合成的杂萘联苯结构新型聚芳醚腈砜进行热性能测试，数据列于表 5-11 中。

表 5-11　杂萘联苯结构聚芳醚腈砜 PPENS 的热性能

聚合物名称	$T_g/℃$	$T_{d5\%}/℃$	$T_{d10\%}/℃$
PPENS8020	296	499	518
PPENS6733	300	516	529
PPENS5050	301	506	520
PPENS3367	302	498	518
PPENS2080	303	511	524
PPENS-oM	288	453	466
PPENS-oDM	323	430	449
PPENS-oP	276	500	514
PPENS-oCl	300	506	518

由表 5-11 可知，聚合物均具有较高的玻璃化转变温度(T_g 为 276～323℃)。对于不同氰基与砜基配比的无取代 PPENS，其玻璃化转变温度随砜基基团含量的增加而逐渐提高，表明砜基比氰基具有更强的极性，砜基的强极性作用增强了聚合物主链间的相互作用，使聚合物链段在受热时运动受阻，从而增加了聚合物的耐热性能。在取代型的聚芳醚腈砜中，对称二甲基取代 PPENS-oDM 的 T_g 最高，为 323℃；氯原子取代基 PPENS-oCl 与无取代基 PPENS 的 T_g 近似相等；甲基取代基 PPENS-oM 次之，而含有苯基侧基的聚合物 PPENS-oP 玻璃化转变温度最低。这与取代型聚芳醚腈酮具有类似的规律。

对聚芳醚腈砜的热稳定性来说，在无取代的聚芳醚腈砜中，不同腈砜配比聚合物的热失重温度差别几乎不大，主要是因为聚合物主链中氰基和砜基对聚合物耐热性具有类似的贡献，该类全芳结构的聚芳醚腈砜具有优异的耐热性能。

与无取代型的聚芳醚腈砜进行比较，甲基取代聚芳醚腈砜的热失重温度均有所的降低，这主要是由于烷基比芳环更容易降解，其中二甲基取代聚芳醚腈砜

（PPENS-oDM）的热稳定性比其他结构的聚芳醚腈砜相对较低（10%热失重温度为449℃）；苯基和氯取代基对该类聚芳醚腈砜的热稳定性没有明显的影响（10%热失重温度分别为514℃和518℃）。上述测试结果表明新型聚芳醚腈砜均具有良好的耐热性和热稳定性。

5.2.5 杂萘联苯聚芳醚腈酮酮的合成、表征与性能

为了进一步拓宽聚芳醚腈高性能树脂种类，采用亲核取代溶液缩聚体系，以不同摩尔分数的 DHPZ 和 DCBN 与 1, 4-二（4-氟代苯甲酰基）苯（BFBB）进行共缩聚反应，制备了一类杂萘联苯结构聚芳醚腈酮酮树脂（PPENKK），聚合反应式如图 5-13 所示[6]。

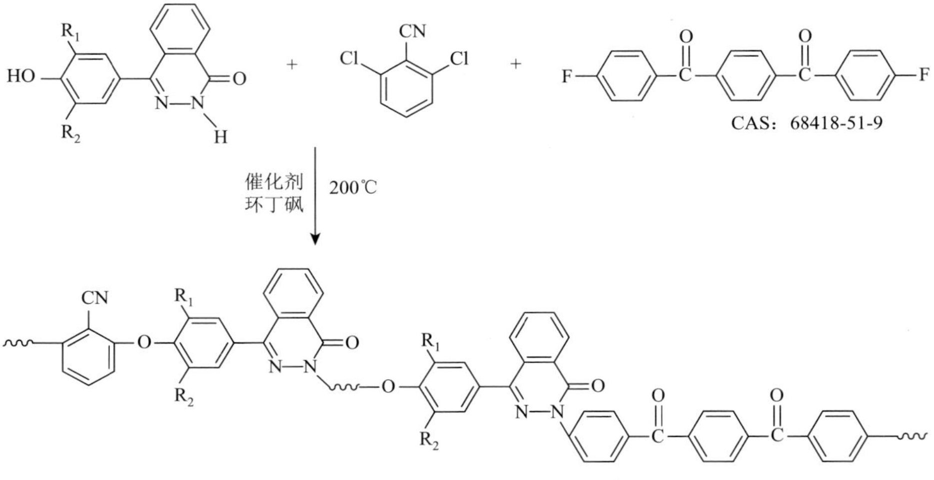

图 5-13 杂萘联苯结构聚芳醚腈酮酮树脂 PPENKK 的合成

与新型 PPENK 聚合工艺类似，采用两步法高温溶液聚合体系进行聚合，所合成的聚芳醚腈酮酮均采用 DCBN 与 BFBB 的摩尔比为 1：1 的比例进行合成。对所合成的杂萘联苯结构新型聚芳醚腈砜均进行了 FTIR 谱图分析，测试数据列于表 5-12 中。

表 5-12 杂萘联苯结构聚芳醚腈酮酮 PPENKK 的红外数据

聚合物名称	基团		FTIR，波数/cm^{-1}
	R_1	R_2	
PPENKK	H	H	2231（—CN，氰基），1669（C=O），1598（C=N），1245（C—O—C）
PPENKK-oM	CH$_3$	H	2923（—CH$_3$），2231（—CN，氰基），1668（C=O），1247（C—O—C）
PPENKK-oDM	CH$_3$	CH$_3$	2923（—CH$_3$），2230（—CN，氰基），1670（C=O），1246（C—O—C）

续表

聚合物名称	基团		FTIR，波数/cm⁻¹
	R_1	R_2	
PPENKK-oP	Ph	H	2231（—CN，氰基），1670（C=O），1598（C=N），1261（C—O—C）
PPENKK-oCl	Cl	H	2233（—CN，氰基），1672（C=O），1600（C=N），1262（C—O—C）

从无取代聚芳醚腈酮酮的红外谱图中（图 5-14），可以明显看到在 3015 cm⁻¹ 左右处出现中等强度苯环的 C—H 伸缩振动，在 2231 cm⁻¹ 左右出现了氰基的伸缩振动，1669 cm⁻¹ 左右为二氮杂萘酮联苯结构和二苯酮中羰基的特征吸收峰，1598 cm⁻¹ 和 1508 cm⁻¹ 为苯环的特征谱带，1245 cm⁻¹ 左右为醚键的特征吸收峰。红外测试结果表明，合成的高分子量的聚芳醚腈酮酮含有二氮杂萘酮联苯、氰基和醚键结构，其余聚芳醚腈酮酮的 FTIR 表征数据列于表 5-12 中，所合成的聚芳醚腈酮酮的结构与设计的结构一致。

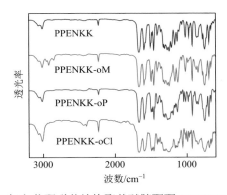

图 5-14　含二氮杂萘酮联苯结构聚芳醚腈酮酮 PPENKK 的 FTIR 谱图

WAXD 测试表明，系列 PPENKK 聚合物的 X 射线衍射图均为宽的弥散峰，表明聚合物具有无定形结构，这是因为在聚合物的主链中引入扭曲的、非共平面的二氮杂萘酮联苯结构，破坏了聚合物大分子链结构对称性，降低了分子链间作用力，阻碍分子链的规整排列。

随后对新型聚芳醚腈砜 PPENS 的溶解性能进行定性分析，结果列于表 5-13 中。将二氮杂萘酮联苯结构引入到聚芳醚腈酮酮主链中，使聚合物的溶解性能得到明显改善。聚合物可溶解于 NMP、DMAc 和氯仿等极性非质子溶剂中，部分溶解于 DMSO、DMF 中，不溶解于四氢呋喃中。与 PPENK 相比，溶解性略有提高，不仅 PPENKK 大分子链中含有扭曲、非共平面的二氮杂萘酮联苯结构，以及柔性的醚键，而且主链中相对柔性的酮羰基的含量提高，破坏了大分子链的紧密堆砌，溶解性能得到改善。

表 5-13　杂萘联苯结构聚芳醚腈酮酮 PPENKK 的溶解性能 [a]

聚合物名称	溶剂 [b]						
	NMP	DMAc	氯仿	DMSO	环丁砜	DMF	THF
PPENKK	++	++	++	+	+	+	–
PPENKK-oM	++	++	++	+	+	+	–
PPENKK-oDM	++	++	++	+	+	+	–
PPENKK-oP	++	++	++	+	+	+	–
PPENKK-oCl	++	++	++	+	+	+	–

a. 溶解度："++"室温溶解；"+"部分溶解；"–"不溶解。b. NMP：*N*-甲基吡咯烷酮；DMAc：*N*,*N*-二甲基乙酰胺；DMF：*N*,*N*-二甲基甲酰胺；DMSO：二甲基亚砜；THF：四氢呋喃。

　　杂萘联苯结构聚芳醚腈酮酮具有优异的热性能，如表 5-14 所示，其玻璃化转变温度 T_g 为 252～294℃。无取代聚芳醚腈酮酮的 T_g 为 266℃，比商品聚芳醚腈 PEN-ID300 的 148℃和商品聚芳醚酮酮 PEKK 的 165℃均高出 100℃以上，这归因于在聚合物的主链中引入二氮杂萘酮联苯的全芳杂环结构。与含有二氮杂萘酮联苯结构的聚芳醚酮酮(PPEKK)相比(T_g: 246℃)，聚芳醚腈酮酮(PPENKK)的玻璃化转变温度比其高 20℃，这说明在聚芳醚酮酮主链中引入了强极性的氰基侧基能够进一步提高聚合物的耐热性能。与 PPENK 和 PPENS 相比，PPENKK 的 T_g 略有降低，主要是由于主链中柔性酮羰基的含量提高，使分子链的刚性降低。

表 5-14　杂萘联苯结构聚芳醚腈酮酮 PPENKK 的热性能

聚合物名称	T_g/℃	$T_{d5\%}$/℃	$T_{d10\%}$/℃
PPENKK	266	503	521
PPENKK-oM	253	449	491
PPENKK-oDM	294	437	457
PPENKK-oP	252	515	541
PPENKK-oCl	265	519	539

　　在所合成的聚芳醚腈酮酮树脂中，邻苯基取代的 PPENKK-oP 的 T_g 最低，邻二甲基取代的 PPENKK-oDM 的 T_g 最高，原因可能是较大体积的苯侧基的引入增大了分子之间的间距，一定程度上破坏了分子之间的偶极作用，导致玻璃化转变温度的降低；而甲基的引入也一定程度上破坏偶极作用；氯原子对玻璃化转变温度影响较小；而当结构单元中存在两个对称取代结构的甲基时，由于其对称结构，阻碍了聚合物主链的运动，因此表现出最高的玻璃化转变温度。由于甲基是易降解基团，含有甲基的 PPENKK-oM 和 PPENKK-oDM 的热失重温度相对较低，而其他聚芳醚腈酮酮在氮气气氛中 5%热失重温度均在 500℃以上，最高可达 519℃。

5.2.6 杂萘联苯聚芳醚腈砜酮的合成、表征与性能

采用亲核取代溶液缩聚体系，以 DHPZ 和不同摩尔分数的 2,6-二氯苯腈（DCBN）、4,4'-二氯二苯砜（DCS）和 4,4'-二氟二苯甲酮（DFK）与 DHPZ 进行共缩聚反应，合成了一类杂萘联苯结构聚芳醚腈砜酮（PPENSK），聚合反应式如图 5-15 所示。

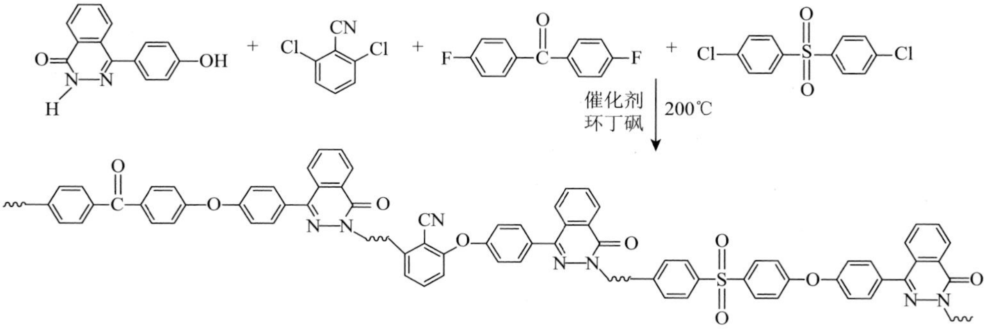

图 5-15 杂萘联苯结构聚芳醚腈腈酮 PPENSK 的合成

前面的工作分别研究了不同氰基和砜基（或酮羰基）比例对聚芳醚腈砜、聚芳醚腈酮性能的影响。为了系统地研究氰基、砜基和羰基对聚合物性能的影响，本节固定共聚单体中 DCBN 的摩尔分数，通过调节 DCS 和 DFK 的比例，合成具有不同砜酮比的聚芳醚腈砜酮（PPENSK）共聚物，以研究不同砜酮配比对共聚芳醚腈类聚合物的性能的影响规律。

图 5-16 是含二氮杂萘酮联苯结构聚醚腈砜酮系列聚合物在波数 $800 \sim 3000 \text{ cm}^{-1}$ 范围内的 FTIR 谱图。其中 2230 cm^{-1} 左右是氰基的特征吸收峰，1660 cm^{-1} 附近为内酰胺键合二苯酮的羰基振动吸收峰，1240 cm^{-1} 左右是醚基的特征峰，1590 cm^{-1} 和 1480 cm^{-1} 是芳环的吸收峰，1330 cm^{-1}、930 cm^{-1} 是聚合物中的芳环的环振动和对称伸缩振动峰。从图中可以看出随着聚合物主链中砜基含量的逐渐减少 1150 cm^{-1} 附近的砜基对称振动峰和 1360 cm^{-1} 附近的砜基非对称伸缩振动峰强度逐渐减弱，而 1660 cm^{-1} 附近的羰基吸收峰强度逐渐增强。

不同砜酮配比的聚醚腈砜酮在多种有机溶剂中的溶解性能见表 5-15。该系列聚合物可溶于氯仿、DMAc 和 NMP 等强极性溶剂。而在 DMF 中溶解性能存在一定差异，聚醚腈酮（PPENK5050）不溶解于 DMF 中，而聚芳醚腈砜（PPENS5050）可以在室温下溶解于 DMF 中，并且随着聚合物主链中砜基含量的增加，PPENSK 的溶解性能逐渐提高。这可能是由于随着砜基含量的增加，分子链极性增加，便于极性的溶剂小分子进入聚合物主链之间，从而改善溶解性。

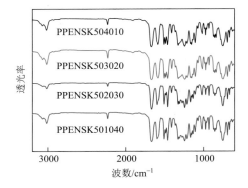

图 5-16　杂萘联苯结构聚芳醚腈砜酮 PPENSK 的红外谱图

表 5-15　杂萘联苯结构聚芳醚腈砜酮 PPENSK 的溶解性能 [a]

聚合物名称	溶剂 [b]						
	NMP	DMAc	氯仿	DMSO	环丁砜	DMF	THF
PPENS5050	++	++	++	+	+	++	–
PPENSK504010	++	++	++	+	+	++	–
PPENSK503020	++	++	++	+	+	++	–
PPENSK502525	++	++	++	+	+	++	–
PPENSK502030	++	++	++	+	+	+	–
PPENSK501040	++	++	++	+	+	+	–
PPENK5050	++	++	++	+	+	+	–

a. 溶解度："++"室温溶解；"+"部分溶解；"–"不溶解。b. NMP：N-甲基吡咯烷酮；DMAc：N,N-二甲基乙酰胺；DMF：N,N-二甲基甲酰胺；DMSO：二甲基亚砜；THF：四氢呋喃。

以 DSC 和 TGA 研究了聚芳醚腈砜酮的热性能，结果见表 5-16。由表可知，聚芳醚腈酮(PPENK5050)的玻璃化转变温度为 279℃，聚芳醚腈砜(PPENS5050)的玻璃化转变温度为 301℃，并且随着 PPENSK 主链中砜基含量的相对增加，其玻璃化转变温度逐渐升高。这说明聚合物中强极性基团砜基的存在会增加分子链的相互作用，所以对玻璃化转变温度的贡献大于羰基。因此我们可以通过调节 DCS 与 DFK 单体的配比，实现对 PPENSK 耐热性的调控。TGA 测试结果表明，聚合物的 10%热失重为 510～543℃，这说明系列聚芳醚腈砜酮均具有优异的热稳定性。

表 5-16　含二氮杂萘酮联苯结构聚芳醚腈砜酮 PPENSK 的热性能

聚合物名称	T_g/℃	$T_{d5\%}$/℃	$T_{d10\%}$/℃
PPENS5050	301	505	520
PPENSK504010	299	507	519
PPENSK503020	297	513	543

聚合物名称	$T_g/℃$	$T_{d5\%}/℃$	$T_{d10\%}/℃$
PPENSK502525	290	506	525
PPENSK502030	289	505	522
PPENSK501040	284	509	525
PPENK5050	279	490	510

5.2.7　杂萘联苯聚芳醚腈(砜、酮、酮酮)的结构与性能关系

1. 杂萘联苯对聚合物热性能及溶解性的影响[7, 8]

从系列含二氮杂萘酮联苯结构共聚芳醚腈(砜、酮、酮酮)的耐热性能数据分析，这类共聚物均具有优异的耐热性能，其玻璃化转变温度(T_g)为252～323℃，10%热失重温度($T_{d10\%}$)为449～541℃。由此可见，将二氮杂萘酮联苯结构引入到聚芳醚腈主链之中，可赋予其优异的耐热性和耐热稳定性。杂萘联苯的取代基对聚合物的耐热性具有一定的影响。

从前面的讨论中可以看出，不同取代基含二氮杂萘酮联苯结构的三元共聚芳醚腈的玻璃化转变温度大小顺序为：二甲基取代 oDM＞无取代≈氯取代 oCl＞甲基取代 oM＞苯取代 oP。这可以从分子链的柔顺性和取代基的极性、位阻等角度来进行分析。在这三个系列的共聚芳醚腈(砜、酮、酮酮)中，邻二甲基取代的玻璃化转变温度最高，这可能是由于苯环上对称的甲基取代对大分子链的自由旋转产生一定的阻碍作用，分子链段的运动需要更高的温度和能量，因此导致 T_g 升高；氯原子对玻璃化转变温度影响较小；单甲基取代基的存在使聚芳醚腈的 T_g 降低，主要是由于该侧基是柔性的，这种柔性侧基的存在相当于起了增塑剂的作用，所以使 T_g 下降；邻苯基取代聚合物中刚性的大体积苯环侧基可能使分子链间的距离增大，分子链内旋转阻力减小，T_g 最低。

由于二氮杂萘酮联苯结构具有扭曲、非共平面和不对称的结构特点，打破了聚合物分子链的紧密堆砌，破坏了分子链间的相互作用力，因此 WAXD 测试表明聚合物呈现无定形的状态。聚合物的溶解性能是与其聚集形态密切相关的。二氮杂萘酮联苯结构的引入，不利于大分子链的紧密堆砌，有助于溶剂小分子扩散到大分子主链之间，另外，主链中醚键的存在可以提高大分子链的柔顺性，改善聚合物的溶解性能。聚合物可以溶解于一些非质子极性溶剂之中，如 NMP、DMAc、DMSO 等。

由于取代基大小的不同，同一单体比例的三元共聚合物的溶解性也存在差异。其中苯基的体积最大，主链方向上芳环间扭曲程度最大，溶解性最好；甲基、氯原子取代基的体积较小，对聚合物的溶解性影响较小。

2. 不同共聚单体对聚合物热性能及溶解性的影响

将不同的双卤单体作为共聚单体，引入到聚合体系中，使聚芳醚腈的性能产生变化。在引入羰基后，其极性比氰基低，因此聚合物的耐热性能随其引入含量增高而降低，在极性溶剂中的溶解能力也随之有所降低。而引入砜基后，其极性比氰基高，因此聚合物的耐热性能以及在极性溶剂中的溶解性能均随砜基含量的增加而有所提高或改善。

分别将三种共聚物进行横向对比，系统研究不同共聚单体结构对共聚物性能的影响规律。二氯二苯砜具有强极性的砜基，生成的二苯砜结构单元增强了聚合物主链间的相互作用，因此聚芳醚腈砜 T_g 最高；二氟二苯酮中羰基为较弱的极性，因此其合成的聚芳醚腈酮 T_g 相对较低；1,4-二(4-氟代苯甲酰基)苯中含有两个羰基，使其合成的聚芳醚腈酮酮中羰基含量更高，因此聚芳醚腈酮酮 T_g 最低。将其溶解性能进行对比发现，聚芳醚腈砜因为其砜基的强极性，在极性溶剂中溶解性能远优于聚芳醚腈酮和聚芳醚腈酮酮。

5.3　杂萘联苯共聚芳醚腈类聚合物的合成、表征与性能 ◀◀◀

5.3.1　含对苯二酚结构杂萘联苯共聚芳醚腈 PPEN-HQ 的合成、表征与性能

为了进一步探究新型聚芳醚腈体系，以 DHPZ、对苯二酚和 DCBN 为原料，采用亲核取代逐步聚合机理，通过高温溶液共缩聚反应，合成了一类杂萘联苯结构的共聚芳醚腈 PPEN-HQ，聚合反应式如图 5-17 所示[7]。

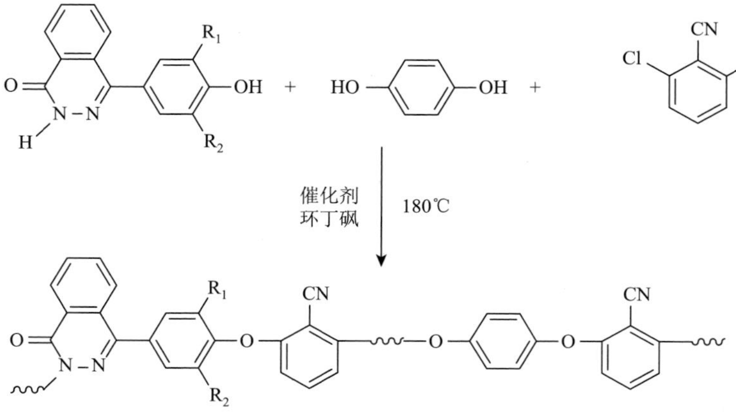

图 5-17　PPEN-HQ 系列聚合物的合成

对 PPEN-HQ 结构进行了 FTIR 谱图分析，如图 5-18 和表 5-17 所示，聚合物在 3015 cm^{-1} 左右处出现中等强度苯环的 C—H 伸缩振动峰，在 2231 cm^{-1} 左右出现了氰基的伸缩振动，1676 cm^{-1} 左右为二氮杂萘酮联苯结构羰基的特征吸收峰，1600 cm^{-1} 和 1508 cm^{-1} 左右为芳环特征峰，1245 cm^{-1} 左右为醚键的特征吸收峰。

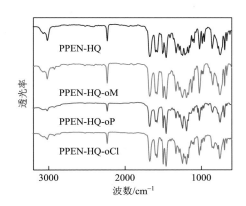

图 5-18　含二氮杂萘酮联苯结构共聚芳醚腈（PPEN-HQ）FTIR 谱图

表 5-17　含二氮杂萘酮联苯结构共聚芳醚腈（PPEN-HQ）红外谱图归属数据

聚合物名称	基团		波数/cm^{-1}
	R$_1$	R$_2$	
PPEN-HQ5050	H	H	2231（—CN，氰基），1676（C＝O），1600（C＝N），1244（C—O—C）
PPEN-HQ-oM	CH$_3$	H	2920（—CH$_3$），2231（—CN，氰基），1676（C＝O），1245（C—O—C）
PPEN-HQ-oDM	CH$_3$	CH$_3$	2923（—CH$_3$），2231（—CN，氰基），1676（C＝O），1246（C—O—C）
PPEN-HQ-oP	Ph	H	2231（—CN，氰基），1676（C＝O），1600（C＝N），1243（C—O—C）
PPEN-HQ-oCl	Cl	H	2233（—CN，氰基），1672（C＝O），1600（C＝N），1245（C—O—C）

PPEN-HQ 的广角 X 射线衍射图显示在 $2\theta = 20°$ 左右均有一个较宽的弥散峰，表明这些聚合物均属无定形结构。这是因为在聚合物主链中引入非对称性的二氮杂萘酮联苯结构，破坏了聚合物分子结构对称性，体积较大的二氮杂萘酮联苯结构具有扭曲、非共平面的立体结构，降低了分子链间作用力和结晶度。

定性地研究了新型聚芳醚腈（PPEN-HQ）的溶解性能，测试结果列于表 5-18。所合成的聚芳醚腈（PPEN-HQ）的溶解性随着共聚物中不同单体配比有所差异，大多数聚芳醚腈可在室温下溶解于氯仿、NMP；部分溶解于 DMAc、DMSO 和环丁砜等极性非质子溶剂中。但是当聚合物主链中二氮杂萘酮联苯结构降低时，聚合物的溶解性逐渐下降，室温下只能部分溶解于 NMP 和环丁砜，而不溶解于氯仿、

DMAc 等溶剂。相对于商业聚芳醚腈(PEN)品种的较差的溶解性，扭曲、非共平面和不对称的杂萘联苯结构有效地改善了 PPEN-HQ 的溶解性。

表 5-18   杂萘联苯结构聚芳醚腈(PPEN-HQ)的溶解性能 [a]

聚合物名称	溶剂 [b]						
	NMP	DMAc	氯仿	DMSO	环丁砜	DMF	THF
PPEN-HQ8020	++	+	++	+	+	+	−
PPEN-HQ7525	++	+	++	+	+	+	−
PPEN-HQ6733	++	+	++	+	+	+	−
PPEN-HQ5050	++	+	++	+	+	+	−
PPEN-HQ3367	++	+	++	+	+	+	−
PPEN-HQ2575	+	+	−	−	+	+	−
PPEN-HQ2080	+	−	−	−	+	+	−
PPEN-HQ-oM	++	+	++	+	+	+	−
PPEN-HQ-oDM	++	+	++	+	+	+	−
PPEN-HQ-oP	++	+	++	+	+	+	−
PPEN-HQ-oCl	++	+	++	+	+	+	−

a. 溶解度："++"室温溶解；"+"部分溶解；"−"不溶解。b. NMP: *N*-甲基吡咯烷酮；DMAc: *N*, *N*-二甲基乙酰胺；DMF: *N*, *N*-二甲基甲酰胺；DMSO: 二甲基亚砜；THF: 四氢呋喃。

通过 DSC 和 TGA 对所合成的杂萘联苯结构共聚芳醚腈(PPEN-HQ)进行热性能测试，数据列于表 5-19。数据表明 PPEN-HQ 具有较高的玻璃化转变温度(T_g 为 200~277℃)，并且随着聚合物中二氮杂萘酮联苯结构含量的增加而逐渐提高，这归因于刚性二氮杂萘酮联苯芳杂环结构阻碍了分子链段的运动，从而提高了聚合物的耐热性能。在取代型的共聚芳醚腈(s-PPEN-HQ)中，对称二甲基取代 PPEN-HQ-oDM 的 T_g 最高，为 253℃；氯原子取代 PPEN-HQ-oCl 与无取代 PPEN-HQ 的 T_g 近似相等；甲基取代 PPEN-HQ-oM 次之，而含有苯基侧基的聚合物 PPEN-HQ-oP 玻璃化转变温度最低。这一规律与前面杂萘联苯聚芳醚腈类树脂相同。

表 5-19   含杂萘联苯结构共聚芳醚腈(PPEN-HQ)的热性能

聚合物名称	T_g/℃	$T_{d5\%}$/℃	$T_{d10\%}$/℃
PPEN-HQ8020	277	487	504
PPEN-HQ7525	271	485	500
PPEN-HQ6733	265	485	499
PPEN-HQ5050	243	488	510
PPEN-HQ3367	222	476	487

续表

聚合物名称	$T_g/℃$	$T_{d5\%}/℃$	$T_{d10\%}/℃$
PPEN-HQ2575	210	479	496
PPEN-HQ2080	200	491	508
PPEN-HQ-oM	241	454	481
PPEN-HQ-oDM	253	430	457
PPEN-HQ-oP	242	492	517
PPEN-HQ-oCl	244	490	513

在无取代的共聚芳醚腈(PPEN-HQ)中,聚合物的热失重温度几乎没有太大的变化,主要是因为聚合物主链中的全芳结构赋予了共聚芳醚腈(PPEN-HQ)优异的耐热稳定性。对取代型的共聚芳醚腈(PPEN-HQ)进行比较,邻苯基取代、无取代以及邻氯取代均具有优异的耐热稳定性,10%热失重温度分别为517℃、510℃和513℃;而由于甲基是易降解基团,因此邻二甲基取代共聚芳醚腈 PPEN-HQ-oDM 的 10%热失重温度相对较低(457℃),单甲基取代共聚芳醚腈 PPEN-HQ-oM 的 10%热失重温度为481℃。上述结果表明新型共聚芳醚腈均具有优异的耐热性和耐热稳定性。

共聚芳醚腈(PPEN-HQ)薄膜具有良好的拉伸性能(见表 5-20),拉伸强度为70~94 MPa,断裂伸长率在5.1%~7.7%之间,拉伸模量为1.6~3.0 GPa,表明该类共聚芳醚腈是一类耐高温高性能树脂。

表 5-20　含二氮杂萘酮联苯聚芳醚腈(PPEN-HQ)的拉伸性能

聚合物名称	拉伸强度/MPa	断裂伸长率/%	拉伸模量/GPa
PPEN-HQ8020	83	5.1	2.0
PPEN-HQ7525	85	5.4	2.9
PPEN-HQ6733	93	6.0	2.9
PPEN-HQ5050	84	7.7	2.0
PPEN-HQ3367	92	6.0	3.0
PPEN-HQ2575	76	7.0	1.9
PPEN-HQ2080	79	6.2	2.0
PPEN-HQ-oM	94	7.5	1.6
PPEN-HQ-oDM	70	5.6	2.9
PPEN-HQ-oP	90	6.4	2.9
PPEN-HQ-oCl[a]	—	—	—

a. 薄膜较脆。

5.3.2 含双酚 A 结构杂萘联苯共聚芳醚腈 PPEN-BPA 合成、表征及性能

通过之前的分析可以发现,新型聚芳醚腈 PPEN 在溶解性能等方面明显优于 PEN 等工程塑料,因此,基于经济方面考量,在 PPEN 的基础上又合成了另外一种新型的共聚芳醚腈,即以 DHPZ、DCBN 和价格低廉的双酚 A 为单体,以环丁砜为溶剂,以甲苯为带水剂,以 K$_2$CO$_3$ 为催化剂,采用两步法进行共缩聚反应,合成了一种含二氮杂萘酮联苯和二苯基异丙基结构的新型共聚芳醚腈 (PPEN-BPA)[7]。反应方程式如图 5-19 所示。

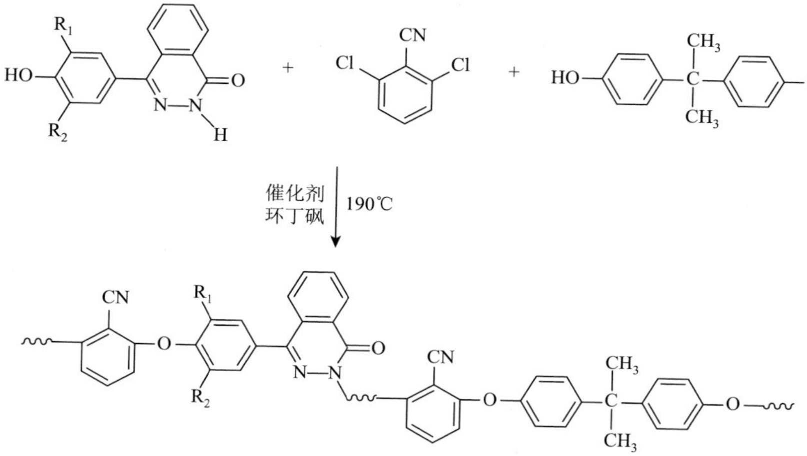

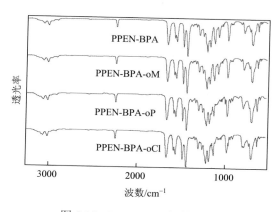

图 5-19　PPEN-BPA 的合成

对 PPEN-BPA 进行了 FTIR 以及 ^{1}H NMR 谱图分析。其 FTIR 谱图如图 5-20 所示。

图 5-20　PPEN-BPA 红外谱图

红外分析数据列于表 5-21 中。在 FTIR 谱图中，可以明显看到在 $3150\sim3300\ \text{cm}^{-1}$ 左右的羟基吸收峰和 $790\ \text{cm}^{-1}$ 左右的 C—Cl 键吸收消失了，而在 $3018\ \text{cm}^{-1}$ 和 $2969\ \text{cm}^{-1}$ 附近处分别为苯环和异丙基 C—H 键的伸缩振动峰，在 $2231\ \text{cm}^{-1}$ 附近出现了氰基的伸缩振动，在 $1677\ \text{cm}^{-1}$ 附近为二氮杂萘酮联苯结构中的羰基的特征吸收峰，在 $1245\ \text{cm}^{-1}$ 附近为醚键的特征吸收峰。通过广角 X 射线衍射谱分析，该类共聚芳醚腈均为无定形结构。

表 5-21 PPEN-BPA 红外分析

聚合物名称	基团		波数/cm^{-1}	η_{inh}/(dL/g)
	R_1	R_2		
PPEN-BPA5050	H	H	2969(—CH$_3$)，2230(—CN)，1649(C=O)，1250(C—O—C)	0.73
PPEN-BPA-oM	CH$_3$	H	2969，2920(—CH$_3$)，2231(—CN)，1676(C=O)，1247(C—O—C)	0.81
PPEN-BPA-oDM	CH$_3$	CH$_3$	2969，2923(—CH$_3$)，2230(—CN)，1674(C=O)，1246(C—O—C)	0.84
PPEN-BPA-oP	Ph	H	2969(—CH$_3$)，2231(—CN)，1677(C=O)，1246(C—O—C)	0.82
PPEN-BPA-oCl	Cl	H	2969(—CH$_3$)，2230(—CN)，1677(C=O)，1245(C—O—C)	0.42

与 PPEN 系列聚合物相比，含二苯基异丙基结构的共聚芳醚腈 PPEN-BPA 也同样具有良好的溶解性(表 5-22)，与 PPEN-HQ 相比，PPEN-BPA 具有更好的溶解性，常温下可以溶于 NMP、氯仿等溶剂，甚至常温下可溶于氯苯。

表 5-22 PPEN-BPA 的溶解性 [a]

聚合物名称	溶剂 [b]						
	NMP	DMAc	氯仿	DMSO	环丁砜	DMF	氯苯
PPEN-BPA8020	++	++	++	+	+	+	−
PPEN-BPA6733	++	++	++	+	+	+	++
PPEN-BPA5050	++	++	++	+	+	+	++
PPEN-BPA3367	++	++	++	+	+	+	++
PPEN-BPA2080	++	++	++	+	+	+	++
PPEN-BPA-oM	++	++	++	+	+	+	++
PPEN-BPA-oDM	++	++	++	+	+	+	++
PPEN-BPA-oP	++	++	++	+	+	+	++
PPEN-BPA-oCl	++	++	++	+	+	+	++

a. 溶解度："++"室温溶解；"+"部分溶解；"−"不溶解。b. NMP：N-甲基吡咯烷酮；DMAc：N,N-二甲基乙酰胺；DMF：N,N-二甲基甲酰胺；DMSO：二甲基亚砜。

通过 DSC 和 TGA 对所合成的含二氮杂萘酮联苯和二苯基异丙基结构共聚芳醚腈(PPEN-BPA)进行热性能表征,如表 5-23 所示。PPEN-BPA 均具有较高的玻璃化转变温度(T_g 为 230～261℃),并且随着聚合物中二氮杂萘酮联苯结构含量的增加而逐渐提高,这主要归因于二氮杂萘酮联苯芳杂环结构比二苯基异丙基结构的刚性更强,限制了共聚芳醚腈的链段运动,从而提高了聚合物的耐热性能。尽管分子主链中含有异丙基脂肪结构,该类共聚芳醚腈的 10%热失重温度为 449～494℃,表明其具有优异的耐热性和耐热稳定性。

表 5-23　含二氮杂萘酮联苯结构共聚芳醚腈 PPEN-BPA 的热性能

聚合物名称	$T_g/℃$	$T_{d5\%}/℃$	$T_{d10\%}/℃$
PPEN-BPA7525	261	477	494
PPEN-BPA6733	253	475	488
PPEN-BPA5050	241	470	484
PPEN-BPA3367	236	466	483
PPEN-BPA2575	233	463	476
PPEN-BPA-oM	238	443	456
PPEN-BPA-oDM	251	430	449
PPEN-BPA-oP	230	476	490
PPEN-BPA-oCl	240	474	482

5.4　氟化钾共催化杂萘联苯聚芳醚腈的合成　◀◀◀

5.4.1　氟化钾共催化合成聚芳醚腈的原理

合成聚芳醚腈用 2,6-二氟苯腈(DFBN)活性高,但价格偏高,而含二氮杂萘酮联苯酚类双酚单体 DHPZ 与低活性的 2,6-二氯苯腈难以聚合得到高分子量的聚合物。我们以 2,6-二氯苯腈为聚合单体,研究了新的聚芳醚腈催化体系,合成聚芳醚腈树脂。

卤代芳烃通常是由卤素和芳烃发生亲电取代反应制得。而氟代芳烃的制备,一般都采用卤素交换的方法[9]。卤素交换反应属 S_N2 反应,被交换的卤素活性越大,则反应越容易进行。当芳烃上卤原子的邻、对位有较强吸电性基团(如—CN、—NO₂、—CHO 等)时,该卤原子因为被活化而易于发生取代反应。卤代芳烃制备氟代芳烃通常采用的氟代试剂有:氟化钾、氟化钠、氟化氢、氟化银、氟化铋等。工业上常用的是氟化钾、氟化钠和氟化氢[10]。工业上也多是以氯代苯腈(CBN)

为原料，以氟化钾为氟化试剂合成氟代苯腈(FBN)。通常使用非质子极性溶剂，如环丁砜、N, N-二甲基甲酰胺(DMF)、二甲基亚砜(DMSO)、1, 3-二甲基-2-咪唑啉酮(DMI)等作为反应溶剂。而对于 2, 6-二氯苯腈(DCBN)，芳环上的氯原子因受其邻位强吸电性基团氰基的影响而被活化，可以较容易地被氟原子取代，生成 2, 6-二氟苯腈(DFBN)(图 5-21)。

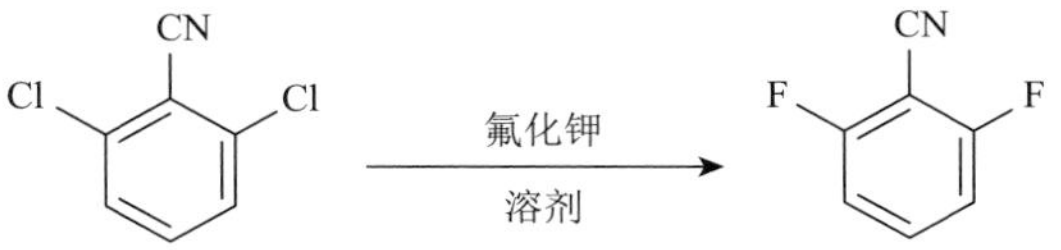

图 5-21　DCBN 的氟化反应式

　　Hoffmann 等[11]采用氟化钾催化体系，催化 1, 4-二(4-氯代苯甲酰基)苯与双酚 A 或对苯二酚的反应，制备聚芳醚酮酮，成功得到了高分子量的聚合物。因此，为了能够降低含二氮杂萘酮联苯结构聚芳醚腈的原料成本，采用氟化钾对 DCBN 进行氟化反应，同时将新生成的氟化产物 DFBN 直接作为聚芳醚腈的合成原料，在环丁砜溶剂中，与 DHPZ 进行下一步的聚合反应。即采用氟化钾作为 DHPZ 与 DCBN 聚合反应的共催化剂，以期用价廉易得的 DCBN 为原料制备得到高分子量的含二氮杂萘酮联苯结构聚芳醚腈。

5.4.2　氟化钾共催化含二氮杂萘酮联苯结构聚芳醚腈的合成

　　氟化钾在合成聚芳醚腈的反应中起到的是共催化剂的作用，反应初期它对 DCBN 进行氟化，形成 DFBN，但 DFBN 又会与 DHPZ 的酚氧盐进行反应，生成长链聚合物分子，同时生成 KF。因此氟化钾本身虽然参加反应，但是并不被消耗，起到的是共催化剂的作用。另一方面，氟化钾在有机溶剂中，并不是完全溶解呈现为离子状态，而是有一定的溶解度和解离度。因此，综合考虑 KF 在体系中的溶解能力、离子化能力以及氟离子的氟化能力，必然对氟化钾的加入量有一个合适的范围。

　　通过分析 KF 用量对聚芳醚腈特性黏度的影响(图 5-22)，可以发现聚合物的特性黏度随着体系中的 KF 含量的增加而先增加后降低，这主要是由于足量的 KF 可以保证其在溶剂中溶解的 KF 和解离的氟离子的含量，从而保证 DCBN 的氟化程度，因此提高聚合物的黏度；但是当 KF 用量超过 DCBN 的 2 倍后，聚合物的特性黏度呈明显的下降趋势，这主要是由于过多的 KF 会造成体系固含量的增加，影响其他单体在体系中的溶解能力，很难得到高分子量的聚合物。

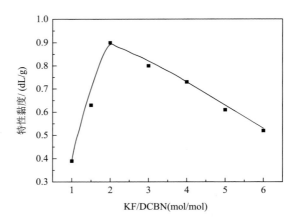

图 5-22　KF 用量对聚芳醚腈特性黏度的影响

　　单体浓度对聚合物特性黏度也有明显的影响。变化趋势如图 5-23 所示，聚合物特性黏度随着单体浓度的增大呈现先增大后减小的趋势。刚开始时，聚芳醚腈的特性黏度随着单体浓度的增加而增加，这应归因于反应体系浓度较高时反应物的碰撞概率越高，有利于醚键的形成，进而使重复单元增加，特性黏度增大。但是，当单体浓度超过 1.5 mol/L 时，特性黏度有所降低，这主要是由于单体浓度过高时，一方面，KF 在溶剂环丁砜中的溶解的量有所降低，不能够保证 KF 电离出足够的氟负离子，进行氟氯交换；另一方面，体系中的催化剂碳酸钾也为部分溶解于溶剂中，过高的体系浓度降低了其在体系中的溶解程度，因此特性黏度有所降低。

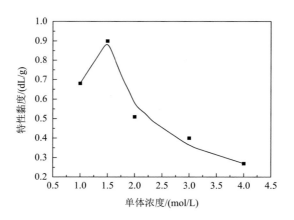

图 5-23　单体浓度对聚芳醚腈 PPEN 特性黏度的影响

　　将反应温度对反应的影响进行了研究，特性黏度随反应温度的变化趋势如图 5-24 所示。结果发现随着反应温度的升高，特性黏度呈现先升高，然后有所降低的趋势。分析原因主要是，一方面，为了提高氟负离子在氟氯置换反应中的亲和能力，需要采用高温反应，以提高氟负离子的活性，有利于氟、氯置换反应的进行，同时较高的反应温度也适宜聚合反应的进行；另一方面当聚合反应温度超过 210℃时，过高的反应温度可能导致副反应增加，不利于提高聚合物的聚合度。

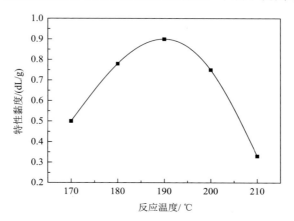

图 5-24　反应温度对聚芳醚腈特性黏度的影响

　　由于在反应中加入的共催化剂氟化钾电离产生的一定量的钾离子就可以满足反应需要。考虑到降低聚合成本，可以减少碳酸钾的用量。

　　从图 5-25 中可以看出，K_2CO_3/DHPZ 为 1.4(摩尔分数)时得到的聚合物黏度最大。当 K_2CO_3/DHPZ＜1.4 时黏度随碳酸钾的用量减少而降低，分析原因可能是体系 CO_3^{2-} 含量过低，影响了 DHPZ 形成酚氧盐的过程。而 K_2CO_3/DHPZ = 1.5 时产物黏度小于比例为 1.4 的产物。原因可能是 K_2CO_3/DHPZ = 1.5 时，体系固体含量过高，影响体系中共催化剂 KF 及单体的溶解程度，导致聚合分子量降低。

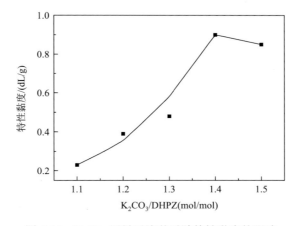

图 5-25　K_2CO_3 用量对聚芳醚腈特性黏度的影响

由上述结果可以看出，反应体系中不仅对钾离子的含量有一定要求，而且体系中碳酸根的浓度对反应影响也很大，由于加入 KF 能够保证反应体系里钾离子的含量，为了降低聚合成本，尝试使用价格相对低廉的 Na_2CO_3 部分代替 K_2CO_3。

根据所需要产品的特性黏度要求，可以采用 Na_2CO_3 适当替代 K_2CO_3 以降低催化剂成本(图 5-26)，当 $Na_2CO_3/(K_2CO_3 + Na_2CO_3) = 0.4$ 时，合成的聚合物仍具有较高的黏度。所以，Na_2CO_3 的加入能够在保证较高特性黏度的前提下，可适当降低聚合反应成本。

图 5-26 Na_2CO_3 含量对聚芳醚腈特性黏度的影响

5.5 杂萘联苯聚芳醚腈树脂的官能化与交联 ◂◂◂

5.5.1 新型聚芳醚腈的官能化改性

前文提到，新型含二氮杂萘酮联苯聚芳醚腈(PPEN)中的氰侧基是活泼基团，可以进行多种化学反应。不仅可以作为合成聚芳酰胺的基础原料[12]，也可以对其进行其他改性。

为了提高杂萘联苯结构聚芳醚腈(PPEN)的亲水性，将氰基水解成羧基[13]，从而获得具有亲水基团(羧基)的树脂(HPPEN)，可以增加其亲水性。PPEN 的水解反应如图 5-27 所示。

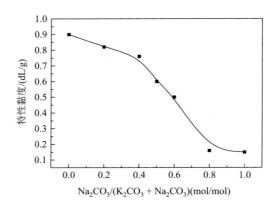

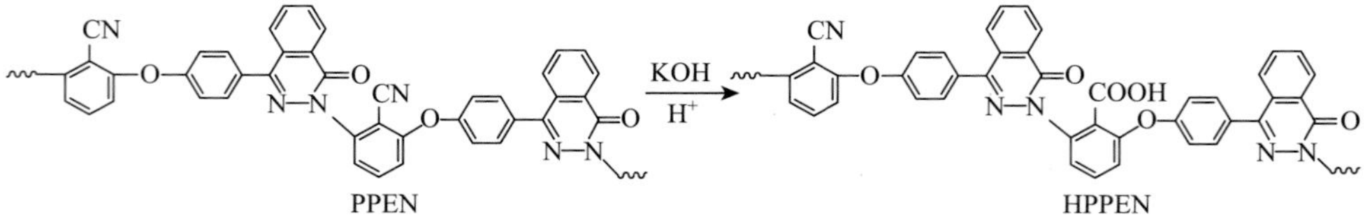

图 5-27   PPEN 的水解反应

　　含二氮杂萘酮联苯结构聚芳醚腈(PPEN)及其水解改性产物(HPPEN)的 FTIR、^{1}H NMR 谱图如图 5-28 和图 5-29 所示。PPEN 在 2230 cm^{-1} 处有氰基特征吸收峰(尖锐峰)，在 1674 cm^{-1} 处为杂萘酮联苯结构中的羰基的伸缩振动吸收峰；氰基(C≡N)经水解反应生成羧酸后，2230 cm^{-1} 处的氰基峰完全消失，而在 3420 cm^{-1} 处出现明显的 O—H 吸收峰(中等强度宽峰)，同时，在 1722 cm^{-1} 处出现的羰基(C=O)吸收峰，归属于羧基中羰基伸缩振动吸收峰。PPEN 和 HPPEN 在 1238 cm^{-1} 处左右的吸收峰是醚键(C—O—C)的特征吸收，在 1598 cm^{-1}、1503 cm^{-1} 附近处均存在尖锐的吸收峰，为苯环的特征吸收峰。由此可见，PPEN 经过强碱条件下水解后并未发生结构变化，杂萘联苯结构没有被破坏，氰基基本消失，并且生成了羧基基团。

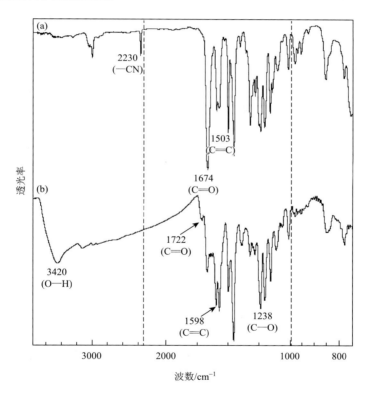

图 5-28　PPEN(a)和 HPPEN(b)FTIR 谱图

　　图 5-29 为 PPEN 和 HPPEN 的 ^{1}H NMR 谱图，从图中可以看出，由于 PPEN 中的氰基通过水解反应，在 HPPEN 的 ^{1}H NMR 中的 11.0 ppm 处出现了羧基活泼氢的化学位移峰。

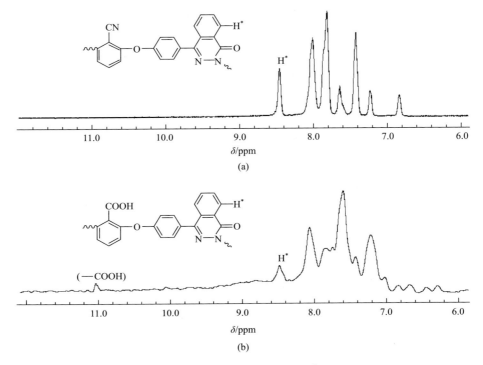

(a)

(b)

图 5-29 PPEN (a) 和 HPPEN (b) 的 ^{1}H NMR

通过调节水解反应时间，可以调节 HPPEN 的氰基含量，PPEN 样品在 DMAC 中于 120℃经 KOH 水解反应 30 min、60 min、210 min 后，得到产物的氰基转化率分别为 32%、52%和 75%，依次记为 HPPEN-a，HPPEN-b，HPPEN-c。将 PPEN 和不同水解反应程度的 HPPEN 样品精制后制备均质膜（直径 20 mm），利用接触角测试仪测量水在聚合物薄膜表面的接触角，结果见表 5-24。从表 5-24 中可以看出，PPEN 及其还原产物的亲水性能由强到弱的顺序为：HPPEN-c＞ HPPEN-b＞HPPEN-a＞PPEN。这表明随着氰基转化率的提高，HPPEN 薄膜的水接触角逐渐减小，亲水性增加，当氰基转化率为 75%时，薄膜（HPPEN-c）的水接触角达到 51.6°，比纯树脂 PPEN 薄膜的水接触角减少了 25.9°，说明羧基的引入提高了 PPEN 薄膜的亲水性，PPEN 与 PPEN-c 薄膜接触角的形貌如图 5-30 所示。

表 5-24 PPEN 和 HPPEN 的水接触角

聚合物名称	PPEN	HPPEN-a	HPPEN-b	HPPEN-c
水接触角	77.5°	72.3°	63.1°	51.6°

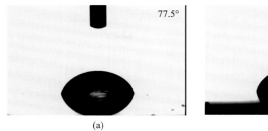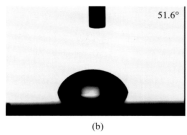

图 5-30　PPEN(a) 和 HPPEN(b) 的水接触角照片

将 PPEN 及其水解改性产物(HPPEN)进行差示扫描量热分析(DSC)和热重分析(TGA)，结果见表 5-25。PPEN 经碱性水解改性后，由于分子链中羧基基团的增多使聚合物分子链间的氢键作用增强，羧基的引入增加了分子链间的相互作用力，因此 HPPEN 的玻璃化转变温度(T_g)比 PPEN 略有提高。但是，HPPEN 分子链中含有的羧基基团在热重分析测试过程中，可能因羟基脱水而导致热失重温度有所降低。

表 5-25　PPEN 和 HPPEN 的热性能

聚合物名称	T_g/℃	$T_{d5\%}$/℃	C_y/%
PPEN	295	492	76
HPPEN-a	301	485	61
HPPEN-b	304	479	56
HPPEN-c	305	446	49

5.5.2　聚芳醚腈类聚合物的交联

通常氰基容易被引入到聚合物分子链中，而氰基聚合物的交联过程中也不会释放出小分子化合物。因此，氰基一直以来被认为可作为一个理想的交联点。另外含二氮杂萘酮联苯结构聚芳醚腈不仅具有优异的力学强度和耐热性，还具有良好的溶解性能。因此这类聚合物可采用溶液浇注等方法进行加工。另外，引入扭曲非共平面的二氮杂萘酮联苯结构后，分子链间相互缠结的概率增加，也增加了物理交联点，可以进一步提升高分子的性能。

氰基树脂可以根据分子中氰基基团的个数分为单氰基树脂和邻苯二甲腈树脂。氰基树脂也可分为热塑性氰基树脂和热固性氰基树脂。其中，聚芳醚腈是一种最典型的热塑性氰基树脂，分子侧链中的氰基赋予了聚芳醚腈相比于其他聚芳醚类树脂更优异的耐热性能和力学性能。同时聚芳醚腈树脂可以在高温下通过氰基催化交联形成三嗪环交联网络，使树脂的耐热性能和力学性能进一步提高[14]。

设计合成低分子量的聚芳醚腈，可能有利于提高分子链中氰基常压环化反应的活性。一方面，聚合物分子量越小，氰基两个邻位上分子链长度越短，可削弱位阻效应对氰基活性的影响。另一方面，分子量的减小也能使聚合物具有较低的 T_g 和软化温度，有利于增强氰基活动能力，从而提高氰基之间有效碰撞概率。为此，本文合成较低分子量的含二氮杂萘酮联苯结构聚芳醚腈齐聚物（PPEN-OL），并考察交联可行性。齐聚物名称中数字代表在聚合物中氰基相对二氮杂萘酮联苯结构单元的百分数。例如，100 份 DHPZ 和 90 份 DFBN 反应制得的齐聚物记为 PPEN-OL90。PPEN-OL 的合成路线如图 5-31 所示[15]。

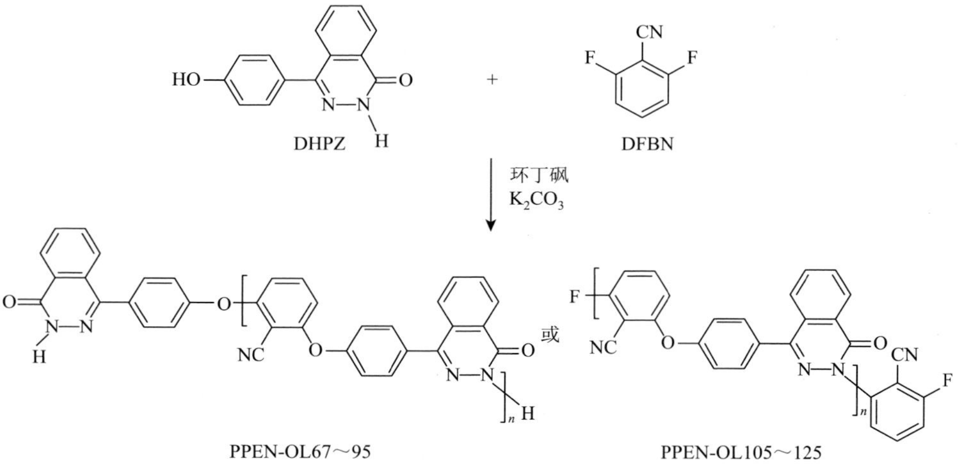

图 5-31　含二氮杂萘酮联苯结构聚芳醚腈齐聚物 PPEN-OL 的合成

齐聚物的结构表征，以 PPEN-OL67 为例进行说明。由 PPEN-OL67 的红外数据可知，在 2230 cm^{-1} 处出现了氰基伸缩振动吸收峰；在 1677 cm^{-1} 处出现了内酰胺羰基的强伸缩振动吸收峰；在 1258 cm^{-1} 处出现了醚键特征吸收峰，说明各聚合单体发生了反应，生成了目标聚合物。而 3444 cm^{-1} 处出现的宽平吸收峰是由 N—H 存在引起的，表明齐聚物末端为 N—H。图 5-32 为 PPEN-OL67 的 ^{1}H NMR 谱图，12.95 ppm 处质子信号证明了 N—H 末端的存在；而 9～10 ppm 未出现质子信号，排除了酚羟基末端的存在，说明 PPEN-OL67 末端全为 N—H。PPEN-OL75～95 结构与 PPEN-OL67 类似，均为 N—H 末端的齐聚物。这是由于 DHPZ 过量，缩聚反应温度较低且 N—H 反应活性比 O—H 低。而以过量 DFBN 与 DHPZ 聚合制得的 PPEN-OL105～125，均为氟代苯腈末端的齐聚物。

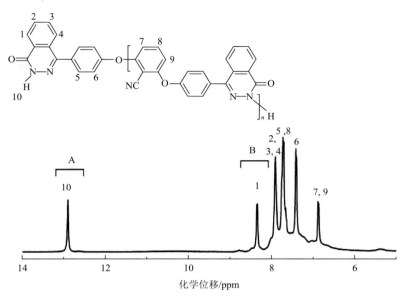

图 5-32　PPEN-OL67 的 ^1H NMR 谱图

　　图 5-33 列出了在氮气气氛下，PPEN-OL67/TPH/ZnCl$_2$ 体系经常压热处理前后的 DSC 曲线。由图可见，DSC 扫描未出现明显的交联放热峰。此外，上述两个样品经 DSC 第一次扫描和第二次扫描所观察到的玻璃化转变，与 PPEN-OL67 的玻璃化转变几乎在同一位置。说明样品在热处理前后未发生结构改变。PPEN-OL67-N$_2$ 和 CPPEN-OL67 的 DSC 扫描也得到了类似结果，说明各齐聚物结构保持稳定。各样品的 FTIR 谱图中，热处理前后归属于二氮杂萘酮联苯结构中羰基伸缩振动吸收峰强度未发生变化。因此以该吸收峰为参比，可方便定量地反

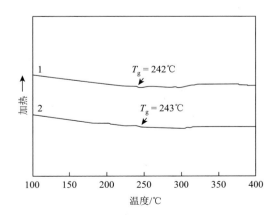

图 5-33　PPEN-OL67/TPH/ZnCl$_2$ 的 DSC 曲线（1：热处理前；2：热处理后）

映氰基浓度的变化趋势。结果表明，热处理前后氰基吸收峰强度未发生明显变化。说明上述条件下，齐聚物分子链中氰侧基未发生环化反应。这主要是氰基邻位长分子链或体积庞大的杂萘酮联苯结构的位阻效应导致氰基环化活性极低。因此，即使是低分子量齐聚物中的氰侧基，在常压下高温热处理时也难以发生氰基环化反应。

在上述结论的基础上，由于发现 PPEN 中氰基临位大分子链的位阻效应，可能降低氰侧基的环化活性。因此，本课题组设计合成了通过苯腈封端的含杂萘联苯结构聚芳醚腈（PPEN-DC）。考虑高分子量聚合物影响氰基活性，因此，PPEN-DC 合成较低分子量的齐聚物，保证氰基活性。

PPEN-DC 的合成采用两步反应来实现。首先以过量 DHPZ 和 ODA 为原料，进行亲核取代缩聚反应制得齐聚物中间体 PPEN-DH（名称中数字代表聚合物苯腈端基相对二氮杂萘酮联苯结构单元的百分数，如由 100 份 DHPZ 与 90 份 DFBN 聚合，再用足量 CBN 封端而成的聚合物可记为 PPEN-DC20。聚合结束后，加入对氯苯腈，对聚合物进行封端，将苯腈作为端基引入到聚合物分子链中。发现 PPEN-DC 具有良好的溶解性能。PPEN-DC 合成步骤如图 5-34 所示。

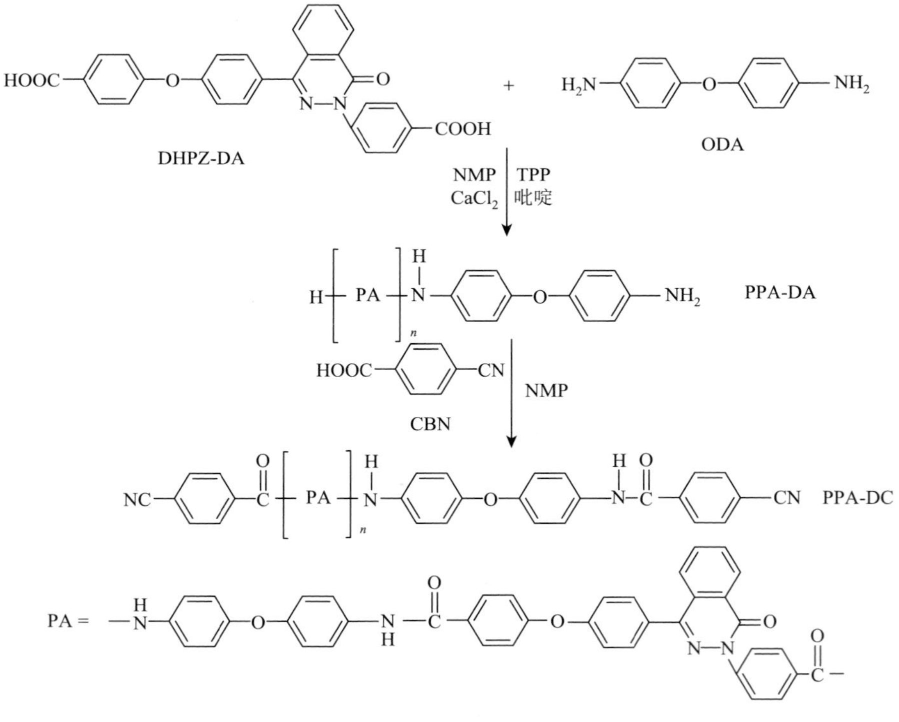

图 5-34　PPEN-DC 的合成反应式

通过 FTIR、^{1}H NMR 和元素分析，对 PPEN-DC 以及分离出来的中间体 PPEN-DH 进行了结构表征。图 5-35 为齐聚物的 FTIR 谱图。在中间体 PPEN-DH67 红外谱图中，在 3444 cm^{-1} 处出现 N—H 伸缩振动的宽平吸收峰。在中间体的 ^{1}H NMR 谱（图 5-36，曲线 2），12.92 ppm 处质子信号也证明了 N—H 基团的存在；而 9～10 ppm 未出现酚 O—H 的氢质子信号，从而说明 PPEN-DH67 末端全为 N—H 基团。PPEN-DC 在 2230 cm^{-1} 左右出现了氰基的特征吸收峰，其强度随齐聚物分子量增大而减小；在 1677 cm^{-1} 出现了内酰胺中羰基的伸缩振动吸收峰。结合它们的 ^{1}H NMR 谱来看，封端后 N—H 信号全部消失，说明 PPEN-DC 被完全封端。说明在 PPEN-DC 结构中，苯腈端基通过 N—C 键与二氮杂萘酮联苯结构相连。因此，PPEN-DC 的红外和核磁表征结果均与目标聚合物结构一致。

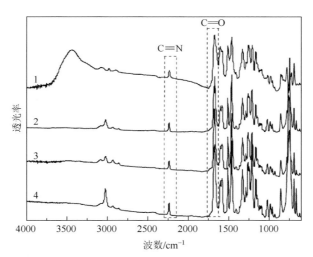

图 5-35　PPEN-DC 的 FTIR 谱图（1：PPEN-DH67；2：PPEN-DC10；3：PPEN-DC50；4：PPEN-DC67）

分别采用 FTIR、^{1}H NMR 和 GPC 测定了聚合物分子量，详细测试结果列于表 5-26 中。在中间体的核磁分析中，N—H 基团中氢质子信号（A 区域）和二氮杂萘酮联苯结构中的羰基中迫位氢质子信号（B 区域）易辨析开，可采用式（5-1）计算出 PPEN-DH 的数均聚合度 n。

$$\frac{2}{n+1} = \frac{I_{\text{H-10}}}{I_{\text{H-1}}} \tag{5-1}$$

式中，n 为齐聚物 PPEN-DH 的数均聚合度；$I_{\text{H-1}}$ 和 $I_{\text{H-10}}$ 分别代表 PPEN-DH 齐聚物 H-1 和 H-10 质子信号峰的积分强度。

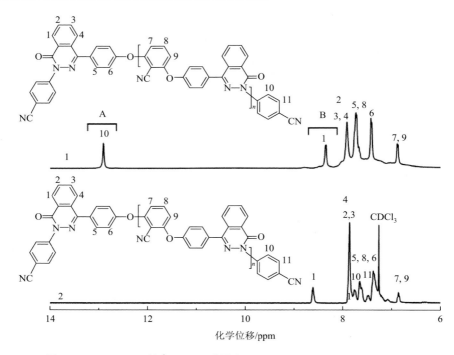

图 5-36　PPEN-DC 的 ^{1}H NMR 谱图（1：PPEN-DH67；2：PPEN-DC67）

表 5-26　**PPEN-DC 的投料比、共聚物分子量及物理性能**

聚合物名称	A/B/C	M_n					$\eta_{inh}^{e}/$ (dL/g)	产率/%
		M_n^{a}	M_n^{b}	M_n^{c}	M_n^{d}	PD^{d}		
PPEN-DC10	100/95/10	6849	7220	7010	6200	3.38	0.22	98
PPEN-DC20	100/90/20	3374	3320	3180	3100	3.14	0.19	99
PPEN-DC50	100/75/50	1453	1420	1610	1400	3.10	0.12	98
PPEN-DC67	100/67/67	1115	1100	1260	1000	2.87	0.10	98
PPEN-DC100	100/50/100	779	830	950	700	2.57	0.10	98

　　a. M_n 根据 HPPZ(A) 和 DFBN(B) 的反应物摩尔比计算得出；b. 根据式 2，假设有两个氰基端基，通过 FTIR 分析计算；c. 根据式 1，假设有两个氰基端基，通过 ^{1}H NMR 分析计算；d. 以氯仿为洗脱溶剂，通过 GPC 测定 M_n 和 PD；e. 在氯仿中以 0.5 g/dL 的浓度在 25℃下测定。

　　PPEN-DC 和 PPEN-DH 聚合度相同，因此可方便地计算出 PPEN-DC 的分子量。采用红外光谱法计算分子量时，PPEN-DC 的红外谱图中内酰胺羰基伸缩振动吸收峰和氰基特征吸收峰容易被辨析开。因此，利用基线法和峰面积法可计算出数均聚合度 n，从而得到聚合物数均分子量。计算公式如式（5-2）所示。

$$\frac{A_{[C\equiv N]_n}}{A_{[C=O]_n}} = \frac{(n+2)}{(n+1)} \times \frac{A_{[C\equiv N]_0}}{A_{[C=O]_0}} \tag{5-2}$$

式中，n 为聚合物的数均聚合度；$A_{[C\equiv N]_n}$ 和 $A_{[C=O]_n}$ 分别代表 PPEN-DC 样品中氰基和内酰胺羰基吸收峰面积；$A_{[C\equiv N]_0}$ 和 $A_{[C=O]_0}$ 分别代表 PPEN-2 样品中氰基和内酰胺羰基吸收峰面积。

通过研究 PPEN-DC 在催化剂和交联剂存在下，常压条件下聚合物进行交联反应的活性，采用 FTIR 和 DSC 跟踪了 PPEN-DC/ZnCl₂/对苯二腈(TPH)样品在氮气气氛下的热处理过程。图 5-37 列出了 PPEN-DC67/ZnCl₂/TPH 样品氮气环境中分别在常压下加热到 310℃、330℃和 350℃热处理 6 h 后的 FTIR 对比图。样品热处理前后，1677 cm⁻¹ 处归属于内酰胺羰基伸缩振动的吸收峰，其强度未发生变化。因此以该吸收峰为参比，可方便地检测出氰基特征吸收峰强度的变化趋势。体系中氰基特征吸收峰强度随热处理温度的升高而显著降低。310℃热处理后样品氰基特征峰吸收强度约为热处理前的 89%，330℃热处理后其强度变为 74%，而 350℃热处理后其强度减少到 67%。而在热处理后聚合物的红外光谱中，由均三嗪环骨架振动引起的 1588 cm⁻¹、1524 cm⁻¹ 和 1367 cm⁻¹ 处吸收峰，其强度均明显增强。说明热处理后苯腈封端聚芳醚腈的结构发生了变化，氰基发生常压环化生成了均三嗪环。

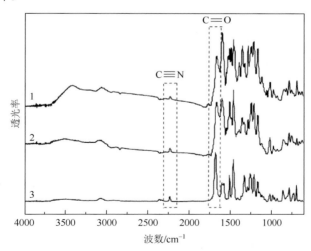

图 5-37　PPEN-DC67/ZnCl₂/TPH 交联后 FTIR 图(1：310℃；2：330℃；3：350℃)

图 5-38 是 PPEN-DC/ZnCl₂/TPH 样品的第一次 DSC 扫描曲线。与含氰侧基聚合物 PPEN 的扫描结果不同的是，PPEN-DC/ZnCl₂/TPH 样品在 298～318℃出现了一个较弱放热峰。该放热峰随齐聚物分子量增大而逐渐移向高温区域。且第二次 DSC 扫描观察到的玻璃化转变，与第一次扫描相比，出现在更高温度区域。说明 PPEN-DC 经常压热处理后发生了结构变化。结合 FTIR 分析结果，可以推断氰基发生了三聚环化反应。前面章节研究表明氰侧基在该条件下未发生

环化反应，因此可说明聚合物交联反应是由氰端基环化反应引起的。以 PPEN-DC67/ZnCl$_2$/TPH 交联体系为例，氰端基浓度占总氰基官能团的 55%，其氰基特征峰吸收强度约为交联前的 58%。说明大部分氰端基参与了在常压条件下的三聚环化反应（表 5-27）。

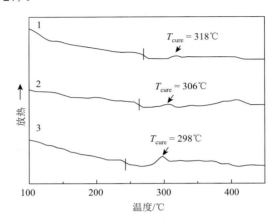

图 5-38   PPEN-DC/ZnCl$_2$/TPH 体系 DSC 曲线（1：PPEN-DC10；2：PPEN-DC50；3：PPEN-DC67）

表 5-27   交联前后氰基红外特征峰强度变化

固化程序	[CN]/mmol				活化比率 [CN]/%	残留率 [CN][a]/%
	端基[CN]	TPH[CN]	侧基[CN]	总计[CN]		
PPEN-DC10/TPH/ZnCl$_2$	0.31	0.47	2.97	3.75	21	88
PPEN-DC20/TPH/ZnCl$_2$	0.64	0.47	2.90	4.02	28	85
PPEN-DC50/TPH/ZnCl$_2$	1.42	0.47	2.14	4.04	47	61
PPEN-DC67/TPH/ZnCl$_2$	2.00	0.47	2.00	4.47	55	58
PPEN-DC100/TPH/ZnCl$_2$	2.85	0.47	1.43	4.75	70	41

a. 在 TPH 和 ZnCl$_2$ 存在的情况下进行热固化后的样品。

为进行比较，本节还研究了 PPEN-DC 纯样品在常压下的交联反应活性。以 PPEN-DC67 为例，齐聚物在 DSC 扫描过程中，未观察到明显的放热峰。这说明聚合物难以发生交联或者交联反应速度缓慢。这是因为氰端基浓度低，而同时无催化剂存在时氰基三聚反应活化能高。加入催化剂 ZnCl$_2$ 后，也未观察到明显的放热峰。但经热处理后，产物的红外光谱中氰基特征吸收峰强度有一定程度的降低，说明发生了由氰基环化引起的交联反应。上述结果证明 TPH 和 ZnCl$_2$ 的加入，有利于 PPEN-DC 的交联。TPH 的加入增加了体系中可交联基团的浓度。此外，TPH 还具有较低的熔点，在热处理过程中易熔融流动。因此能起到一定的增塑作用，也有利于提高交联基团间的有效碰撞概率。而 ZnCl$_2$ 的存在，则降低了氰基三聚环化反应的活化能。从而在动力学上考虑，TPH 和 ZnCl$_2$ 的加入均有利于交联反应的发生。

接下来,我们又对相同聚合度的 PPEN-OL 以及 PPEN-DC 齐聚物的 T_g 和热失重温度进行了对比,详细数据见表 5-28。数据表明,PPEN-DC 齐聚物的 T_g 和热失重温度均有一定程度的提高,说明苯腈封端能提高齐聚物热稳定性。DSC 测试结果表明 PPEN-DC 的 T_g 为 245～269℃,低于高分子量 PPEN 的 T_g 值。齐聚物较低的 T_g 和软化温度有利于交联时提高氰端基的活动能力,从而提高反应基团有效碰撞概率。随着 PPEN-DC 分子量增大,其 T_g 也升高,说明链端基含量对其热性能影响很大。上述热分析测试结果均表明 PPEN-DC 具有良好的热稳定性。这一特点对其熔融加工成型和高温热交联反应均具有重要的意义。

表 5-28　聚合物 PPEN-DC 热性能

样品名称	$T_g{}^a$/℃	$T_{cure}{}^a$/℃	$T_{5\%}{}^b$/℃	$T_{10\%}{}^b$/℃	$T_{max}{}^c$/℃	$C_y{}^d$/%
PPEN-DC10	269	318	499	519	509	65
PPEN-DC20	254	310	488	519	516	65
PPEN-DC50	249	306	480	518	517	64
PPEN-DC67	247	305	476	510	518	62
PPEN-DC100	245	298	463	501	518	61

a. 在氮气气氛下,以 10℃/min 用 DSC 测试 T_g 和固化温度(T_{cure});b. 在氮气气氛下,以 20℃/min 的速度用 TGA 测试失重 5% 和失重 10% 时的温度;c. 在氮气气氛下,以 20℃/min 的速度用 DTG 测试的最高温度;d. 在氮气气氛下,以 20℃/min 的速度测试从 100℃ 加热到 800℃ 后的固体残留率。

 ## 5.6　小结

本章系统介绍了含二氮杂萘酮联苯结构新型聚芳醚腈类树脂的合成、表征及其结构与性能关系等。其中,对 PPEN、PPENK、PPENS、PPENKK、PPENSK、PPEN-HQ、PPEN-BPA 等的合成、结构、热性能、力学性能、电性能进行表征及性能对比。另外,还以 PPEN 为基础对其进行交联及功能化改性做了简单的探讨[16]。

首先,以节约成本为前提下,采用氟化钾共催化体系合成含二氮杂萘酮联苯结构的聚芳醚腈系列聚合物,初步探究其合成工艺。另外,又成功合成了一系列新型可溶聚芳醚腈类聚合物及含取代基的聚芳醚腈聚合物[17],为接下来的性能比较做了铺垫。

随后,通过热性能比较发现,随着刚性全芳结构的二氮杂萘酮联苯结构含量的提高,PPEN-HQ 和 PPEN-BPA 的玻璃化转变温度大幅提高。按对 T_g 贡献值从大到小排序为:砜基＞氰侧基＞羰基＞醚键。在取代型的聚芳醚腈酮中,不同取代基的含二氮杂萘酮联苯结构共聚芳醚腈的玻璃化转变温度大小顺序为:二甲基

取代＞无取代、氯取代＞甲基取代＞苯取代。另外，对比取代型聚芳醚腈酮发现，取代基的存在可以有效改善聚合物的溶解性能，但是，易降解基团甲基的引入会降低共聚物的热稳定性。

在聚芳醚腈树脂中引入二氮杂萘酮联苯结构后，溶解性明显提升，新型聚芳醚腈系列树脂可溶于 NMP、DMAc、DMSO、环丁砜、氯仿等溶剂，极大程度上降低了加工成本。对 PPENSK 的研究中发现，溶解性能会随着聚合物中砜基的含量升高而进一步改善，聚芳醚腈砜具有最好的溶解性能；另外，聚合物的耐热性随着聚合物中羰基的含量升高而降低。

紧接着，我们对 PPENK 薄膜进行力学性能分析发现聚芳醚腈酮具有良好的拉伸性能。另外，氰侧基含量与酮羰基含量比例不同对力学性能影响也不相同，大概规律为氰基含量越高，其拉伸强度越高。并且，PPENK 与 PEN 等传统工程塑料相比，该类聚合物具有较高的强度，是一类高性能的耐高温材料。对该薄膜的电性能分析发现，该树脂的绝缘性优异。

由于氰基具有较高的活性，在一定条件下可以发生交联，通过对 PPEN 交联形成三嗪环后的热性能测试发现，交联后的聚合物玻璃化转变温度有较高提升[18]。

最后，对 PPEN 上的氰侧基进行了官能化改性，一方面可以为合成聚芳酰胺等新型聚合物打下坚实的基础；另一方面，通过官能化改性可以改善其某一特定性能，如本文介绍的亲水性，扩大了其应用范围，具有很大的研究价值。

参 考 文 献

[1] 高禹, 李洋洋, 王柏臣, 等. 先进树脂基复合材料在航空发动机上的应用及研究进展. 航空制造技术, 2016, (21): 16-21.

[2] Keller T M. Phthalonitrile-based high-temperature resin. Journal of Polymer Science Part A: Polymer Chemistry, 1988, 26(12): 3199-3212.

[3] Matsuo S, Murakami T, Takasawa R. Synthesis and properties of new crystalline poly(arylene ether nitriles). Journal of Polymer Science Part A: Polymer Chemistry, 1993, 31(13): 3439-3446.

[4] Wang M J, Liu C, Dong L M, et al. Synthesis and characterization of new soluble poly(aryl ether nitrile)s containing phthalazinone moiety. Chinese Chemical Letters, 2007, 18(5): 595-597.

[5] 王明晶, 刘程, 阎庆玲, 等. 新型可溶性聚芳醚腈酮的合成及其在绝缘漆领域的应用. 功能材料, 2007, (2): 243-345.

[6] 王明晶, 刘程, 刘志勇, 等. 含二氮杂萘酮结构聚芳醚腈酮酮的合成及表征. 高分子学报, 2007, (9): 833-837.

[7] 王明晶. 含二氮杂萘酮联苯结构新型聚芳醚腈的研究. 大连: 大连理工大学, 2007.

[8] 李琦. 新型可溶型聚芳醚腈(酮)的合成研究. 大连: 大连理工大学, 2002.

[9] 廖维林, 章家立, 崔国娣. 刚性聚芳醚腈合成与性能研究. 高分子学报, 1998, (3): 32-37.

[10] 文彦发, 徐洪斌, 李其川, 等. 浅议芳香族含氟化合物的合成及应用. 化工管理, 2015, (13): 178.

[11] Hoffmann U, Helmermetzmann F, Klapper M, et al. Poly(ether ketone)s by fluoride catalyst systems. Macromolecules, 1994, 27(13): 3575-3579.

[12] 刘程. 含二氮杂萘酮联苯结构聚芳酰胺的合成及其耐热性和溶解性研究. 大连: 大连理工大学, 2004.

[13] 靳奇峰. 杂萘联苯聚芳醚薄膜的制备及其摩擦性能研究. 大连: 大连理工大学, 2008.

[14] Yu G P, Wang J Y, Liu C, et al. Soluble and curable poly (phthalazinone ether amide) s with terminal cyano groups and their crosslinking to heat resistant resin. Polymer, 2009, 50 (7): 1700-1708.

[15] 喻桂朋. 含芳基均三嗪环耐高温聚合物的研究. 大连: 大连理工大学, 2009.

[16] Yoshida S, Hay A S. Synthesis of all aromatic phthalazinone containing polymers by a novel n-c coupling reaction. Macromolecules, 1995, 28 (7): 2579-2581.

[17] 周红欣. 杂萘联苯聚醚酮类树脂低成本合成及性能研究. 大连: 大连理工大学, 2011.

[18] 宗立率. 主链含三芳基均三嗪结构耐高温树脂的合成与性能. 大连: 大连理工大学, 2015.

第6章

杂萘联苯聚芳醚增韧改性热固性树脂

能源危机促使航空飞行器、车辆等领域将节能减排放在首位。热固性树脂基复合材料因轻质高强，已成为航空航天、舰船、轨道交通等领域实现轻量化、节能的重要基础材料。随着热固性树脂基复合材料在上述领域的使用量越来越大，应用部位也由次承力结构向主承力结构发展，其质脆、抗损伤容限低的问题越来越突出[1, 2]。国内外科研人员对热固性树脂的增韧改性进行了大量的研究，概括起来增韧改性方法主要有两种：化学改性和物理改性。其中，物理改性主要采用共混手段，是使用最早、最广泛的增韧方法。物理共混增韧所用增韧剂主要有橡胶弹性体、热塑性树脂、热致性液晶聚合物、无机纳米刚性粒子、超支化增韧聚合物和互穿网络聚合物等[3-7]。化学改性方法是在物理共混增韧基础上发展的，通过改变交联网络的化学结构以提高网链分子的活动能力或控制分子交联状态的不均匀性形成有利于塑性变形的非均匀结构来实现增韧，同时增韧剂与热固性基体树脂之间能发生化学交联反应可钉锚结构，避免使役过程中因温度场、湿度等环境因素造成应力集中等缺陷。

物理共混增韧因增韧剂不同，增韧机理也不尽相同，增韧效果也不同。带活性端基的液态橡胶作为增韧改性剂，可使体系的冲击强度有较大提高，但是由于液态橡胶的自身强度、模量和耐热性能较差，使体系的模量，尤其是在湿热条件下的力学性能大幅度下降，因此，很少用于航空等领域的先进复合材料体系。无机刚性粒子的增韧幅度有限，所以也很少单独使用。采用高模量、较高玻璃化转变温度的热塑性高性能工程塑料为改性剂，可以在提高基体树脂韧性的同时，保持其高的耐热性、模量等特点[8, 9]。近些年还发展了超支化聚合物[6]、核壳结构聚合物[7]对热固性树脂增韧改性，利用超支化聚合物的低黏度、大量活性端基提高与热固性树脂反应活性和相容性，也显示了较好的增韧效果，是一类很有前途的增韧改性剂；多相热固性树脂体系[10]，即通过调控不同热固性树脂体系中各组分的固化反应顺序来调控体系的相形态结构，使共混体系的冲击性能得到了进一步提高。

　　树脂基复合材料应用于飞机结构不仅要承受复杂、长时间的疲劳载荷、意外冲击载荷等作用，还要承受温度、湿度等严苛的外部环境因素的考验。湿热环境条件对树脂基复合材料力学性能的影响非常明显，可导致复合材料的强度和刚度下降[11]。应用于航空领域的树脂基复合材料需要具备耐湿热性能。树脂基复合材料的耐湿热性能很大程度上取决于树脂基体的耐湿热性能。因此，在选择热塑性树脂作为增韧改性剂时，还需要考虑其湿热性能。树脂吸湿后会导致其玻璃化转变温度(T_g)下降，从而降低其耐热性能，所以作为增韧改性剂的热塑性树脂需要具备高的 T_g、较小的吸湿性能和在湿热条件下的稳定性，即不发生链段降解。已实际应用的热塑性的聚砜[12]、聚苯醚胶膜[13]等报道的增韧效果较好，但存在的主要问题是：增韧的树脂刚度和强度比较低，降低了复合材料的刚度和强度，耐热性也较低。此外，还有纳米纤维膜增韧[14]和热塑性颗粒增韧[15, 16]等增韧技术报道。从上述报道可见，新型增韧改性剂除了具有在湿热条件下稳定的主链结构，还应具有更高的 T_g。

　　本课题组一直从事耐高温高性能树脂及其应用新技术的研究。研究的杂萘联苯高性能树脂及其树脂基复合材料、涂料、胶黏剂、绝缘漆等已应用于航空航天、电子电气、车辆、精密机械、环保、石油化工等领域。杂萘联苯高性能树脂的分子主链具有扭曲非共平面的结构特点，聚合物聚集态自由体积大、分子链刚性强，兼具耐高温可溶解，因此，采用杂萘联苯聚芳醚树脂增韧热固性树脂，实现了获得耐高温、高强高韧的高性能热固性树脂基复合材料的目的。本章着重介绍本课题组采用杂萘联苯聚芳醚树脂增韧环氧树脂、双马来酰亚胺树脂、苯并噁嗪树脂的研究情况。

6.2　杂萘联苯聚芳醚增韧改性环氧树脂　◀◀◀

　　环氧树脂是分子结构中含有 2 个或 2 个以上环氧基并在适当的化学试剂存在下能形成三维网状固化物的化合物的总称。环氧树脂种类繁多，按照与环氧基团（也称缩水甘油基）相连的链段化学结构的不同，大致可分为缩水甘油醚类、缩水甘油酯类、缩水甘油胺类、脂环族及线型脂肪族等五大类环氧树脂，根据分子中官能团的数量，环氧树脂可分为二官能团环氧树脂和多官能团环氧树脂[17]。环氧树脂具有优异的工艺性能、良好的耐热性能和力学强度，因此，环氧树脂基复合材料被广泛应用于航空航天、车辆等领域。然而，其质脆、损伤容限低、耐高低温性能欠佳，尤其是加大温度场变化更是对其抗冲击性能提出更高的要求，且其耐热性也欠佳。20 世纪 80 年代以来，人们发现采用高强高模高耐热的热塑性工程塑料可以在提高环氧树脂韧性的同时，不降低其模量和使用温度。特别是对橡胶难以增韧的高交联度多官能团环氧体系有其独特的优势。因而也就成为目前航空航天高性能复合材料领域增韧改性环氧树脂最常用的方法。常用来改性环氧树脂的热塑性树脂包括聚砜(PSF)、聚醚砜(PES)、聚醚酰亚胺(PEI)、聚醚醚酮(PEEK)等。相比于这些树脂，杂萘联苯聚芳醚具有优异耐热性能和机械性能，且在常温下可溶解于极性非质子溶剂中，因此可以通过溶液共混的方式与环氧树脂进行混合。

　　本课题组分别针对二官能度的双酚 A 型环氧树脂(DGEBA)和航空航天领域最常采用的四官能团缩水甘油胺环氧树脂(TGDDM)进行增韧改性，选用杂萘联苯聚芳醚系列树脂包括杂萘联苯聚醚酮(PPEK)、杂萘联苯聚醚腈酮(PPENK)、杂萘联苯聚醚砜酮(PPESK)、杂萘联苯共聚芳醚砜(PPBES)、杂萘联苯聚醚腈砜(PPBENS)，旨在提高环氧树脂的韧性的同时，仍能保持树脂的模量和耐热性，同时探究杂萘联苯聚芳醚树脂与环氧树脂之间可能存在的相互作用。

6.2.1　杂萘联苯聚芳醚增韧改性双酚 A 型环氧树脂

　　双酚 A 型二官能环氧树脂(DGEBA)环氧值为 0.48～0.54，固化剂选择 4, 4'-二氨基二苯砜(DDS)，采用杂萘联苯聚醚酮(PPEK)、杂萘联苯聚醚腈酮(PPENK)、杂萘联苯聚醚砜酮(PPESK)、杂萘联苯共聚芳醚砜(PPBES)三个增韧剂，其数均分子量在 17000～20000，分子量分布在 2.3 左右。将增韧剂分别在 130℃热熔于双酚 A 型环氧树脂(DGEBA)，含量为 0 phr、5 phr、10 phr、15 phr，固化前的共混物为均匀透明琥珀色溶液，随着杂萘联苯聚芳醚含量的增加颜色和不透明性增加，共混物固化后呈乳白色。每种杂萘联苯聚芳醚增韧剂改性 DGEBA 的共混物均经过固化动力学研究后确定最佳固化工艺。杂萘联苯聚芳醚增韧剂的结构及其玻璃化转变温度如图 6-1 所示。虽然杂萘联苯聚芳醚的增韧剂的分子主链结构类似，但其固化工艺略有不同，增韧后共混物的性能和增韧机理不同。

1. 杂萘联苯聚芳醚/DGEBA 共混体系固化行为

　　PPEK 的加入对 DGEBA 固化反应温度的影响不是很明显(图 6-2)。DGEBA/PPEK/DDS 共混体系符合 Kissinger 和 Ozawa 方程，两者均表现较好的线性关系。表 6-1 显示 DGEBA/PPEK 体系的固化反应活化能随着 PPEK 含量的变化。从表 6-1 可见，DGEBA/PPEK 共混体系的活化能较纯环氧树脂的活化能有所提高，但提高不明显；说明 PPEK 的加入对环氧树脂的固化反应略有阻碍作用，但影响不大。两种计算方法得到的变化趋势相同，其中 Ozawa 方程计算的结果较 Kissinger 方程结果略偏高。

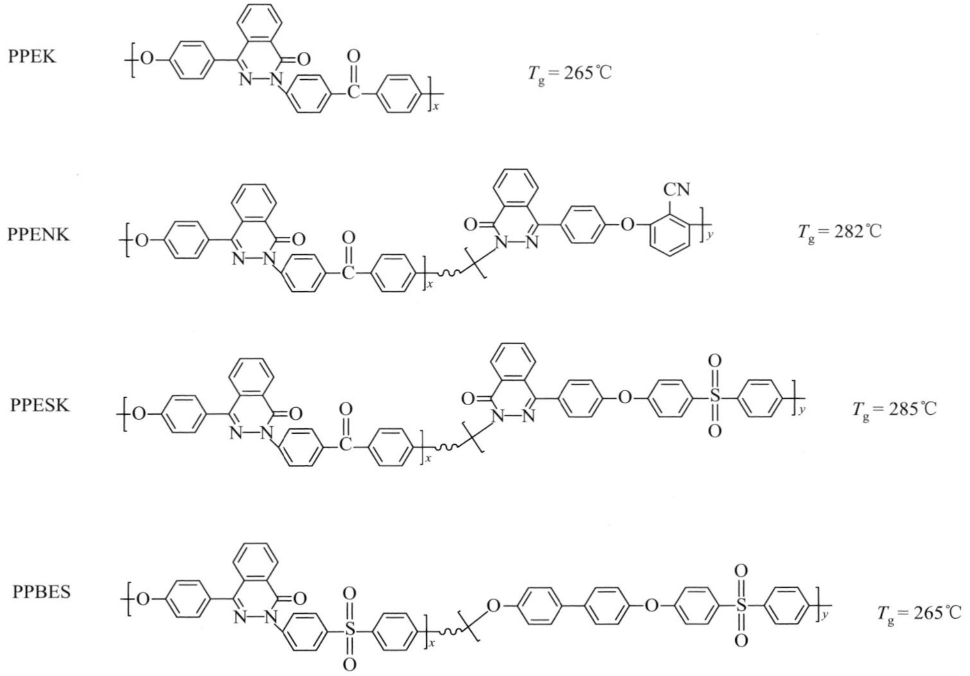

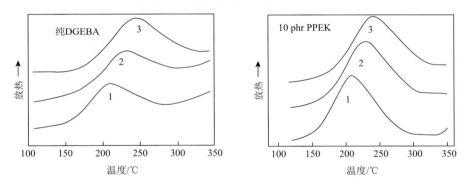

图 6-1　杂萘联苯聚芳醚增韧剂的结构及其玻璃化转变温度

图 6-2　纯 DGEBA 和 DGEBA/PPEK 共混物不同升温速率下的 DSC 曲线

表 6-1　DGEBA/PPEK 体系的固化反应活化能

phr-PPEK	E_{a1}/(kJ/mol)	R_1	E_{a2}/(kJ/mol)	R_2
0	59.75	0.9994	64.67	0.9995
5	63.34	0.9998	68.03	0.9998
10	63.92	1.0000	68.62	1.0000
15	59.31	0.9997	64.25	0.9998

设计了三种固化工艺研究 PPEK/DGEBA/DDS 共混物的固化反应。共混物在三种固化温度下的固化物的红外光谱如图 6-3 所示。由图 6-3 可知，在不同的固化条件下，915 cm⁻¹ 处的环氧特征峰均在固化后消失，说明环氧基在固化过程中已经完全参与反应，固化后共混物中不存在环氧基，没有发现明显的固化放热峰和固化剂 DDS 的熔融吸热峰，证明了三种固化工艺的固化反应都进行完全。

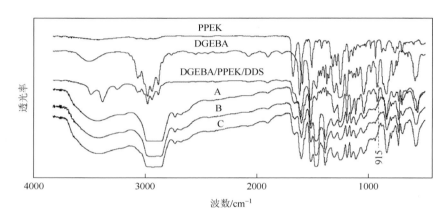

图 6-3   PPEK 及 DGEBA/PPEK 共混物在不同固化条件下的红外谱图

A：140℃/3 h + 180℃/3 h + 200℃/2 h；B：150℃/3 h + 180℃/3 h + 200℃/2 h；C：160℃/3 h + 180℃/3 h + 200℃/2 h

PPENK 和 PPBES 两个增韧剂改性 DGEBA/DDS 体系的固化动力学与 PPEK/DGEBA 共混物类似，对环氧树脂的固化反应略有阻碍作用，但影响不大；而 DGEBA/PPESK 共混体系的活化能较纯环氧树脂的活化能略有下降(表 6-2)，说明 PPESK 的加入促进了环氧树脂固化反应的进行。这可能是热塑性树脂对环氧基质的增塑作用提高了网络结构的运动能力，使反应速率提高；或者是部分小分子环氧树脂溶于热塑性树脂中，这样环氧相含有少过量的固化剂，使得形成的交网络结构较松散，更易运动，反应更容易进行[22]。

表 6-2   DGEBA/PPESK 体系的固化反应活化能

phr-PPESK	$E_{a1}/(kJ/mol)$	R_1	$E_{a2}/(kJ/mol)$	R_2
0	59.75	0.9999	64.67	0.9999
5	59.69	0.9998	64.54	0.9999
10	48.99	0.9999	54.47	0.9999
15	56.09	0.9991	61.19	0.9994

2. 不同固化工艺对杂萘联苯聚芳醚/DGEBA 共混物冲击韧性和断裂韧性的影响

1) 共混物的冲击韧性

材料的抗冲击性能与冲击过程中所消耗的能量有关，包括裂纹引发和裂纹扩展所需的能量，所消耗能量越大，韧性越好。首先采用 Charpy XCJ-4 型简支梁式摆锤冲击试验仪测试了共混物的缺口冲击强度。缺口冲击强度是指缺口试样在冲击负荷作用下，破坏时吸收的冲击能量与试样缺口处的原始横截面积之比。四种增韧体系的冲击强度与固化温度的关系如图 6-4～图 6-7 所示。

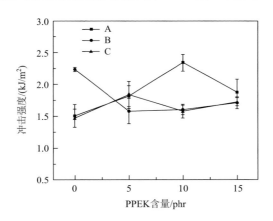

图 6-4　不同工艺的 PPEK/DGEBA/DDS 共混物的冲击强度

A：140℃/3 h + 180℃/3 h + 200℃/2 h；B：150℃/3 h + 180℃/3 h + 200℃/2 h；C：160℃/3 h + 180℃/3 h + 200℃/2 h

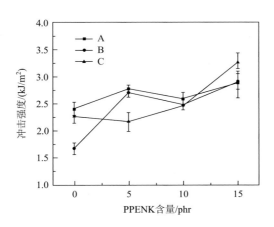

图 6-5　不同工艺的 PPENK/DGEBA/DDS 共混物的冲击强度

A：150℃/3 h + 180℃/3 h；B：180℃/3 h + 200℃/2 h；C：150℃/3 h + 180℃/3 h + 200℃/2 h

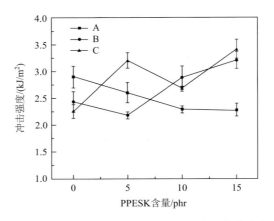

图 6-6　不同工艺的 PPESK/DGEBA/DDS 共混物的冲击强度

A：150℃/8 h；B：150℃/5 h + 180℃/3 h；C：150℃/3 h + 180℃/3 h + 200℃/2 h

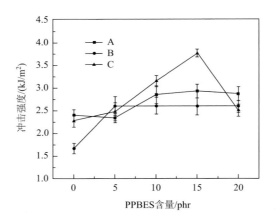

图 6-7　不同工艺的 PPBES/DGEBA/DDS 共混物的冲击强度

A：150℃/3 h + 180℃/3 h；B：180℃/3 h + 200℃/2 h；C：150℃/3 h + 180℃/3 h + 200℃/2 h

　　由图 6-4 可知，在不同的预固化温度条件下，随着 PPEK 含量的增加，冲击强度呈现不同的变化趋势。较低温预固化(140℃)和较高温预固化(160℃)条件下，未改性的环氧树脂冲击韧性都较低，加入 PPEK 后整体表现出上升趋势，在 140℃预固化条件下添加 10 phr PPEK 时韧性最大，冲击强度为 2.34 kJ/m²，提高最为明显，增幅为 54%。在 150℃的预固化条件下，纯环氧树脂本身的冲击强度较高，加入 PPEK 后冲击韧性呈下降趋势。这可能是由于在该预固化温度下，环氧树脂的交联反应程度适中，韧性较好；加入热塑性 PPEK 后，体系的交联密度分布不均，使得裂纹的引发能量下降，且较弱的界面结合难以形成颗粒撕裂补偿应力集中，使韧性下降。从图 6-4 可见，如果按照 150℃起始固化得到的纯环氧树脂冲击强度为 2.25 kJ/m^2，与 10 phr PPEK/DGEBA/DDS 共混物在 140℃预固化条件下冲击强度 2.34 kJ/m^2 相当，说明 PPEK 的加入对 DGEBA/DDS 体系的韧性几乎没有增加。具体原因将从增韧共混物的断面扫描电镜去寻找。

根据 PPEK 增韧体系的固化起始温度对共混物冲击的性能影响，150℃预固化对环氧树脂的韧性提高有利，因此，PPENK、PPESK 和 PPBES 三个增韧体系的起始固化温度均从 50℃开始。图 6-5 显示了不同工艺的 PPENK/DGEBA/DDS 共混物的冲击强度。从图 6-5 可见，PPENK/DGEBA/DDS 共混物的冲击强度与 PPEK/DGEBA/DDS 共混物不同。随着 PPENK 含量的增加，共混体系的冲击强度均呈现整体上升的趋势。高温预固化（工艺 B）条件下，未改性的环氧树脂冲击韧性较低，这可能是由于固化温度高，固化反应进行的速率较快，形成的交联密度较大，脆性增加。在固化工艺 C 下添加 15 phr PPENK 时共混体系韧性最大，提高最为明显，冲击强度达到 3.26 kJ/m^2，提高了 44%。而在同样的预固化温度条件的工艺 A 的最大冲击强度为 2.88 kJ/m^2。这是在工艺 C 下经过了高温的后处理，使体系中未反应的节点数减少，并且 PPENK 的玻璃化转变温度高，在高温处理后在环氧树脂固化网络中充分伸展，与环氧树脂结合充分，变形后吸能大，韧性增加。

由图 6-6 可知，在不同的固化温度条件下，随着 PPESK 含量的增加，冲击强度呈现不同的变化趋势。在 150℃恒温固化条件下，纯环氧树脂的冲击强度较高，加入 PPESK 后冲击韧性呈下降趋势。这可能是由于在该固化温度下，纯环氧树脂的交联反应程度适中，韧性较好；而加入的热塑性 PPESK 使体系黏度增大，较低的固化温度使体系很快达到凝胶化或玻璃化，交联网络结构分布不均匀，承载力差，冲击韧性下降。而采用逐步高温后固化的工艺 B 和 C 都使得改性后共混物的冲击强度呈上升趋势。高温的后固化有利于交联反应的进一步进行，对交联网络结构是一个熟化的过程，而且使未反应的节点数减少，且更有利于耐热性高的 PPESK 的分子链在环氧树脂交联网络中的伸展，因而韧性提高。含量为 15 phr PPESK 的共混物在 200℃高温后处理取得冲击韧性最大值为 3.42 kJ/m^2，增幅为 51%。

由图 6-7 可知，在不同的预固化温度条件下，随着 PPBES 含量的增加，共混体系冲击强度整体呈上升趋势，而随着固化工艺的不同，基本上呈现 C＞A＞B 的趋势。在低温预固化（150℃）条件下，未改性的环氧树脂冲击韧性要高于高温的预固化条件（180℃）。而同样在 150℃预固化条件下的工艺 A 和 C 相比，由于工艺 C 采用了高温的后处理（200℃），网络结构得到熟化，得到最好的改性效果，添加 15 phr PPBES 时韧性达到最大 3.75 kJ/m^2，增幅为 65%，在所有杂萘联苯聚芳醚中增韧效果最为显著。

2）共混物的断裂韧性

材料的断裂韧性是指材料本身具有的阻止裂纹扩展和材料脆断的能力，是不依赖于样品的几何尺寸和形状的材料本征性质的表征。由于工程和材料科学研究的需要以及断裂力学的发展，断裂韧性指标已成为表征材料力学性能所必不可少的参数。正确地确定材料的断裂韧性对于材料的选择、评价以及研究材料的改性规律都具有十分重要的意义。因此，采用三点弯曲法对共混体系的平面应变断裂韧性进行了测试。

在断裂力学中[23]，裂纹扩展可分为张开型(即Ⅰ型)、滑开型(即Ⅱ型)和撕开型(即Ⅲ型)三种基本形式，其中，张开型的裂纹扩展最危险。平面应变断裂韧性就是指在平面应变条件下可能发生张开型裂纹扩展的材料对断裂的抗力，一般用临界应力强度因子(K_{Ic})和临界应变释放能(G_{Ic})表示。临界应力强度因子是表征材料阻止宏观裂纹扩展的能量，它与裂纹本身的大小、形状无关，也与外加应力的大小无关，是材料的本征参数，只与材料的成分、热处理和加工工艺有关。材料的K_{Ic}越高，即材料抵抗裂纹扩展的阻力就越大，所以称为断裂韧性。根据 ASTM D5045 可知，其计算公式如式(6-1)所示：

$$K_{Ic} = \left(\frac{P_C}{BW^{0.5}}\right) f(x) \tag{6-1}$$

式中，$0 < x < 1$。

$$f(x) = 6x^{0.5} \frac{\left[1.99 - x(1-x)\left(2.15 - 3.93x + 2.7x^2\right)\right]}{(1+2x)(1-x)^{3/2}}$$

式中，P_C 为临界载荷，kN；B 为试样厚度，cm；W 为试样宽度，cm；$x = a/W$；a 为裂纹长度，cm；$f(x)$ 为自由边界面修正系数。

G_{Ic} 的物理意义与 K_{Ic} 一样，均是描述材料阻抗裂纹扩展能力的本征参数，断裂实质上是固体材料产生新的自由表面积的一种过程，它是通过裂纹扩展而产生的。因此，为了裂纹扩展，必须向裂纹端部提供断裂所要求的足够能量。一旦材料的能量释放率大于临界能量(G_{Ic})释放率，裂纹就开始扩展引起材料的断裂。根据 ASTM D5045 其计算公式如式(6-2)所示。

$$G_{Ic} = U / (BW\phi) \tag{6-2}$$

式中，$U = U_Q - U_i$，J；B 和 W 同式(6-1)。

$$\phi = \frac{A + 18.64}{\mathrm{d}A / \mathrm{d}x}$$

$$A = [16x^2 / (1-x)^2] \times [8.9 - 33.717x + 79.616x^2 - 112.952x^3 + 84.815x^4 - 25.672x^5]$$

$$\mathrm{d}A / \mathrm{d}x = [16x^2 / (1-x)^2] \times [-33.717 + 159.232x - 338.856x^2 + 339.26x^3 - 128.36x^4]$$
$$+ 16 \times [8.9 - 33.717x + 79.616x^2 - 112.952x^3 + 84.815x^4 - 25.672x^5]$$
$$\times \{[2x(1-x) + 2x^2] / (1-x)^3\}$$

根据以上测试和计算方法，对不同固化条件下增韧共混体系的平面应变断裂韧性测试结果分别如图 6-8～图 6-11 所示。

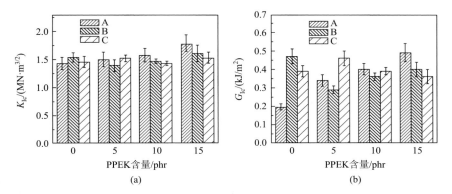

图 6-8 PPEK/DGEBA/DDS 体系的临界应力强度因子（a）和临界应变释放能（b）

A：140℃/3 h + 180℃/3 h + 200℃/2 h；B：150℃/3 h + 180℃/3 h + 200℃/2 h；C：160℃/3 h + 180℃/3 h + 200℃/2 h

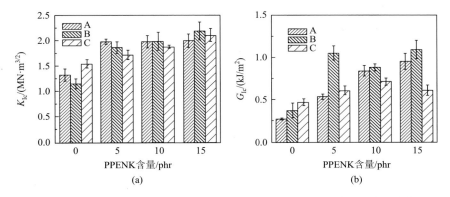

图 6-9 PPENK/DGEBA/DDS 体系的临界应力强度因子（a）和临界应变释放能（b）

A：150℃/3 h + 180℃/3 h；B：180℃/3 h + 200℃/2 h；C：150℃/3 h + 180℃/3 h + 200℃/2 h

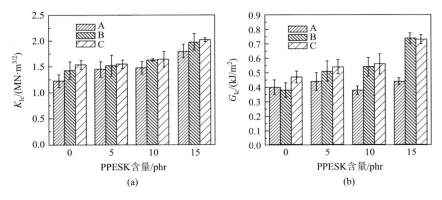

图 6-10 PPESK/DGEBA/DDS 体系的临界应力强度因子（a）和临界应变释放能（b）

A：150℃/8 h；B：150℃/5 h + 180℃/3 h；C：150℃/3 h + 180℃/3 h + 200℃/2 h

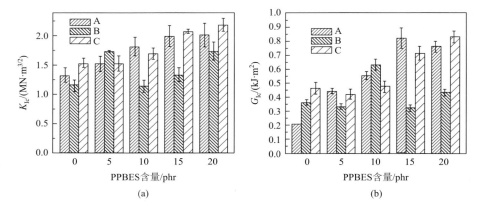

图 6-11　PPBES/DGEBA/DDS 体系的临界应力强度因子(a)和临界应变释放能(b)

A：150℃/3 h + 180℃/3 h；B：180℃/3 h + 200℃/2 h；C：150℃/3 h + 180℃/3 h + 200℃/2 h

从图 6-8 中可以看出，PPEK/DGEBA/DDS 共混体系的断裂韧性的变化趋势与冲击强度结果基本相一致，无论哪种固化工艺都显示 PPEK 的加入对阻止裂纹的扩展作用不大，这也说明了其与环氧树脂的界面结合力弱，裂纹的扩展沿着两相间的界面更容易断裂，断裂韧性基本没有提高。

从图 6-9 中可以看出，PPENK 的加入使环氧树脂的断裂韧性整体呈增加趋势，与冲击强度略有不同的是，在工艺 B 条件下的断裂韧性提高最明显。这可能是在该条件下预固化温度比较高，固化反应速率较大，环氧树脂和 PPENK 各自相的形成比较集中，而两相间因氰侧基的存在，界面结合力较强，当裂纹扩展时，遇到 PPENK 相时发生较大的塑性变形，吸收更多的能量，断裂韧性增加。

从图 6-10 可以看出，在不同的工艺条件下，PPESK 的加入使环氧树脂的断裂韧性整体呈上升趋势，而且随着固化温度和含量的升高而增大。即使在 150℃恒温固化条件 A 下，断裂韧性也没有表现出像冲击强度的下降趋势，这是由于冲击强度包含了裂纹的引发和扩展两种过程，低温固化下 PPESK 的加入使环氧树脂交联密度分布不均匀，网络结构的承载能力差，因而使得裂纹的引发能量下降，强度降低。断裂韧性主要是指材料本身具有的阻止裂纹扩展和材料脆断的能力，当裂纹扩展时，遇到热塑性的 PPESK 引发裂纹路径的偏转和基体的塑性变形，消耗更多的能量，使得断裂韧性升高。随着固化温度的升高，交联密度逐步增大，并且共混体系中未反应的节点数减少，韧性提高，所以，其断裂韧性在工艺 B 和 C 条件下都有明显提高。

从图 6-11 可以看出，与冲击强度的趋势相一致，PPBES 改性后的环氧树脂的断裂韧性基本上呈上升趋势。工艺 B 高温预固化下材料脆性增大，断裂韧性随着 PPBES 含量的增加几乎无变化。工艺 A 和 C 的增韧效果相当，说明高温后固化对其断裂韧性的影响不大。其中断裂韧性的最大值在工艺 C 条件下添加 20 phr PPBES 时获得最大值，K_{Ic} 为 2.19 MN·m$^{3/2}$，增加幅度达 42%。

3. 杂萘联苯聚芳醚/DGEBA/DDS 共混物两相结构及增韧机理

材料的微观结构决定其宏观性能，大量研究表明，热塑性树脂/环氧树脂共混物的韧性增加有许多影响因素，包括热塑性树脂的含量、两相的界面结合力以及固化条件等。其中最重要的一个因素是共混物的两相结构，因为均相体系缺少能量的吸收过程，除非热塑性树脂与环氧树脂之间发生某种反应产生非常强的结合力，否则不能明显提高环氧树脂的韧性。为了清楚地表征杂萘联苯聚芳醚 DGEBA/DDS 体系的相结构，我们挑选了一些有代表性的断裂后的光滑断面进行了氯仿溶剂($CHCl_3$)刻蚀，除去其中的聚合物相，然后进行电镜扫描。其结构如图 6-12 所示。

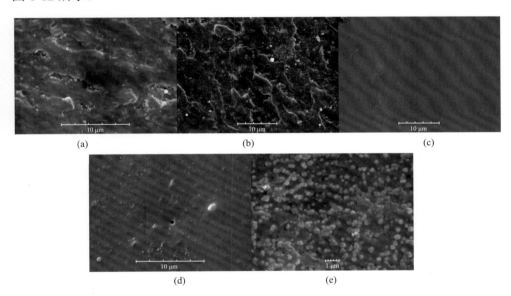

图 6-12　不同结构的杂萘联苯聚芳醚/DGEBA/DDS 共混体系的 SEM 图

(a) 10%添加量 PPEK(固化 2 gB)；(b) 10%添加量 PPEK(固化 2 gA)；(c) 15%添加量 PPENK(固化 2 gB)；
(d) 15%添加量 PPESK(固化 2 gC)；(e) 15%添加量 PPBES(固化 2 gC)

从图 6-12 可见，PPEK/DGEBA/DDS 没有分相结构的产生，在工艺 B(150℃)固化条件得到的固化物［图 6-12(a)］刻蚀后，其断面没有留下孔洞或者形成双连续相，而 10 phr PPEK 的共混物在工艺 A(140℃)固化下，尽管其韧性较纯的环氧树脂有所提高，但也没有形成两相结构［图 6-12(b)］，展现了均相的形貌。PPENK/DGEBA/DDS 体系也是形成均相［图 6-12(c)］，且比 PPEK/DGEBA/DDS 体系更均匀。15 phr PPESK 的共混物呈现明显的 PPESK 规则球形颗粒分布于环氧基质中 [图 6-12（d）]，颗粒尺寸小，因而提高了其表面积，韧性大幅提高。从图 6-12（e）中看到，在获得韧性提高最明显的固化工艺 C（150℃/3 h + 180℃/3 h + 200℃/2 h）下，15 phr PPBES 形成反转相，环氧树脂形成球状颗粒分布于连续的 PPBES 基质中，这也是冲击强度提高最大的原因。

为了进一步探究杂萘联苯聚芳醚/DGEBA/DDS 的增韧机理，选取每个品种增韧效果最明显的代表性的试样，采用扫描电镜对其冲击断面形貌进行研究，结构如图 6-13 所示。关于用热塑性树脂增韧环氧树脂的机理，不少学者认为其与橡胶增韧环氧树脂的机理基本相似，一般可采用剪切屈服理论、颗粒撕裂吸收能量理论、颗粒引发裂纹、钉铆作用及黏合作用等加以解释。然而，杂萘联苯聚芳醚/DGEBA/DDS 对环氧树脂的增韧机理却有不同的表现。

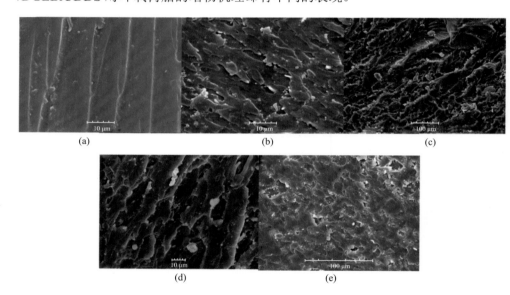

图 6-13　杂萘联苯聚芳醚/DGEBA/DDS 共混物断面 SEM 图

（a）纯环氧树脂；（b）10%添加量 PPEK；（c）15%添加量 PPENK；（d）15%添加量 PPESK；（e）15%添加量 PPBES

从图 6-13 可以看出，未改性的环氧树脂的冲击断面比较平滑 [图 6-13（a）]，断裂后产生的应力条纹也很少，而且断裂方向比较单一，裂纹之间没有任何约束作用，呈现比较典型的脆性断裂特征。添加 PPEK 后的共混物断面粗糙且断裂方向分散 [图 6-13（b）]，但断面的裂纹之间没有互相拉扯，也未出现明显的应力分散现象，断面松散，界面结合力弱，难以形成裂纹铆钉或热塑性树脂的颗粒撕裂的能量吸收过程，韧性下降。另外，PPEK 与环氧树脂之间的作用力小，因而在固化和受到冲击时，PPEK/DGEBA/DDS 体系很容易形成明显的两相界面，部分甚至与基体完全脱离，且 PPEK 在基体中分散很不均匀，也不稳定，在固化过程中容易沉降，使得整个固化体系均匀性下降，因此其增韧效果要差得多。

从图 6-13(c) 中可看到，添加 PPENK 后的共混物断面十分粗糙且断裂方向分散，裂纹出现明显的偏转和歧化，而且有大量的微裂纹的产生，增加了断面的面积，出现明显的应力分散现象，使断裂能增加。这是由于 PPENK 具有极性基团，虽然不会与环氧树脂的环氧官能团以及羟基等发生反应，但可以形成分子之间较强的相互作用。因此，固化体系内分散相与基体的界面黏结力得到提高，界面性能得到改善。这也是 PPENK 增韧环氧树脂的效果比 PPEK 好，尤其是改性体系的冲击强度增大的原因之一。另一方面，PPENK 的分子链间氰基的偶极作用使进得 PPENK 成为重要的网络结点，在材料受到外力的时候，可以起到很好的应力分散和承受应力的作用，增加了材料的断裂能，从而使材料的冲击强度增大，断裂韧性提高。从上述分析的结果看，PPENK 增韧环氧树脂，除裂纹的偏转和歧化等作用外，还不可忽视极性侧基的应力分散和承受应力的作用。尽管基体环氧树脂的屈服变形对增韧有一定的贡献，但主要还是依赖于分散相 PPENK 的作用使韧性增加。

图 6-13(d) 显示出，添加 PPESK 后的共混物断面裂纹出现明显的偏转和歧化，而且有大量的微裂纹的产生，还可以看到有许多微裂纹在发展过程中受到某种抑制而终止，这些都说明共混改性后体系发生了明显塑性变形，材料在断裂过程中吸收了大量的冲击能量，从而使韧性提高。其机理可以归结为以下几点：①裂纹穿过 PPESK 颗粒时，颗粒拉伸断裂耗能；②由 PPESK 颗粒引起的基体塑性变形增加，吸收能量；③裂纹前沿与 PPESK 颗粒相遇时颗粒所起的裂纹钉铆作用，从而使裂纹前缘呈波浪形的弓形状，裂纹发生明显的弯曲变形。以上几点的协同作用使体系的韧性增加。

添加 15 phr PPBES 后的共混物断面呈河谷形貌 [图 6-13(e)]，裂纹出现明显的弯曲变形，其增韧机理可以归结为以下几点：①裂纹偏转及微裂纹的产生，裂纹偏离原来的路径引发大量的微裂纹的产生，增加了裂纹的表面积，从而增加了裂纹增长的能量，提高了韧性；②基体的局部塑性变形，热塑性树脂颗粒充当应力集中点引发环氧树脂的局部塑性变形；③热塑性树脂的延性撕裂，当裂纹扩展遇到 PPBES 时，热塑性树脂的本身的延展性发生韧性撕裂，断裂能增加。所以，在 PPBES/DGEBA/DDS 改性体系中，局部的裂纹路径的偏转、热塑性变形以及热塑性树脂的延性撕裂共同作用提高了共混体系的韧性。

以上研究结果表明，在杂萘联苯聚芳醚/DGEBA/DDS 共混体系中，杂萘联苯聚芳醚热塑性树脂对增韧的贡献起着主导作用：热塑性树脂分散于环氧树脂内部，其塑形变化可以起到释放应力，减少应力集中的作用；断裂时，裂纹扩展至热塑性树脂相，可以使裂纹产生偏转，并形成大量微裂纹，从而增加了能量吸收。所以，在杂萘联苯聚芳醚树脂改性环氧树脂体系中，局部的热塑性变形、裂纹路径的偏转以及热塑性树脂的延性撕裂等共同作用提高了共混体系的韧性。

4. 杂萘联苯聚芳醚/DGEBA/DDS 共混体系热性能

材料的耐热性通常用玻璃化转变温度(T_g)和热失重温度来衡量。T_g 越高，则材料的使用上限温度越高；热失重温度越高，则材料的热稳定性越好，高温环境下的使用寿命就越长。

图 6-14（a）和图 6-14（b）显示不同 PPEK 和 PPENK 含量的共混物均只有一个明显的玻璃化拐点，说明共混体系在固化过程中没有分相。图 6-13（a）和图 6-13（c）也证实了共混物的均相结构。与前两个体系不同的是，除 5 phr PPESK 外，所有含 PPESK 的共混物均表现两个明显的拐点［图 6-14（c）］，其中一个为富环氧相（α 相），而另一个为富 PPESK 相（β 相）。说明共混体系在固化过程中发生相分离。这与其 SEM 图［图 6-12（d）］显示大部分的 PPESK 溶于环氧基质中形成精细颗粒是一致的。在 PPBES/DGEBA/DDS 共混物中，除 20 phr PPBES 外，所有的共混物都只有一个玻璃化转变点。但这并不表明共混体系形成了均相，可能是由于 PPBES 含量较低，其分子链被环氧树脂的网络结构所限制，热效应不明显[24]。

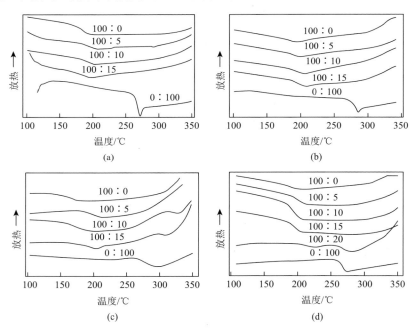

图 6-14   杂萘联苯聚芳醚增韧 DGEBA 共混物的 DSC 曲线

（a）PPEK/DGEBA/DDS 共混物工艺 B 下固化物；（b）PPENK/DGEBA/DDS 共混物工艺 C 下固化物；
（c）PPESK/DGEBA/DDS 共混物工艺 C 下固化物；（d）PPBES/DGEBA/DDS 共混物工艺 C 下固化物

将不同品种杂萘联苯聚芳醚增韧体系的玻璃化转变温度整理在表 6-3 中，从表中可见，与纯环氧树脂相比，增韧共混物的玻璃化转变温度均有不同程度的提升。其中，15 phr PPENK/DGEBA/DDS 增韧体系的 T_g 达到 202℃，比纯环氧树脂的 T_g 高 20℃。PPESK 和 PPBES 增韧体系均呈现两个 T_g，其中，在 PPESK 体系，因为 PPESK 分子链被环氧网络结构限制，移动和变形困难，玻璃化温度升高；而环氧树脂在 PPESK 中溶解度有限，PPESK 含量越多，这种限制作用就越小，使得玻璃化转变温度随着 PPESK 含量的增加而下降。总之，由于两相之间的协同作用，不仅使富环氧相的玻璃化温度上升，而且使 PPESK 相的玻璃化转变温度升高，DGEBA/PPESK 改性体系的耐热性得到明显的提高。PPBES 体系，在其含量达到 20 phr 时表现出相分离的两个 T_g。

表 6-3　杂萘联苯聚芳醚增韧 DGEBA 共混物的 T_g 与增韧剂含量的关系

增韧剂含量/phr	PPEK (固化工艺 B)/℃	PPENK (固化工艺 C)/℃	PPESK (固化工艺 C)/℃		PPBES (固化工艺 C)/℃	
			α (环氧树脂)	β (PPESK)	α (epoxy)	β (PPBES)
0	181	181	181	—	181	—
5	193	190	195	—	197	—
10	187	200	193	319	194	—
15	188	202	191	305	191	—
20	—	—	—	—	211	263

图 6-15 显示了 PPENK 和 PPBES 两种增韧剂对共混体系的热分解温度的影响。从图中可见，杂萘联苯聚芳醚增韧剂的加入对环氧树脂的热稳定性影响不大。

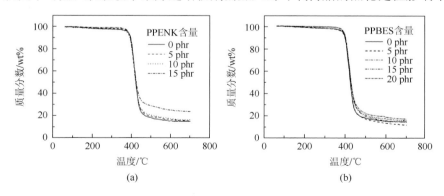

图 6-15　杂萘联苯聚芳醚增韧 DGEBA 共混物的热失重曲线图
(a) PPENK/DGEBA/DDS 共混物工艺 C 下固化物；(b) PPBES/DGEBA/DDS 共混物工艺 C 下固化物

图 6-15(b) 计算 PPBES/DGEBA/DDS 共混物的热稳定性参数，主要包括起始热分解温度(IDT)、最大热分解速率温度(T_{max})、高温残重(%)以及材料的温度指

数(T_s)，为材料的应用和进一步的性能优化提供理论依据。共混物的温度指数(T_s)通过方程(6-3)计算而得，通过以上的分析和计算，得到 PPBES/ DGEBA/DDS 体系的热稳定常数见表 6-4。

$$T_s = 0.49 \times [T_1 + 0.6 \times (T_2 - T_1)] \tag{6-3}$$

式中，T_1 为失重 5%时的温度，℃；T_2 为失重 30%时的温度，℃。

表 6-4　PPBES/DGEBA/DDS 共混物的热稳定性常数

phr-PPBES	IDT/℃	T_{max}/℃	剩余质量/%	T_s/℃
0	395	419	15.2	196
5	396	418	12.15	195
10	396	419	14.77	198
15	395	420	16.18	198
20	394	417	17.42	197

从表 6-4 中数据可以看出，材料起始热分解温度达 395℃。说明共混体系的热稳定性良好，改性后环氧树脂固化物的长期使用温度没有改变，且略有上升，所有材料的温度指数均在 195℃以上，证明了 PPBES 的加入没有降低环氧树脂的热稳定性。其他增韧体系也是同样现象。

5. 小结

采用热容法制备了一系列杂萘联苯聚芳醚树脂改性环氧树脂共混物，每种树脂都能在不添加任何溶剂的情况下于 130℃左右溶于环氧树脂形成均一透明溶液，表明了采用杂萘联苯聚芳醚树脂改性环氧树脂在加工工艺上的优越性。

杂萘联苯聚芳醚树脂的加入不改变环氧树脂的固化反应条件，不同的共混体系的固化反应基本上都从 150℃开始，而且反应的活化能变化不大，都在 60 kJ/mol 左右。

杂萘联苯聚芳醚树脂的加入使环氧树脂的热性能得到不同程度提高。PPEK 和 PPENK 改性体系共混物均只得到一个玻璃化温度，体系形成均相。PPESK 改性的共混体系得到两个明显的玻璃化转变，且两相的玻璃化温度都升高，增幅最大。PPBES 改性的共混体系在 20 phr PPBES 含量时出现两个玻璃化转变，且其玻璃化温度值相互靠近，低于 20 phr 含量时只检测到一个玻璃化转变；共混物的玻璃化温度提高幅度在 5～30℃之间。热稳定性结果表明，增韧体系的初始热分解温度均在 395℃以上，温度指数在 195℃左右。

不同的杂萘联苯聚芳醚树脂的加入对环氧树脂的增韧改性效果不同，PPEK 体系和 PPENK 体系均形成了均相体系，但 PPEK 与环氧树脂的界面结合力较弱，PPEK 的加入没有明显改善环氧树脂的韧性；PPENK 极性侧基的引入，增加了与环氧树脂的界面结合力，韧性得到提高；PPESK 和 PPBES 的加入均使得共混体系形成了两相结构，增加了能量的吸收过程，韧性得到较大提高。在 150℃/3 h + 180℃/3 h + 200℃/2 h 工艺条件下添加 15 phr PPBES 时冲击强度获得最大值 3.75 kJ/m^2，较纯环氧树脂提高 65%。此时断裂韧性也较高，临界应力强度因子为 2.08 MN·m$^{-3/2}$，增加幅度为 35%。材料性能的不同与其形成的相结构有关，添加 15 phr PPBES 时，共混物形成了相反转结构，即环氧树脂以颗粒的形式分布于连续的 PPBES 相，材料的韧性一般以连续相为主，所以韧性获得了较大的提高，兼具优异韧性和耐热性的环氧树脂共混物。

杂萘联苯聚芳醚树脂改性环氧树脂的增韧机理归结为以下几点：①裂纹偏转，裂纹偏离原来的方向增加了裂纹的表面积增加了裂纹增长的能量，提高了韧性；②基体的局部塑性变形，热塑性树脂颗粒充当应力集中点引发环氧树脂的局部塑性变形；③分散相颗粒尺寸，小颗粒的相畴较大颗粒更易引起能量的吸收。所以，在其改性体系中，局部的热塑性变形、裂纹钉、裂纹路径的偏转以及热塑性树脂的延性撕裂等共同作用提高了共混体系的韧性。

6.2.2　杂萘联苯聚芳醚增韧改性航空级四官能度环氧树脂

采用二氮杂萘酮联苯酚、联苯二酚和 2,6-二氟苯腈为原料共聚的杂萘联苯共聚芳醚腈树脂，分别对目前航空航天领域最常采用的四官能团缩水甘油胺环氧树脂（TGDDM）进行增韧改性，希望可以在提高环氧树脂的韧性的同时，仍能保持树脂的模量和耐热性，同时探究聚芳醚腈树脂与环氧树脂之间可能存在的相互作用。

1. PPENK/TGDDM/F-51 共混体系的结构与性能[25]

4,4'-二氨基二苯甲烷四缩水甘油胺环氧树脂（TGDDM）具有高官能度和良好的流变性能，优异的耐热性和耐化学、辐射稳定性，以及较高的性价比，非常适合用作高性能复合材料树脂基体，特别是 TGDDM 和 4,4'-二氨基二苯砜（DDS）体系由于其出色的强度/密度比已经广泛应用于航空航天复合材料[2]。双酚 A 型酚醛环氧树脂（F-51）与 TGDDM 相比有相对较低的环氧值，与 DDS 固化后，玻璃化转变温度（T_g）为 224℃，在覆铜板、电子电气、复合材料改性等方面有着广泛应用。

TGDDM 环氧树脂：ERDM-434L（环氧值：0.88 当量/100 g）。分子式如下：

F-51 双酚 A 型酚醛环氧树脂（环氧值：0.51 当量/100 g）。分子式如下：

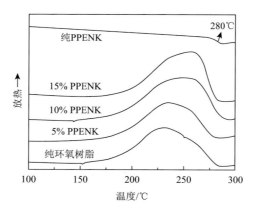

固化剂采用 4, 4'-二氨基二苯砜(DDS)，固化剂用量按照胺类固化剂理论用量计算公式计算。如下所示：

$$X = M \times E/H \tag{6-4}$$

式中，X 为每 100 g 环氧树脂所需胺类固化剂的质量，g；M 为胺类固化剂的分子量；E 为环氧树脂的环氧值；H 为胺类固化剂分子中活泼氢原子的总数。经过计算，我们采用质量比为 TGDDM：F-51：DDS = 60：40：45 的环氧树脂体系。采用溶液共混的方式制备 PPENK/环氧树脂共混物。

1) PPENK 含量对 PPENK/TGDDM/F-51 共混体系固化反应的影响

图 6-16 为不同 PPENK 含量下的 PPENK/TGDDM/F-51 共混体系的 DSC 曲线（升温速率 10℃/min）。从图中看出，所有共混体系均只有一个明显的放热峰。从图 6-16 中得到的各体系的初始反应温度(T_i)、峰值反应温度(T_p)、终止反应温度(T_f)和反应热熵(ΔH)等反应参数列于表 6-5 中。从表 6-5 中数据发现，随着 PPENK 含量的增加，共混体系的初始反应温度和峰值反应温度逐渐升高。

图 6-16   不同 PPENK 含量的 PPENK/TGDDM/F-51 共混体系的 DSC 曲线

表 6-5　不同 PPENK 含量 PPENK/TGDDM/F-51 共混体系的固化反应参数

phr-PPENK	$\Delta H/(J/g)$	$T_i/℃$	$T_p/℃$	$T_f/℃$
0	488	145	237	292
5	432	145	237	289
10	455	146	253	292
15	461	146	257	291

　　图 6-17 是通过图 6-16 得到的不同 PPENK 含量 PPENK/TGDDM/F-51 共混体系转化率与温度的对应曲线。在相同固化温度下，PPENK 含量越高，则体系转化率越低。例如，当温度为 230℃时，不添加 PPENK 的纯环氧树脂体系转化率达到 50%，而添加了 15 wt%PPENK 的共混体系转化率只有不到 33%。这些都说明 PPENK 的加入对环氧树脂的固化有阻碍作用，这种现象在其他热塑性树脂改性环氧树脂的体系中也经常遇见[26]。这是 PPENK 的加入起到稀释的作用，使反应活性基团的密度降低，使反应基团的碰撞概率降低，降低反应速率。另一方面，PPENK 的加入导致共混体系的黏度增大，使活性基团的扩散变得困难，也会降低固化反应的速率。从表 6-5 中也看到，所有添加了 PPENK 的共混体系，其反应热熵（ΔH）均比未添加 PPENK 的纯环氧树脂的反应热熵要低。通常聚合物分子间若存在某些特殊的相互作用，如分子间氢键、偶极-偶极、电荷转移络合、离子-离子和酸碱作用等，那么两种聚合物混合时便产生负的混合熵，即放热，这些相互作用会成为共混体系形成均相体系的驱动力[27]。因此，PPENK 分子链中的羰基、氰基等基团与环氧树脂之间可能会产生一些类似氢键或者偶极作用的相互作用，使热熵值升高。另外，也并不排除 PPENK 分子中的某些基团还会与环氧树脂中的羟基、环氧基等基团发生些化学反应的可能性，如若有化学反应发生，通常反应热熵也会得到提高。这在后面的红外光谱可以得到证实。

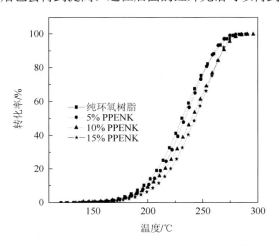

图 6-17　不同 PPENK 含量 PPENK/TGDDM/F-51 共混体系的固化转化率曲线

采用 Kissinger 方法和 Ozawa 方法对不同 PPENK 含量共混体系的表观活化能进行计算，所得结果列于表 6-6 中，从表中结果可以看出，在 PPENK 含量低于 20%时，共混体系的反应活化能基本与纯环氧树脂的活化能相同，说明 PPENK 的加入没有改变环氧树脂的固化机理。当 PPENK 含量达到 20%时，表观活化能有了较明显的上升，这可能是 PPENK 的加入使体系黏度增大，使体系固化反应发生变得困难，因而体系的表观活化能变大。

表 6-6　PPENK/TGDDM/F-51 共混体系的固化反应活化能

phr-PPENK	Kissinger 方法		Ozawa 方法	
	E_a/(kJ/mol)	r	E_a/(kJ/mol)	r
0	61.38	0.9985	66.42	0.9989
5	61.45	0.9973	66.76	0.9964
10	61.81	0.9942	66.96	0.9957
15	62.13	0.9979	67.34	0.9984
20	74.26	0.9988	78.76	0.9991

采用 Isoconversion 方法计算了不同 PPENK 含量共混物在不同转化率下的表观活化能，并通过拟合得到表观活化能与转化率之间的关系曲线，如图 6-18 所示。从图中可以看出，PPENK 含量为 10 wt%时，活化能与转化率之间的关系曲线与纯环氧树脂的曲线形状非常相似，都是在较低转化率时 E_a 缓慢升高，当转化率达到 60%以上时，E_a 开始迅速增加，含 10 wt%PPENK 的共混体系固化历程与纯环氧树脂的基本相同。但对于 20 wt%PPENK 的共混体系，在固化反应初始阶段，转化率较低时，其表观活化能就比纯环氧树脂高出许多，并且随着转化率的升高，其 E_a 并没有迅速增加，只是缓慢上升，这说明 20 wt%PPENK 共混体系的反应历程可能与纯环氧树脂的有所不同。

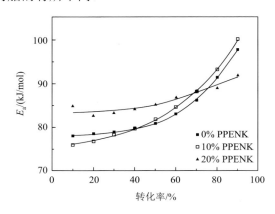

图 6-18　不同 PPENK 含量 PPENK/TGDDM/F-51 共混物的活化能与转化率的关系曲线

2) PPENK/TGDDM/F-51 共混体系的固化工艺研究

PPENK/TGDDM/F-51 共混体系在不同升温速率下的动态 DSC 曲线计算初始温度 (T_i)、峰顶温度 (T_p) 和终止温度 (T_f)，结果见表 6-7。

表 6-7　不同升温速率下环氧树脂的固化特征温度

$\beta/(℃/min)$	$T_i/℃$	$T_p/℃$	$T_f/℃$
5	137.2	217.1	257.9
10	145.4	237.6	270.2
15	150.8	249.1	279.2
20	158.4	260.9	286.2

从表 6-7 可见，固化反应的起始温度在 130℃左右，在 200℃时反应速率达到最大，在 250℃左右时固化过程终止。在不同固化温度下，固化时间与固化度的关系可以采用式 (2-6) 计算[28]：

$$t = \frac{1-(1-\alpha)^{1-n}}{A \times (1-n) \times \exp(-E_a / RT)} \tag{6-5}$$

式中，t 为固化时间，min；α 为固化度；n 为反应级数；A 为指前因子，min^{-1}；E_a 为反应活化能，kJ/mol；T 为固化温度。

将表 6-7 中计算得到的 A、n 和 E_a 值代入式 (6-5) 中，可以得到在不同固化温度下，固化度与固化时间的关系，如图 6-19 所示。

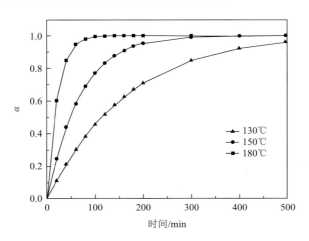

图 6-19　PPENK/TGDDM/F-51 共混物不同固化温度下 α-t 曲线

由图 6-19 可知，不同固化温度下，固化度均随着固化时间的延长而逐渐增加，固化温度越高，则固化度增长的越快。当固化温度为 180℃时，经过 100 min 固化后固化度就可达 99%，但在实际的固化反应过程中，在体系凝胶点附近，此时固化反应会由反应动力学控制向扩散控制转变；因此在固化反应后期，当固化树脂的玻璃化转变温度超过固化温度时，大大降低了分子链段的活动能力，使固化反应变得困难。因此，在实际固化过程中，180℃固化 100 min 后，通常达不到理论计算的 99%固化度，需要进一步延长固化时间和提高固化温度。以此为依据，并结合实践经验和有关文献，制定出如下两个固化工艺：

(1)130℃×1 h + 180℃×2 h + 200℃×2 h；

(2)130℃×1 h + 180℃×2 h + 200℃×2 h + 220℃×1 h。

在固化过程中，采用 2℃/min 升温速率，使固化体系升温平稳，避免过高的升温速率造成局部过热的现象，使环氧树脂固化网络不均匀，内部缺陷较多从而降低固化物的性能。

图 6-20 是不同固化工艺下的 5 wt%PPENK 共混体系固化后的红外谱图。从图中可以发现，固化反应发生前，环氧树脂在 906 cm^{-1} 处有明显的环氧基团的特征振动吸收峰，而分别采用这两种固化工艺固化后的共混体系，环氧基团的特征吸收峰均已消失。说明共混体系在这两种固化工艺条件下都基本固化完全。

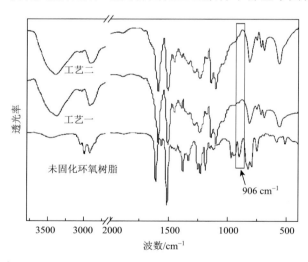

图 6-20   PPENK/TGDDM/F-51 共混物不同固化工艺共混物固化前后的红外谱图

通常固化反应都是放热反应，对于一个配方固定的树脂体系，其固化反应热是一定值，因此固化度 α 可以通过 DSC 曲线得到的焓值，通过式(6-6)进行计算：

$$\alpha = \frac{\Delta H_0 - \Delta H_R}{\Delta H_0} \times 100\% \tag{6-6}$$

式中，ΔH_0 为热固性树脂完全固化时所放出的热量，J/g；ΔH_R 为固化后的参与反应热，J/g。对不同条件下得到的固化物进行 DSC 测试，通过式(6-6)计算得到固化度，结果列于表 6-8 中。从表中结果可知，两种工艺的固化度均在 94%以上，由于工艺二经过了在 220℃下 1 h 的后固化，工艺二的固化度要高于工艺一。

表 6-8 不同固化工艺下共混物的固化度

phr-PPENK	0	5	10	15
工艺一	94.5%	95.1%	94.4%	94.8%
工艺二	98.4%	98.6%	97.0%	96.7%

3）PPENK 与 TGDDM 间的化学反应

从表 6-5 发现，固化反应热焓值随着 PPENK 含量的增加而增加。通常热塑性树脂改性热固性树脂时，固化反应焓值会随着热塑性树脂含量的增加而降低。因此，考虑 PPENK 与 TGDDM 环氧树脂之间可能有化学反应发生。为了验证 PPENK 与 TGDDM 环氧树脂之间的可能发生的化学反应，将 PPENK 与 TGDDM 环氧树脂进行共混，其中 PPENK 与 TGDDM 的质量比为 1∶1。首先，不添加固化剂 DDS，将共混物按照固化工艺二（130℃×1 h + 180℃×2 h + 200℃×2 h + 220℃×1 h）进行固化。对固化前后的共混物进行红外光谱测试。

如图 6-21 所示，相比于固化前，PPENK 和 TGDDM 共混物固化以后在 1724 cm^{-1} 处出现一个明显的吸收峰，另外，TGDDM 在 905 cm^{-1} 处的环氧基团特征吸收峰强度有所减弱。因此，推测 PPENK 与 TGDDM 的环氧基团之间有化学反应发生。为了验证 1724 cm^{-1} 吸收峰不是 TGDDM 本身固化产生的，随后将 TGDDM 不添加固化剂进行加热固化，并将 TGDDM 固化前后的样品进行红外光谱测试，如图 6-22 所示。

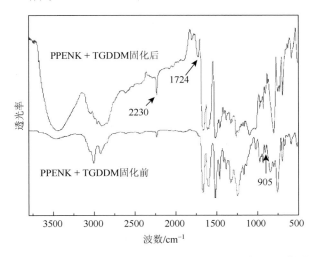

图 6-21 PPENK 和 TGDDM 共混物固化前后的红外谱图

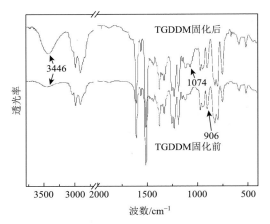

图 6-22　TGDDM 固化前后的红外谱图

从图 6-22 中可以看到，固化前后 TGDDM 环氧树脂主要的吸收峰，如 906 cm^{-1} 处环氧基团的特征吸收峰，没有太大变化。需要注意的是，TGDDM 固化后在 1074 cm^{-1} 处出现一个小的吸收峰，而在固化前是没有的。这可能是由于 TGDDM 环氧树脂是一种缩水甘油胺型环氧树脂，其自身结构中含有叔胺原子，在没有固化剂的条件下，TGDDM 环氧树脂会发生自催化反应[29]，生成醚类结构，1074 cm^{-1} 处为这些醚类结构中 C—O—C 的吸收峰。通过图 6-22 可以看出，TGDDM 环氧树脂自身固化后在 1724 cm^{-1} 处没有吸收峰，因此，这个吸收峰应该是 TGDDM 环氧树脂和 PPENK 之间反应生成的吸收峰。为了对此进行进一步验证，对 PPENK 和 TGDDM 共混物进行 DSC 测试，如图 6-23 所示。从图中可以看出，对于纯 TGDDM 只有一个细而尖的放热峰，这是其发生自催化反应的放热峰，而 PPENK 和 TGDDM 共混物在自催化放热峰之后又出现一个小的放热峰，说明除了 TGDDM 的自催化反应外，PPENK 与 TGDDM 之间还有其他的反应。

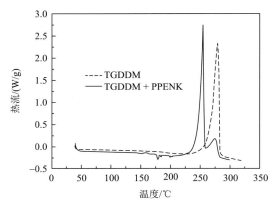

图 6-23　TGDDM 及 PPENK 与 TGDDM 共混物的 DSC 曲线

　　随后对 PPENK 与 TGDDM 的共混固化物进行凝胶含量的测试，结果发现当 PPENK 与 TGDDM 质量比为 1∶1 时，其共混固化物有 42% 的不溶物，而纯 TGDDM 固化物则完全溶解于氯仿中，这同样说明 PPENK 与 TGDDM 之间确实存在化学反应。随后改变 PPENK 的含量，并对不同 PPENK 含量的固化物进行凝胶含量测试，结果如图 6-24 所示。图中结果显示，随着共混物中 PPENK 含量的增加，固化物的凝胶含量也逐渐提高。当 PPENK 与 TGDDM 的质量比为 3∶1 时，共混固化物的凝胶含量甚至将达到 100%。

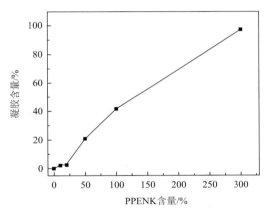

图 6-24　不同 PPENK 含量对 PPENK 与 TGDDM 共混固化物的凝胶含量

　　上面的测试结果均说明 PPENK 与 TGDDM 环氧树脂中的环氧基团存在化学反应。并且反应生成物在 1724 cm^{-1} 处的吸收峰应该属于脂类或酰胺化合物中的羰基吸收峰。因此，推测 PPENK 中可能与环氧基团反应生成脂类或酰胺化合物的基团包括羧基、氰基等。为了验证是哪个基团与环氧基反应，我们分别合成了只含有羧基的聚合物 PPEK 和只含有氰基的化合物 PPEN ［分子结构如图 6-25(a) 所示］，将它们分别与 TGDDM 环氧树脂混合，按照同样工艺固化，并对固化产物进行红外光谱测试，如图 6-25(b) 所示。

　　如图 6-25 所示，PPEK 与 TGDDM 共混物固化后在 1721 cm^{-1} 出现一个吸收峰，而 PPEN 与 TGDDM 共混物在这个波数范围内没有吸收峰的出现。这说明 PPENK 与 TGDDM 固化物在 1724 cm^{-1} 处的吸收峰应该是羧基与环氧基团反应生成的吸收峰。为了进一步验证这个结论，我们又选用另一种常见的带有羧基的聚合物 PEEK 与 TGDDM 进行固化反应，其共混固化物的红外光谱如图 6-26 所示。从图中不难发现，PEEK 与 TGDDM 的共混物固化后在 1723 cm^{-1} 出现一个非常明显的吸收峰，同时出现在 904 cm^{-1} 处的环氧基团特征吸收峰在固化后明显减弱。这些结果进一步说明，聚合物中的羧基确实可以与 TGDDM 环氧树脂中的环氧基团发生反应。

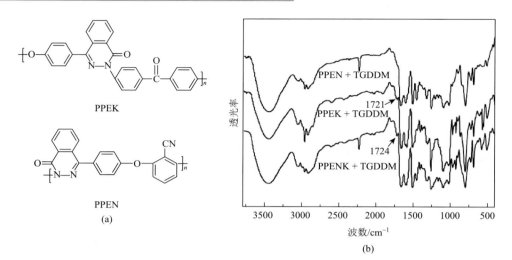

图 6-25　PPEK 和 PPEN 的分子式(a)和 PPEK/TGDDM、PPEN/TGDDM 固化后红外谱图(b)

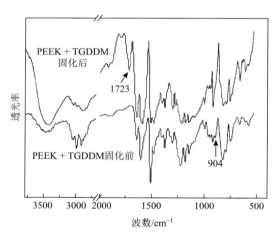

图 6-26　PEEK 和 TGDDM 共混物固化前后的红外谱图

　　为确定 PPENK 中羰基与环氧基团的反应机理,我们又采用 PPENK 与常见的双酚 A 型缩水甘油醚类环氧树脂(DGEBA)进行固化反应,其固化物的红外谱图如图 6-27 所示。从图中可以发现,PPENK 与 DGEBA 在固化前后吸收峰的位置基本没有变化,只是固化后在 3450 cm⁻¹ 处羟基吸收峰的强度有所减弱,说明 PPENK 与 DGEBA 环氧树脂中的环氧基团没有发生反应。

　　为了进一步验证羰基与 DGEBA 中的环氧基团能否发生反应,我们又将 PEEK 与 DGEBA 进行固化,其固化物的红外谱图如图 6-28 所示。从图中发现,在固化前后,PEEK 和 DGEBA 共混物吸收峰的位置基本没有变化,说明羰基确实不能同 DGEBA 环氧树脂中的环氧基团反应。

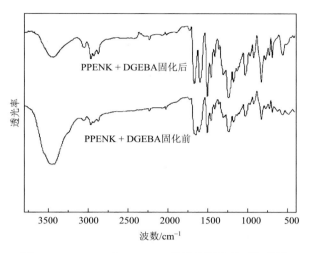

图 6-27　PPENK 和 DGEBA 共混物固化前后红外谱

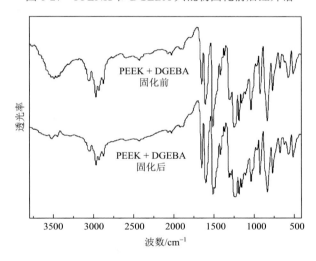

图 6-28　PEEK 和 DGEBA 共混物固化前后红外谱

以上实验说明聚合物中的羰基不能与缩水甘油醚类环氧树脂中的环氧基团发生反应，只能与缩水甘油胺类环氧树脂的环氧基团发生反应，而缩水甘油胺类环氧树脂与缩水甘油醚类环氧树脂最大的不同在于存在叔胺原子，叔胺原子可以催化环氧树脂进行阴离子开环聚合。在 PPENK 与 TGDDM 共混物 DSC 曲线图（图 6-23）中也发现，PPENK 与 TGDDM 的反应的放热峰出现在 TGDDM 自催化反应放热峰之后，因此推测 PPENK 与 TGDDM 环氧树脂之间的反应主要在叔胺原子的催化下，发生在羰基与环氧基团之间，反应机理可能如图 6-29 所示。首先 TGDDM 环氧树脂中的叔胺原子与环氧基团之间反应，生成氧负离子。然后氧负离子会进攻显正电性的羰基中的碳原子，并与之生成酯类结构。PPENK 与 TGDDM 固化物在 1724 cm^{-1} 处的吸收峰正是来自于这个酯类结构的羰基。当 PPENK 含量足够多时，PPENK 和 TGDDM 环氧树脂之间有可能会生成网状结构，这也解释了 PPENK 和 TGDDM 固化物中凝胶含量随着 PPENK 含量的增加而提高的原因。

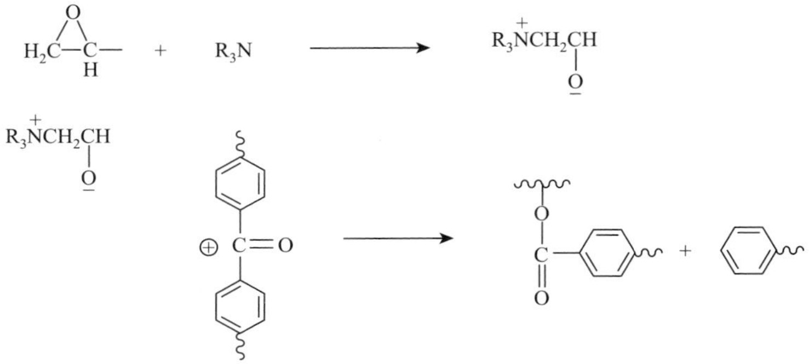

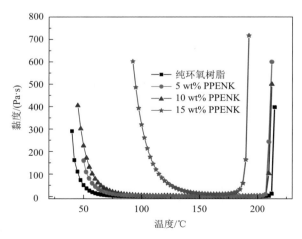

图 6-29　PPENK 与 TGDDM 之间的可能反应机理

4）PPENK/TGDDM/F-51 共混体系流变性能

图 6-30 是在 5℃/min 升温速率下不同 PPENK 含量的 PPENK/TGDDM/F-51 共混体系的动态黏度-温度曲线。从图中可以看出，所有共混体系在 60℃以下黏度均大于 50 Pa·s。对于纯环氧树脂，随着温度逐渐升高，黏度急剧下降，在 90～200℃间树脂黏度稳定在 1 Pa·s 以下，这个区间的长短对于材料成型时选择加压时机、保压温度等工艺参数具有非常重要的参考意义。在这一区间内存在着物理变化也存在着化学反应，物理变化随着温度的升高会使黏度继续降低，而化学反应会使环氧树脂分子量变大从而使黏度增加，此时黏度值是物理变化和化学反应竞争的

图 6-30　不同 PPENK 含量 PPENK/TGDDM/F-51 共混体系的黏度-温度曲线

结果。随着温度继续上升，固化反应变得更加剧烈，当达到凝胶点时，体系黏度剧烈上升，这时体系已经形成三维交联网络结构。从图 6-30 中得到的各体系最低黏度值、低黏度温度区间等数据列于表 6-9 中。从表中数据看出，随着 PPENK 含量的增加体系需要更高的温度才能进入低黏度区间，并且黏度的最低值也逐渐升高。当 PPENK 含量达到 15 wt%时，体系最低黏度都高达 9.4 Pa·s，体系的可加工性变差，较难适用于如树脂传递模塑等的先进低成本制造技术。

表 6-9　不同 PPENK 含量 PPENK/TGDDM/F-51 共混物的流变数据

PPENK 含量	最低黏度/(Pa·s)	黏度低于 1 Pa·s 的区间/℃
0	0.07	90～205
5	0.19	110～200
10	0.63	142～195
15	9.4	—

在共混物的低黏度温度区间内（90～200℃），分别选取了 140℃、150℃、160℃三个温度点来对共混体系进行等温黏度测试，图 6-31 是含 10 wt%PPENK 共混体系在这三个温度下的等温黏度曲线，其他比例共混物与其有相似的趋势。如图所示，在等温条件下，随着保温时间的延长，体系黏度均逐渐升高，只是随着保温温度的不同体系黏度上升的快慢趋势有所不同：保温温度越高，共混体系的凝胶时间越短，这是因为温度越高，则环氧树脂的固化交联反应速率越快，即环氧树脂的分子量增长就越迅速，因此体系黏度升高也越快，凝胶时间越短。

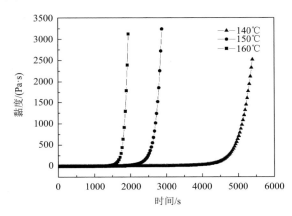

图 6-31　10 wt%PPENK/TGDDM/F-51 共混体系不同温度下的等温黏度曲线

表 6-10 列出了不同比例共混体系在这三个温度下的一些流变参数。如表中数据所示，当 PPENK 含量低于 10 wt%时，这三个温度下共混体系都有黏度低于 1 Pa·s

的低黏度区，只是随着 PPENK 含量的增加，体系处在低黏度区的时间变短。通常 RTM 工艺对树脂的要求[30]是黏度小于 1 Pa·s，且能在低黏度区保持 10～15 min。当 PPENK 含量为 5 wt%时，共混体系符合 RTM 工艺要求；而 PPENK 含量达到 10 wt% 时，树脂黏度能低于 1 Pa·s，但是保持时间只有 5～6 min，若使用 RTM 成型工艺，则需加入稀释剂来降低固化反应速率。若不加稀释剂，10 wt%PPENK 共混体系可能适用于树脂膜熔渗(RFI)等工艺[31]；而 15 wt%PPENK 体系最低黏度值都在 9.5 Pa·s 以上，加工中应该只能采用模压这类对树脂黏度要求不是很高的加工方法。

表 6-10　不同 PPENK 含量的 PPENK/TGDDM/F-51 共混物的等温流变数据

PPENK 含量	140℃		150℃		160℃	
	最低黏度/(Pa·s)	保持时间[a]/s	最低黏度/(Pa·s)	保持时间/s	最低黏度/(Pa·s)	保持时间/s
0	0.12	2370	0.09	1920	0.11	930
5	0.23	2100	0.24	930	0.22	600
10	0.96	300	0.76	420	0.86	300
15	35	—	23	—	9.5	—

a. 这里的保持时间为黏度小于 1 Pa·s 的时间。

图 6-32 是 10 wt%PPENK/TGDDM/F-51 共混物在 160℃下的等温流变曲线，其他比例的共混物也呈现出同样行为。共混物的储能模量 G' 和损耗模量 G'' 都随着固化反应的逐渐进行呈现逐渐增大的趋势。在凝胶化发生之前，G' 要小于 G''；当发生凝胶化之后，G' 则要大于 G''。因此，通常认为 G' 和 G'' 曲线的交点即为凝胶点，此时预聚物的状态由液态逐渐向固态转变。除此之外，图中 tanδ 曲线的峰值也出现在凝胶点附近，这些都说明了共混物由液态向固态的转变。由此得到共混体系在不同温度下的凝胶时间并列于表 6-11 中。从表 6-11 可见，共混物发生凝胶化的时间随着 PPENK 含量和凝胶温度的增加而明显缩短。

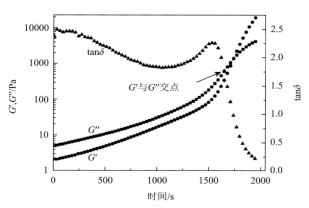

图 6-32　10 wt%PPENK/TGDDM/F-51 共混物 160℃恒温流变曲线

表 6-11　共混体系不同温度下的凝胶时间

PPENK 含量	140℃	150℃	160℃
0	6730s	3750s	2180s
5	5500s	2940s	1770s
10	4890s	2730s	1740s
15	2070s	1110s	810s

5）PPENK/TGDDM/F-51 共混体系动态热机械性能分析

动态热机械分析（dynamic mechanical analysis，DMA）在一定温度范围内，交变应力（或应变）的作用下，测试出材料做出的应变（或应力）响应随频率、温度等的变化，能够同时测试出聚合物材料的黏性性能、弹性性能、黏弹性流变性能以及一定频率范围内的阻尼特性等。

图 6-33（a）是不同 PPENK 含量共混物储能模量随温度的变化曲线。如图所示，不同 PPENK 含量共混物的储能模量曲线表现出相似的行为，即首先在较低温度时，聚合物处于玻璃态，当温度逐渐升高时，储能模量缓慢下降，当达到一定温度时，聚合物进入橡胶态，之后随着温度的升高，储能模量出现急剧的下降。在玻璃态温度区间，每种共混体系表现出相似的行为，PPENK 的加入并没有明显降低体系的刚性。值得注意的是，当温度高于 275℃聚合物处在橡胶态时，共混物的储能模量随着 PPENK 含量的增加而降低，这可能是因为加入 PPENK 降低了环氧树脂的交联密度。因此，我们采用橡胶弹性理论［式(6-7)］对共混体系的交联密度进行了估算，结果列于表 6-12 中。需要注意的是，这个公式一般用于对轻度交联材料的交联密度进行定量计算，因此此处只是用该公式对共混体系的交联密度进行定性讨论，研究共混体系的交联密度随 PPENK 含量的改变而产生的相对变化[32, 33]。从表中数据可以看出，随着 PPENK 含量的增加，共混体系的交联密度逐渐降低。这是由于 PPENK 的加入会产生稀释作用，降低单位体积内反应性基团的密度，从而降低交联密度。采用其他热塑性树脂增韧环氧树脂也会产生类似的结果。

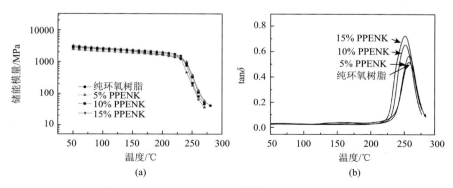

图 6-33　不同 PPENK 含量共混物储能模量 E' 曲线（a）和 $\tan\delta$ 曲线（b）

表 6-12　共混物的动态力学数据

phr-PPENK	T_g/℃	峰高	半峰宽/℃	交联密度/(mol/m³)
0	258	0.52	26	2.52×10^3
5	258	0.57	25	2.20×10^3
10	252	0.65	26	2.03×10^3
15	252	0.72	31	1.63×10^3

$$E_r = 3\varPhi RT \tag{6-7}$$

式中，E_r 为橡胶态的储能模量，MPa；$\varPhi$ 为交联密度，mol/m³；R 为理想气体常数，8.314J/(mol·K)；T 为橡胶态时的温度，K，这里 $T = T_g + 30$。

图 6-33(b) 是不同 PPENK 含量共混物的损耗因子 tanδ 随温度的变化曲线。从图中可以看出，所有共混体系在测试温度范围内都只有一个损耗峰。这说明共混物可能是一个没有界面分离的均相体系，后面的电子显微镜测试结果也证实这一结果。从图可以看出，随着 PPENK 含量的增加，共混体系的 T_g 逐渐降低，但是降低幅度，最多只有 6℃。这可能是由两方面的原因共同造成的：首先，PPENK 的加入会降低环氧树脂的交联密度，从而引起 T_g 降低；另一方面，PPENK 的玻璃化转变温度高达 280℃，要高于环氧树脂的玻璃化转变温度，会提高共混体系的 T_g。在这两方面原因的共同作用下，共混体系的 T_g 只有轻微降低。在 DMA 曲线中，损耗因子 tanδ 曲线的峰高和半峰宽常被用来表征体系的交联密度和交联网络的规整性。通常，对同一种聚合物来说，随着交联密度的提高，则 tanδ 曲线的峰高降低，而半峰宽越宽则说明交联网络的规整性越低。各共混体系 tanδ 曲线的峰高和半峰宽列于表 6-12 中，可以发现，随着 PPENK 含量的增加，共混体系的 tanδ 峰高越来越高，说明体系的交联密度逐渐降低，这与前面通过橡胶态下储能模量计算得到的结果一致。另外，随着 PPENK 含量的增加，半峰宽变宽说明体系交联网络的规整性变低。

为了考察共混物体系的湿热性能，将不同 PPENK 含量的共混固化物放入煮沸的去离子水中煮 48 h，随后将样品表面水分擦干，马上进行 DMA 测试，这种方法在航空航天领域经常被用来测试材料的耐湿热性能。同时，还测定了共混体系高温 48 h 的吸水率。结果如图 6-34 所示。

从图 6-34(a) 中可以发现，水煮后纯环氧树脂的储能模量在 150℃时就开始出现明显的下降，而添加了 PPENK 的共混体系，则在 200℃以后储能模量才出现明显下降。这说明 PPENK 的加入能够提高环氧树脂的耐湿热性能。

图 6-34(b) 是水煮 48 h 后共混体系的 tanδ 曲线。如图所示，经过水煮之后，相比于纯环氧树脂，添加了 PPENK 的共混体系均在 220℃附近出现了一个肩峰。这可能是 PPENK 与 TGDDM 环氧树脂之间存在一部分化学反应得到的酯键，

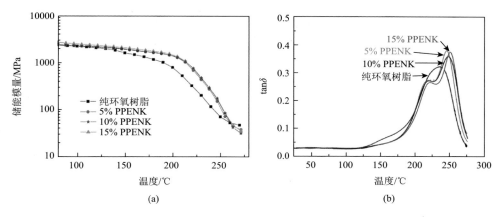

图 6-34　不同 PPENK 含量共混物水煮后储能模量 E' 曲线(a) 和 tanδ 曲线(b)

还有大量的氢键等相互作用，因此 PPENK 与环氧树脂之间有很好的相容性，在水煮之前体系 tanδ 曲线上只表现出一个 α 转变峰［图 6-33(b)］。但是经过 48 h 水煮后，体系中的氢键被水分子破坏所破坏，破坏了体系中 PPENK 与环氧树脂之间的相容性。因此这个肩峰为富环氧相的转变峰，而在 250℃ 左右的转变峰为富 PPENK 相的转变峰。这个结果与前面的红外和 DSC 测试得出的结论一致，都证明体系中 PPENK 与环氧树脂之间存在包括氢键在内的分子间相互作用。

6) PPENK/TGDDM/F-51 共混体系力学性能

对共混体系分别进行了弯曲、冲击和断裂韧性的力学性能测试，结果列于表 6-13 中。

表 6-13　不同 PPENK 含量共混固化物的力学性能

phr-PPENK	冲击强度/(kJ/m²)	K_{Ic}/(MPa·m$^{1/2}$)	抗弯强度/MPa	弯曲模量/GPa
0	5.4±0.7	0.67±0.04	83.9±12.1	3.58±0.18
5	10.6±1.8	0.93±0.04	104.9±9.7	3.47±0.15
10	11.4±1.6	1.28±0.08	105.7±8.6	3.37±0.16
15	6.3±1.5	0.96±0.12	73.1±6.6	3.58±0.08

从表 6-13 中可知，表征体系韧性好坏的冲击强度和断裂韧性两个测试，均呈现出先增大后减小的趋势，当 PPENK 含量为 10 wt%时，体系的冲击强度和断裂韧性均达到最大，与纯环氧树脂相比分别提高了 111%和 91%。共混体系弯曲强度也表现出相似的趋势，当 PPENK 含量为 10 wt%时，体系弯曲强度达到最大，比纯环氧树脂提高了 26%。共混体系的弯曲模量要略低于纯环氧树脂。这主要是由于加入 PPENK 以后，会降低环氧树脂的交联密度，因此会使体系的

韧性增加，但同时 PPENK 本身具有优异的力学性能，高强高模高韧，对共混体系具有很好的增强作用，因此共混体系在韧性提高的同时，强度和模量都没有明显地降低。

7) PPENK/TGDDM/F-51 共混体系增韧机理

为了更清楚的表征共混物的相结构，在测试之前，对所有共混物断面都采用溶剂(CHCl₃)进行刻蚀，以除去其中的聚合物相。

图 6-35 是不同 PPENK 含量共混体系的 SEM 图。从图中可以看出，共混体系没有相分离特征出现，不同含量的 PPENK 刻蚀后断面均没有留下孔洞或者形成连续相结构。这与之前 DMA 测试结果是一致的。此外，共混固化物均呈现出均一透明的状态，也说明共混体系呈均相结构。这是由于 PPENK 与环氧树脂之间存在大量的相互作用，其与环氧树脂之间有很好的相容性，同时 PPENK 具有较高的玻璃化转变温度(280℃)，在环氧树脂固化温度下，PPENK 分子还处于玻璃态，分子链活动能力较低，扩散迁移能力较差，使得体系在相分离发生之前就已经出现凝胶化。

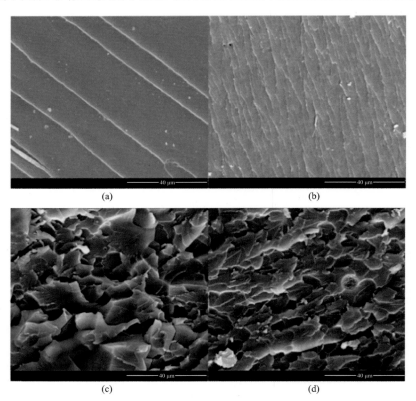

(a)   (b)

(c)   (d)

图 6-35   不同 PPENK 含量 PPENK/TGDDM/F-51 共混体系的 SEM 图

(a)纯环氧树脂；(b) 5 phr PPENK；(c) 10 phr PPENK；(d) 15 phr PPENK

图 6-36 是共混体系冲击断面照片。从图 6-36(a)中可以看出，纯环氧树脂体系的冲击断面呈现出典型的脆性断裂特征。断面光滑、平整，几乎没有塑性变形，产生的裂纹方向单一，裂纹之间没有任何约束作用，未出现明显的应力分散现象，说明裂纹在扩展过程中遇到的阻力非常小。添加 PPENK 后的共混物断面变得粗糙不平，而且裂纹出现明显的偏转和歧化，另外在断面出现了大量的微裂纹。这些都增加了断面的面积，从而消耗更多的能量。另外，在裂纹的发展过程中，有许多裂纹受到了抑制而终止，这些都说明有明显的塑性变形发生在共混体系中。这是由于 PPENK 含有大量极性侧基，这些极性侧基使 PPENK 与环氧树脂之间有大量的相互作用，体系形成了类似互穿网路的结构，增加了树脂之间的物理缠结，当体系在断裂时，PPENK 能够承受应力并将应力分散，从而使体系消耗了更多的断裂能。另外当体系在发生断裂的过程中，基体发生大量的塑性变形，从而吸收了更多的断裂能量，提高了体系的韧性。与发生相分离的体系相比，均相体系韧性提高的主要机理是基体的塑性变形。

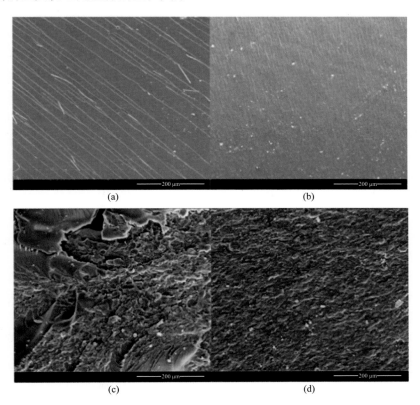

图 6-36　不同 PPENK 含量 PPENK/TGDDM/F-51 共混物断面的 SEM 图

(a)纯环氧树脂；(b)5 phr PPENK；(c)10 phr PPENK；(d)15 phr PPENK

8) 小结

(1) 当加入量不超过 20 wt%时，共混体系的固化反应活化能基本保持不变，说明 PPENK 的加入不会改变环氧树脂的固化机理。但是由于稀释效应，PPENK 的加入会降低环氧树脂的固化反应速率。当加入量达到 20 wt%时，共混体系的固化反应活化能有比较明显的升高，说明此时共混体系的固化机理可能有所不同。

(2) PPENK 可以与缩水甘油胺型环氧树脂(TGDDM)中的环氧基团发生反应，而不能和双酚 A 缩水甘油醚型环氧树脂(DGEBA)中的环氧基团发生反应。并且随着 PPENK 含量增加，PPENK 与 TGDDM 共混固化物的凝胶含量逐渐提高，当 PPENK 与 TGDDM 质量比达到 3∶1 时，固化物凝胶含量达到将近 100%，说明固化物能够生成网状结构。PPENK 与 TGDDM 环氧树脂的反应机理可能是：在叔胺原子的催化下，环氧基团生成氧负离子，氧负离子与羰基反应生成酯类结构。

(3) 流变测试结果说明当时 PPENK 加入量不超过 10 wt%时，共混体系仍有较好的可加工性。当加入量超过 10 wt%以后，共混体系黏度明显变大，加工性能变差。

(4) PPENK 的加入没有显著降低共混体系的玻璃化转变温度，共混体系仍保持了非常优异的热性能。同时共混体系的 5%热分解温度、最大热分解温度等基本保持不变，残炭率随着 PPENK 含量的提高而增加，热分解活化能随着 PPENK 含量的提高呈现出先增大后减小的趋势，当 PPENK 含量为 10 wt%时共混体系有最优的热稳定性。

(5) 共混物的水煮测试结果表明，PPENK 与环氧树脂之间存在大量的氢键相互作用，这些分子间相互作用增加了 PPENK 和环氧树脂之间的相容性。含有 PPENK 的共混体系水煮后储能模量的拐点温度要比纯环氧树脂高近 50℃，高温 48 h 吸水率基本与纯环氧树脂持平，说明 PPENK 的加入有利于提高环氧树脂的湿热性能。

(6) 共混体系在玻璃化转变温度以下时，线型膨胀系数与纯环氧树脂基本相同，仍保持了出色的尺寸稳定性。当温度达到玻璃化转变温度以上时，共混体系的线性膨胀系数随着体系中 PPENK 含量的增加而增加。

(7) 冲击强度测试和断裂韧性测试都表明加入 PPENK 可以明显增加共混体系韧性，同时共混体系的弯曲强度和弯曲模量没有明显降低，说明 PPENK 可以在增韧环氧树脂的同时而不降低其模量。

(8) 扫描电镜结果显示共混体系形成了均相结构，体系韧性提高的原因主要是基体的塑性变形以及裂纹的偏转和歧化。

2. PPBEN/TGDDM 共混体系的结构与性能[34]

PPENK 改性 TGDDM 环氧树脂体系中，在环氧树脂发生固化反应的温度范围内（150～200℃），PPENK（$T_g = 280℃$）还处于玻璃态，分子链活动性受到限制，其在体系内很难扩散，在固化时很容易包埋在环氧树脂的交联网络中。另一方面，由于高分子量的 PPENK 加入到固化体系中，会使体系黏度增大，更加不利于体系内各组分间的相互扩散。因此体系在发生相分离之前，环氧树脂已经发生凝胶化限制了相分离的发生，从而导致体系呈现均相结构或者呈现非常细微的相分离结构。这种结构不利于吸收外界能量，增韧效果有限。

当采用热塑性树脂改性热固性树脂的固化反应过程中，如果热塑性颗粒能够形成一定规则的形状，如形成类似球状的结构 ［图 6-37(b)］，试样在受力时，这些球状颗粒可以使裂纹分叉或者终止裂纹，能够更好地吸收外界能量[35]，同时若具有一定的刚性，还可保持材料的强度不降低。如果热塑性颗粒形成不规则的形状，则其受到外力作用时的受力示意图可能如图 6-37(a) 所示，相比于球状结构不利于吸收外界能量，限制增韧效果。

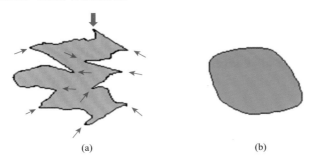

(a)　　　　　　　　　(b)

图 6-37　热塑性树脂在热固性树脂中形态示意图

因此，从分子结构设计出发，合成出一种分子链一部分链段的 T_g 与环氧树脂的固化反应温度相匹配，利于体系的相分离发生，形成一定的规则相结构，同时另一部分链段又能保持分子链整体刚性的新增韧树脂杂萘联苯共聚芳醚腈（PPBEN），结构如图 6-38 所示。以 PPBEN 为增韧树脂，对 TGDDM/DDS 体系进行增韧改性，研究了 PPBEN 链段结构、PPBEN 含量、固化工艺等因素对共混物结构和性能的影响。

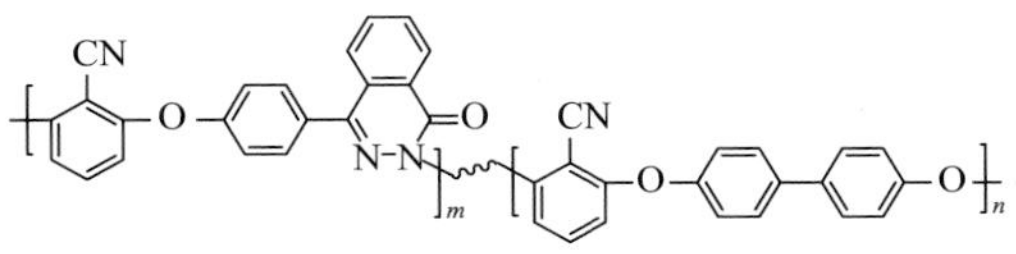

图 6-38　杂萘联苯共聚芳醚腈(PPBEN)分子结构式

通过调节共聚单体 DHPZ 和联苯二酚(BP)的比例，设计合成出 $M_n = 18000$ 的 3 种不同链段比例的 PPBEN。其中 DHPZ 与 BP 的比例分别为 8：2、3：7 和 5：5，分别命名为 PPBEN82、PPBEN73 和 PPBEN55。通过 DSC 测试，这 3 种 PPBEN 的玻璃化转变温度分别为 277℃、267℃和 251℃。采用这 3 种共聚物对 TGDDM/DDS 环氧树脂体系对进行增韧改性。固化工艺为 130℃×1 h + 180℃× 2 h + 200℃×2 h。

1）PPBEN 结构对 PPBEN/TGDDM/DDS 共混物热机械性能影响

图 6-39(a) 是含量为 10 wt%不同链段结构 PPBEN 共混物的储能模量随温度的变化曲线。如图所示，共混物的储能模量曲线表现出相似的行为，即首先在较低温度时，聚合物处于玻璃态，此时体系也拥有最高的储能模量，随着温度的升高，储能模量缓慢下降，当达到一定温度时，体系发生玻璃化转变，体系进入橡胶态，之后随着温度的升高，储能模量出现急剧的下降。因此，也有研究者将储能模量的拐点温度定义为体系的玻璃化转变温度。不难看出，随着 PPBEN 中 BP 含量的增加，共混物储能模量的拐点温度逐渐降低。

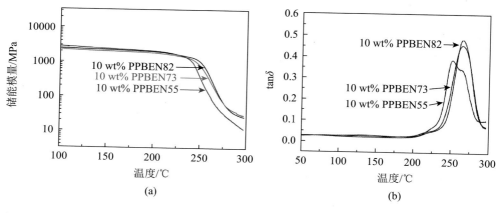

图 6-39　不同链段结构 PPBEN 对 PPBEN/TGDDM/DDS 共混物的储能模量(a)和 tanδ(b)影响

图 6-39(b) 是含量为 10 wt%不同链段结构 PPBEN 共混物的 tanδ 随温度的变化曲线。如图所示，所有共混物在 220℃处均出现一个小的次级转变，说明体系中应该会有相分离的出现。在 250℃处出现一个大的 α 转变，且随着 PPBEN 中 BP 含量的增加，共混体系的 T_g 逐渐降低，tanδ 曲线半峰宽逐渐变宽，说明体系交联网络的规整性变低。

2）PPBEN 结构对 PPBEN/TGDDM/DDS 共混体系相结构的影响

图 6-40 是 PPBEN55/TGDDM/DDS 共混体系的 SEM 图。所有共混体系的扫描电镜样品均经过溶剂氯仿的刻蚀以除去体系中的热塑性树脂。从图 6-40 中可以

发现，共混体系经历了从海岛相结构向相反转结构的转变。当 PPBEN55 含量为 5 wt%时［图 6-40(a)］，共混体系为海岛结构，PPBEN55 以颗粒相的形式分散在环氧树脂连续相中，经过测试软件测量 PPBEN55 颗粒相的尺寸在 240～280 nm 之间；随着 PPBEN55 含量的增加，达到 10 wt%时［图 6-40(b)］，体系仍为海岛结构，只是 PPBEN55 颗粒相的尺寸增大到 450～550 nm；当 PPBEN55 含量增加到 15 wt%时［图 6-40(c)］，体系中仍能观察到热塑性颗粒相，但此时体系中还出现了环氧树脂颗粒相的结构，说明体系有出现相反转的趋势；当 PPBEN55 含量增加到 20 wt%时，体系出现了相反转结构，可以观察到环氧树脂颗粒相出现在 PPBEN 连续相中。

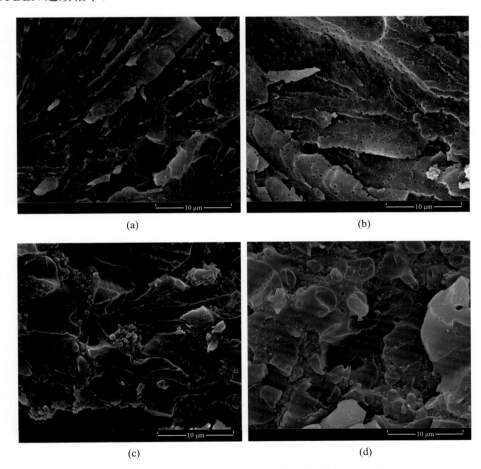

(a)　　　　　　　　　　　　　　(b)

(c)　　　　　　　　　　　　　　(d)

图 6-40　PPBEN55/TGDDM/DDS 共混体系的 SEM 图

图 6-41 是 PPBEN73/TGDDM/DDS 共混体系的 SEM 图。从图中可以发现，PPBEN73 共混体系与 PPBEN55 体系类似，同样经历了从海岛相结构向相反转结

构的转变。当 PPBEN73 含量为 5 wt%时［图 6-41（a）］，共混体系为海岛结构，PPBEN73 以颗粒相的形式分散在环氧树脂中，PPBEN73 颗粒相的尺寸为 110～150 nm，要小于之前含 5 wt%PPBEN55 共混物的相畴尺寸；当 PPBEN73 含量增加到 10 wt%时［图 6-41（b）］，体系仍保持海岛结构，PPBEN73 颗粒相的尺寸增大到 200～250 nm；当 PPBEN73 含量增加到 15 wt%时［图 6-41（c）］，共混体系呈双连续相结构。当 PPBEN73 含量增加到 20 wt%时［图 6-41（d）］，体系出现相反转，环氧树脂以颗粒的形式出现在 PPBEN73 相中。

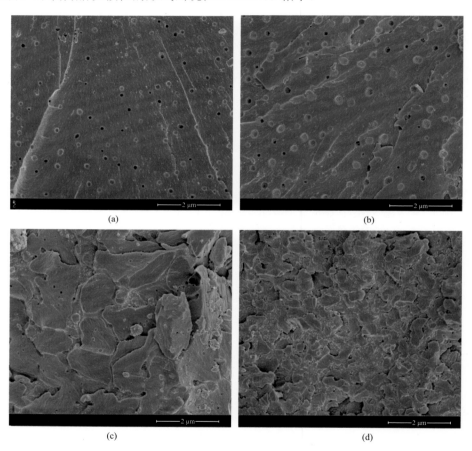

图 6-41　PPBEN73/TGDDM/DDS 共混体系的 SEM 图

图 6-42 是 PPBEN82/TGDDM/DDS 共混体系的 SEM 图。从图中可以发现，与前面两个体系类似，共混体系也经历了从海岛相结构向双连续相结构的转变。当 PPBEN82 含量为 5 wt%时［图 6-42（a）］，共混体系为海岛结构，PPBEN82 以颗粒相的形式分散在环氧树脂中，PPBEN82 颗粒相的尺寸为 70～80 nm，要小于

前面两个共混体系的相畴尺寸；当 PPBEN82 含量增加到 10 wt%时［图 6-42(b)］，体系仍保持海岛结构，PPBEN82 颗粒相的尺寸基本保持不变仍为 70～80 nm，只是相比于 5 wt%PPBEN82 体系，10 wt%PPBEN82 体系中颗粒相的数量明显增多；当 PPBEN82 含量增加到 15 wt%时［图 6-42(c)］，共混体系仍呈海岛结构，颗粒相尺寸增长到 150 nm 左右，经过仔细观察发现，在颗粒相结构中好像仍然有一些精细的结构，因此，我们又将其继续放大观察颗粒相中的精细结构(图 6-43)。

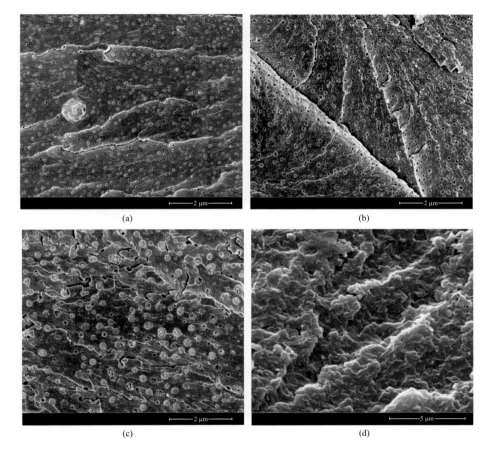

图 6-42　PPBEN82/TGDDM/DDS 共混体系的 SEM 图

图 6-43 是将 15 wt%PPBEN82 共混体系放大至 100000 倍的 SEM 图，从图中可以发现，体系表现出一种特殊的海岛相结构。首先，热塑性树脂 PPBEN82 以颗粒相分散在环氧树脂连续相中，但是在 PPBEN 颗粒相中还有细微的相结构存在。由于在进行扫描电镜测试前，所有样品都经过氯仿的刻蚀，以除去热塑性树脂 PPBEN 相，因此这些 PPBEN 颗粒相中的细微相结构是环氧树脂相，说明在

PPBEN82 的颗粒相中，环氧树脂又发生了相反转，有环氧颗粒存在于 PPBEN82 的颗粒相中。当 PPBEN82 含量增加到 20 wt%时［图 6-41(d)］，共混体系发生从海岛相向双连续相的转变。

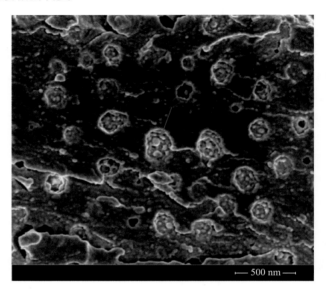

图 6-43   15 wt%PPBEN82 共混物的电镜照片(放大倍数：100000×)

为了便于比较不同链段结构对于共混体系相结构的影响，将前面 3 组共混体系的相结构情况汇总到表 6-14 中。如表 6-14 所示，当热塑性树脂含量相同时，随着热塑性树脂中联苯链段含量的增加，共混体系固化物中热塑性树脂颗粒相的相畴尺寸逐渐变大。例如，当热塑性树脂含量同样为 10 wt%时，PPBEN73 共混体系中热塑性颗粒相尺寸只有 70～80 nm，PPBEN55 共混体系中热塑性颗粒相尺寸达到了 450～550 nm。另外，随着 PPBEN 中联苯链段含量的增加，共混体系中出现相反转时需要的热塑性树脂含量越低，如当 PPBEN55 含量达到 15 wt%时，体系就出现相反转，而 PPBEN73 含量达到 20 wt%时才出现相反转。因此，要调控体系相结构，除通过改变热塑性树脂含量方法外，还可通过调节热塑性树脂中的链段结构的方式。

表 6-14   不同结构 PPBEN 共混体系的相结构尺寸

增韧剂	5%	10%	15%	20%
PPBEN55	海岛 240～280 nm	海岛 450～550 nm	相反转	相反转
PPBEN82	海岛 70～80 nm	海岛 70～80 nm	约 150 nm	双连续相
PPBEN73	海岛 110～150 nm	海岛 200～250 nm	双连续相	相反转

3）PPBEN 链段结构对共混体系冲击强度的影响

图 6-44 是不同链段结构 PPBEN 共混体系的冲击强度。从图中可以发现，在热塑性树脂含量相同的情况下，随着热塑性树脂中联苯链段含量的增加，固化物的冲击强度呈现下降趋势。比如当热塑性树脂含量都为 5 wt%时，固化物的冲击强度的关系为 PPBEN82＞PPBEN73＞PPBEN55。此时 3 组共混体系均为海岛结构，热塑性树脂为颗粒相分散在环氧树脂中，颗粒相尺寸关系为 PPBEN55＞PPBEN73＞PPBEN82，说明热塑性树脂颗粒相的相畴尺寸越小，得到的固化物冲击强度就相对越高。PPBEN82 含量为 15 wt%共混体系冲击强度最高，为 16.7 kJ/m²，相比于纯环氧树脂提高了约 104%，此时体系是一种特殊的海岛相结构（图 6-43），这种特殊的相结构可以赋予 PPBEN 和环氧树脂两相间很好界面结合力，当共混物受到外来冲击时，这种强的界面能够吸收更多的冲击能量，从而使体系韧性得到提高。

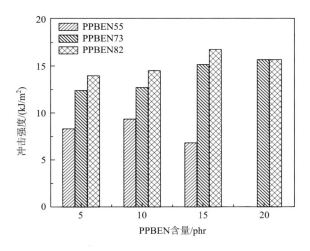

图 6-44　不同结构 PPBEN 共混体系的冲击强度

4）PPBEN82 含量对 PPBEN82/TGDDM/DDS 共混体系性能的影响

根据上述研究得出，PPBEN82 对 TGDDM/DDS 环氧树脂增韧效果最好，共混体系有最高的冲击强度，以及最好的热机械性能。因此，采用 PPBEN82 为增韧树脂，研究了 PPBEN82 含量对 PPBEN82/TGDDM/DDS 共混体系性能的影响。

图 6-45 是 15 wt% PPBEN82 共混物在不同固化温度下的黏度变化曲线。从图中可以看出，在不同的保温温度下，共混物黏度随着固化时间的增加缓慢上升，当固化反应进行至凝胶化发生时，体系黏度急速上升。固化温度越高，体系凝胶化发生得越早，这是因为温度越高，体系中含有活性基团的链段活动能力越高，

反应速率越高。因此在实际加工过程中，可以通过控制保温温度和保温时间来控制树脂的凝胶时间。

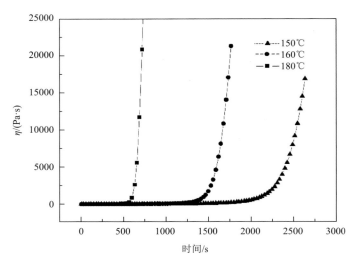

图 6-45　15 wt% PPBEN82/TGDDM/DDS 共混物不同温度下的黏度-时间曲线

图 6-46 是 15 wt% PPBEN82 共混物在 160℃下的等温流变曲线，其他比例的共混物也表现出同样的趋势。共混物的储能模量 G' 和损耗模量 G'' 都随着固化反应的进行呈现出逐渐增大的趋势。G' 和 G'' 曲线的交点是凝胶点，此时预聚物的状态由液态逐渐向固态转变，由此可以得到每个共混体系的凝胶时间，结果列于表 6-15 中。

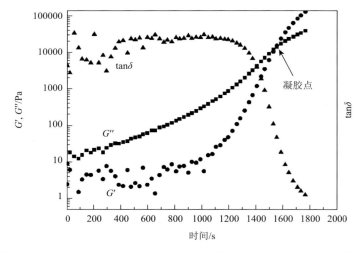

图 6-46　15 wt% PPBEN82/TGDDM/DDS 的共混物 160℃恒温流变曲线

表 6-15 15 wt% PPBEN82/TGDDM/DDS 共混体系的流变数据

PPBEN 82 含量	150℃		160℃		180℃	
	最低黏度/(Pa·s)	凝胶时间/s	最低黏度/(Pa·s)	凝胶时间/s	最低黏度/(Pa·s)	凝胶时间/s
0	0.08	3730	0.09	2186	0.11	778
5	0.12	2428	0.11	1677	0.15	576
10	0.45	2414	0.49	1587	0.53	565
15	3.5	2425	2.2	1529	1.7	598

图 6-47(a) 是不同 PPBEN82 含量 PPBEN82/TGDDM/DDS 共混物的储能模量随温度的变化曲线。如图所示，当 PPBEN82 含量不高于 20 wt%时，不同 PPBEN82 含量共混物的储能模量曲线表现出相似的行为，即首先在较低温度时，聚合物处于玻璃态，此时体系也拥有最高的储能模量，随着温度的升高，储能模量缓慢下降，当达到一定温度时，体系发生玻璃化转变，体系进入橡胶态，随着温度的升高，储能模量出现急剧的下降。在玻璃态温度区间，每种共混体系表现出相似的行为，PPBEN82 的加入并没有明显降低体系的刚性。然而，随着 PPBEN82 含量的增加，共混体系储能模量的拐点逐渐降低。纯环氧树脂的拐点温度为 260℃，而含有 15 wt% PPBEN82 体系的拐点温度降低到 235℃。这可能是由于 PPBEN82 的加入降低了环氧树脂的交联密度。

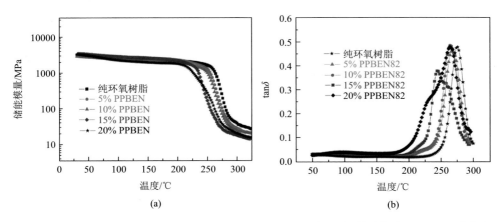

图 6-47 不同 PPBEN82 含量 PPBEN82/TGDDM/DDS 共混体系的储能模量曲线(a)和 Tanδ 曲线(b)

图 6-47(b) 是不同 PPBEN82 含量 PPBEN82/TGDDM/DDS 共混物的损耗因子 tanδ 随温度的变化曲线。从图中可以看出，当 PPBEN82 含量低于 20 wt%时，共混体系在 250℃处出现一个主转变峰，在 220℃处出现一个次级转变峰。PPBEN82

是一种微嵌段型的共聚物，PPBEN 的 tanδ 曲线在 170℃处出现一个小的 PBEN 链段的次级转变峰，在 300℃处出现 PPEN 链段的主转变峰，如图 6-48 所示。因此共混体系在 220℃处的次级转变峰，是 PBEN 链段的转变峰，说明共混体系中很可能发生了相分离，形成了 PBEN 富集相，这在后面扫描电镜的测试中得到证实。共混体系中在 250℃处的主转变峰则是环氧树脂的树脂转变峰，在图 6-48 中并没有出现 PPEN 链段的转变峰，说明 PPEN 链段并没有相分离发生，其与环氧树脂之间有着良好的相容性。

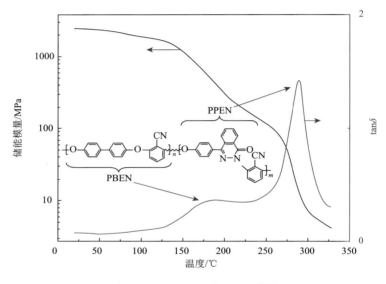

图 6-48　PPBEN82 的 DMA 曲线

对 PPBEN82/TGDDM/DDS 共混体系分别进行了弯曲测试和冲击测试，结果列于表 6-16 中。从表中结果可知，随着 PPBEN82 含量的增加，共混体系的冲击强度逐渐增大，当 PPBEN82 含量达到 15 wt%时，体系冲击强度达到最大为 16.7 kJ/m^2，相比于纯环氧树脂提高了约 104%。当 PPBEN82 含量增大到 20 wt%时，体系的冲击强度又有所下降。与纯环氧树脂相比，共混体系的弯曲强度和弯曲模量则变化不大，基本与纯环氧树脂相当。当 PPBEN82 含量达到 15 wt%时，PPBEN82/TGDDM/DDS 体系弯曲强度比纯 TGDDM/DDS 固化物的弯曲强度略高，弯曲模量相当，表现出最好的力学性能。

表 6-16　PPBEN82/TGDDM/DDS 共混体系的力学性能

PPBEN/wt%	冲击强度/(kJ/m^2)	抗弯强度/MPa	弯曲模量/GPa
0	8.2±1.3	120.2±10.3	3.4±0.2

续表

PPBEN/wt%	冲击强度/(kJ/m²)	抗弯强度/MPa	弯曲模量/GPa
5	13.9±1.2	125.1±8.4	3.5±0.1
10	14.5±2.6	123.7±14.1	3.3±0.3
15	16.7±1.3	130.5±6.7	3.5±0.2
20	15.6±2.1	118.6±18.1	3.5±0.1

5）PPBEN82/TGDDM/DDS 增韧机理

图6-49 为共混体系冲击断面的 SEM 图。首先，通过高放大倍数图片［图6-49（b）、（d）、（f）、（h）］，可以观察到共混物的相结构。可以看到随着 PPBEN82 含量的增加，共混体系经历了从海岛相向双连续相形态的转变。当 PPBEN82 含量为 5 wt%时，PPBEN82 以颗粒相的形式均匀分散在环氧树脂中，值得注意的是，热塑性树脂 PPBEN82 的相畴尺寸只有 70～80 nm，这要远远小于其他常见热塑性树脂改性环氧树脂中的相畴尺寸（如 PES 改性环氧树脂中 PES 颗粒相的尺寸通常为 200～300 nm）；当 PPBEN82 含量增加到 10 wt%时，PPBEN 仍然以颗粒相的形式分散在环氧树脂，并且相畴尺寸仍然只有 70～80 nm，只是颗粒相的数量要明显多于 5 wt%体系。当 PPBEN82 含量达到 15 wt%时，体系呈现出一种特殊的海岛结构。当 PPBEN82 含量增加到 20 wt%时，可以看出共混体系呈现出了双连续相结构。

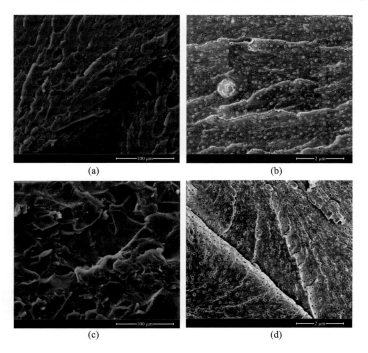

(a)　　　　　　　　　　(b)

(c)　　　　　　　　　　(d)

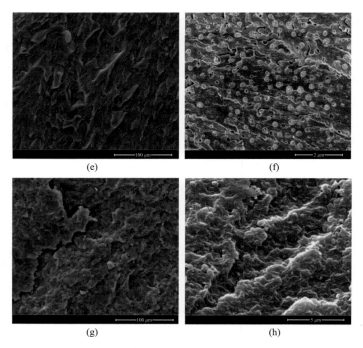

图 6-49　不同 PPBEN82 含量共混物断面的 SEM 图(放大倍数：左 1000×；右：40000×)

通过图 6-49 中低放大倍数的图片［图 6-49(a)、(c)、(e)、(g)］可以观察到共混物体系的断面形貌。从图中可以看出，与未改性环氧树脂的冲击断面的脆性断裂特征相比。添加 PPBEN82 改性后的共混物断面则呈现出了河谷形貌，且裂纹发生了弯曲变形。因此其增韧机理包括裂纹路径的偏转，裂纹偏离原来的路径而产生微裂纹导致裂纹的表面积增加，提高了断裂能，从而提高了韧性。当裂纹扩展遇到 PPBEN82 相时，由于热塑性树脂本身的延展性发生韧性撕裂，因此韧性提高。另外，由于热塑性树脂颗粒充当应力集中点，引发环氧树脂的局部塑性变形，也会提高体系的韧性。所以，共混体系韧性的提高，是由热塑性树脂的延性撕裂、裂纹的偏转和歧化以及树脂基体的局部塑性变形共同作用的结果。

6) 小结

(1) 通过调节 PPBEN 中单体 DHPZ 和 BP 的摩尔分数，得到不同链段结构的共聚芳醚腈。当热塑性树脂含量相同时，BP 比例越高，共混体系的玻璃化转变温度就越低。PPBEN 中 BP 比例越高，共混体系中热塑性树脂颗粒相的尺寸越大，共混体系中出现相反转时需要的热塑性树脂含量越低。当共混体系均为海岛相结构时，此时冲击强度的关系为 PPBEN82＞PPBEN73＞PPBEN55，说明热塑性树脂颗粒相的相畴尺寸越小，得到的固化物冲击强度就相对越高。

(2) 首次采用含杂萘联苯的共聚芳醚腈(PPBEN)对 TGDDM/DDS 环氧树脂体

系进行增韧改性。随着 PPBEN 加入量的增加，共混体系 DSC 中的放热峰值温度向高温移动。通过对共混体系环氧当量释放的热焓值进行计算，当 PPBEN 的加入量低于 20%时，共混体系环氧当量焓值均为 113 kJ/当量左右，PPBEN 的加入对环氧树脂固化反应影响不大。共混体系固化后的红外谱图 906 cm^{-1} 处的环氧基团特征吸收峰基本消失，说明环氧树脂基本固化完全。

（3）通过对共混体系的流变性能进行测试，结果表明：PPBEN 的加入会增加环氧树脂的黏度并且缩短共混体系的凝胶时间。当 PPBEN 加入量小于 10 wt%时，共混体系的黏度低于 0.8 Pa·s，仍然适用于包括树脂传递模塑成型在内的多种成型工艺。

（4）对共混固化物的热性能测试结果表明：PPBEN 的加入会轻微降低环氧树脂的玻璃化温度，但共混体系的玻璃化温度仍能保持在 250℃以上。

（5）PPBEN 的加入会提高环氧树脂的冲击韧性。其中当 PPBEN82 添加量为 15 wt%时，冲击强度最高为 16.7 kJ/m^2，较纯环氧树脂提高了约 104%。同时，共混体系的弯曲强度和弯曲模量没有显著降低，说明 PPBEN 可以在增韧的同时不降低体系的模量。

（6）扫描电镜的结果表明，共混体系形成了两相结构，当 PPBEN82 含量为 15 wt%时，共混体系呈现出一种特殊的海岛相结构。PPBEN82 颗粒作为岛相分散在连续的环氧相中，但在 PPBEN82 颗粒中又可观察到相反转，有部分环氧树脂又以颗粒的形式分布于 PPBEN 颗粒中，正是这种特殊的相结构赋予了 PPBEN82 和环氧树脂两相间很好界面结合力，因而当 PPBEN82 含量为 15 wt%时，共混体系有最高的冲击强度。当 PPBEN82 添加到 20 wt%时，共混体系呈双连续相结构。

（7）对固化物断裂表面进行扫描电镜分析，发现共混体系韧性的提高，主要是裂纹的偏转和歧化、热塑性树脂的延性撕裂以及树脂基体的局部塑性变形等机理共同作用的结果。

6.3　杂萘联苯聚芳醚增韧改性双马树脂

双马树脂，即双马来酰亚胺（BMI）树脂，最初由法国的罗纳-普朗克公司于 20 世纪 60 年代中研制成功并实现商品化。BMI 树脂特殊的分子骨架赋予其优异的耐热性能、电绝缘性能、阻燃性以及良好的力学性能和尺寸稳定性，因此其被广泛应用于高性能的树脂基复合材料的基体材料。同时，由于固化物的交联密度高，分子链刚性大，使其呈现出较大的脆性，表现为抗冲击差、断裂伸长率小和断裂韧性低等缺点，成为阻碍 BMI 树脂应用和发展的关键。未改性的 BMI 存在熔点高、溶解性差、成型温度高、固化物脆性大等缺点，其中韧性差是阻碍其发展和应用的关键，增韧改性成为 BMI 改性的前沿课题[36, 37]。

通常对 BMI 树脂的增韧改性方式有与烯丙基化合物共聚、芳香二胺等扩链、环氧改性、热塑性树脂增韧、氰酸酯树脂改性、新型 BMI 单体等。其中，采用高性能热塑性树脂改性 BMI 树脂体系，可以不降低基体树脂的耐热性能，同时改善树脂体系的抗冲击韧性。杂萘联苯聚芳醚是大连理工大学蹇锡高课题组研制的一类耐热等级高、可溶性好的新型高性能热塑性树脂，该类树脂不仅具有一般高性能热塑性树脂的各种优点，并且其分子链中的全芳环非共平面扭曲结构赋予了它可溶解、耐高温等优异的综合性能，是一种增韧热固性树脂非常理想的材料。本章主要叙述几种杂萘联苯聚芳醚树脂：杂萘联苯聚醚砜(PPES)、杂萘联苯聚芳醚腈酮(PPENK)、杂萘联苯聚芳醚腈砜(PPENS)、杂萘联苯聚芳醚酮(PPBEK)以及官能化杂萘联苯聚芳醚树脂改性 BMI 树脂体系，并重点讨论杂萘联苯聚芳醚树脂的结构对 BMI 树脂体系耐热性能和力学性能的影响及其增韧机理。

6.3.1 未官能化杂萘联苯聚芳醚增韧改性双马树脂

1. 增韧双马树脂体系的力学强度

姜海龙[38]采用杂萘联苯聚醚砜(PPES)增韧改性 BMI 树脂，并调控 PPES 分子量以改善增韧剂与 BMI 树脂之间的相容性，考察了 PPES 的分子量与共混体系的固化工艺对体系的力学强度的影响。由图 6-50 可知，共混固化物的缺口冲击强度受 PPES 的分子量的影响，当分子量较大(如图中 C)，冲击强度随着 PPES 含量的增加逐渐降低，这是因为 PPES 的分子链长，相容性不好，增韧相和交联网络结构分布不均匀，承载力差，抗冲击性能差。当分子量适中或者较小时，冲击强度主要呈先升高、后降低的变化趋势，这可能是含量多时，其在树脂体系中稳定性较差，分散不均匀且与基体界面作用力较小，使得基体树脂交联结构不均匀，耐冲击性就下降。如图 6-50A 和 B 中，当 PPES 用量为 15 phr 时，冲击强度出现最高峰值，最高峰值分别是 3.39 kJ/m^2 和 3.57 kJ/m^2。可见，PPES58 用量为 15 phr 时，改性效果较好。图 6-51 是 PPES58 改性体系在不同的固化工艺条件下的冲击性能图，随着 PPES 含量的增加，冲击强度呈现先增加后降低的变化趋势。在工艺 B 的固化条件下，改性树脂的冲击强度较高。这可能是由于在该固化工艺下，共混体系的交联反应程度适中，韧性较好。同时热塑性 PPES 的加入使体系黏度的增大，较低的固化温度使体系很快达到凝胶化或玻璃化，而采用其他固化的工艺 A、C 和 D 都使得改性后共混物的冲击强度呈上升趋势，但是相对固化工艺 B，固化物的冲击强度差。在固化工艺 B，含量为 15 phr PPES 的共混物取得冲击韧性最大值为 3.57 kJ/m^2，相比未改性的冲击强度(2.14 kJ/m^2)增幅为 66.8%。同时，姜海龙用临界应力强度因子(K_{IC})表示为共混体系的断裂韧性，从图 6-52 可以看出，PPES 的加入共混体的断裂韧性呈现先增加后减小，与冲击强度的趋势一致。这说明当试样被破坏时，裂纹扩展并延伸，热塑性树脂 PPES 可以吸收断裂能，阻止或者减弱裂纹的破坏，导致共混固化物的断裂韧性增加。当 PPES 的含量超过 15 phr 时，分子间相容性变差，增韧相分布不均匀，同时界面黏结力差，断裂韧性呈下降趋势。PPES/BDM/DABPA 共混体系中，尽管分子间相互作用弱，但并没有形成宏观上的两相结构，同时随着 BDM 树脂逐渐形成了网络结构，强迫互容作用使体系形成稳定的结合，因此 PPES 树脂对共混体系的韧性提高起到了明显的作用。

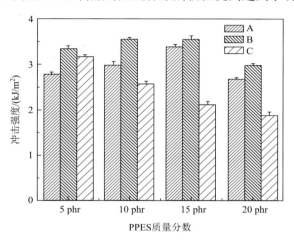

图 6-50　PPES 分子量对共混体系冲击性能的影响

A：PPES37；B：PPES58；C：PPES120

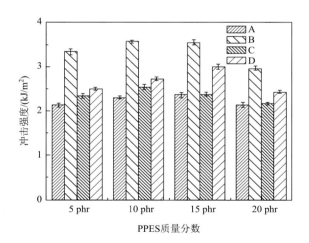

图 6-51　在不同固化工艺下 PPES/BDM/DABPA 共混体的冲击性能

A：130℃/2 h + 160℃/2 h + 200℃/2 h + 230℃/4 h；B：160℃/2 h + 180℃/2 h + 200℃/2 h + 230℃/4 h；
C：160℃/4 h + 200℃/2 h + 230℃/4 h；D：180℃/4 h + 200℃/2 h + 230℃/4 h

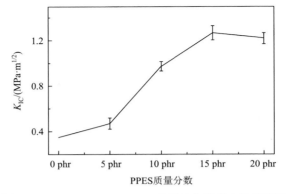

图 6-52　PPES/BDM/DABPA 体系的临界应力强度因子

张强[39]研究了采用杂萘联苯聚芳醚腈砜(PPENS)增韧改性 BDM 树脂时对体系力学性能的影响。根据图 6-53，未添加 PPENS 的 BDM/DABP 体系的无缺口冲击强度是 8.75 kJ/m²，热塑性聚合物 PPENS 的添加明显提高了 BDM/DABP/PPENS 共混体系的冲击强度；随着聚合物 PPENS 添加量的增加，共混体系的冲击强度呈现先增大后减小的趋势，当聚合物 PPENS 的添加量达到 10 wt%时，共混体系有着最大的冲击强度 17.4 kJ/m²，相比未添加树脂的体系提高了 99%。分析原因可能是 PPENS 树脂的加入降低原有体系的交联密度使得体系韧性增加。此外，PPENS 树脂加入后均匀地分散到共混体系中，与 BDM 树脂形成两相结构。当共混体系受到外界的冲击时，在颗粒周围会产生大量的银纹，同时外力会迫使聚合物颗粒产生塑性形变，这样就会吸收大量的冲击能量；聚合物颗粒的存在也会阻碍银纹的继续发展，终止和钝化银纹，从而提高了共混体系的冲击性能。但是随着聚合物添加量的增加，共混体系的抗冲击性能呈下降趋势，可能的原因是当体系的 PPENS 的含量达到一定量时，PPENS 树脂与 BDM 树脂的相容性变差且体系黏

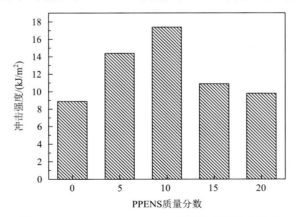

图 6-53　BDM/DABP/PPENS 共混体系的冲击强度

度明显增加，固化时材料内部有缺陷，导致增韧效果不明显。从图 6-54 可以看出，纯 BDM/DABP 树脂的弯曲强度是 91.3 MPa。随着聚合物 PPENS 添加量的增加，共混体系的弯曲强度呈现先增加后下降的趋势，但这种趋势变化没有出现大幅度的波动。分析原因可能是当受到外力作用时，BDM/DABP/PPENS 共混体系中存在柔性链发生旋转，吸收外界产生的能量，起到增强的作用。但同时聚合物 PPENS 的加入也破坏了共混体系的交联密度，会使得共混体系刚性有所下降。同时 PPENS 作为一种高性能的热塑性树脂，本身就具有很高的模量和强度，因此 PPENS 的加入不会导致共混体系的弯曲强度有大幅度的变化。

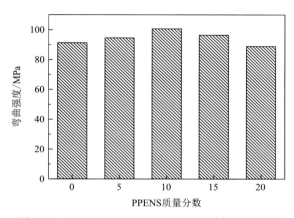

图 6-54　BDM/DABP/PPENS 共混体系的弯曲强度

上官久桓[40]分别采用杂萘联苯聚芳醚腈酮(PPENK)和杂萘联苯共聚醚酮 (PPBEK)增韧改性双马树脂，探究了两种增韧改性体系力学强度的变化。通过图 6-55 中可以看出，当加入 10 phr PPENK 时，体系的缺口冲击强度出现最大值为 2.95 kJ/m²，相对于纯 BMI 树脂的冲击强度(1.83 kJ/m²)提高了 61%。而当 PPENK 含量继续增加时，如 11 phr、20 phr PPENK，缺口冲击强度反而下降。这可能是因为，当体系中 PPENK 的含量达到一定值时，PPENK 与 BMI 的相容性较差，增韧作用小于界面应力集中作用，此外，随着 PPENK 含量的增加，树脂体系黏度增大，导致气泡难以去除，材料内部缺陷增多及 PPENK 难以分散均匀。根据图 6-56，随着共混体系中 PPENK 含量的增加，固化物的弯曲强度呈现出先增加后降低的趋势。当 PPENK 含量为 5%时，固化体系的弯曲强度出现最大值，为 179.6 MPa，相对于纯 BMI 固化物提高了 18.7%。这可能是因为当 PPENK 含量在一定范围内时，相对于纯 BMI 树脂，PPENK 的加入并未使固化体系的交联密度降低，同时，PPENK 分子链与固化网络之间产生一定的物理缠绕，从而使共混体系的弯曲强度得到了一定的提高。而当共混体系中 PPENK 的含量继续增加时，一方面 PPENK 的增加，使得固化体系的交联密度有了一定程度的下降，另一方面，PPENK 相与

BMI 相的相溶性变差，大量的 PPENK 粉体存在于 BMI 基体中，易于沉降聚集，分散性较差，加之共混体系的预固化物随着 PPENK 的含量的增加，黏度也随之增大，导致体系内气泡难以脱除，从而使体系的弯曲强度有所下降。同时，上官久桓研究了杂萘联苯共聚醚酮(PPBEK)对 BMI 树脂体系力学强度的影响。根据图 6-57，当加入 1 phr PPBEK 时，体系的缺口冲击强度出现最大值为 2.01 kJ/m²，相对于纯 BMI 树脂的冲击强度提高了 9.4%。而当 PPBEK 含量继续增加时，冲击强度开始下降。相比于 PPENK/BMI 体系，虽然 PPBEK 的柔顺性较 PPENK 好，但 PPENK 链段中含有强极性基团(—CN)，这相对于 PPBEK，使得与热固性树脂的界面黏合力较强。当体系中 PPBEK 的含量不是很高时，增韧作用就小于了界面应力集中作用，此外，与 PPENK/BMI 共混体系一样，随着 PPBEK 含量的增加，树脂体系黏度增大，导致气泡难以去除，材料内部缺陷增多及 PPBEK 难以分散均匀。图 6-58 为 PPBEK/BMI 共混固化物弯曲强度与弯曲模量随 PPBEK 加入的变化趋势图。随着共混体系中 PPBEK 含量的增加，固化物的弯曲强度表现出了与其冲击强度相同的先增加后降低趋势。当 PPBEK 含量为 5%时，固化体系的弯曲强度达到最大值，为 161.6 MPa，相对于未改性的 BMI 树脂有了小幅度增加。这是因为相对于纯 BMI 树脂，PPBEK 的加入使得 PPBEK 分子链与固化体系之间产生了一定程度的物理缠绕，同时少量 PPBEK 的引入并未使固化体系的交联密度下降，因此共混体系的弯曲强度得到了小幅度的上升。而当共混体系中 PPBEK含量继续增加时，由于固化体系交联密度的下降，加之 PPBEK 与 BMI 之间的相容性变差，导致了严重的相分离，从而使得共混体系的弯曲强度有了大幅度地下降。然而共混体系弯曲模量随着 PPBEK 的加入呈现出逐渐下降的趋势，但下降的幅度不大，这是由于 PPBEK 自身有较高的模量。

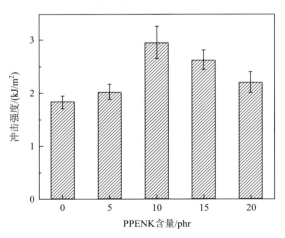

图 6-55　不同 PPENK 含量 PPENK/BMI 共混体系的冲击强度

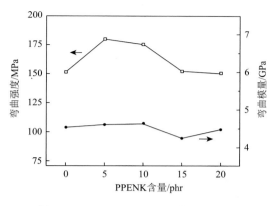

图 6-56　PPENK/BMI 共混物弯曲性能

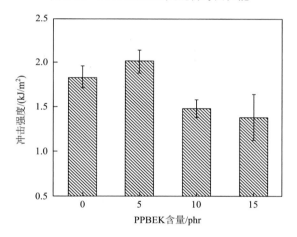

图 6-57　不同 PPBEK 含量 PPBEK/BMI 共混体系的缺口冲击强度

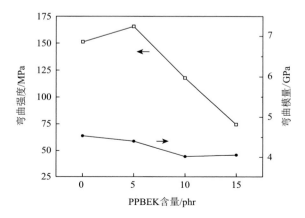

图 6-58　PPBEK/BMI 共混物弯曲性能

2. 增韧双马树脂体系的耐热性能

共混体系固化物的耐热性能是其使用性能的重要指标之一，姜海龙等[41]分析了 PPES 增韧剂对 BMI 树脂体系的耐热稳定性和热机械性能的影响。根据图 6-59，主链断裂并最终分解失重的步骤基本一致，所需能量也相近，故而其热失重曲线基本相似。改性后的共混体系有着较高的耐热稳定性，随着共混体系中 PPES 含量的增加，共混体系的耐热稳定性能降低，但降低的幅度较小。共混固化物在400℃以下保持着良好的耐热稳定性。DMA 测试表明未添加 PPES 的体系玻璃化转变温度大约为 241℃，添加 PPES 的体系玻璃化转变温度为 260℃（图 6-60 和图 6-61），这是由于 PPES 相的引入虽然导致 BMI 的交联密度有所降低，但是 PPES 的玻璃化转变温度比较高，且高于 BDM/DABPA 共混物。对 PPES/BDM/DABPA 而言，玻璃化温度已经远远高于 BDM 的使用温度。因此，PPES 增韧 BMI/DABPA 完全满足 BMI 基复合材料使用的要求。同时共混体系的储存模量随着温度的升高呈下降趋势，这时随着温度的升高，分子链发生运动，固化物的模量降低。温度在 187℃以下，BDM/DABPA 固化物的储存模量大。当温度为 20℃时，未改性共混体系的储存模量为 3650 MPa，加入 PPES 的体系的储存模量为 3386 MPa，发生了一定的降低，未改性体系的模量强一些。当温度达到 187℃以上，改性体系的储存模量较大，这说明 PPES 的加入对共混体在高温环境中的模量也有着积极贡献。

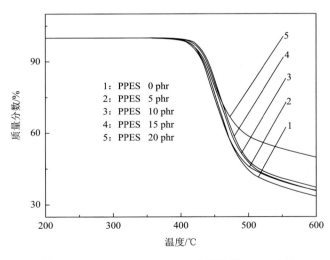

图 6-59   PPES/BDM/DABPA 共混体的 TGA 曲线

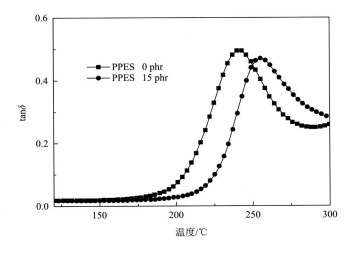

图 6-60　tanδ 与温度的关系曲线

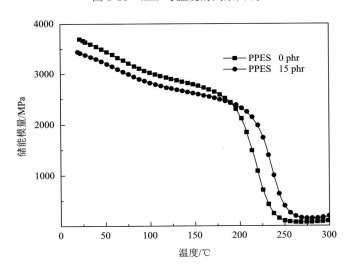

图 6-61　PPES/BDM/DABPA 共混体的储能模量

张强等[42]同样研究了 PPENS 对双马树脂体系的耐热稳定性和热机械性能的影响。根据表 6-17，未添加聚合物共混体系初始分解温度在 429℃左右，残碳率在 42%左右；随着聚合物 PPENS 的添加，共混体系的初始分解温度有所降低而残碳率逐渐提高。这是由于 PPENS 作为一种高性能的热塑性树脂，添加到双马树脂中，破坏了原有的交联网络致使热分解温度有所下降，但同时刚性结构的 PPENS 的加入不会明显改变 BDM 树脂的耐热稳定性能。随着聚合物 PPENS 的加入，共混体系的储能模量相对于 BDM 树脂有着比较明显的下降（图 6-62），由此说明聚合物 PPENS 树脂的加入降低了原有 BDM 树脂体系的交联密度，使得共混体系的模量下降；同时可以看出 PPENS 添加量的增多共混体系储能模量呈下降趋势。由图 6-63 可以得知 BDM/DABP 体系的玻璃化转变温度是 265℃，随着聚合物 PPENS 的添加，共混改性双马来酰亚胺树脂的 T_g 呈下降趋势，共混改性树脂固化时，PPENS 树脂均匀分散在 BDM 树脂中，从而破坏了原有网状结构，导致共混改性 BDM 树脂耐热性能随 PPENS 树脂含量的增加而下降，且共混改性 BDM 树脂的黏滞性随 PPENS 树脂含量的增加而下降，这反映了共混体系的内摩擦损耗增加。

表 6-17　BDM/DABP/PPENS 共混体系的 TGA 数据

序号	固化样品	TGA			
		T_{ds}/℃	T_{d5}/℃	T_{d10}/℃	800℃残碳率/%
1	BDM-DABP	429	443	449	43
2	（5 wt%）PPENS-BDM-DABP	411	433	443	45
3	（10 wt%）PPENS-BDM-DABP	410	431	434	46
4	（15 wt%）PPENS-BDM-DABP	412	434	443	48
5	（20 wt%）PPENS-BDM-DABP	396	425	437	50

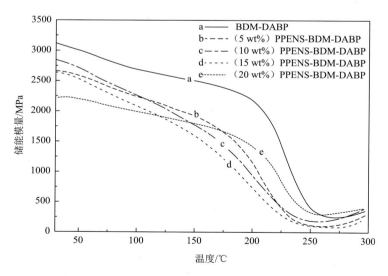

图 6-62　BDM/DABP/PPENS 共混体系的储能模量

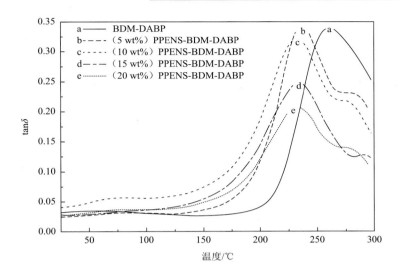

图 6-63　BDM/DABP/PPENS 共混体系的力学损耗曲线

　　上官久桓[40]通过 TGA 表征了 PPENK/BMI 与 PPBEK/BMI 树脂体系的热稳定性。由表 6-18 可知，随着共混体系中 PPENK 含量的增加，体系的最大热分解温度和 $T_{10\%}$ 热失重温度有所下降，这可能是 PPENK 的加入，使得双马来酰亚胺树脂的交联密度有所下降，从而对体系起到了一种稀释作用。但 PPENK 的加入，共混体系的高温残碳率有所上升，这是因为 PPENK 本身就具有很好的耐热性，这使得体系仍保持一定的热稳定性。改性后的双马来酰亚胺树脂固化物的温度指数基本上没有变化，均在 220℃左右。根据表 6-19，当加入 PPBEK 时，体系的 10%热失重温度变化不大，基本维持在 437.6~441.7℃，700℃时的高温残碳率有所上升，而最大热失重温度有所下降。通过计算得到的温度指数变化不大，基本维持在 218.7~220.7℃之间。

表 6-18　BMI/PPENK 固化体系的热性能参数

phr-PPENK	$T_{10\%}{}^{a}$/℃	T_{max}/℃	残余质量/%	T_g/℃
0	440.0	473.3	21.7	220.7
5	433.0	438.8	39.2	220.8
10	437.3	463.0	33.2	220.1
15	431.7	468.3	31.9	219.5
20	431.7	451.7	38.2	220.1

a. TGA 测试的质量失重 10%的温度，在氮气环境下升温速率为 20℃/min。

表 6-19　PPBEK/BMI 固化体系的热稳定常数

phr-PPBEK	$T_{10\%}{}^{a}$/℃	T_{max}/℃	残余质量/%	T_g/℃
0	440.0	473.3	21.7	220.7
5	438.8	463.3	18.4	218.7
10	441.7	456.7	33.1	220.6
15	437.6	451.1	39.6	219.6

a. TGA 测试的质量失重 10%的温度，在氮气环境下升温速率为 20℃/min。

3. 双马树脂体系的增韧机理

热塑性树脂增韧热固性树脂的增韧机理可用孔洞剪切屈服理论或颗粒撕裂吸收能量理论及分散相颗粒引发裂纹、钉锚作用等进行解释。分散相的热塑性树脂颗粒对增韧的贡献起着主导作用，基体屈服也对增韧效果有一定的影响。对共混物的冲击断面采用扫描电镜(SEM)进行研究，明确增韧机理具有非常重要的作用。姜海龙等研究了不同 PPES 含量下共混体系的微观结构。根据图 6-64，未添加 PPES 的 BDM 树脂的冲击断面比较平滑，且断裂方向比较单一，裂纹间没有明显的约束力，是典型的脆性断裂。添加 PPES 的共混断面比较粗糙，如图 6-64(b)～(d) 所示，而且随着 PPES 含量的增加，裂纹和微裂纹逐渐增多，同时伴有局部的裂纹分叉现象，出现明显的应力分散现象，说明是韧性断裂。这是有两个原因：①PPES

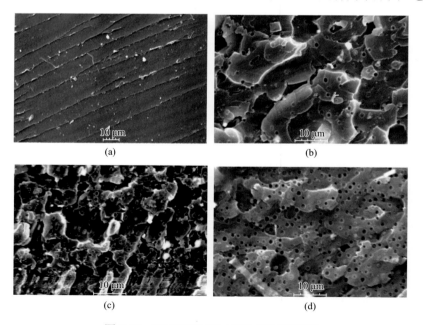

(a)　　　　　　　　　　　　(b)

(c)　　　　　　　　　　　　(d)

图 6-64　PPES/BDM/DABPA 共混物断面

(a) 纯 BDM 树脂；(b) 5 phr PPES；(c) 10 phr PPES；(d) 15 phr PPES

颗粒均匀分布在体系中，起到应力集中的作用，从而促起基体发生塑性变形；②PPES颗粒由于自身的柔韧性消耗和转移断裂破坏能，当断裂能遇到 PPES 树脂时，热塑性树脂的塑性变形可以削减断裂能，还可将断裂能分散和削弱成各个方向的能量，从而阻止了裂纹的进一步扩展，对增韧起主要作用。由于断面表面被刻蚀过，从图中可以看出，PPES 树脂较均匀地分散在 BMI 树脂中。加入 15 phr PPES 的体系断面与5 phr 和 10 phrPPES 的断面相比，断面变得更粗糙，体系中的裂纹或者微裂纹较多较小，这说明增韧效果更好些，断面变化结果与冲击性能测试结果相一致。

张强等观测了不同 PPENS 含量下共混体系的微观结构，如图 6-65 所示，PPENS树脂颗粒均匀分散在 BDM 树脂中。纯 BDM 树脂的冲击断面光滑、裂纹近似直线型，集中且相对有序，没有出现明显的应力分散的现象，呈现明显的脆性断裂的特征；加入了 PPENS 树脂共混体系的冲击断面则显得比较粗糙，界限模糊且存在大量的微裂纹，当裂纹前沿遇到颗粒状 PPENS 相时，裂纹发生分歧和偏转，使微裂纹的继续扩展受到了阻力和钝化，微裂纹末端出现了明显的裂纹偏转与歧化，从而使体系的韧性有所提高，呈现出韧性断裂的特征。

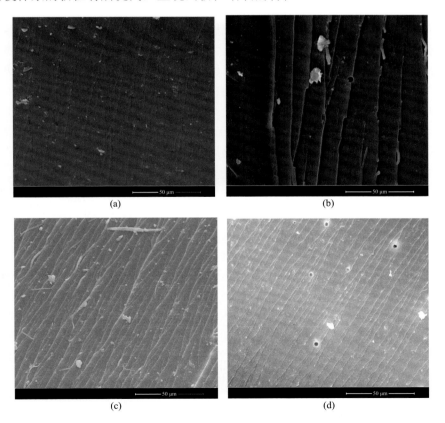

(a)　　　　　　　　　　　　　(b)

(c)　　　　　　　　　　　　　(d)

(e)

图 6-65　BDM/DABP/PPENS 共混体系的 SEM 图

(a) BDM-DABP；(b) 5 wt%-PPENS-BDM-DABP；(c) 10 wt%-PPENS-BDM-DABP；
(d) 15 wt%-PPENS-BDM-DABP；(e) 20 wt%-PPENS-BDM-DABP

　　上官久桓也对 PPENK 和 PPBEK 增韧改性双马树脂体系的微观形貌进行了研究。从图 6-66 可以看出，纯 BMI 树脂体系的冲击断面较光滑、平整，断裂后产生的裂纹方向较单一，裂口尖锐，裂纹之间没有任何约束作用，未出现应力分散及屈服现象，呈现出典型的脆性断裂特征，这主要是由于裂纹在扩展过程中遇到的阻力非常小。当 PPENK 含量为 5 wt%时［图 6-66(b)］，断面裂纹方向虽然也较单一，但裂纹开始发生较少的偏转和歧化，这可能是 PPENK 相以颗粒的形式分布在 BMI 基体树脂中，它的存在不仅起到了应力集中的作用，产生应力集中效应，易引发周围基体树脂产生微裂纹，吸收冲击能量，而且当裂纹前沿遇到颗粒状 PPENK 相时，裂纹发生分歧和偏转，使微裂纹的继续扩展受到了阻力和钝化，从而使体系的韧性有所提高。而当共混体系中 PPENK 的含量继续增加时，图 6-66(c) 为 PPENK 含量为 10 wt%时的冲击断面图，较图 6-66(b)而言，断面变得更加粗糙不平。而且断面裂纹呈现出波状、锯齿状、花纹状等。这是因为 PPENK 的加入除起应力集中、引发微裂纹的作用外，PPENK 热塑性树脂相在受到冲击过程中受到了周围静压作用，当静压达到一定程度时，热塑性相自身屈服变形吸收冲击能量，从而提高了体系的韧性。当体系中 PPENK 的含量达到 15 wt%时，其断面［图 6-66(d)］变得更为粗糙，在整个断面内出现了较多的分歧和偏转，但其对应的冲击强度并未提高，反而有所下降，这是因为，当 PPENK 的含量达到一定程度时，其与 BMI 相的相溶性变为较差，虽然体系在受到冲击过程中，热塑性相自身发生了屈服变形吸收了能量，但由于与 BMI 相的界面结合力较差，增韧作用小于界面应力集中作用，使得体系的韧性有所下降。而当 PPENK 含量达到 20 wt%时，如图 6-66(e) 所示，体系出现了相反转结构，热塑性树脂相发展成为连续相，而 BMI 形成了 5～8 μm 的球形颗粒分散在 PPENK 连续相中，同样体系的相容性变得较差，导致界面黏结强度下降，断面存在明显的界面脱黏现象，冲击强度同样下降。基于以上断面扫描电镜图的分析，热塑性树脂 PPENK 增韧热固性树脂 BMI 的机理主要有以下几个原因：①裂纹尖端的裂纹在碰到热塑性颗粒相出现的歧化和分支吸收大量的能量，阻止了裂纹的进一步发展。②颗粒相引起的基体塑性变形增加，吸收能量。③热塑性 PPENK 相自身发生屈服变形吸收能量，提高体系的韧性。

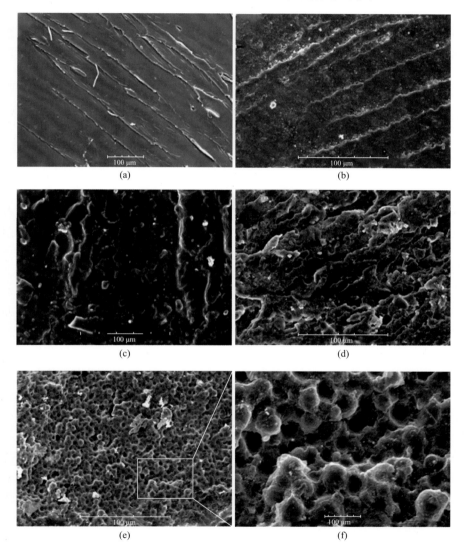

图 6-66　BMI/PPENK 共混物断面 SEM 图

(a) 纯 BMI 树脂；(b) 1 phr PPENK；(c) 10 phr PPENK；(d) 11 phr PPENK；(e) 20 phr PPENK；(f) 20 phr PPENK
局部放大图

　　未添加 PPBEK 的 BMI 树脂体系的断面裂纹方向较单一且断面较光滑，裂纹之间没有任何约束作用，呈现出典型的脆性断裂特征。如图 6-67 所示，随着 PPBEK 的加入，断面开始变得较粗糙，并出现较明显的应力发白现象。当添加 5 wt%PPBEK 时，断面呈现出河谷形貌，裂纹出现了明显的偏转和歧化，材料在冲击过程中吸收了大量的能量，从而使韧性得以提高。当 PPBEK 含量为 10 wt%时，虽然断面变得更为粗糙不平，但可以看出其断面发生了明显的断层和沟壑，出现了界面脱落的现象，从而导致体系的韧性下降。而当 PPBEK 含量达到 15 wt%时，共混体系就开始发现了相反转现象，从而导致当 PPBEK 含量增加时，其韧性下降较为显著。

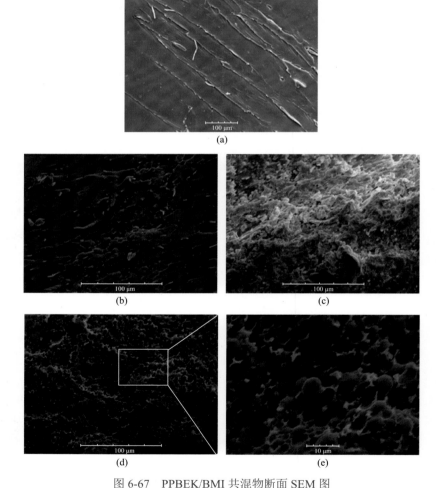

图 6-67　PPBEK/BMI 共混物断面 SEM 图

(a)纯 BMI 树脂；(b)1 phr PPBEK；(c)10 phr PPBEK；(d)11 phr PPBEK；(e)11 phr PPBEK 的局部放大图

6.3.2　官能化杂萘联苯聚芳醚树脂增韧双马树脂

1. 增韧双马树脂体系的力学强度

上述内容表明，杂萘联苯聚芳醚可以在不降低 BMI 树脂耐热性的前提下实现材料的高效增韧。但聚芳醚在 BMI 树脂中的界面黏结性差，直接影响了增韧的效果和新树脂基体的稳定性。所以，在聚芳醚结构上的改性对增强树脂间的相容性和表面结合力是十分必要的。基于此，姜海龙[38]从分子设计的角度出发，分别合成了氨基封端与双马封端的 PPES（PPES-DA 和 PPES-BMI）并用于改性双马树脂体系。如图 6-68 所示，研究表明不同官能化 PPES 的加入大大提高了共混固化物的冲击强度，未经改性的 BDM/DABPA 体系的缺口冲击强度为 $2.14\ kJ/m^2$，经改性后，树脂体系的冲击强度大大提高。当 PPES 含量为 15 phr 时，缺口冲击强度达到 $3.57\ kJ/m^2$，增加了 66.8%。PPES-DA 和 PPES-BMI 的改性体系中，含量为 0～20 phr 时，冲击强度一直呈上升趋势，但上升的幅度越来越小，最大值分别为 $4.1\ kJ/m^2$ 和 $4.26\ kJ/m^2$，增幅为 91.6% 和 99.1%。这说明官能团的引入使增韧相有较好的相容性，形成较强的界面结合，更有能力阻止裂纹进一步扩散，更有效的提高固化物冲击强度。

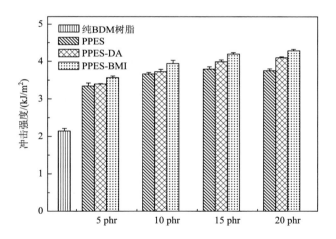

图 6-68　含不同官能团封端 PPES 的共混体的冲击强度

上官久桓等设计合成了氨基封端 PPBEK（PPBEK-DA）并对 BMI 树脂体系增韧改性，根据图 6-69，随着 PPBEK-DA 含量的增加，共混体系的冲击强度逐渐增加，由改性前的 $1.83\ kJ/m^2$ 增加到 PPBEK-DA 含量为 15 wt% 时的 $3.29\ kJ/m^2$ 增幅为 79.8%。与 PPBEK 改性 BMI 共混体系所表现出来先增加后减小的趋势有所不同。这是因为 PPBEK 两端引入了氨基，而活性氨基能与 BMI 之间发生化学反应，致使热塑性树脂相与热固性树脂相之间的黏合力有了大幅度的提高，从而减小了由两相之间相容性差而导致的韧性下降的现象，因此，共混体系的冲击强度表现出了随 PPBEK-DA 增加而逐渐增高的趋势。图 6-70 为不同含量 PPBEK-DA 下共混体系的弯曲性能示意图。与 PPBEK/BMI 共混体系相似，随着共混体系中 PPBEK-DA 含量的增加，其弯曲强度也呈现出了先增大与减小的趋势，当 PPBEK-DA 含量为 5 wt%时，体系的弯曲强度达到最大值为 190.8 MPa，增幅为 26%，但与 PPBEK/BMI 共混体系不相同的是，其减小的幅度很小，这主要是归因于 PPBEK 两端氨基的引入，这导致 PPBEK-DA 与 BMI 之间产生了化学反应，大大地提高了两相之间的黏合性，所以，当 PPBEK-DA 含量继续增加时，减小了由两相之间相容性较差导致弯曲强度下降的现象。从图 6-70 还可以得知，体系的弯曲模量随 PPBEK-DA 含量的增加有所下降，但由于 PPBEK-DA 本身的就具有较高的模量，因此下降幅度较小。

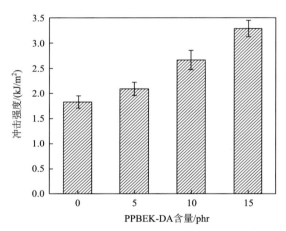

图 6-69　不同 PPBEK-DA 含量 PPBEK/BMI 共混体系的缺口冲击强度

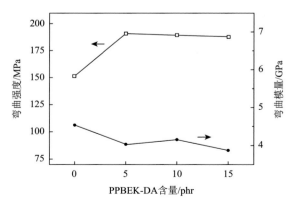

图 6-70　BMI/PPBEK-DA 共混物弯曲性能

　　杜改泽[43]采用氨基封端 PPENS（PPENS-DA）改性 BMI 树脂体系，探究了其对 BMI 树脂体系力学强度的影响规律。根据图 6-71，随着 PPENS-DA 添加量的增加，改性 BMI 树脂的缺口冲击强度呈现先增大后减小的趋势，且在添加量为 10phr 时缺口冲击强度达到最大值 3.98 kJ/m²。这是由于一定聚合物的添加量有利于形成双连续相结构，当聚合物添加量过高时两相间的相容性变差，因而冲击性能变差。共混体系的弯曲强度随着热塑性树脂 PPENS-DA 添加量增加而呈现先增大后减小的趋势（图 6-72），与冲击性能一致；弯曲模量变化不大。这是由于 PPENS-DA 的添加有助于吸收断裂能、阻止或减缓裂纹的扩展，有助于断裂韧性的提高。但添加量过多时，共混体系两相间的相容性变差导致韧性下降；同时由于 PPENS-DA 本身具有刚性结构，共混体系的交联密度下降不大，因而模量变化不大。

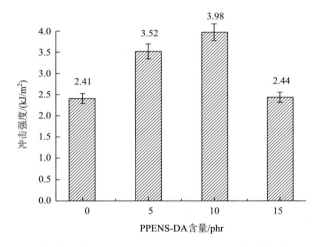

图 6-71　PPENS-DA 的添加量对 PPENS-DA/BDM/DABPA 共混体系缺口冲击强度的影响

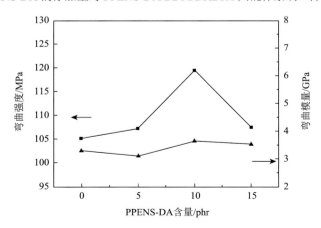

图 6-72　PPENS-DA 添加量对 PPENS-DA/BDM/DABPA 共混体系弯曲性能的影响

2. 增韧双马树脂体系的热性能

根据姜海龙的研究，PPES-DA/BDM/DABPA 的共混固化物具有良好的耐热稳定性，其 5%热失重温度都在 400℃以上（图 6-73）。PPES-BMI 的加入对 BDM 树脂的热稳定性影响不大（图 6-74）。PPES-BMI 的加入并未较大程度改变体系的耐热性，这是由于 PPES-BMI 本身具有良好的耐热性，又参与了交联网络的形成，有利于维持体系的耐热性。由表 6-20 可见，共混物在氮气下 400℃前均未出现明显的热失重现象。PPES-DA 体系的 5%热失重温度（$T_{5\%}$）为 417～431℃，10%热失

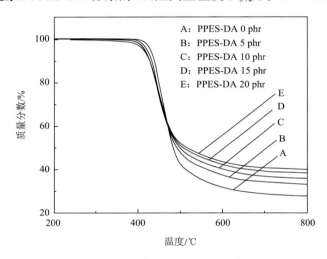

图 6-73   PPES-DA/BDM/DABPA 共混体系的热失重分析

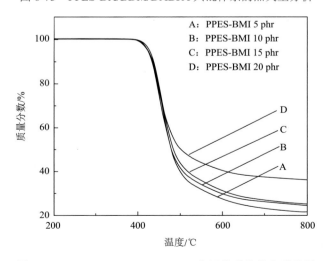

图 6-74   PPES-BMI/BDM/DABPA 共混体系的热失重分析

重温度（$T_{10\%}$）为 427～439℃；而 PPES-BMI 体系的 $T_{5\%}$ 为 420～426℃，$T_{10\%}$ 为 432～436℃。当热塑性树脂的加入量相同时，PPES-BMI 体系也有着较高的分解温度。这是由于 PPES-BMI 比 PPES-DA 既具有更高的反应活性，又可以参与交联网络的形成。相对于未改性体系，改性后的体系的热失重温度略有降低，这是因为尽管改性剂中活性端基参与交联网络的形成，但是活性端基的含量是有限的，降低了体系的交联密度，在一定程度上降低了耐热稳定性。

表 6-20　共混物的热稳定常数

共混物	含量/phr	$T_{5\%}$[a]/℃	$T_{10\%}$[b]/℃	T_{max}[c]/℃	T_s[d]/℃
纯树脂	0	431	439	457	221.2
PPES-DA	5	422	430	449	216.7
PPES-DA	10	420	428	447	216.0
PPES-DA	15	418	427	444	215.7
PPES-DA	20	417	427	437	214.9
PPES-BMI	5	422	434	457	216.7
PPES-BMI	10	426	436	455	218.0
PPES-BMI	15	422	432	452	216.2
PPES-BMI	20	420	432	450	215.5

a. 氮气中失重 5%时的温度，加热速率为 20℃/min。b. 氮气中失重 10%时的温度，加热速率为 20℃/min。c. 氮气中最高温度，加热速率 20℃/min。d. 温度指数。

上官久桓等研究了 PPBEK-DA 对双马树脂热稳定性的影响。根据表 6-21 可知，当加入 PPBEK-DA 时，共混体系的 10%热失重温度和最大热失重温度有所下降，但下降幅度不大，而共混体系的 700℃残炭率由改性前的 21.7%逐渐增加至 37.1%，这是由于 PPBEK-DA 本身就具有优异的耐热稳定性，虽然 PPBEK-DA 的加入降低了固化体系的交联密度，但其能保持共混体系具有优异的耐热稳定性。通过计算得到的共混体系温度指数变化不大，基本维持在 220℃左右。

表 6-21　PPBEK-DA/BMI 固化体系的热稳定常数

phr-PPBEK-DA	$T_{10\%}$[a]/℃	T_{max}/℃	剩余质量/%	T_s/℃
0	440.0	473.3	21.7	220.7
5	434.3	459.3	28.6	217.7
10	430.0	457.5	32.4	216.1
15	440.5	460.5	37.1	228.1

a. TGA 测试质量失重 10%时的温度，升温速率为 20℃/min。

　　杜改泽采用 TGA 与 DMA 表征了 PPENS-DA 对 BMI 树脂热性能的影响。研究表明随着聚合物添加量的增加，PPENS-DA 降低了体系的交联密度，使耐热性稍有下降(图 6-75)。由图 6-76(a)可知，共混体系的储能模量随测试温度的升高而呈现先下降后又上升的趋势，这是因为随着温度的升高，聚合物分子链的链段逐渐开始运动，固化物的模量降低。但当测试温度升至 250℃ 以后，模量有所上升，这是因为体系中少量未固化的基团继续固化，从而使材料的储能模量增加。图 6-76(b)为损耗因子 tanδ 与温度的关系曲线，图中曲线的峰值处所对应温度为 T_g。随着氰基含量的不同或 PPENS-DA 添加量的不同，T_g 变化不大，这与 TGA 测试结果基本一致。

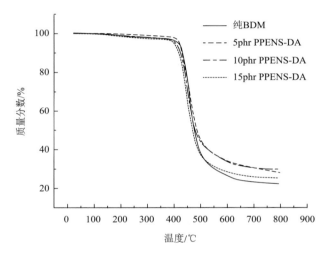

图 6-75　PPENS-DA/BDM/DABPA 共混体系的 TGA 曲线

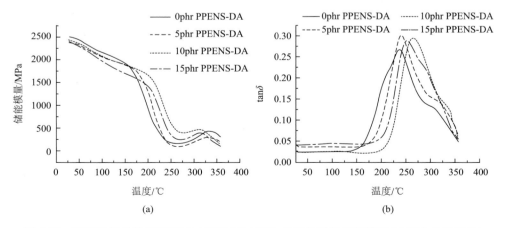

(a)　　　　　　　　　　　　　　　(b)

图 6-76　不同添加量的 PPENS-DA/BDM/DABPA 共混体系的储能模量(a)和力学损耗(b)

3. 双马树脂体系的增韧机理

为了研究共混体的增韧机理，姜海龙采用扫描电镜(SEM)分别对 PPES-DA 和 PPES-BMI 改性共混物断面形貌进行测试。根据图 6-77，PPES-DA 改性 BDM 树当固化树脂试样受到冲击的时候，首先是基体的脆性破坏，然后 PPES-DA 发生延展性变形，吸收破坏能，起到桥接裂纹的作用，从而使树脂的韧性提高。图 6-77(a) 是 PPES-DA 含量为 5 phr 固化树脂断面，共混物断面十分粗糙，呈现较大且不规则的裂纹，这说明 PPES-DA 树脂在试样断裂过程中消耗了断裂能并转移裂纹的延展方向。从图中可知，随着 PPES-DA 含量的增多［图 6-77(b)～(d)］，断面表现出断口起伏逐渐增多，不平的河流花纹及局部的裂纹分叉现象更为明显，整个冲击断面呈韧性断裂。这些都表明，PPES-DA/BDM/DABPA 体系的韧性有着明显的增加。可以认为 PPES-DA 在增韧 BDM 树脂时，基体屈服变形对韧性提高产生了一定的积极影响，而作为分散相存在的 PPES-DA 树脂本身具有一定的韧性和较高的断裂伸长率，同时当其在共混树脂中会起到裂纹钉锚增韧作用，增加裂纹扩展消耗的能量，并转移和终止许多微裂纹的发展，从而提高体系的韧性。图 6-78 表明，随着 PPES-BMI 含量的增加，断面中的裂纹和微裂纹变多变细。对 PPES-BMI 和 PPES-DA 共混体系来说，其增韧机理与 BMI/PPES 体系的增韧机理相同。主要是在交联网络中引入"柔性段"，同时反应性端基为增韧作用提供良好的界面黏结性能。当固化物受到外力作用时，改性剂起到了应力集中的作用，对裂纹扩展起约束闭合作用。由于 PPES-BMI 和 PPES-DA 可与 BDM 反应，一方面阻碍了相分离的进行，使得相结构分布较均匀；另一方面使得相界面间产生的化学键连接，分散相与基体的界面粘接力得到提高，使得相界面的破坏需要更多能量。同时，PPES-BMI 和 PPES-DA 参与交联网络的形成，不但降低了交联密度，而且在网络中引入线形分子链，材料破坏需要吸收大量断裂能。马来酰亚胺官能团比胺基具有更高的反应活性，不仅可以改善分子间的相容性，还可以更多地参与交联网络的形成，产生较强的分子之间化学键作用。

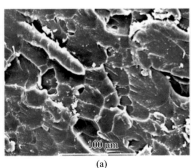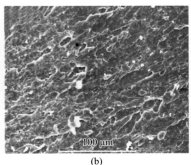

(a)　　　　　　　　　　　　　　　(b)

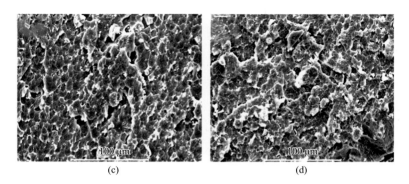

图 6-77 改性 PPES-DA/BDM/DABPA 试样冲击断面 SEM 图

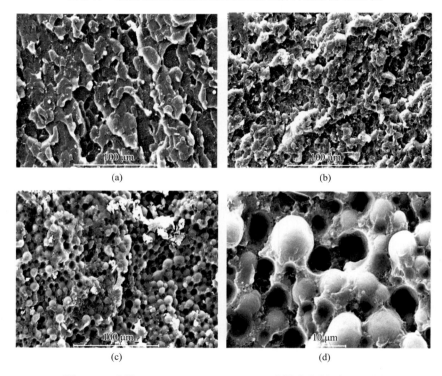

图 6-78 改性 PPES-BMI/BDM/DABPA 试样冲击断面 SEM 图

上官久桓等同样对 PPBEK-DA/BMI 共混体系的断面进行扫描电镜分析，图 6-79 表明随着 PPBEK-DA 含量的增加，断面由较为平滑、断裂裂纹方面单一、断裂口尖锐的断裂特征变为断面表现出裂纹呈根须状分枝，且条纹分散，并逐渐呈现出花瓣状纹理，但有别于 PPBEK 增韧 BMI 所呈现出来的断面特征，当 PPBEK-DA 的含量为 15 wt%时，体系并没有表现出相反转的现象，这是因为氨基的引入减小了热塑性树脂相与热固性树脂相的相容性差的缺点，这与其所对应的冲击强度表现出来的结果相一致。推断出 PPBEK-DA 增韧双马来酰亚胺树脂的机理是：与纯 BMI 树脂相比较，PPBEK-DA 在基体树脂中发生了微相分离，在体系受到冲击作用时不仅起到了应力集中作用，引发周围基体树脂产生了裂纹，从而吸收冲击能量，并且 PPBEK-DA 的存在使微裂纹在扩展过程中受阻和钝化，以致提高了材料的韧性。另一方面在材料受到冲击作用时，PPBEK-DA 相自身屈服变形吸收能量。再次，由于 PPBEK-DA 两端的氨基能与 BMI 之间发生反应，当脆性的双马来酰亚树脂开裂时，热塑性树脂颗粒对裂纹的扩展起到了约束、闭合作用。这几种因素的共同作用，使得改性后的双马来酰亚胺树脂材料的力学性能得到了提高。

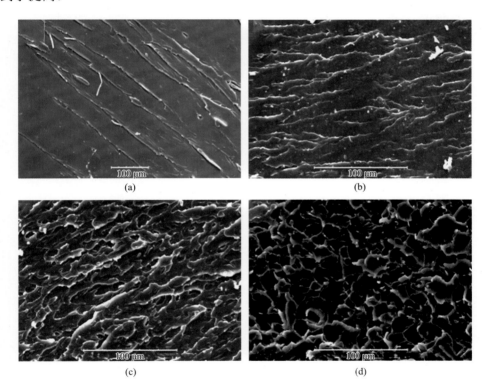

图 6-79　PPBEK-DA/BMI 共混物断面电镜图

(a)纯 BMI 树脂；(b) 1phr PPBEK-DA；(c) 10phr PPBEK-DA；(d) 11phr PPBEK-DA

　　杜改泽的研究表明，未添加 PPENS-DA 的纯 BDM 树脂体系的断面较光滑、平整，裂纹方向比较单一，表现出典型的脆性断裂特征；但随着 PPENS-DA 添加量的增加，裂纹开始发生分歧和偏转，裂纹继续扩展呈现出锯齿状、波状等（图 6-80）。这是因为 PPENS-DA 的加入起了应力集中、引发微裂纹的作用，此外

PPENS-DA 热塑性树脂相本身在受到外力作用时，自身屈服变形吸收冲击能量，从而提高了体系的韧性。

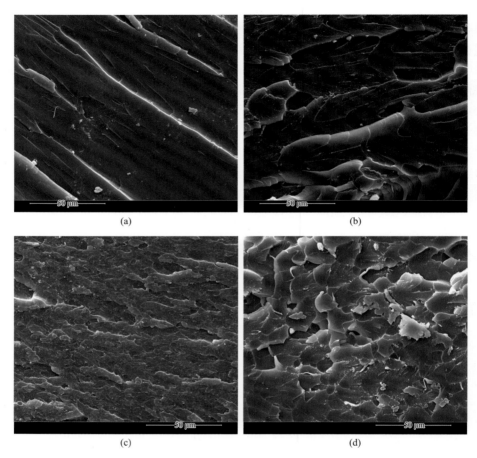

图 6-80　不同添加量 PPENS-DA/BDM/DABPA 共混体系的 SEM 图

(a) 纯 BDM 树脂；(b) 1 phr PPENS-DA；(c) 10 phr PPENS-DA；(d) 11 phr PPENS-DA

6.3.3　小结

作为一类耐热等级高、溶解性良好的新型高性能热塑性树脂，杂萘联苯聚芳醚可以在保留 BMI 树脂优异耐热性能的基础上实现对材料的高效增韧。由于基团树脂与增韧剂相容性的差异，因此不同结构杂萘联苯聚芳醚对 BMI 树脂的改性效果也有所差异，其中分子中含极性基团或活性基团的杂萘联苯聚芳醚的增韧效果更加明显。过量的增韧剂会对 BMI 树脂的热力学性能产生不利影响，随着杂萘联苯聚芳醚的增加，断面由改性前的较光滑、裂纹方向单一，逐渐变得粗糙、并裂纹较分散，产生大量微裂纹，最后出现瓣状纹理，从而增加了断裂面积，吸收能量。其增韧机理可归结为以下几点：①裂纹尖端在碰到热塑性颗粒相出现的歧化吸收大量的能量，阻止了裂纹的进一步发展。②颗粒相引起的基体塑性变形增加，吸收能量。③裂纹前沿和增韧剂颗粒相相遇而发生钉铆效应，使断裂时的应力出现分散。

6.4 杂萘联苯聚芳醚增韧改性苯并噁嗪树脂 <<<

苯并噁嗪树脂(BOZ)是一类含氮氧杂环的热固性树脂，具备灵活的分子设计性、接近于零的固化体积收缩、较低的吸水率、较高的残碳率和无卤阻燃的特性。目前，BOZ 树脂已成功应用于无卤阻燃覆铜板、火车制动系统、电子绝缘材料等领域，并在航空航天领域也有广阔的应用前景。与其他热固性树脂一样，BOZ 树脂的主要缺点在于韧性较差、抗冲击性能较弱、容易产生应力开裂[44]。

我们既采用通用的耐高温热塑性树脂和超支化树脂共混增韧改性方法，又将基体树脂增韧的方法和层间增韧的方法相结合，发挥两种方法的优势，期望在增韧的同时，兼顾复合材料的机械强度、模量和耐热性能。

6.4.1 杂萘联苯共聚芳醚腈增韧改性苯并噁嗪树脂

选用四川大学生产的苯并噁嗪(BOZ)树脂，采用溶液法将杂萘联苯共聚芳醚腈(PPBEN)(数均分子量为 6000)与苯并噁嗪树脂共混均匀后制样，研究PPBEN 的分子链结构、分子量以及添加量对 PPBEN/BOZ 共混物的固化物性能影响。

1. PPBEN/BOZ 树脂共混体系固化工艺研究

为了研究 PPBEN/BOZ 共混体系的固化动力学，以单体配比为 DHPZ：BP = 8：2，分子量为 6000 的 PPBEN-P82 为例，分别按照添加量为 5 phr、10 phr、15 phr 制备了 PPBEN/BOZ 树脂共混体系，采用非等温 DSC 法以 5℃/min、10℃/min、15℃/min、20℃/min 这四种不同升温速率分别对 PPBEN/BOZ 共混体系进行了DSC 测试，温度范围设定为 30～350℃，氮气氛围，氮气流速为 50mL/min。得到的不同 PPBEN73 添加量的 PPBEN/BOZ 共混体系的 DSC 固化曲线，我们将添加量为 10 wt% PPBEN73/BOZ 共混体系的 DSC 固化曲线如图 6-81 所示。从图 6-81可见，固化放热峰的形状比较尖锐，尤其在高温区，说明此时的固化反应就会比较集中，放热剧烈，反应速率也就变得比较大[45]。其他添加量的 PPBEN 共混体系表现出类似的情况。

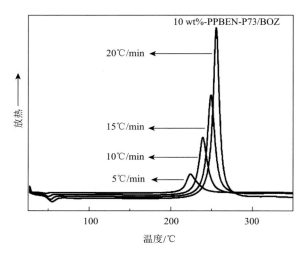

图 6-81　10 wt% PPBEN73/BOZ 树脂共混体系不同升温速率下的 DSC 曲线

　　采用固化特征温度 T 对升温速率 β 作图并进行线性拟合，可以分别得到三个固化特征温度的线性拟合曲线。通过外延法求得 PPBEN/BOZ 固化体系的预固化温度、固化温度及固化后处理温度数据如表 6-22 所示。从表 6-22 可以得到不同聚合物 PPBEN73 添加量的 PPBEN/BOZ 树脂共混体系的固化参考特征温度，其中预固化温度在 150℃左右，固化温度在 210～218℃范围内，固化后处理温度在255～264℃范围内。由表 6-18 可以看出，随着 PPBEN73 添加量的增加，PPBEN/BOZ 树脂共混体系的初始固化温度呈现出先降低后升高的现象。

表 6-22　不同 PPBEN73 添加量的 PPBEN/BOZ 树脂共混体系的固化特征温度

PPBEN73 添加量/phr	β/(℃/min)	T_i/℃	T_p/℃	T_f/℃
	5	155	222	270
	10	168	240	282
0	15	180	249	286
	20	198	257	295
	0	135	214	263
	5	160	219	270
	10	170	239	275
5	15	178	251	288
	20	195	258	290
	0	133	210	263
	5	160	225	265
	10	170	240	280
10	15	180	252	290
	20	195	260	295
	0	148	215	258

续表

PPBEN73 添加量/phr	$\beta/(\text{℃/min})$	$T_i/\text{℃}$	$T_p/\text{℃}$	$T_f/\text{℃}$
	5	162	226	262
	10	180	241	280
15	15	190	252	290
	20	200	258	295
	0	152	218	255

分析造成这种现象的原因可能是 PPBEN73 的加入对 BOZ 树脂产生了两种效应：①PPBEN 分子链中带有氰基侧基，能够与噁嗪环开环之后形成的酚羟基形成氢键，与苯并噁嗪分子内的氢键和分子间的氢键形成了竞争（图 6-82），促进了 BOZ 树脂的开环固化，因此 BOZ 树脂的初始固化温度降低，类似的情况也在相关文献中进行了报道。②PPBEN 的加入稀释了 BOZ 树脂体系，使得 BOZ 树脂的活性位点之间的相对距离增大，相互碰撞概率减小，使得 BOZ 树脂开环固化的活化能增加，因此噁嗪环的固化反应需要在更高的温度下进行。此外，据相关文献报道[46]，对于热固性树脂和热塑性树脂的共混体系，一个需要考虑的很重要的方面就是热塑性树脂的加入对热固性树脂的增塑和稀释效应。热塑性树脂的加入会对热固性树脂起到增塑效应，导致共混体系的 T_g 的降低，从而降低共混体系的耐热性；与此同时也会对热固性树脂起到稀释效应，从而延缓和阻碍了热固性树脂的固化反应。Varley 等[47]和 Mackinnon 等[48]研究发现热塑性树脂的加入提高了反应体系的活化能，他们将这种原因归因于热塑性树脂的加入对热固性树脂体系造成的稀释效应。

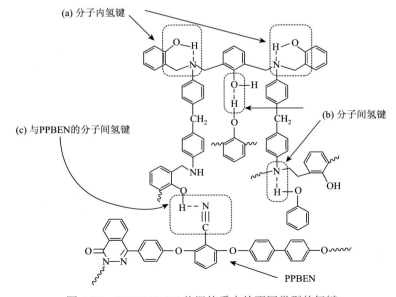

图 6-82　PPBEN/BOZ 共混体系中的不同类型的氢键

采用经典 Kissinger 和 Ozawa 两种方程来计算 PPBEN73/BOZ 树脂共混体系表观活化能(E_a)结果见表 6-23。从表可见，通过线性拟合之后的相关性系数 R 也均在 0.99 以上，由此可以证明所得实验数据比较准确与可靠。由表可以看出随着聚合物 PPBEN73 添加量的增加，共混体系的 E_a 出现了先降低后升高的现象。这种现象与前文分析的固化特征温度随着 PPBEN73 添加量的增加出现先降低后升高的原因是一致的：PPBEN73 添加量较少时，PPBEN73 的加入与 BOZ 内的噁嗪环形成的氢键带来的促进固化的效应要大于 PPBEN73 的加入所产生的稀释效应，总体看来 E_a 会降低；PPBEN73 添加量比较多时，PPBEN73 的加入与 BOZ 内的噁嗪环形成氢键带来的促进固化的效应要小于 PPBEN73 的加入所产生的稀释效应，总体看来 E_a 会升高。

表 6-23　不同 PPBEN73 添加量的 PPBEN/BOZ 树脂共混体系的 E_a

共混体系	Kissinger/(kJ/mol)	R_1^2	Ozawa/(kJ/mol)	R_2^2
纯 BOZ	78.4	0.9968	82.6	0.9975
5 phr-PPBEN-P73/BOZ	70.7	0.9962	76.4	0.9969
10 phr-PPBEN-P73/BOZ	80.3	0.9932	84.5	0.9946
15 phr-PPBEN-P73/BOZ	85.5	0.9970	89.4	0.9975

通过对固化动力学结果的研究表明 PPBEN 并没有在很大程度上改变 BOZ 树脂的固化行为，因此 PPBEN/BOZ 树脂共混体系与 BOZ 树脂完全可以采用同一种固化工艺，确定为 160℃/2 h + 180℃/2 h + 200℃/2 h。

图 6-83 是 BOZ 树脂固化前后以及 PPBEN/BOZ 共混体系固化物(PPBEN/PBOZ)的红外谱图，可以从红外谱图中看到纯 BOZ 树脂中噁嗪环的醚键的特征吸收峰出现在 1227 cm^{-1} 左右，噁嗪环的特征吸收峰出现在 945 cm^{-1} 左右。对共混体系进行固化之后，可以明显看到这两个特征吸收峰均已消失，因此可以证明固化后的产物均已反应完全，也从一个侧面反映出了固化工艺的可行性和准确性。

2. PPBEN 结构对 PPBEN/BOZ 树脂共混体系固化物性能影响

在探究 PPBEN 分子链结构对于 PPBEN/BOZ 树脂共混体系性能的影响时，首先选定添加量为 10 phr，数均分子量 6000 的 PPBEN，分别考察了共聚单体配比(摩尔比)为 DHPZ：BP = 8：2、7：3、6：4、5：5 的 PPBEN 对 PPBEN/BOZ 共混体系性能的影响。

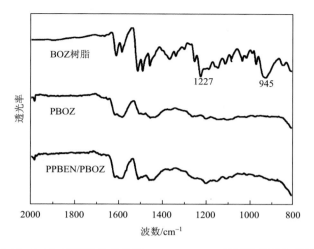

图 6-83　BOZ 树脂固化前后和 PPBEN/PBOZ 共混体系的红外谱图

图 6-84 是加入了不同单体配比的 PPBEN 系列聚合物对 PPBEN/BOZ 共混体系的冲击强度的影响。从图中可见，与纯树脂相比，PPBEN 的加入明显提高了 PPBEN/BOZ 共混体系的固化物冲击强度，不同单体配比的 PPBEN 对 PBOZ 都有很好的增韧效果。理论上讲，PPBEN 分子链中联苯结构的引入能够增加醚键的相对含量，使得 PPBEN 分子链的柔性增加，韧性提高，受到外力产生塑性形变时吸收的冲击能量会越多，所以理论上讲，联苯结构相对含量越多，PPBEN 对于 BOZ 的增韧效果会更好，但是实验测试结果却显示 PPBEN 的单体配比为 DHPZ∶BP＝7∶3 时所得的 PPBEN/BOZ 共混体系具有最好的冲击强度，而并非单体配比为 DHPZ∶BP＝5∶5 的 PPBEN-P/PBOZ 共混体系。从热力学的角度去分析，原因可能是 PPBEN73 热力学参数与 BOZ 树脂热力学参数更加接近，根据相似相容的原理，两者的相容性要好于其他几个单体配比的 PPBEN，PPBEN 在 BOZ 体系中分散得就会越均匀，起到的增韧效果也就越好。

为了考察 PPBEN73 添加量对 PPBEN/BOZ 共混体系的性能的影响，我们首先选取了数均分子量为 6000 的 PPEN，然后分别添加 0 phr、5 phr、10 phr、15 phr 的 PPBEN73 制备了 PPBEN/BOZ 共混体系来考察 PPBEN 添加量对共混体系性能的影响。

从图 6-85 中可以看出纯聚苯并噁嗪(PBOZ)非缺口冲击强度为 4.3 kJ/m^2，聚合物 PPBEN73 的加入明显提高了 PPBEN/PBOZ 共混体系的冲击强度。随着 PPBEN73 添加量的增加，PPBEN/BOZ 共混体系的冲击强度呈现先增大后减小的趋势，当 PPBEN73 添加量为 10 phr 时，共混体系有着最大的冲击强度 13.0 kJ/m^2，相比纯 PBOZ 提高了 202%左右。

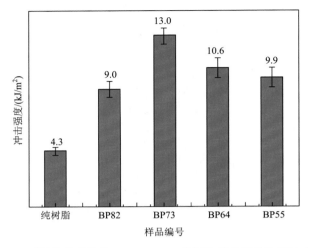

图 6-84　不同单体配比的 PPBEN/BOZ 共混体系的固化物的冲击强度

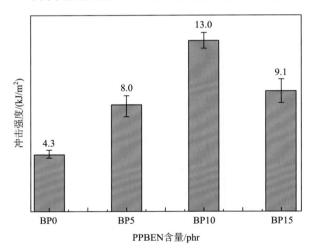

图 6-85　不同 PPBEN73 添加量的 PPBEN73/PBOZ 共混体系的冲击强度

　　因此，以后的研究均采用 PPBEN73 为增韧剂，选定了添加量为 10 phr，分别考察了分子量为 6000、12000、18000 的 PPBEN73 对 PPBEN/BOZ 共混体系性能的影响。图 6-86 是不同分子量的 PPBEN73 对 PPBEN/BOZ 共混体系的冲击强度影响示意图。

　　由图 6-86 可以看出，随着加入的 PPBEN73 分子量的增大，PPBEN73/PBOZ 共混体系的冲击强度呈现出先升高后降低的趋势，当 PPBEN73 的分子量达到 12000 时，PPBEN73/PBOZ 共混体系有最大的冲击强度，高达 14.5 kJ/m^2，相比纯聚苯并噁嗪（PBOZ）提高了 237%。一般情况下，聚合物的分子量越大，增韧效果应该越好，但分子量增大难免会造成共混体系的黏度变大，聚合物的分散就变得

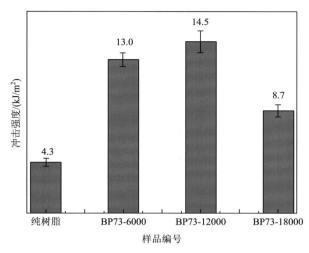

图 6-86　不同分子量的 PPBEN73 对 PPBEN/BOZ 共混体系的冲击强度影响

比较困难，容易产生团聚现象，导致 PPBEN/BOZ 共混体系力学性能变差；低分子量的 PPBEN/BOZ 树脂体系黏度相对较低，加工流动性比较好，此时 PPBEN 容易在 BOZ 树脂中分散均匀，但分子量过低会使得 PPBEN 的分子链相对较短，塑性形变所吸收的能量也就相对较少。综上所述，当 PPBEN 分子量达到一个比较理想的临界值时，既能够使 PPBEN/BOZ 树脂体系具有比较不错的加工流动性，以便于 PPBEN 在 BOZ 树脂中的分散均匀，又能够使 PPBEN 具有一定的力学性能，对 PBOZ 起到比较好的增韧效果。

所以，从上述研究得出，分子量为 12000 左右的 PPBEN73，添加量为 10 wt%，在固化工艺 160℃/2 h + 180℃/2 h + 200℃/2 h 的固化下，PPBEN73/BOZ 共混体系表现出最优的韧性，其冲击强度比纯 BOZ 树脂提高了 237%。

3. PPBEN73/PBOZ/T700 碳纤维增强树脂基复合材料性能

采用综合性能最佳的 10 phr-PPBEN73-12000/BOZ 共混体系，研究其 T700 碳纤维制备了碳纤维增强树脂基复合材料性能。通过溶液浸胶制备了 BOZ/T700 和 PPBEN73/BOZ/T700 单向预浸片，然后通过 DSC 和流变仪简单地考察了模压工艺，最后通过模压成型制备复合材料，对比了两者的力学性能和热性能。

从图 6-87(a) 可见，T700 的加入只是降低了固化反应速率，使固化反应放热不那么集中，并没有对 BOZ 树脂的固化初始温度以及放热峰值温度造成太大影响，加入了 PPBEN 的 BOZ 树脂的固化工艺没有出现太大的变化，因此在确定复合材料的模压工艺的时只需要在原有固化工艺上稍作修改即可。由 140℃下的 BOZ/T700 和 PPBEN73/BOZ/T700 的等温 DSC 曲线［图 6-87(b)］可以看出，BOZ 树脂几乎没有发生固化反应，决定选择 130℃为预加热温度；然后再确定加压温度。

根据固化工艺 160℃/2 h + 180℃/2 h + 200℃/2 h，加压温度点选择 160℃、170℃、180℃。以 BOZ/T700 为例，对比了 160℃、170℃、180℃三个不同温度点下加压所得 PBOZ/T700 复合材料层压板弯曲性能，结果见表 6-24。

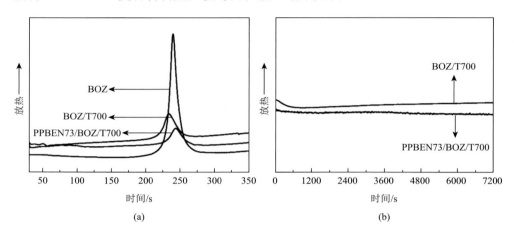

图 6-87　BOZ 树脂、BOZ/T700 及 PPBEN73/BOZ/T700 预浸片的 DSC（a）和等温 DSC（b）曲线

表 6-24　不同加压温度点下的 **PBOZ/T700** 的弯曲性能

加压点温度/℃	160	170	180
弯曲强度/MPa	1542	2299	990

从表 6-24 可以看出，加压温度点过高或者过低都会对 **PBOZ/T700** 的弯曲性能造成很大影响，当加压的温度选定为 170℃时，所得到的复合材料层压板弯曲强度最高。如果选择的加压温度过低，此时树脂的固化程度很低，黏度也很低，树脂的流动性比较好，在此时施加压力会使得 BOZ 树脂在压力的作用下被压出，复合材料的树脂含量就会相对较少，容易造成贫胶现象，因此可能会使纤维之间的黏结性变差，强度降低；加压温度过高时，BOZ 树脂已经有部分完成了固化，树脂黏度比较很大，此时加压可能会造成小分子或者空隙在里边包埋无法释放出来，因此会造成所得复合材料存在缺陷，造成复合材料的性能下降。综上所述，最终选定碳纤维增强苯并噁嗪树脂基复合材料的模压工艺为：预加热 140℃/1 h，0 MPa + 170℃/5～10 min（开始加压为 1.2 MPa）+ 180℃/2 h，1.2 MPa + 200℃/2 h，1.2 MPa，升温速率 2℃/min。

通过上述模压工艺制备 PBOZ/T700 及 PPBEN73/BOZ/T700 复合材料，其力学性能数据结果见表 6-25。从表 6-25 中可以看出，PBOZ/T700 及 PPBEN73/BOZ/T700 复合材料的弯曲强度及模量相近，PPBEN 的加入使 PBOZ/T700 层间剪切强度提高 20 MPa，说明 PPBEN 与碳纤维间有更好的界面相容性。

表 6-25　PBOZ/T700 及 PPBEN73/BOZ/T700 的力学性能

复合材料	弯曲强度/MPa	弯曲模量/GPa	层间剪切强度/MPa
PBOZ/T700	2299	120	68.5
PPBEN73/BOZ/T700	2297	125	88.6

图 6-88 是 PBOZ/T700 和 PPBEN73/BOZ/T700 复合材料的储能模量示意图，由图 6-88（a）可以看出，PPBEN 的加入明显提高了复合材料的初始储能模量，分析图 6-82 可知，PPBEN 与 BOZ 之间有分子间作用力，PPBEN 分子链含有极性基团氰基侧基，与 BOZ 树脂以及碳纤维表面基团形成氢键，增强了纤维以及层间的结合力，使得复合材料的强度和刚性会有所增强。图 6-88（b）显示 PBOZ/T700 和 PPBEN73/BOZ/T700 的 T_g 分别为 205℃和 213℃，PPBEN 本身具有非常优异的耐热性能，使 PPBEN/BOZ/T700 的 T_g 提升了 8℃。

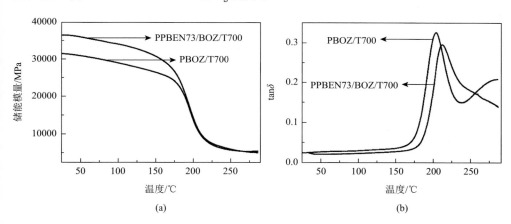

图 6-88　PBOZ/T700 和 PPBEN73/BOZ/T700 复合材料的储能模量（a）和 tanδ（b）曲线

4. PPBEN73/PBOZ/T700 碳纤维增强树脂基复合材料界面作用分析

图 6-89 是 PBOZ/T700 和 PPBEN73/BOZ/T700 复合材料弯曲断面的扫描电镜图，由图可以看出，复合材料断面比较粗糙，断裂不太齐整，并且碳纤维有不同程度地拔出；碳纤维在复合材料中均匀分布、密集堆积，碳纤维之间填满了树脂，纤维与树脂之间并且没有出现明显的裂缝，没有出现贫胶或者富胶的区域，表明了 BOZ 树脂对 T700 碳纤维的浸润性良好。对比 PPBEN73/BOZ/T700 复合材料的弯曲断面，PPBEN 的加入使得纤维堆砌的更加紧密，纤维之间的缝隙相对要少，但是总体看来，PPBEN 的加入对弯曲断面的表面形貌影响不大。

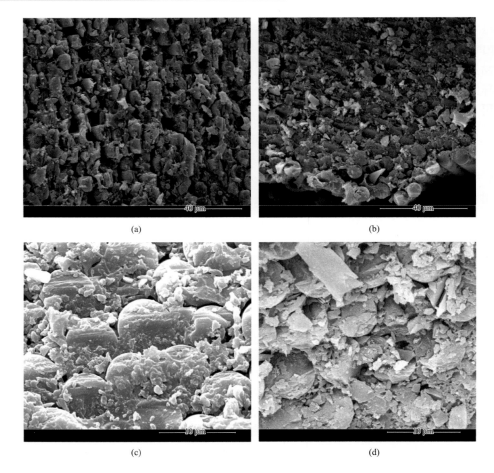

(a)　　　　　　　　　　　　　　(b)

(c)　　　　　　　　　　　　　　(d)

图 6-89　PBOZ/T700 和 PPBEN73/BOZ/T700 复合材料弯曲断面的扫描电镜图

(a) PBOZ/T700 3000×；(b) PPBEN73/BOZ/T700 3000×；(c) PBOZ/T700 10000×；
(d) PPBEN73/BOZ/T700 10000×

　　在从复合材料的层间劈面观察树脂基体与纤维之间的作用力，如图 6-90 所示。由图可以看出，两种体系的复合材料层间劈裂面的碳纤维表面均有一定树脂黏附。相对比来说，加入了 PPBEN 的复合材料的层间劈裂面比未加 PPBEN 的层间劈裂面更加的粗糙，层间有更多的树脂黏附在碳纤维表面，说明 PPBEN 与碳纤维的两相界面黏结性更好，因此复合材料具有更高的层间剪切强度。

　　从上述研究可以得出结论，PPBEN 的加入对 PBOZ/T700 复合材料的弯曲性能影响不大，但明显地提高了 PBOZ/T700 的层间剪切强度，PPBEN73/BOZ/T700 层间剪切强度为 88.6 MPa，PBOZ/T700 层间剪切强度为 68.5 MPa，相比提高了 29%左右；通过 DMA 测试显示 PPBEN 的加入提高了 PBOZ/T700 的初始储能模量和耐热性能（提高 8℃），通过层间剪切劈裂面和弯曲断面的扫描电镜看出，PPBEN 与碳纤维良好的界面性能提高了 PPBEN73/BOZ/T700 树脂与纤维间界面黏结性。所以，PPBEN 是苯并噁嗪树脂良好的增韧剂，在提高韧性同时保持优异的力学强度和界面性能，拓展苯并噁嗪树脂基复合材料在航空航天领域的应用具有广阔的前景。

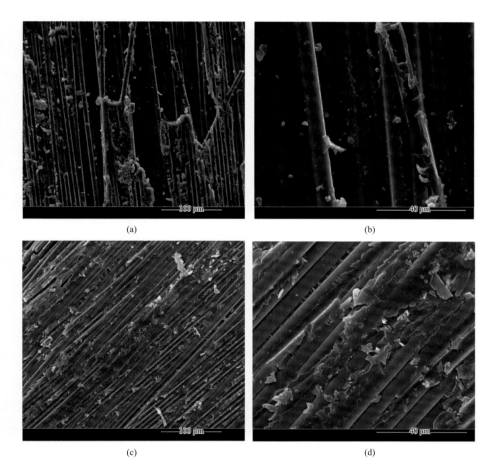

(a)　　　　　　　　　　　　　(b)

(c)　　　　　　　　　　　　　(d)

图 6-90　PBOZ/T700 和 PPBEN73/BOZ/T700 复合材料层间劈裂面扫描电镜图

(a) PBOZ/T700 800×；(b) PBOZ/T700 3000×；(c) PPBEN73/BOZ/T700 800×；(d) PPBEN73/BOZ/T700 3000×

6.4.2　杂萘联苯共聚芳醚腈、超支化环氧和尼龙粒子协同增韧苯并噁嗪复合材料

对于碳纤维树脂基复合材料，沿 Z 轴方向的强度通常远远低于面内方向的强度，导致复合材料在使用过程中容易发生层间断裂和分层破坏[49-53]。许多方法被

应用于改善复合材料层间韧性，例如，对树脂基体进行增韧或是在层间引入非连续的夹层(interlayer)[54]。由于相邻片层间的限制作用，直接对树脂基体进行增韧通常难以提升复合材料的层间韧性[55]。层间增韧的方法被应用于抵抗碳纤维复合材料层间裂纹的扩展，对层间韧性的改善更为显著。据报道，在碳纤维复合材料层间加入尼龙-6粒子(PA-6粒子)能显著增加复合材料的层间韧性，主要是因为尼龙粒子会在层间富集，有效地阻挡裂纹的扩展[56]，但是不能兼顾复合材料的力学强度、模量、T_g和湿热吸水率等性能。因此，我们采用加入多种高强、高韧或高耐热性的材料，以平衡复合材料的各项性能，最终使复合材料达到最佳的综合性能。我们曾报道超支化环氧树脂(HBPEE)被用于BOZ树脂的增韧改性研究[57-59]，HBPEE能显著提高树脂韧性，但在一定程度上会导致T_g和力学强度下降。杂萘联苯聚芳醚砜联苯共聚物(PPBES)，具备良好的溶解性(常温溶于氯仿)、优异的机械强度、良好的耐热性，将其作为热固性树脂改性剂有很大应用潜力。我们将PPBES、HBPEE和PA-6粒子配合使用，将树脂基体增韧的方法和层间增韧的方法相结合，用于增韧改性碳纤维/苯并噁嗪复合材料(CF/BOZ/PPBES/HBPEE/PA)。

二苯甲烷二胺型苯并噁嗪(BOZ)树脂，在四川大学购买，超支化聚醚型环氧树脂(HBPEE)参考文献制备[57]，杂萘联苯共聚芳醚砜(PPBES)，其中杂萘联苯结构(DHPZ)和联苯结构(BP)之比为6∶4，数均分子量为15000，分子量分布为2.54，由大连保利新材料有限公司提供。尼龙-6粒子(牌号：Ultramid 8202)，粒径为10~40 μm，熔点为210℃，在德国巴斯夫购买；碳纤维(T700SC-12K)，在日本东丽公司购买。

1. CF/BOZ/PPBES/HBPEE/PA复合材料的制备

1)BOZ/PPBES/HBPEE/PA树脂胶液的配置

将100 g BOZ、10 g PPBES、5 g HBPEE、5 g PA(考虑到PA粒子吸水性较强以及会明显提高胶液黏度，用量不宜超过5份)加入到烧杯中，再加入150 g氯仿溶剂，用机械搅拌的方式混合均匀。随后将溶解完全的BOZ/PPBES/HBPEE/PA树脂胶液转移到干净烧杯中密封，以备后续实验使用。

2)CF/BOZ/PPBES/HBPEE/PA单向预浸片的制备

预浸片的制备过程如图6-91所示。首先，将T700碳纤维丝束按照一定的顺序穿过浸胶槽。然后，将上述配置好的树脂胶液倒入浸胶槽中。将穿过浸胶槽一端的碳纤维捆绑在长方形的铁框上，在铁框上施加一定的压力时纤维束缓慢经过浸胶槽，浸润胶液的碳纤维经过刮胶辊刮去多余的胶液后，使其平行、紧密排列在铁框上，并保持束和束之间有1 mm左右的搭接重叠部分。随后，将带有预浸料的铁框放置在 90℃空气循环烘箱中烘干 3 h，再将其按照一定的尺寸裁剪成预浸片以备模压成型。

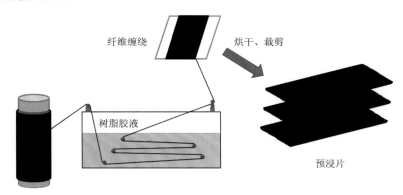

纤维缠绕　　烘干、裁剪

树脂胶液

预浸片

图 6-91　BOZ/PPBES/HBPEE/PA 预浸片的制备方法

3）模压成型

首先，将裁剪好的预浸片按照单向排布的方式放入特定尺寸的模具中：Ⅰ型断裂韧性测试复合材料板的预浸片尺寸为 160 mm×100 mm，排布方式为[0]^{24}，并在第 12 层到 13 层之间的末端放入 100 mm×50 mm 的聚四氟乙烯薄膜（厚度为 30 μm）预制裂纹；弯曲测试复合材料板的预浸片尺寸为 100 mm×60 mm，排布方式为[0]^{16}。然后，将模具放入压机中，施加一定的合模压力，开始升温。升至 140℃后，卸压排气 2～3 次。随后，按照 140℃/0 MPa/2 h + 160℃/0 MPa/1 h + 160℃/0.8 MPa/1 h + 200℃/0.8 MPa/4 h 的热压程序运行压机。等其冷却后，脱模取出复合材料板，模压成型结束。

2. BOZ/PPBES 改性树脂力学性能

为了确定多元共混体系中 PPBES 的用量，我们制备了不同 PPBES 添加量的 BOZ/PPBES 改性树脂，测试了改性树脂的冲击强度和弯曲性能。筛选出最优的 PPBES 添加量，将其作为下一步制备碳纤维复合材料的用量。

图 6-92 是 BOZ/PPBSE 改性树脂冲击强度和 PPBES 添加量的关系，改性树脂的冲击强度随着 PPBES 含量的升高先上升后下降。当添加量为 10 wt%时，冲击强度从 7.1±1.63 kJ/m^2 提高到 12.2±1.23 kJ/m^2，提升效果最明显。

图 6-93 是改性树脂弯曲性能随 PPBES 添加量变化的曲线。结果表明，改性树脂弯曲强度随着添加量的提升略有降低，可能是 PPBES 的加入破坏了原有的交联网络结构，使得交联密度下降，但 PPBES 本身是一种模量和强度较高的工程塑料，加入 BOZ 体系后，并没有使改性树脂的强度明显降低，强度保持率在 96%以上。改性树脂的弯曲模量随着添加量的增加有所波动，但也与纯树脂基本保持相当。

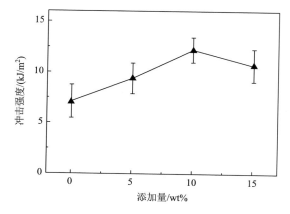

图 6-92　BOZ/PPBSE 改性树脂冲击强度和 PPBES 添加量的关系

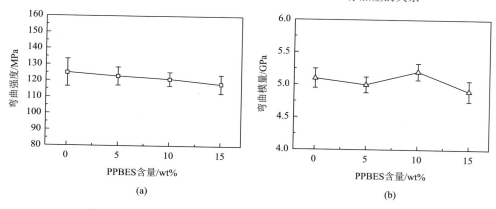

图 6-93　BOZ/PPBSE 改性树脂的弯曲强度(a)和弯曲模量(b)

我们综合考虑了 PPBES 添加量对冲击强度和弯曲性能的影响,决定将 10 wt% 添加量的 PPBES 用于后续的碳纤维复合材料增韧改性。

3. CF/BOZ/PPBES/HBPEE/PA 复合材料性能

图 6-94 展示了 CF/BOZ/PPBES/HBPEE/PA 复合材料的 I 型断裂韧性(G_{IC})、弯曲性能和层间剪切强度。为了考察复合材料中各组分对力学性能的影响及其协同效应,我们还制备了 CF/BOZ/PPBES、CF/BOZ/PPBES/HBPEE、CF/BOZ/PPBES/PA、CF/BOZ/PPBES/HBPEE/PA 复合材料。为了简便,根据增韧剂的不同将它们分别记为 PPBES、PPBES/HBPEE、PPBES/PA、PPBES/HBPEE/PA 试样。图 6-94(a)是典型的 I 型断裂测试的载荷-开口点位移曲线,从图中可以看出:PPBES/PA、PPBES/HBPEE 和 PPBES/HBPEE/PA 试样裂纹扩展所需的载荷较未改性样明显提升,说明改性复合材料分层阻抗增强。利用载荷-开口点位移曲线计算所得的 I 型

断裂临界应变能量释放速率(G_{IC})列于图 6-94(b)中，PPBES、PPBES/HBPEE 和 PPBES/PA 改性的试样 G_{IC} 值较为改性样分别提高了 45%、105% 和 132%，而 PPBES/HBPEE/PA 试样 G_{IC} 提升最明显，较未改性试样提高了 177%，这说明 PPBES、HBPEE 以及 PA 粒子对复合材料都有增韧的效果，当它们配合使用时，对 G_{IC} 的提升更为明显。

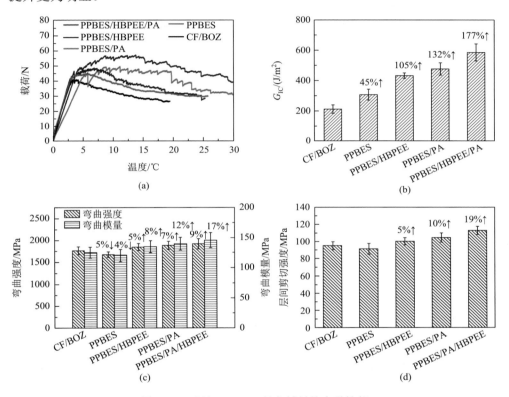

图 6-94　改性 CF/BOZ 复合材料的力学性能

(a) G_{IC} 测试的载荷-开口点位移曲线；(b) G_{IC} 值；(c) 弯曲强度和模量；(d) 层间剪切强度

图 6-94(c)是 CF/BOZ 复合材料改性前后的弯曲强度和弯曲模量变化。研究表明，除 PPBES 试样的弯曲强度和模量略有下降外，PPBES/HBPEE、PPBES/PA 和 PPBES/HBPEE/PA 试样的弯曲强度和模量均有所上升。这主要归因于两点：①前序工作证明了 5 wt% 添加量的 HBPEE 能提高 BOZ 树脂的弯曲强度和模量；②HBPEE、PA 和基体树脂之间的良好相容性以及可能存在化学反应，三者之间可能发生的反应如图 6-95 所示。可以看出，HBPEE 在 PA 粒子和基体树脂之间起到桥梁的作用，增加了 PA 粒子与基体树脂之间的相容性。图 6-94(d)是复合材料的层间剪切强度(ILSS)、层间剪切强度和弯曲性能呈现一致的规律，除 PPBES 试样略有降低外，

PPBES/HBPEE、PPBES/PA 和 PPBES/HBPEE/PA 试样的 ILSS 比未改性的 CF/BOZ 复合材料分别提高了 5%、10%和 19%。综上所述，PPBES/HBPEE/PA 展现出最高的层间剪切强度，并且 PPBES/HBPEE/PA 同时具备最高的 G_{IC}、弯曲强度和模量。

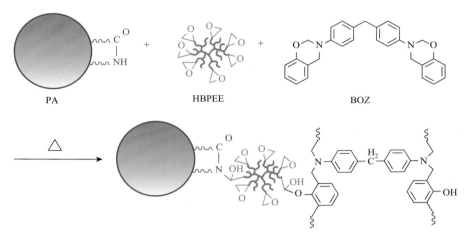

图 6-95　BOZ、HBPEE 和 PA 之间可能存在的反应

改性前后的 CF/BOZ 复合材料的动态热机械性能显示（图 6-96），除了 PPBES 改性的复合材料储能模量略有下降，PPBES/HBPEE、PPBES/PA 和 PPBES/HBPEE/PA 复合材料在整个测试温度范围内的储能模量均高于未改性复合材料。这说明 PPBES、HBPEE 和 PA 配合使用时，能达到协同增强的效果。图 6-96(b) 为损耗因子 tanδ 随温度变化曲线，曲线的峰值温度定义为复合材料的玻璃化转变温度 T_g。三种改性后的复合材料的 T_g 与未改性的复合材料相当，说明各组分的加入没有明显地降低复合材料的耐热性。

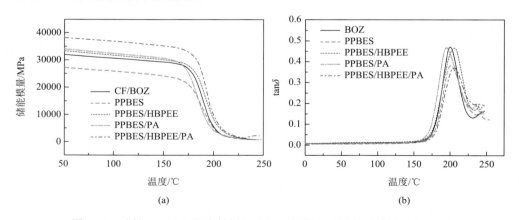

图 6-96　改性 CF/BOZ 复合材料 DMA 测试结果：(a)储能模量；(b)tanδ

4. CF/BOZ/PPBES/HBPEE/PA 复合材料增热机理分析

为了探讨增韧机理，对复合材料 I 型断裂测试的断面进行 SEM 研究。图 6-97(a) 是未改性试样的树脂区的 SEM 图，断面较为光滑，没有裂纹的歧化、偏转出现。与之相比，PPBES 改性样如图 6-97(b) 所示，从图中可以看到明显的相反转结构，其中 PPBES 为连续相而 BOZ 为球状的分散相。PPBES/HBPEE 如图 6-97(c) 所示，断面为的"黏连"的球状突起结构。图 6-97(b) 与图 6-97(c) 相比，球状的 BOZ 和 PPBES 的界面并不明显，说明 HBPEE 改善了 PPBES 和基体之间的相容性，使它们粘接在一起，这有利于载荷的传递。图 6-97(d) 对应的是 PPBES/PA 改性复合材料的断面富树脂区，在树脂表面出现了 PA 粒子剥离出的孔洞和镶嵌在表面的 PA 粒子。当裂纹扩展时遭遇到 PA 粒子，会发生歧化、偏转，因此会阻碍裂纹的进一步扩展。从图 6-97(e) 中可以看出，PPBES/HBPEE/PA 也显示出 PA 粒子拔出的印迹，并且表面粗糙度较大，和未改性样形成鲜明对比。图 6-97(f)~(j) 分别为未改性样、PPBES、PPBES/HBPEE、PPBES/PA、PPBES/HBPEE/PA 试样断面拔出的单根纤维照片，未改性样的纤维表面粘接的树脂较少，对应吸收较少的能量，而改性样表面均有树脂的包覆或粘接。值得一提的是，PPBES/HBPEE 和 PPBES/HBPEE/PA 试样表面包覆了厚实的一层树脂，说明纤维和树脂之间的结合能力得到明显改善，这从 ILSS 的数据也得到相对应的结果。

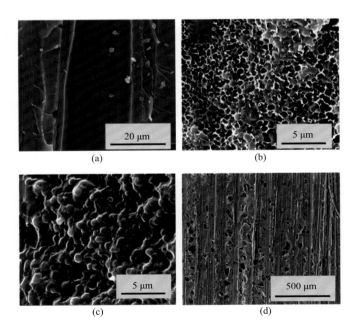

(a)

(b)

(c)

(d)

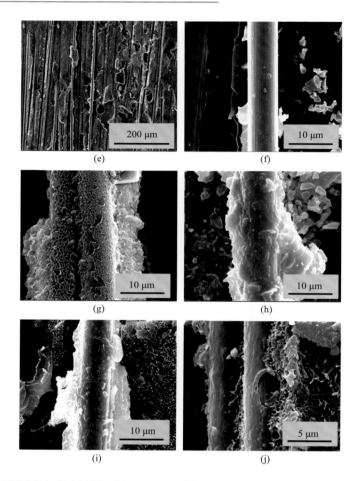

图 6-97　富树脂区的扫描电镜图：(a) CF/BOZ，(b) PPBES，(c) PPBES/HBPEE，(d) PPBES/PA，(e) PPBES/HBPEE/PA；单根碳纤维表面照片：(f) CF/BOZ，(g) PPBES，(h) PPBES/HBPEE，(i) PPBES/PA，(j) PPBES/HBPEE/PA

　　从 SEM 可以看到，在改性复合材料中，PPBES 试样树脂区域呈现明显的相反转，此时层间韧性的提升主要是因为连续相 PPBES 的延性撕裂和反转相 PBOZ 的塑性变形。在体系中进一步添加 HBPEE 后，较难观察到 PBOZ 和 PPBES 的交界面，这说明 HBPEE 增加了 PPBES 和 PBOZ 之间的相容性，更有利于应力/载荷的有效传递。HBPEE 的多官能度使得 BOZ/HBPEE 共混固化物不发生相分离，且 HBPEE 本身存在的大量分子内"空穴"能够起到钝化裂纹尖端的作用。加入 PA 粒子的断面照片［图 6-97(d) 和图 6-97(e)］可以看到 PA 粒子拔出后的孔穴，意味着复合材料在分层过程中引入了额外的能量吸收。层间的 PA 粒子尺寸为 5～50 μm，在复合材料成型过程中难以穿过碳纤维束之间的缝隙，因而 PA 粒子会在层间富集。这些 PA 粒子在层间创造了应力集中区域，并且作为引发的剪切带区域，使得粒子周围的基体树脂产生塑性变形，从而使层间韧性得到进一步提升。为了形象地展示增韧机理，我们绘制了裂纹在层间扩展示意图，如图 6-98 所示，应力或裂纹前沿在遇到各组分都有可能产生歧化和偏转，使得复合材料的分层阻抗得到明显提升。

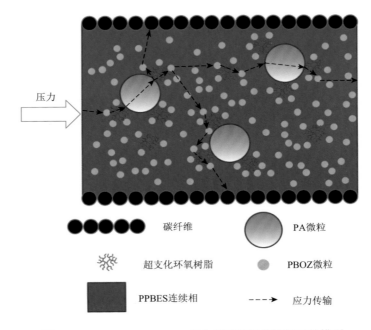

图 6-98　PPBES/HBPEE/PA 复合材料层间增韧机理的模型

5. CF/BOZ/PPBES/HBPEE/PA 湿热吸水率

图 6-99 是复合材料在 70℃水中的吸水率随时间变化的曲线。4 种改性样均比未改性吸水率略有提升，未改性样的饱和吸水率为 0.4 wt%，PPBES/HBPEE/PA 改性样的饱和最高，为 0.6 wt%。因为 PBOZ 交联网络中存在致密的分子内和分子间氢键网路（图 6-100），水分子难以破坏这些氢键网路，所以导致了较低的吸水率。而 PPBES、HBPEE 和 PA 的引入，却使吸水率有所提升，这主要归因于两点：①PPBES 的加入破坏了原有的氢键网路；②HBPEE 中的羟基和 PA 粒子表面的酰胺基团都是亲水基团，因此导致吸水率上升。但是，因为填料的加入总量控制在 20 wt%以下，所以改性复合材料的湿热吸水率小于 1 wt%，仍低于碳纤维/环氧或碳纤维/双马来酰亚胺类的复合材料（＞1%），具备较低的湿热吸水率。

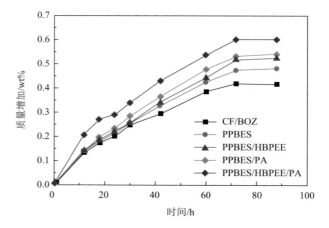

图 6-99　改性 CF/BOZ 复合材料吸水率曲线

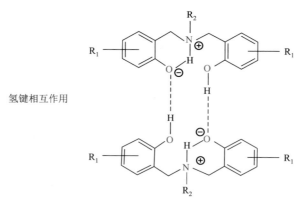

图 6-100　PBOZ 分子间和分子内氢键相互作用

6. 小结

通过溶液共混、模压成型方法，将 PPBES、HBPEE 和 PA-6 粒子引入到 CF/BOZ 复合材料中。PPBES、PPBES/HBPEE、PPBES/PA 和 PPBES/HBPEE/PA 的增韧方法均使得 CF/BOZ 复合材料的层间韧性 G_{IC} 提升。除 PPBES 改性的试样外，其他改性试样的弯曲性能、层间剪切强度和储能模量都得到了提升，其中，PPBES/HBPEE/PA 协同增韧的复合材料性能提升最为明显，G_{IC} 提高了 177%，弯曲强度提高了 9%，弯曲模量提高了 17%，ILSS 提高了 19%，同时保证了 T_g 和未改性样相当，且复合材料的吸水率低于 1%，具备良好的耐湿热性能。其增韧机理主要包括了层间富集的 PA-6 粒子拔出、HBPEE 分子内空穴钝化裂纹、连续相 PPBES 的延性撕裂和反转相 PBOZ 的塑性变形。因此，基体树脂增韧方法协同层间增韧是大幅度提高碳纤维增强热固性树脂的有效方法。

参 考 文 献

[1] 赵云峰. 先进纤维增强树脂基复合材料在航空航天工业中的应用. 军民两用技术与产品, 2010(1): 4-6.

[2] 陈祥宝, 张宝艳, 邢丽英. 先进树脂基复合材料技术发展及应用现状. 中国材料进展, 2009, 28(6): 2-12.

[3] 陈平, 张岩. 热固性树脂的增韧方法及其增韧机理. 复合材料学报, 1999(3): 20-23.

[4] 薛书凯, 张炜, 侯卫国. 环氧树脂增韧新途径及增韧机理的研究. 热固性树脂, 2005(5): 36-40.

[5] Cantwell W J, Morton J. The impact resistance of composite-materials-a review. Composites, 1991, 22(5): 347-362.

[6] Xu P. Preparation of high performance polybenzoxazine resin using hyperbranched polyborate. International Symposium on Chemical Engineering and Materials Properties(ISCEMP 2011), 2011: 75-80.

[7] Roy P K, Iqbal N, Kumar D, et al. Polysiloxane-based core-shell microspheres for toughening of epoxy resins. Journal of Polymer Research, 2014, 21(1): 348-356.

[8] Mimura K, Ito H, Fujioka H. Improvement of thermal and mechanical properties by control of morphologies in PES-modified epoxy resins. Polymer, 2000, 41(12): 4451-4459.

[9] Luo Y, Zhang M, Dang G, et al. Toughening of epoxy resin by poly(ether ether ketone) with pendant fluorocarbon groups. Journal of Applied Polymer Science, 2011, 122(3): 1758-1765.

[10] Zhao P, Zhou Q, Deng Y, et al. A novel benzoxazine/epoxy blend with multiphase structure. Rsc Advances, 2014, 4(1): 238-242.

[11] Patel S R, Case S W. Durability of hygrothermally aged graphite/epoxy woven composite under combined hygrothermal conditions. International Journal of Fatigue, 2002, 24(12): 1295-1301.

[12] Yun N G, Won Y G, Kim S C. Toughening of carbon fiber/epoxy composite by inserting polysulfone film to form morphology spectrum. Polymer, 2004, 45(20): 6953-6958.

[13] Zhang H, Bharti A, Li Z, et al. Localized toughening of carbon/epoxy laminates using dissolvable thermoplastic interleaves and electrospun fibres. Composites Part a-Applied Science and Manufacturing, 2015, 79: 116-126.

[14] Li G, Li P, Zhang C, et al. Inhomogeneous toughening of carbon fiber/epoxy composite using electrospun polysulfone nanofibrous membranes by in situ phase separation. Composites Science and Technology, 2008, 68(3-4): 987-994.

[15] White K L, Sue H J. Delamination toughness of fiber-reinforced composites containing a carbon nanotube/polyamide-12 epoxy thin film interlayer. Polymer, 2012, 53(1): 37-42.

[16] Hojo M, Matsuda S, Tanaka M, et al. Mode I delamination fatigue properties of interlayer-toughened CF/epoxy laminates. Composites Science and Technology, 2006, 66(5): 665-675.

[17] 陈平, 王德中. 环氧树脂及其应用. 北京: 化学工业出版社, 2004.

[18] Xu Y, Zhou S, Liao G, et al. Curing kinetics of DGEBA epoxy resin modified by poly(phthalazinone ether ketone)(PPEK). Polymer-Plastics Technology and Engineering, 2012, 51(2): 128-133.

[19] Xu Y, Liao G, Gu T, et al. Mechanical and morphological properties of epoxy resins modified by poly (phthalazinone ether sulfone ketone). Journal of Applied Polymer Science, 2008, 110(4): 2253-2260.

[20] Xu Y, Fu X, Liao G, et al. Preparation, morphology and thermo-mechanical properties of epoxy resins modified by co-poly(phthalazinone ether sulfone). High Performance Polymers, 2011, 23(3): 248-254.

[21] 徐亚娟, 廖功雄, 金河佳, 等. 杂萘联苯聚醚砜酮/环氧树脂共混体系固化反应动力学. 高分子材料科学与工程, 2008(7): 90-93.

[22] Su C C, Woo E M. Cure kinetics and morphology of amine-cured tetraglycidyl-4, 4'-diaminodiphenylmethane

epoxy blends with poly (etehr imide). Polymer, 1995, 36(15): 2883-2894.

[23] 傅政. 高分子材料强度及破坏行为. 北京: 化学工业出版社, 2005.

[24] Siddhamalli S K, Kyu T. Toughening of thermoset/thermoplastic composites via reaction-induced phase separation: Epoxy/phenoxy blends. Journal of Applied Polymer Science, 2000, 77(6): 1257-1268.

[25] Liu R, Wang J, He Q, et al. Interaction and properties of epoxy-amine system modified with poly (phthalazinone ether nitrile ketone). Journal of Applied Polymer Science, 2016, 133(10): 42938.

[26] Francis B, Rao V L, Poel G V, et al. Cure kinetics, morphological and dynamic mechanical analysis of diglycidyl ether of bisphenol-A epoxy resin modified with hydroxyl terminated poly (ether ether ketone) containing pendent tertiary butyl groups. Polymer, 2006, 47(15): 5411-5419.

[27] 李中皇, 辛梅华, 李明春. 聚合物共混材料中氢键的研究进展. 化工进展, 2008(8): 1162-1169, 1174.

[28] 孙曼灵, 郑水蓉, 马玉春. 环氧树脂固化促进剂(Ⅱ)——环氧/酸酐体系的固化促进剂. 第十六次全国环氧树脂应用技术学术交流会暨学会西北地区分会第五次学术交流会暨西安粘接技术协会学术交流会, 2012: 25-43.

[29] 阎业海, 赵彤, 余云照. 复合材料树脂传递模塑工艺及适用树脂. 高分子通报, 2001(3): 24-35.

[30] 赵渠森, 申屠年. 先进复合材料制造技术. 高科技纤维与应用, 1999(5): 1-12.

[31] Ishida H, Allen D J. Mechanical characterization of copolymers based on benzoxazine and epoxy. Polymer, 1996, 37(20): 4487-4495.

[32] 赵培, 朱蓉琪, 顾宜. 苯并噁嗪/环氧树脂/4,4′-二氨基二苯砜三元共混体系玻璃化转变温度的研究. 高分子学报, 2010, (1): 65-73.

[33] 赵伟超, 宁荣昌. 耐湿热高性能环氧树脂的研究进展. 中国胶粘剂, 2009, 18(8): 55-59.

[34] Liu R, Wang J, Li J, et al. An investigation of epoxy/thermoplastic blends based on addition of a novel copoly (aryl ether nitrile) containing phthalazinone and biphenyl moieties. Polymer International, 2015, 64(12): 1786-1793.

[35] 王惠琼, 华幼卿, 张西萍, 等. 聚芳醚酮增韧混合环氧树脂体系研究Ⅰ. 反应动力学及增韧机理. 纤维复合材料, 1991(3): 8-13.

[36] Iredale R J, Ward C, Hamerton I. Modern advances in bismaleimide resin technology: A 21st century perspective on the chemistry of addition polyimides. Progress in Polymer Science, 2017, 69: 1-21.

[37] Li S, Yan H, Tang C, et al. Novel phosphorus-containing polyhedral oligomeric silsesquioxane designed for high-performance flame-retardant bismaleimide resins. Journal of Polymer Research, 2016, 23(2388): 1-12.

[38] 姜海龙. 双马来酰亚胺树脂/官能化杂萘联苯聚醚砜共混体的结构与性能. 大连: 大连理工大学, 2010.

[39] 张强. PPENS 和苯并噁嗪树脂改性双马树脂的研究. 大连: 大连理工大学, 2016.

[40] 上官久桓. 杂萘联苯聚芳醚改性双马来酰亚胺树脂的研究. 大连: 大连理工大学, 2011.

[41] 姜海龙, 廖功雄, 韩永进, 等. PPES-DA 改性 BDM/DABPA 共混体的研究. 热固性树脂, 2010, 25(1): 30-34.

[42] 刘程, 张强, 杜盖泽, 等. 含杂萘联苯结构聚芳醚/DABPA/BDM 共混体系研究. 中国材料进展, 2015, 34(12): 910-915.

[43] 杜改泽. 氨基封端 PPENS 增韧改性 BDM 树脂及其性能研究. 大连: 大连理工大学, 2014.

[44] 张淑娴. 含磷聚苯并噁嗪的分子设计、合成及其阻燃改性环氧树脂的研究. 太原: 中北大学, 2013.

[45] He Y. DSC and DEA studies of underfill curing kinetics. Thermochimica Acta, 2001, 367: 101-106.

[46] Zhao P, Liang X, Chen J, et al. Poly (ether imide)-modified benzoxazine blends: Influences of phase separation and hydrogen bonding interactions on the curing reaction. Journal of Applied Polymer Science, 2013, 128(5): 2865-2874.

[47] Varley R J, Hodgkin J H, Simon G P. Toughening of a trifunctional epoxy system-Part Ⅵ. Structure property

relationships of the thermoplastic toughened system. Polymer, 2001, 42(8): 3847-3858.

[48]　Mackinnon A J, Jenkins S D, Mcgrail P T, et al. A dielectric, mechanical, rheological, and electron-microscopy study of cure and properties of a thermoplastic-modified epoxy-resin. Macromolecules, 1992, 25(13): 3492-3499.

[49]　Zhang D, Ye L, Deng S, et al. CF/EP composite laminates with carbon black and copper chloride for improved electrical conductivity and interlaminar fracture toughness. Composites Science and Technology, 2012, 72(3): 412-420.

[50]　方群. 纳米纤维膜在高效空气过滤和碳纤维复合材料层间增韧中的应用研究. 北京: 北京化工大学, 2016.

[51]　沈登雄, 李志生, 刘金刚, 等. 碳/环氧复合材料层间增韧研究进展. 宇航材料工艺, 2013, 43(4): 1-7.

[52]　朱国伟. 纤维复合材料的无纺布层间增韧分析. 济南: 山东大学, 2013.

[53]　董慧民, 益小苏, 安学锋, 等. 纤维增强热固性聚合物基复合材料层间增韧研究进展. 复合材料学报, 2014, 31(2): 273-285.

[54]　Yasaee M, Bond I P, Trask R S, et al. Mode I interfacial toughening through discontinuous interleaves for damage suppression and control. Composites Part a-Applied Science and Manufacturing, 2012, 43(1): 198-207.

[55]　Singh S, Partridge I K. Mixed-mode fracture in an interleaved carbon-fibre epoxy composite. Composites Science and Technology, 1995, 55(4): 319-327.

[56]　Groleau M R, Shi Y B, Yee A F, et al. Mode II fracture of composites interlayered with nylon particles. Composites Science and Technology, 1996, 56(11): 1223-1240.

[57]　Wang X, Li N, Wang J, et al. Hyperbranched polyether epoxy grafted graphene oxide for benzoxazine composites: Enhancement of mechanical and thermal properties. Composites Science and Technology, 2018, 155: 11-21.

[58]　Wang X, Wang J, Liu C, et al. An investigation of the relationship between the performance of polybenzoxazine and backbone structure of hyperbranched epoxy modifiers. Polymer International, 2018, 67(1): 100-110.

[59]　Wang X, Zong L, Han J, et al. Toughening and reinforcing of benzoxazine resins using a new hyperbranched polyether epoxy as a non-phase-separation modifier. Polymer, 2017, 121: 217-227.

第7章

碳纤维增强杂萘联苯聚芳醚树脂基复合材料

7.1　引言　　　　　　　　　　　　　　　　　　　　　<<<

　　碳纤维增强树脂基(CFRP)复合材料具有轻质、高比强度、耐腐蚀和可设计性强等特点，被广泛地应用于航空航天、风电、船舶、汽车、石油化工及武器装备等高新技术领域[1-6]。根据树脂基体的不同，CFRP 复合材料可分为热固性树脂基复合材料和热塑性树脂基复合材料两大类。其中，热固性树脂基复合材料具有优异的工艺适应性和机械性能，较高的功能和结构设计自由度，占据目前全世界 90%的复合材料市场份额，其应用日趋成熟[7, 8]。然而，热固性树脂基复合材料在材料性能和生产成本方面存在严重短板，而热塑性树脂基复合材料具有高抗冲击、可熔融焊接、成型时间短、生产效率高、可循环利用、易于回收等优点，克服了热固性树脂基复合材料在冲击韧性、损伤修复和回收利用等方面的不足[9-12]。特别是随着航空等领域的快速发展，碳纤维增强高性能热塑性树脂基(CFRHTP)复合材料将有望替代现有的热固性树脂基复合材料，以满足未来航空航天飞行器典型部位对复杂服役环境及材料循环再生的需求[7, 13]。

　　目前，国内外多家知名科研机构和企业针对碳纤维增强热塑性树脂基复合材料的制备及应用技术展开了卓有成效的研究。在航空领域，比较成功的商业应用案例包括湾流 G550 飞机的压力舱壁板、波音 787 客机的吊顶部件以及 Okkerl00 飞机的货舱地板等[14, 15]。此外，CFRHTP 复合材料的应用对象也逐渐由飞机内部门窗、蒙皮、整流罩等非承力结构向方向舵、升降舵等次承力构件转变[16]。例如，湾流 G650 公务机的方向舵和升降舵在采用碳纤维增强聚苯硫醚(CF/PPS)复合材料后减重了 10%，成本降低 20% 以上。此外，欧盟启动了"热塑性经济可承受性航空主结构"项目，目的是为空客公司开发先进热塑性树脂基复合材料平翼扭矩盒和尾翼结构，以提高热塑性树脂基复合材料在当前和未来大型客机上的应用比例[17]；美国波音公司与荷兰 TenCate 先进复合材料公司、斯托克-福克公司和 Twente 大学合作建立了先进热塑性树脂基复合材料研究中心；庞巴迪、贝尔直升机和普惠等企业、大学和政府组织成立了魁北克航空研究与创新联盟，已经完成了轻型直升机划橇式起落架热塑性树脂基复合材料尾梁和圆锥形管件两个项目[18]。可以预见，CFRHTP 复合材料正日益成为高端复合材料应用领域的生力军。

7.2　短切/长切碳纤维增强杂萘联苯聚芳醚复合材料 ◀◀◀

含杂萘联苯聚芳醚系列树脂在力学性能、热性能、化学性能、抗辐射性和摩擦性能等方面均表现优异，是目前国际上耐热等级最高的可溶性聚芳醚品种。为了进一步提高其力学性能，拓宽其应用领域，采取短切/长切纤维增强的方式，提高杂萘联苯聚芳醚树脂的力学性能。然而，直接混合易造成纤维分散不均匀，发生团聚，难以达到预期效果。此外，由于树脂熔体黏度太大，普通双螺杆挤出机并不适用，只能采用高速混合机进行干混或湿混，混合效率和环境均较差，难以规模化应用。因此，若想充分发挥纤维的增强效果，需要对复合材料体系进行优化设计，并探索出与树脂基体相适应的加工流动性改善方法和相匹配的加工工艺参数。

7.2.1　短切碳纤维增强 PPESK/PES/TLCP 三元共混物复合材料

王海连[19]研究了短切 CF 增强 PPESK/PES/TLCP 三元共混物复合材料的加工性能和机械性能，通过加入 PES 降低 PPESK 的黏度，利用热致液晶聚合物(TLCP)的剪切变稀特性，进一步提升 PPESK 的加工流动性，并且加工过程中产生的 TLCP 微纤，还可以起到增强 PPESK 的作用。

热致液晶聚合物的含量不仅影响复合材料的加工流变性能，而且影响 CF/TLCP/PPESK/PES 复合材料的弯曲强度和冲击强度，如表 7-1 所示，碳纤维含量一定的基础上，随着液晶聚合物含量的增加，复合材料的弯曲强度呈现先增加后下降的趋势。在液晶聚合物含量为 5%时，弯曲强度最大为 215 MPa，比不含液晶聚合物的 CF/PPESK/PES 复合材料提高了 48.3%，但是当液晶聚合物含量大于 5%弯曲强度就开始降低，比 CF/PPESK/PES 复合材料还低。冲击强度随着液晶聚合物含量的增加呈下降趋势，当液晶聚合物含量为 10%时为 20.8 kJ/m^2，变为 CF/PPESK/PES 复合材料的 67.5%。这可能是因为液晶聚合物降低了熔体的黏度，减少纤维的折断，提高了碳纤维在流动方向上的取向。当液晶聚合物较少时，黏度较低，使得纤维更好地被浸渍，提高了纤维与树脂基体之间的界面黏结力。随着液晶聚合物含量的增加，纤维与基体之间的黏结性差，界面黏结性较差，即使有少量微纤形成，基体不能将所受载荷有效地传递给纤维，当材料受到外力冲击时，不能有效阻止裂纹的发展导致力学性能下降。

表 7-1　CF/TLCP/PPESK/PES 复合材料的弯曲强度和冲击强度

CF/TLCP/PPESK/PES	弯曲强度/MPa	冲击强度/(kJ/m²)
12/0/30/70	145	30.8
12/5/30/70	215	22.9
12/10/30/70	146	20.8
12/15/30/70	177	12.3
12/20/30/70	92	3.7

7.2.2　短切碳纤维增强 PPESK/PES 共混物复合材料

　　李志路[20]对双螺杆挤出短切 CF 增强 PPESK/PES 共混物复合材料的加工性能和力学性能进行了深入系统的研究，为实际加工应用提供实验依据和理论基础。随着 CF 含量的增加，复合材料的拉伸强度呈现先增大后减小的趋势，在 CF 的质量分数为 23%时，复合材料的拉伸强度达到最大值为 107 MPa，约为 PPESK/PES 共混树脂基体的 1.5 倍(表 7-2)。这是因为复合材料受到外加载荷时，高强度的碳纤维为载荷的主要载体，基体作为连续相将承受的应力通过界面作用传递给纤维，由于基体的强度和模量都远小于纤维，材料的断裂方式主要为基体与纤维的界面脱黏和纤维拔出，这消耗了大部分的能量，所以复合材料的拉伸强度将随着的纤维的加入而得到提高。随着纤维含量的增加，过量的纤维发生团聚形成贫胶区，纤维不能很好被树脂浸润与包覆，界面结合力下降，而且复合材料中纤维端头增多，内应力集中点增多，最终导致复合材料的力学性能降低。

表 7-2　不同碳纤维含量 CF/PPESK/PES 复合材料的耐热性能和力学性能

碳纤维含量/%	热变形温度/℃	拉伸强度/MPa	缺口冲击强度/(kJ/m²)
0	234	67.5	7.02
10	237	93	4.95
18	240	99	4.96
23	241	107	5.28
31	239	96	6.12

　　短切纤维增强聚合物基复合材料的冲击破坏主要模式为基体断裂、纤维断裂和纤维脱黏拔出。短切纤维的加入又会对复合材料的抗冲击性能产生两种相反的作用：一方面，基体银纹会被纤维抽出后所诱发的剪切屈服将终止，韧性得到改善；另一方面，刚性粒子的加入会使复合材料延展性下降，并且在纤维

末端、纤维交叉处或未润湿部位的应力集中也会导致韧性降低。因此，CF/PPESK/PES 复合材料的缺口冲击强度随着短切 CF 含量的增加呈现先降低后升高的现象，这是因为当碳纤维含量较少时，容易作为应力集中点造成缺口冲击强度的降低，随着碳纤维含量的增加，纤维平均长度降低，材料受到的冲击力沿着基体传递给纤维，裂纹更容易沿着基体与纤维的界面纵向扩展，导致纤维脱黏拔出，吸收冲击能量。

7.2.3　碳纤维增强 PPBES 复合材料

除通过与低黏度树脂进行共混的方式可以提高杂萘联苯聚芳醚树脂的加工流变性能外，共聚的方式也可以实现对树脂基体性能调控的目的。杨琳[21]以相对低黏度树脂 PPBES 为基体，研究了短切 CF/PPBES 复合材料的加工性能、高低温力学性能和增强机理。与之前的研究结果类似，随着 CF 含量的增加，力学性能呈现先增后减的趋势，这是因为当碳纤维含量未达到临界值时，通过双螺杆共混，碳纤维能够在树脂基体内实现比较均匀地分布。因此，碳纤维含量增加，所能分担外加载荷的能力也越强，使复合材料强度明显提高。然而，当碳纤维含量过高时，一方面导致纤维在树脂中的分布不均和纤维团聚，将产生大量缺陷；另一方面还会导致复合材料的黏度突增和注塑困难。

研究了不同测试温度对 CF/PPBES 复合材料力学性能的影响，如表 7-3 所示，从-55～150℃，复合材料的弯曲强度和拉伸强度整体表现为逐渐下降的趋势。较低温度下(-55℃)，基体树脂的链段被冻结，分子热运动弱，热塑性树脂的变形率极小，碳纤维被树脂固定，界面结合能力提高，复合材料力学性能提高，因此 CF/PPBES 复合材料具有很好的耐低温能力。随温度的升高，分子链中可形变或运动的结构增多，柔顺性增强，其强度及模量也逐渐下降。另外，碳纤维和树脂的热膨胀系数相差较大，温度升高会导致复合材料界面结合能力大幅下降，界面对外加负载的传递能力下降，复合材料力学性能也随之变差。

表 7-3　不同 CF 含量的 CF/PPBES 复合材料高低温力学性能

CF/%	-55℃		25℃		60℃		150℃	
	σ_F/MPa	σ_T/MPa	σ_F/MPa	σ_T/MPa	σ_F/MPa	σ_T/MPa	σ_F/MPa	σ_T/MPa
0	111	46	77	60	76	71	75	56
17	179	122	150	118	136	106	123	89
18	186	135	151	121	156	111	122	85
25	182	125	158	135	142	109	130	87
37	167	114	136	107	155	100	128	85

注：σ_F 代表弯曲强度，σ_T 代表拉伸强度。

7.2.4 长切碳纤维增强 PPBESK 复合材料

20 世纪 80 年代初，美国聚合物复合材料公司(PCI)提出了长切纤维增强热塑性树脂基复合材料(LFRTP)的概念。LFRTP 与短切纤维增强热塑性树脂基复合材料(SFRTP)相比其主要具有以下三个优点：①材料的拉伸强度、弯曲强度等力学性能均有所提高；②纤维在制品中呈网络状分布，类似于骨架结构，使成品的冲击强度提高；③在不同环境下的力学性能变化较小。然而，在压塑或者挤压成型时，较长的纤维(约 20 mm)又抑制了熔体流动，使其难以填充模具的所有部分，制造工艺相对困难，因此，为了进一步提高杂萘联苯聚芳醚的性能，扩展其应用领域，霍雷[22]探究了长切碳纤维增强 PPBESK 复合材料的成型工艺，并研究了 LCF/PPBESK 复合材料的干/湿态不同温度下的力学性能。以 40%碳纤维含量复合材料为研究对象，其湿态试验件的制备按照 HB7401 标准执行，将试样放入 70℃的烘箱中，达到工程干态后置于(70±3)℃的水中浸泡 14 天。拉伸测试、压缩测试和弯曲测试分别遵从国家标准 GB/T1447—2005、GB/T1448—2005 和 GB/T1449—2005，测试温度由低到高为−55℃、23℃、60℃、150℃和 230℃。

从表 7-4 中可以看出 LCF/PPBESK 复合材料具有良好的耐热性，其力学性能整体都表现出一定的先增后减趋势。拉伸强度在 150℃时达到最大值 244 MPa，在测试温度接近于玻璃化转变温度(230℃)时，其拉伸强度保持率也达到了 81%。压缩强度变化趋势并不明显，可能是因为长切碳纤维原长为 25 mm，而压缩强度的尺寸为 $18×10×6(mm^3)$，模压过程和裁剪过程都会使纤维发生断裂，导致压缩强度不高。

表 7-4 LCF/PPBESK 复合材料干态条件下高低温力学性能

温度/℃	拉伸强度/MPa	拉伸模量/GPa	压缩强度/MPa	压缩模量/GPa	弯曲强度/MPa	弯曲模量/GPa
−55	159±21	24±3	165±40	29±10	335±85	21±2
23	189±70	23±3	183±50	22±2	257±90	22±4
60	196±20	25±6	163±50	25±4	273±40	22±2
150	244±40	—	169±50	—	279±30	22±6
230	154±35	—	137±30	—	166±50	12±3

注：—，未测出。

相比而言，湿热环境对复合材料力学性能影响更加显著，如表 7-5 所示，相同测试温度湿态环境中 LCF/PPBESK 复合材料的力学性能都远低于相应干态环境，但是其随温度变化趋势基本相同。对比 23℃、60℃、150℃和 230℃四种温度下干态和湿态力学性能发现，干态环境下复合材料的表现优于湿态环境，这可能是由于水分充当了塑化剂的角色，起到了塑化作用，对压缩强度的影响更大些，但相比于干态条件，湿态环境的力学强度保持率均在 50% 以上。不同测试温度压缩性能的变化同样不大，这可能是受试样尺寸的影响，材料内部达到吸湿平衡后，水分对材料的塑化作用大于材料的热效应。

表 7-5　LCF/PPBESK 复合材料湿态条件下高低温力学性能

温度/℃	拉伸强度/MPa	拉伸模量/GPa	压缩强度/MPa	压缩模量/GPa	弯曲强度/MPa	弯曲模量/GPa
23	113±20	30±4	95±20	24±4	178±15	18±2
60	138±10	15±3	84±25	24±1	190±10	17±3
150	168±30	—	98±40	—	227±25	19±3
230	139±20	—	75±20	—	144±20	13±4

注：—，未测出。

7.3　连续碳纤维增强杂萘联苯聚芳醚复合材料 ◀◀◀

相比于短切碳纤和长切碳纤增强热塑性树脂基复合材料，连续纤维增强热塑性树脂基复合材料不仅具有轻质、耐腐蚀、可回收等特点，而且具有高比强度、高比模量、可整体设计的优势，已成为一种颇具有竞争力的材料，广泛应用于电子、化工、机械和航天航空等领域[23]。以高性能热塑性树脂为基体，制备具有优异力学性能和耐高温性能的连续纤维增强高性能热塑性树脂基复合材料成为当前先进复合材料领域研究的热点。

目前，受树脂基体性质的限制，连续纤维增强热塑性树脂基复合材料多采用熔融浸渍法进行制备，在聚合物熔融状态下实现对纤维的浸渍。由于绝大多数热塑性聚合物，尤其是高性能热塑性聚合物具有很高的熔融黏度，如聚醚醚酮（PEEK）的熔融黏度为 1×10^4 Pa·s（380℃下剪切速率为 $50\mathrm{s}^{-1}$）。高熔融黏度将导致纤维的浸渍不充分以及复合材料内部树脂分布不均匀等问题，并最终影响复合材料的性能。因此，目前均采用价格昂贵的小丝束连续碳纤维（1K、3K）作为增强体，而且熔融浸渍法对设备要求高，设备投入大、耗能高，制造成本高昂，极大地限制了连续纤维增强热塑性树脂基复合材料的大规模应用。与之相比，溶液浸渍工艺的优势在于聚合物溶液的黏度很低，可以保证纤维的充分浸渍，而且其设备简单，溶剂可回收循环利用，大大降低了复合材料制造成本。但是，由于大多数高性能热塑性聚合物难以溶于常用有机溶剂，因此溶液浸渍法在制备连续纤维增强高性能热塑性树脂基复合材料的发展很缓慢。

含杂萘联苯聚芳醚系列树脂在 N-甲基吡咯烷酮（NMP）等极性有机溶剂中具有良好的溶解性，配置的聚合物溶液可满足纤维浸渍的要求。本课题组基于杂萘联苯聚芳醚优异的耐热性、力学性能和良好的溶解性，通过与连续碳纤维复合，采用溶液预浸法制备预浸带，开展了连续碳纤维增强杂萘联苯聚芳醚树脂复合材料的成型工艺、界面改性以及性能研究工作，以满足航空航天、航海、石油化工等高端制造领域对耐高温碳纤维增强热塑性树脂基复合材料的迫切需求。

7.3.1　连续碳纤维增强 PPESK 和 PPBES 复合材料预浸带成型工艺

对于溶液预浸法制备连续碳纤维增强树脂基预浸带，树脂基体的结构及含量影响浸胶液的黏度大小，影响其在碳纤维表面的浸润和扩散，进而影响复合材料的碳纤维体积含量及力学性能。郑亮[24]研究了 PPESK 和 PPBES 聚合物溶液浓度对碳纤维的浸润效果和复合材料的纤维体积含量的影响，为开发新型可溶性高性能热塑性树脂基复合材料提供实验基础和理论支持。在聚合物分子量及溶剂体系一定的情况下，聚合物溶液的浓度直接影响聚合物溶液的黏度，并进一步影响纤维浸润效果及复合材料的纤维体积含量。

由图 7-1 可知 PPESK 和 PPBES 聚合物溶液黏度随溶液中树脂含量的增加呈指数增大的趋势。这时聚合物大分子的流动是分子链重心沿流动方向发生位移和链间相互滑移的结果。随着溶液中固含量的增加，单位体积内分子数目和链段数目增多，使分子间相互作用变大，分子链间的缠结点也增多，因而引起流动单元变大，从而使运动阻力增大，在宏观上表现为聚合物溶液黏度的增加。

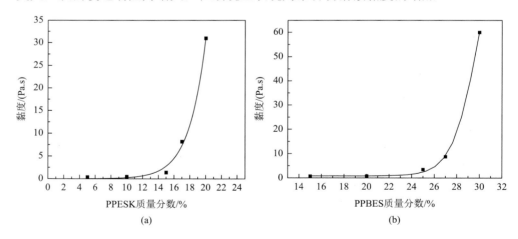

图 7-1　PPESK 和 PPBES 溶液质量含量对树脂溶液黏度的影响

以杂萘联苯共聚芳醚砜（PPBES）和杂萘联苯聚芳醚砜酮（PPESK）为基体，可以获得黏度较低的浸胶液，制得的复合材料预浸带碳纤维体积分数在 32%～70% 之间可调（表 7-6 和表 7-7）。低黏度浸胶液使预浸料具有高纤维体积含量和低聚合物含量；而高黏度的聚合物溶液的渗透性和浸润速率均较低。由于所选用的 PPBES 分子量较 PPESK 小，在相同溶液浓度时，PPBES 溶液黏度要小于 PPESK 溶液黏度。因此，以 PPBES 为树脂基体，用相同溶液浸渍工艺时，即以相同浓度溶液浸润碳纤维时，PPBES 溶液黏度较低，可以更好地浸润纤维。尽管树脂基体的结构和分子量不同，仍然可以通过调节树脂的含量，调控浸胶液的黏度和碳纤维的体积含量。

表 7-6　不同浓度 PPESK 溶液制备的 CF/PPESK 复合材料纤维体积含量

PPESK 质量分数/%	黏度/(Pa·s)	浸渍时间/s	纤维体积分数/%
10	0.2	25	70
12	0.8	25	67
15	1.4	25	65
17	8.2	25	57
20	31.0	25	32

表 7-7　不同浓度 PPBES 溶液制备的 CF/PPBES 复合材料纤维体积含量

PPBES 质量分数/%	黏度/(Pa·s)	浸渍时间/s	纤维体积分数/%
20	0.8	25	63
22	1.5	25	60
25	3.5	25	56
27	8.8	25	47

从表 7-6 和表 7-7 中可以看出，即使浸胶液中 PPESK 的质量含量达到 20%，溶液的黏度也仅为 31.0 Pa·s，远远低于 PEEK 热塑性树脂的熔融黏度（380℃，1×10^4 Pa·s），有利于对碳纤维的充分浸润。

7.3.2　连续碳纤维增强 PPENK 复合材料热塑性相容剂研究

碳纤维表面的石墨结构呈化学惰性，与热塑性树脂之间的作用力较弱，从而使得树脂与纤维间界面强度较低，难以使复合材料获得优异的综合性能[25-27]。另外，耐高温树脂的加工黏度高，导致其对碳纤维的浸润效果差，在热塑性树脂基体中引入大分子相容剂是一种有效降低树脂熔体黏度的方法，还可以增强复合材料的界面强度提升复合材料的机械性能[28]。

王诗杰[29]从分子设计的角度出发，设计并合成了具有优异耐热性能大分子相容剂 PFEK-E（图 7-2），数均分子量为 1.74×10^4，分子量分布指数为 1.74，并将其运用到连续碳纤维增强热塑性树脂基复合材料的制备过程中，树脂基体选用的是兼具良好溶解性、耐热性和机械性能的聚芳醚腈酮（PPENK）树脂，研究了相容剂加入前后，CF/PPENK 复合材料的力学性能。

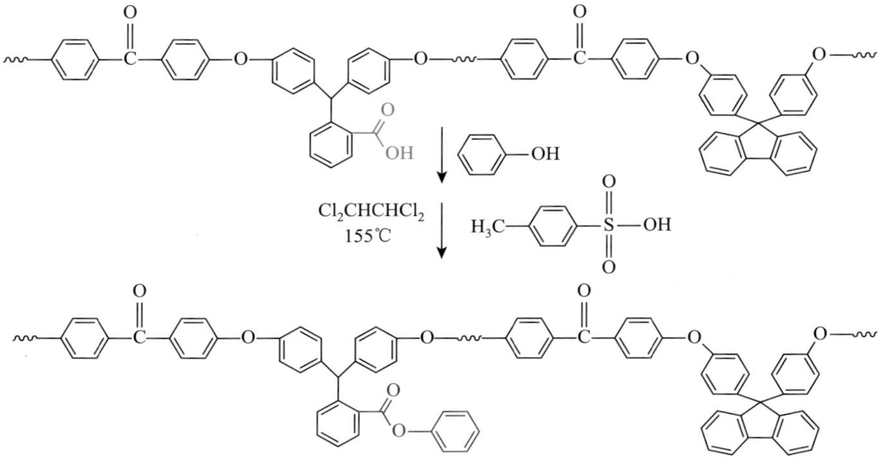

图 7-2   PFEK-E 的合成

不同含量 PFEK-E/PPENK 共混物在升温速率 5℃/min 条件下测试的流变性能曲线如图 7-3 所示。由图可知，纯 PPENK 的黏度随着温度的升高有一定程度的增加，可能原因是 PPENK 树脂中的氰基存在部分高温交联的情况。而相容剂的加入有效地降低了共混体系的熔体黏度，并且随着 PFEK-E 含量的增加，体系黏度降低的幅度更加明显。树脂体系熔体黏度的下降不仅能够有效改善模压成型过程

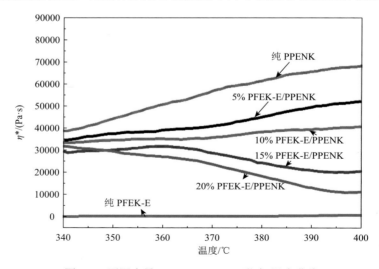

图 7-3   不同含量 PFEK-E/PPENK 黏度-温度曲线

中树脂基体对纤维的二次浸润效果，而且还能增加复合材料的短梁剪切强度。究其原因，与 PPENK 树脂基体相比，相容剂 PFEK-E 中引入的酚酞啉结构具备较强的运动能力，另外侧酯基能够对聚合物分子链产生一定的润滑作用，大幅降低体系的熔体黏度。同时，流变性能测试的结果，为模压工艺的优化提供了充足的数据支持。

　　为了考察模压温度、模压压力、模压时间以及树脂胶液浓度对复合材料力学性能的影响，确定最优的模压工艺和树脂胶液浓度，以添加 10%PFEK-E 相容剂的单向 CF/PPENK 复合材料层压板(CF/10%PFEK-E/PPENK) 为研究对象，设计四因素三水平 9 组正交实验，研究其对复合材料弯曲强度的影响规律，复合材料的弯曲强度以及正交实验参数如图 7-4 和表 7-8 所示。

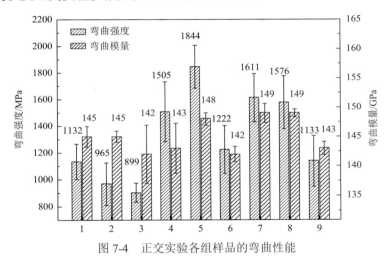

图 7-4　正交实验各组样品的弯曲性能

表 7-8　CF/PPENK 复合材料层压板成型工艺正交实验参数

组别	因素			
	模压温度/℃	模压压力/MPa	模压时间/min	胶液浓度/%
1	370	8	30	12
2	380	10	50	12
3	390	12	40	12
4	370	10	40	14
5	380	12	30	14
6	390	8	50	14
7	370	12	50	16
8	380	8	40	16
9	390	10	30	16

　　由图 7-4 可知，模压工艺和胶液浓度的不同对复合材料的弯曲强度有较大的影响，但弯曲模量则变化不大。

正交实验的数据处理结果如表 7-9 所示，根据正交实验每组弯曲强度的数据计算每个影响因素对应的弯曲强度平均值，根据每个因素在三个水平点弯曲强度的波动幅度范围大小，可以得到模压工艺参数以及树脂胶液浓度对复合材料最终弯曲强度的影响权重：树脂胶液浓度＞模压温度＞模压压力＞模压时间。综上所述，胶液浓度大小对复合材料力学性能的影响最为明显，模压温度和压力次之，模压时间的影响程度最小。

表 7-9　正交实验数据分析结果

组别	因素			
	模压温度/℃	模压压力/MPa	模压时间/min	胶液浓度/%
1	370	8	30	12
2	380	10	40	14
3	390	12	50	16
平均 1/MPa	1416	1310	**1370**	999
平均 2/MPa	**1462**	1201	1327	**1524**
平均 3/MPa	1085	**1452**	1266	1440
平均/MPa	377	251	104	525

注：加粗的数字表示为最优水平点对应的平均弯曲强度。

通过对复合材料采用超声 C 扫描的方式进行无损检测，能够有快速直观地检测出材料内部的缺陷分布情况[30]。如图 7-5 所示的 CF/10%PFEK-E/PPENK 复合材料超声波 C 扫描检测结果，从左到右、从上到下的三个小图分别对应的是 A 扫、B 扫和 C 扫。在 A 扫中，左、右两个波峰分别对应的复合材料的面波和底波，底波和面波波峰之比即为复合材料的回波率大小，面波和底波之间出现的小波动对应的就是复合材料内部的缺陷，回波率越高说明复合材料内部的缺陷越少。B 扫对应的是复合材料的横截面视图，能够发现材料缺陷在横截面上的深度位置和尺寸大小。而 C 扫则对应的是平行复合材料表面的视图角度，能够发现在扫描平面上缺陷所处位置，但具体的深度并不清楚。此外，显示结果中颜色的深浅能用来反映复合材料内部的缺陷分布，颜色越深表明缺陷越多，反之颜色越接近白色表明缺陷越少。由图 7-5

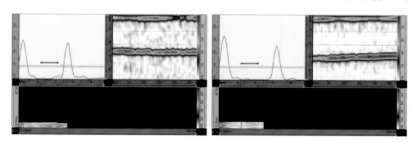

图 7-5　CF/10%PFEK-E/PPENK 复合材料超声波 C 扫描结果

可以看出 CF/10%PFEK-E/PPENK 复合材料的回波率基本在 80% 以上甚至更高，缺陷小波动也非常小，B 扫和 C 扫中复合材料也基本上显示为白色，说明 CF/10%PFEK-E/PPENK 复合材料内部缺陷较少，能充分发挥树脂基体和纤维的协同作用，同时也充分反映出最优模压工艺的合理性。

　　研究了在不同温度由干、湿态条件下相容剂 PFEK-E 对 CF/PPENK 复合材料层间剪切强度和弯曲强度的影响规律。如表 7-10 和表 7-11 所示，在不同温度下，相容剂 PFEK-E 的加入均对 CF/PPENK 复合材料的 ILSS 有不同程度的提升，说明 PFEK-E 能够有效提升 PPENK 树脂基体的熔融流动性，提高树脂基体对碳纤维的浸润效果，改善 CF/PPENK 复合材料的界面性能。

表 7-10　不同温度和 PFEK-E 含量 CF/PPENK 复合材料干态下层间剪切强度

温度/℃	ILSS/MPa				
	0	5%PFEK-E	10%PFEK-E	15%PFEK-E	20%PFEK-E
−55	81	83	89	90	87
25	74	79	84	83	84
60	65	73	76	76	75
200	51	55	57	55	54

表 7-11　不同温度和 PFEK-E 含量 CF/PPENK 复合材料湿态下层间剪切强度

温度/℃	ILSS/MPa				
	0	5%PFEK-E	10%PFEK-E	15%PFEK-E	20%PFEK-E
25	73	77	84	82	82
60	63	69	75	76	72
200	48	49	51	51	50

　　当 PFEK-E 含量≤10% 时，随 PFEK-E 含量的增加，CF/PPENK 复合材料的 ILSS 提升幅度明显，但在 200℃ 湿态条件下提升效果不大，说明 PFEK-E 对 CF/PPENK 复合材料界面的耐湿热性能的改善非常有限。当 PFEK-E 含量≥15% 时，CF/PPENK 复合材料的 ILSS 随 PFEK-E 含量的增加有不同程度的下降。这可能是因为相容剂含量的增加在改善树脂基体熔融流动性的同时也会降低树脂分子间的相互作用力，而当熔融流动性改善对复合材料力学性能的增益效果小于树脂分子间相互作用力的降低对复合材料力学性能的损失时，上述情况就会发生。

　　在 25℃ 干态或湿态条件下，CF/PPENK 复合材料的弯曲强度均随相容剂 PFEK 的含量增加而呈现先增大后降低的趋势。如图 7-6 所示，在室温干态条件下，CF/10%PFEK-E/PPENK 复合材料弯曲强度为 1844 MPa，弯曲模量为 148 GPa，其弯曲强度较未添加 PFEK-E 的 CF/PPENK 复合材料（1546 MPa）提高了 19.3%；而在室温湿态条件下，CF/10%PFEK-E/PPENK 复合材料弯曲强度为 1659 MPa，弯曲模量为 144 GPa，其弯曲强度较未添加 PFEK-E 的 CF/PPENK 复合材料（1426 MPa）增加了 16.3%。而相容剂含量大于或者小于 10%时，CF/PPENK 复合材料的弯曲强度均有不同程度的下降。综上所述，结合相容剂含量对 CF/PPENK 复合材料层间剪切强度的影响，当相容剂 PFEK-E 含量为 10%时，CF/PPENK 复合材料的弯曲强度和界面强度最高。

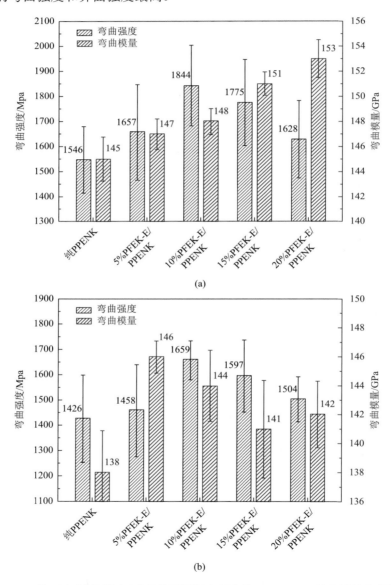

图 7-6　25℃干态（a）和湿态（b）条件不同相容剂含量 CF/PPENK 复合材料弯曲性能

由表 7-12 可知，CF/10%PFEK-E/PPENK 复合材料在干态环境中具有优异的力学性能和耐高低温性能。25℃干态时的弯曲强度达到 1844 MPa，弯曲模量为 148 GPa，与 CF/PPS 复合材料的弯曲强度（1768 MPa）相比略高一些，但弯曲模量略低；与 CF/PEEK 复合材料弯曲强度（1690 MPa）和层间剪切强度（69.9 MPa）相比分别高了 9.1%和 20.6%，而弯曲模量更是高了 25.4%。在低温–55℃干态环境中 CF/10%PFEK-E/PPENK 复合材料的力学性能更为优异，弯曲强度达到 2043 MPa，弯曲模量为 153 GPa，弯曲强度反而提高了 199MPa，层间剪切强度为 88.5 MPa，这是因为 PPENK 树脂基体具有较为优良的耐低温性能，低温状态下分子链段被冻结，韧性较差，同时复合材料中存在的气孔和缺陷收缩变小，进而表现出力学强度得到了提升。在高温 200℃干态条件下，CF/10%PFEK-E/PPENK 复合材料同样表现出非常优异的高温力学性能，其弯曲强度达到 1250 MPa，弯曲强度保持率为 68%，弯曲模量为 127 GPa，弯曲模量保持率为 85.8%，ILSS 为 56.6 MPa，强度保持率为 67.1%。

此外，CF/10%PFEK-E/PPENK 复合材料在湿态环境中也具有不错的力学性能保持率。25℃湿态条件下，其弯曲强度达到 1659 MPa，弯曲模量为 144 GPa，短梁剪切强度达到 83.4 MPa，与室温干态条件下相比，弯曲强度保持率为 90%，短梁剪切强度保持率为 99%。而在高温 200℃湿态条件下，CF/10%PFEK-E/PPENK 复合材料表现出优良的耐湿热性能，其弯曲强度达到 1085 MPa，弯曲模量为 92 GPa，弯曲强度保持率为 58.8%，层间剪切强度为 50.9 MPa，强度保持率为 60.4%。

表 7-12　干/湿态不同温度条件下 CF/10%PFEK-E/PPENK 复合材料的力学性能

温度/℃	弯曲强度/MPa		弯曲模量/GPa		ILSS/MPa	
	干态	湿态	干态	湿态	干态	湿态
−55	2043	—	153	—	88.5	—
25	1844	1659	148	144	84.3	83.4
60	1717	1454	144	136	75.8	74.9
200	1250	1085	127	92	56.6	50.9

为了进一步增强相容剂与碳纤维以及树脂基体的相互作用，Li 等[31]采用"一步法"溶液聚合制备一系列主链含氨基的杂萘联苯聚芳醚酮（PPEK-NH$_2$）相容剂，其结构如图 7-7 所示。

动态机械分析一般用来表征材料的黏弹行为，既能直接反映材料的微结构、刚性和交联度，也能间接反映增强体和基体之间的界面性能。通过 DMA 分析 CF/PPBES/PPEK-NH$_2$ 复合材料在动态条件下的界面性能，如图 7-8 所示，加入热塑性相容剂 PPEK-NH$_2$ 后，复合材料的储能模量由 37 GPa（CF/PPBES）增加到

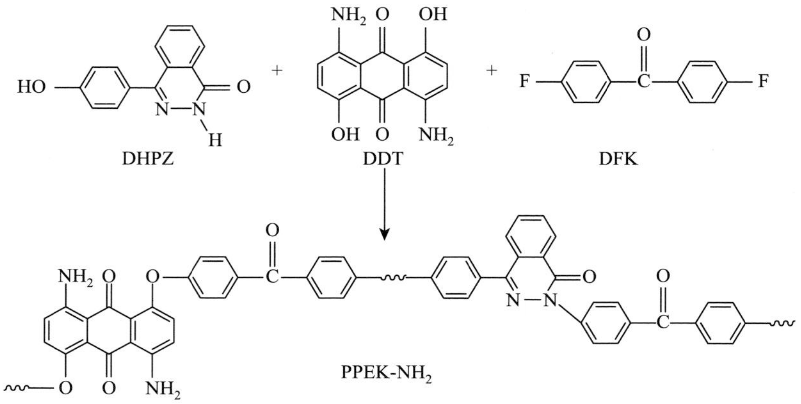

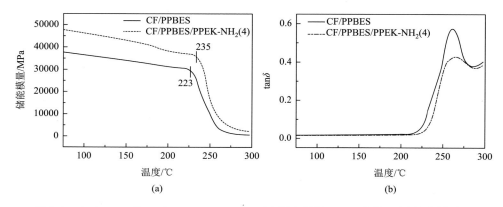

图 7-7　PPEK-NH$_2$ 的合成方法

48 GPa（CF/PPBES/PPEK-NH$_2$），提高 29.7%。储能模量曲线上第一个拐点所对应的玻璃化转变温度（T_g）由 223℃（CF/PPBES）提高至 235℃（CF/PPBES/PPEK-NH$_2$），这主要是因为 PPEK-NH$_2$（4）具有优异的界面增容效率。一方面，PPEK-NH$_2$ 通过在界面区与碳纤维和 PPBES 基体之间相互作用增强，有效提高载荷传递作用，进而提高复合材料的整体抗变形能力，使 CF/PPBES/PPEK-NH$_2$ 复合材料的模量增加；另一方面，通过更强的界面相互作用，使碳纤维对树脂基体的链段运动限制作用增强，使其 T_g 升高。储能模量的结果表明向 CF/PPBES 复合材料体系中加入 PPEK-NH$_2$ 相容剂是一种有效的界面强化手段。

图 7-8　CF/PPBES 和 CF/PPBES/PPEK-NH$_2$（4）复合材料 DMA 曲线：（a）储能模量，（b）损耗因子 tanδ

PPEK-NH$_2$ 分子中 DDT 生成结构单元中的氨基就是一种常见的化学活性官能团，可以与碳纤维表面的上浆剂发生化学反应形成化学键。DDT 生成结构单元的含量对 PPEK-NH$_2$s 的增容效率有重要影响。通过研究 5wt%的 PPEK-NH$_2$ 添加量时 PPEK-NH$_2$ 中 DDT 结构单元含量对 CF/PPBES/PPEK-NH$_{2S}$ 复合材料 ILSS 值和弯曲强度的影响。如图 7-9 所示，CF/PPBES 复合材料的 ILSS 值较低，仅为 82.1 MPa，这是因为 PPBES 树脂大分子链结构主要由苯环、醚键、羰基和砜基等惰性基团构成，碳纤维表面上浆剂中的环氧官能团不能与 PPBES 基体发生化学反应形成牢固的化学结合。添加 PPEK-NH$_{2S}$ 后，CF/PPBES/PPEK-NH$_{2S}$ 复合材料的层间剪切强度呈现不同程度的提高，随着 PPEK-NH$_{2S}$ 分子中 DDT 结构单元数量的增加，CF/PPBES/PPEK-NH$_{2S}$ 复合材料的 ILSS 值呈现先增大后减小的趋势。当 PPEK-NH$_{2S}$ 分子中 DDT 结构单元含量为双酚结构单元的 4%时复合材料的 ILSS 值最大，此时，CF/PPBES/PPEK-NH$_2$(4) 复合材料的 ILSS 值为 95.1 MPa，相比 CF/PPBES 复合材料提高 15.8%。

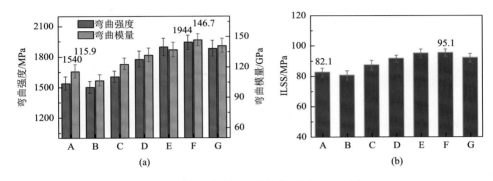

图 7-9　复合材料的弯曲性能(a) 和 ILSS(b)

(A) CF/PPBES，(B) CF/PPBES/PPEK-NH$_2$(0)，(C) CF/PPBES/PPEK-NH$_2$(1)，(D) CF/PPBES/PPEK-NH$_2$(2)，
(E) CF/PPBES/PPEK-NH$_2$(3)，(F) CF/PPBES/PPEK-NH$_2$(4)，(G) CF/PPBES/PPEK-NH$_2$(5)

CF/PPBES/PPEK-NH$_2$ 复合材料的弯曲强度随 PPEK-NH$_{2S}$ 中 DDT 生成结构单元含量的变化趋势与 ILSS 值的变化趋势完全一致。CF/PPBES 复合材料的弯曲强度较低，仅为 1540 MPa，随着 PPEK-NH$_2$ 中 DDT 结构单元含量的增加，CF/PPBES/PPEK-NH$_2$ 复合材料的弯曲强度呈现先增大后减小的变化趋势。当 PPEK-NH$_2$ 分子中 DDT 生成结构单元的含量为双酚结构单元总数的 4%时，CF/PPBES/PPEK-NH$_2$(4) 复合材料的弯曲强度为 1944 MPa，达到最大值，与 CF/PPBES 复合材料相比提高 26.2%。

加入增容剂后 CF/PPBES 复合材料的 ILSS 和弯曲性能显著提升，可归于以下原因。PPEK-NH$_2$ 中的氨基能和碳纤维表面的环氧、羧基和羟基等官能团发生化学作用，形成化学键或者氢键；此外，PPEK-NH$_2$ 与 PPBES6040 基体也具有良好的相容性。因此，PPEK-NH$_2$ 既可以通过化学作用与碳纤维连接，也可以凭借物理作用与 PPBES6040 基体连接，在碳纤维与 PPBES6040 基体之间发挥"桥梁"和"纽带"的作用，进而实现复合材料的界面强化。本方法中以溶液共混的方式向体系中添加相容剂，相容剂的制备方法简单且相容剂的添加量低，可以连续在线生产，具有巨大的工业化应用前景和价值。

图 7-10(a)和图 7-10(b)分别是 CF/PPBES 和 CF/PPBES/PPEK-NH$_2$ 复合材料的剪切断口形貌。

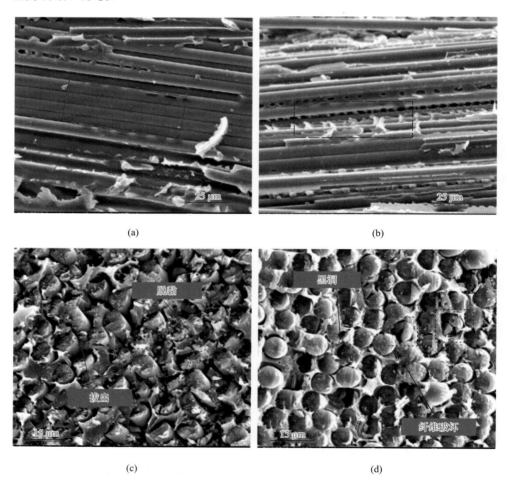

图 7-10　复合材料层间剪切强度测试后断口形貌

(a)CF/PPBES，(b)CF/PPBES/PPEK-NH$_2$；复合材料弯曲强度测试后断口形貌：(c)CF/PPBES，
(d)CF/PPBES/PPEK-NH$_2$

CF/PPBES 复合材料在剪切破坏后，断面比较光滑，碳纤维表面很难观察到 PPBES 基体的痕迹，表明在剪切应力作用下，CF/PPBES 复合材料有明显的界面脱黏现象，呈现典型的界面失效特征。而 CF/PPBES/PPEK-NH$_2$ 复合材料的剪切断口非常粗糙，可以看到基体包裹在碳纤维表面，呈现典型的树脂屈服特征。两

种复合材料剪切断口形貌研究表明 PPEK-NH$_2$ 相容剂改性前后的 CF/PPBES 复合材料在剪切应力作用下的破坏机理由界面脱黏转变为基体屈服断裂。

图 7-10(c) 和图 7-10(d) 分别是 CF/PPBES 和 CF/PPBES/PPEK-NH$_2$ 复合材料的弯曲断口形貌。CF/PPBES 复合材料的弯曲断口非常粗糙，碳纤维从 PPBES 基体中拔出，碳纤维与 PPBES 基体结合疏松，可以观察到明显的界面脱黏现象。CF/PPBES/PPEK-NH$_2$ 复合材料的弯曲断口非常整齐，碳纤维与 PPBES/PPEK-NH$_2$ 基体结合非常紧凑，表明在弯曲应力作用下，CF/PPBES/PPEK-NH$_2$ 复合材料界面结构保持完整。此外，在 CF/PPBES/PPEK-NH$_2$ 复合材料弯曲断口形貌中碳纤维边缘处有少量"黑洞"，这些"黑洞"的产生原因可以归结为基体的塑性变形。除上述特征外，在 CF/PPBES/PPEK-NH$_2$ 复合材料弯曲断口上可以观察到碳纤维本体开裂的现象。复合材料弯曲断口的 SEM 照片表明，在弯曲应力作用下复合材料的破坏机理由界面脱黏(CF/PPBES 复合材料)转变为碳纤维断裂和 PPBES/PPEK-NH$_2$ 基体的塑性屈服(CF/PPBES/PPEK-NH$_2$ 复合材料)。

7.3.3　乳液型耐高温热塑性上浆剂及其 CF/PPBES 复合材料研究

碳纤维在生产制造及后续的加工编织的过程中会受到机械摩擦等作用，纤维表面产生毛丝和单丝断裂的现象。产生的毛丝在生产加工过程中逐渐积累变成毛团，毛团的存在会影响纤维与树脂基体间的浸润性，而纤维的单丝断裂更是会影响复合材料的力学性能。所以碳纤维在出厂前会有一道关键的工序，就是对碳纤维进行上浆处理，上浆剂是涂覆在碳纤维表面的一层保护膜，厚度为几十纳米左右，碳纤维上浆剂的作用主要包括以下几点[32-34]：

(1) 保护碳纤维，防止碳纤维在加工中受到损伤；

(2) 具有集束的作用，使碳纤维单丝聚集在一起，便于后期加工；

(3) 可以起到润滑的作用，防止纤维之间互相摩擦起毛；

(4) 能够弥补纤维表面在生产过程中产生的缺陷；

(5) 能够改善纤维与树脂间的浸润性，增强复合材料的界面黏结性能；

(6) 隔绝纤维表面，阻止纤维与外界空气接触，防止纤维表面被污染。

上浆剂按照溶剂类型主要分为溶液型上浆剂和乳液型上浆剂，溶液型上浆剂是指将上浆剂主浆料直接溶解在有机溶剂中，配制到适宜的浓度所制备的上浆剂。这类上浆剂的优点是制备容易，随制随用，上浆剂稳定性好。缺点是在上浆过程中，残留在导辊上的上浆剂在溶剂挥发后主浆料树脂会析出而磨损纤维，使纤维起毛断裂。此外，溶液型上浆剂对工作人员身体健康和环境有一定的危害。乳液型上浆剂是一种水溶性上浆剂，主要包含主浆料树脂、乳化剂、水及其他少量助剂，其中乳化剂作为"桥梁"将油溶性的主浆料树脂溶解在水中。乳液上浆剂的优点就是在上浆过程中，乳液上浆剂很少能残留在导辊上，基本不会损伤碳纤维；乳液的表面张力小，更容易渗透到纤维表面，在纤维表面形成均匀的浆膜；此外，乳液上浆剂不包含有机溶剂，不会对健康和环境造成危害。

高性能热塑性基体的分子量大、熔融黏度大、分子结构中缺少化学活性官能团，与碳纤维界面相容性差。涂覆上浆剂是碳纤维生产过程中配套的表面处理技术之一，是改善碳纤维与基体相容性的重要手段[33, 35, 36]。然而，传统的碳纤维用上浆剂主要面向热固性树脂基复合材料，以环氧类上浆剂为主，然而，环氧树脂的耐热稳定性差(空气气氛下初始分解温度低于 300℃)，无法满足高性能热塑性树脂基复合材料的高温成型(高于 350℃)的工艺要求，在复合材料界面区域容易产生孔隙和分层等缺陷。因此，传统上浆剂分解导致的碳纤维与高性能热塑性树脂基体不兼容的问题严重影响碳纤维增强高性能热塑性树脂基复合材料的应用和发展。此外，PPBES 与目前主流的环氧树脂上浆剂相容性差，且成型温度不匹配，造成 CF/PPBES 复合材料界面黏结强度低，力学性能较差。因此，亟须研制出适用于 CF/PPBES 复合材料的热塑性上浆剂。

陈博[37]以 PPBES 为主浆料制备了水分散乳液型 PPBES 基热塑性上浆剂，选取八种乳化剂研究其乳化效果，包括：十八烷基三甲基氯化铵(STAC)、十二烷基三甲基氯化铵(DTAC)、十二烷基苄基二甲基氯化铵(BC)、十二烷基苯磺酸钠(SDBS)、十二烷基磺酸钠(SDS)、辛基酚的聚氧乙烯醚(OP-10)、蓖麻油聚氧乙烯醚(EL-30)和聚氧乙烯脱水山梨醇单油酸酯(Tween-80)，乳化剂的 HLB 值和实验后的乳化效果见表 7-13。

表 7-13   乳化剂的 HLB 值和乳化效果

乳化剂	类型	HLB 值	效果	
STAC	阳离子	15.8	乳化	不分层
DTAC	阳离子	17.1	乳化	不分层
BC	阳离子	15.9	乳化	不分层
SDBS	阴离子	10.6	乳化	分层
SDS	阴离子	13	乳化	分层
OP-10	非离子	13.3～14	未乳化	
EL-30	非离子	11.5～12.5	未乳化	
Tween-80	非离子	15	未乳化	

以上实验结果表明，小分子的离子型乳化剂都能够成功乳化，而三种非离子型的乳化剂均出现了乳化失败的情况，可能的原因是非离子型乳化剂属于高分子乳化剂，乳化剂分子间会产生氢键作用，随着乳化的进行，乳化剂含量的增多，

这种作用会大大增加体系的剪切黏度，以至于到乳化后期，体系黏度极大导致无法发生相反转，从而导致乳化失败。而离子型乳化剂属于小分子乳化剂，乳化后期体系黏度相对较低，可以成功发生相反转。对三种未分层乳液进行了乳液粒径、Zeta 电位和离心沉淀质量分数的测量，测试结果如表 7-14 所示。

表 7-14　乳化剂对乳液稳定性的影响

乳化剂	HLB 值	平均粒径/nm	PDI	Zeta 电位/mV	离心沉淀质量分数/%
STAC	15.8	181.9	0.099	50.7	2.465
DTAC	17.1	418.4	0.169	44.8	6.173
BC	15.9	245.1	0.097	48.3	3.188

乳液粒径是评价乳液稳定性的关键指标，粒径越小且分布越窄说明乳液的稳定性也越好，而小的乳液液滴，也能更好地在分散在碳纤维表面形成致密的均匀的膜，测试结果表明，STAC 作为乳化剂时上浆剂的粒径最小，为 181.9 nm。此外 Zeta 电位也是评价上浆剂的稳定性的另一个指标，较高的 Zeta 电位增加上浆剂粒子间的排斥力，避免上浆剂粒子因团聚而沉降，Zeta 电位越高，上浆剂稳定性越好。STAC 作为乳化剂制备的上浆剂的 Zeta 电位值达到了 50.7 mV，高于 DTAC 和 BC 两种乳化剂。最后对三种上浆剂的离心稳定性进行了测量，实验结果同样表明，使用 STAC 作为乳化剂，离心后得到的沉淀质量最小。综上所述，使用 STAC 作为乳化剂所制备的上浆剂稳定性最好，STAC 的结构如图 7-11 所示。

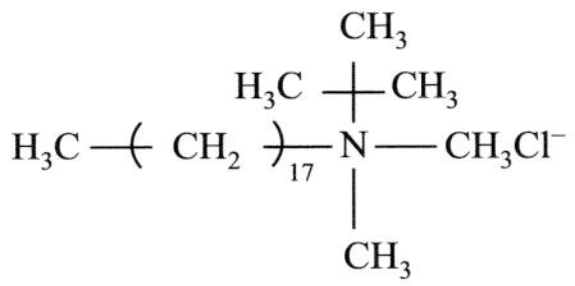

$$H_3C-(CH_2)_{17}-\overset{\overset{\displaystyle CH_3}{\underset{\displaystyle |}{\overset{\displaystyle |}{N}}}}{\underset{\displaystyle CH_3}{\underset{\displaystyle |}{}}}-CH_3Cl^-$$

图 7-11　乳化剂 STAC 的分子结构

将采用最佳工艺条件制备的乳液型上浆剂静置 3 个月，静置前后乳液的状态和性能见表 7-15。结果表明，乳液的平均粒径、Zeta 电位以及离心沉淀质量分数均没有明显变化，所制备的 PPBES 乳液上浆剂具有优异的稳定性。

表 7-15　静置前后乳液性能

乳液样品	平均粒径/nm	PDI	Zeta 电位/mV	离心沉淀质量分数/%
制备时	110.5	0.099	55.1	2.003
静置三个月后	115.7	1.047	53.4	2.258

　　固液两相间的浸润性与固相的表面自由能有关，表面能越大，浸润性越好，表面能越小，浸润性越差。对脱浆 T700 和 PPBES 上浆 T700 的表面能进行计算，采用插入法测量三种纤维在水和二碘甲烷中的动态接触角。由表 7-16 可知，脱浆 T700 在水和二碘甲烷的接触角分别为 70.63° 和 52.78°，其表面能仅为 37.95 mJ/m²，极性分量只有 11.92 mJ/m²；经过 PPBES 上浆后的 T700 在水和二碘甲烷的接触角均明显下降，分别为 54.67° 和 43.56°，表面自由能明显提高，从 37.95 mJ/m² 增加到 49.02 mJ/m²。由于脱浆碳纤维表面活性差，表面能低，导致 PPBES 树脂在纤维表面难以铺展。经 PPBES 上浆剂上浆过后，极性分量从 11.92 mJ/m² 提高到 21.02 mJ/m²，这是因为 PPBES 的分子结构中存在大量的—C＝O 和—C—N—等强极性基团，纤维表面极性增加，树脂基体与纤维间的界面结合力得到增强[38, 39]。

表 7-16　不同碳纤维的接触角和表面能测试结果

碳纤维	接触角/(°)		表面能/(mJ/m²)		
	水	二碘甲烷	γ_p	γ_d	γ
脱浆 T700	70.63	52.78	11.92	26.03	37.95
PPBES-T700	54.67	43.56	21.02	28.00	49.02

　　对比观察脱浆 T700 和采用不同浓度上浆剂的上浆的 T700 的微观表面形貌，可以确定上浆剂浓度对碳纤维表面形貌的影响。如图 7-12 所示，脱浆 T700 在脱

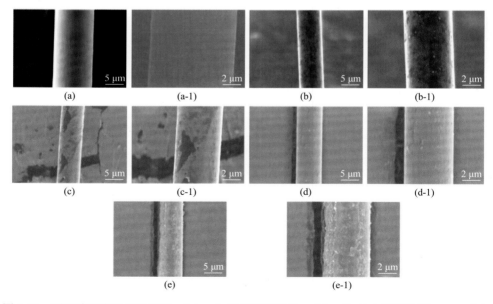

图 7-12　不同碳纤维扫描电镜图：（a）、（a-1）脱浆碳纤维；（b）、（b-1）上浆剂浓度 0.1%；（c）、（c-1）上浆剂浓度 0.5%；（d）、（d-1）上浆剂浓度 1.0%；（e）、（e-1）上浆剂浓度 1.5%

除原有上浆剂后碳纤维表面比较光滑干净，沟壑和凹槽较少，主要是由于 T700 碳纤维采用干喷湿纺工艺，这样生产的碳纤维表面沟壑和凹槽相对较少。在使用 PPBES 上浆剂重新上浆后，碳纤维表面的粗糙度明显增加，表面粗糙度的增加有利于纤维和树脂间形成机械互锁结构，增加界面的黏结强度。上浆剂树脂被乳化剂分子包裹以微球状态涂敷在碳纤维表面，当上浆剂浓度只有 0.1%时，由于上浆剂浓度太低，上浆剂颗粒只能离散地涂覆在碳纤维表面，不足以形成膜，不能使碳纤维被完全包裹起来；当碳纤维浓度达到 0.5%时，上浆剂可以在碳纤维表面成膜，但是由于浓度不够，膜厚度比较薄，且容易脱落；而当上浆剂浓度为 1.0%时，上浆剂均匀地涂覆在碳纤维表面，形成致密的浆膜，将碳纤维包裹起来；当上浆剂浓度达到 1.5%时，因为上浆剂浓度比较高，发生了明显的上浆剂粒子团聚的现象，从而导致上浆剂在纤维表面分布不够均匀，膜厚度不均一，分散性降低，所以根据纤维表面上浆剂的覆盖和分散情况，上浆剂最佳的浓度为 1.0%。

对脱浆 T700、未处理 T700 和 1.0%浓度上浆剂上浆后的 T700 制成的 CF/PPBES 复合材料进行了弯曲和层间剪切测试，结果如图 7-13 所示。从图中可以看出，相比于未处理 T700，脱浆后的 T700 弯曲强度从 1729 MPa 下降到 1614 MPa；而使用 PPBES 乳液上浆剂上浆后，当上浆剂浓度为 1.0%时，弯曲强度提高到 1824 MPa，比脱浆 T700 提高了 13.0%，比未处理 T700 提高了 5.5%。脱浆 T700 的层间剪切强度最低，为 73.3 MPa，经过 PPBES 乳液上浆剂上浆后，层间剪切强度最大增加到了 80.2 MPa，此时的上浆剂浓度为 1.0%，比脱浆 T700 提高了 9.4%，比未处理 T700 提高了 5.7%。这是由于脱浆之后纤维表面缺乏活性官能团，与树脂基体间的化学作用较小，浸润性较差；而且纤维表面有很多凹槽和缺陷，当高熔体黏度树脂很难和纤维充分接触和浸润，导致存在局部空隙；未

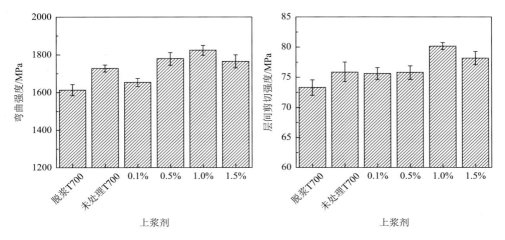

图 7-13　不同浓度上浆剂处理的 CF/PPBES 复合材料的弯曲强度和层间剪切强度

处理 T700 表面的环氧树脂上浆剂虽然能够修复裸纤表面的缺陷并增加纤维表面的活性，但是环氧树脂上浆剂与基体 PPBES 相容性差，且热成型过程中环氧上浆剂会发生降解释放出小分子，容易在复合材料界面处形成缺陷，所以界面强度也较低；而通过 PPBES 上浆剂上浆后，上浆剂在碳纤维表面成膜填充覆盖住纤维表面的缺陷部分，而且上浆剂中的极性基团可以与树脂基体中的极性基团产生较强的次价力；当主浆料树脂与基体树脂具有相同或相近的结构时，因为"相似相容"会产生较强的内聚力，所以使用 PPBES 上浆提高了复合材料的界面结合力[40, 41]。

图 7-14(a)和图 7-14(b)分别是未处理 T700 和 PPBES 上浆 T700 的 CF/PPBES 复合材料弯曲测试后断面形貌。从图 7-14(a)中可以看到，未处理 CF/PPBES 复合材料在弯曲破坏后，其断面形貌非常的粗糙，部分碳纤维从 PPBES 树脂基体中拔出并撕裂，碳纤维与树脂基体之间结合疏松，纤维与树脂间的脱黏现象非常明显，这是因为未处理 T700 纤维表面的环氧类上浆剂与 PPBES 相容性差，界面结合强度低。而采用 PPBES 乳液上浆剂重新上浆后，复合材料的弯曲断面形貌与未处理 T700CF/PPBES 有明显区别［图 7-14(b)］。其弯曲断面非常整齐，碳纤维与基体之间结合紧凑，没有明显界面破坏的迹象，纤维与树脂间的空隙较少，明显降低了纤维与树脂间的脱黏。

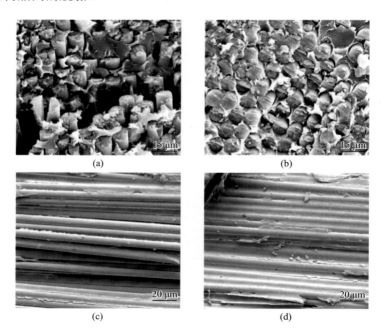

图 7-14　CF/PPBES 复合材料弯曲强度测试后断面形貌：(a) 未处理 T700，(b) PPBES 上浆 T700；
CF/PPBES 层间剪切强度测试后断面形貌：(c) 未处理 T700， (d) PPBES 上浆 T700

图 7-14(c) 和图 7-14(d) 为未处理 T700 和 PPBES 上浆 T700 的 CF/PPBES 复合材料层间剪切强度测试后的断面形貌,从图 7-14(c) 中可以看出,未处理的 T700 复合材料剪切断口比较光滑,纤维被树脂基体包裹较少,纤维之间树脂基体含量较低,纤维和树脂基体发生了明显的脱黏,破坏结构为界面破坏,这进一步说明树脂基体对环氧类上浆碳纤维的浸润性较差,载荷无法在纤维与树脂基体间有效传递。经过 PPBES 上浆后制备的 CF/PPBES 复合材料,剪切断口比较粗糙,纤维被基体树脂包裹,纤维之间几乎没有空隙,纤维周围的树脂发生变形,这种破坏是树脂基体内部破坏,表明纤维与基体树脂间的相容性和界面强度明显提高。复合材料弯曲强度和层间剪切强度测试后的断面形貌结果表明:经过热塑性树脂 PPBES 上浆后,复合材料的界面性能获得了明显的提高,这与弯曲强度和层间剪切强度的结果是一致的。

7.3.4　碳纤维表面改性及其 CF/PPBES 复合材料性能研究

为了提高连续碳纤维增强 PPBES 复合材料的界面强度,Li 等[42] 以 CF/PPBES 复合材料为研究对象,通过原位共聚合的方法在碳纤维表面构筑氨基封端的六氯环三磷腈-三聚氰胺(PPM)共聚物涂层,并研究了 CF-PPM/PPBES6040 复合材料的力学性,通过 PPM 对碳纤维表面图层改性后,复合材料的 ILSS 值、弯曲强度和玻璃化转变温度分别增加到 95.6 MPa、2067 MPa 和 232℃。首先,PPM 共聚物封端的氨基可以与 PPBES6040 基体中的含氧官能团(醚键、砜基、羰基)形成氢键,而且 PPM 共聚物中较高含量的氮原子可以增加纤维表面与 PPBES6040 基体之间的界面相容性以及树脂对碳纤维的浸润性(图 7-15);其次,CF-PPM 增强体表面的"鱼鳞"状龟裂形貌能提高增强体的表面粗糙度(图 7-16),加强界面机械结合;再者,PPM 共聚物涂层与碳纤维表面通过化学键连接,有助于增大 PPM 共聚物涂层在碳纤维表面的附着力,提高 PPM 共聚物涂层的界面强化效率。

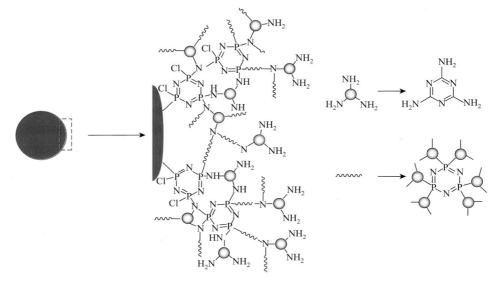

图 7-15　PPM 共聚涂层修饰碳纤维的示意图

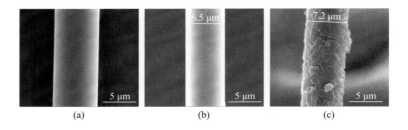

图 7-16　碳纤维的扫描电镜照片：（a）未处理 CF；（b）CF-OH；（c）CF-PPM

　　图 7-17（a）和图 7-17（b）分别是未处理 CF/PPBES 和 CF-PPM/PPBES 两种复合材料的剪切断口形貌。未处理 CF/PPBES 复合材料剪切断口非常光滑，碳纤维表面没有明显的 PPBES 基体包覆，表明未处理 CF/PPBES 复合材料的界面结合较弱，在剪切应力作用下界面开裂现象严重，呈现典型的界面失效特征。CF-PPM/PPBES 复合材料的剪切断口非常粗糙，碳纤维表面包裹一层 PPBES 树脂，且断面上存在大量细小的基体树脂碎片，表明 CF-PPM/PPBES 复合材料的界面强度较高，剪切应力作用下复合材料的破坏主要是由 PPBES 基体断裂屈服引起的。图 7-17（c）和图 7-17（d）分别是未处理 CF/PPBES 和 CF-PPM/PPBES 两种复合材料的弯曲断口形貌。未处理 CF/PPBES 复合材料在弯曲破坏后，其断面形貌非常粗糙，碳纤维从基体中拔出，碳纤维与 PPBES 基体结合疏松，可以观察到明显的界面脱黏现象。CF-PPM/PPBES 复合材料的弯曲断口非常整齐，碳纤维与 PPBES 基体结合紧凑，表明在弯曲应力作用下，CF-PPM/PPBES 复合材料界面结构保持完整。与此同时，

在 CF-PPM/PPBES 复合材料弯曲断口上可以观察到少量碳纤维结构破坏的迹象，表明较大的弯曲应力使碳纤维产生断裂。此外，较大的弯曲应力还使 PPBES 树脂基体发生塑性变形，在碳纤维与 PPBES 基体结合处分布有少量"黑洞"。

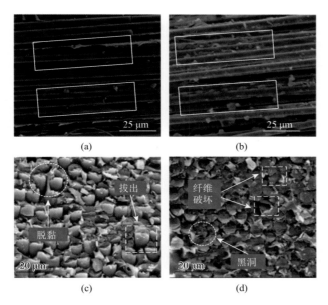

图 7-17　复合材料层间剪切强度测试后断面形貌：(a)未处理 CF/PPBES，(b)CF-PPM/PPBES；
　　　　复合材料弯曲强度测试后断面形貌：(c)未处理 CF/PPBES，(d)CF-PPM/PPBES

为了进一步提高 CF/PPBES 热塑性树脂基复合材料的界面强度，李楠[43]设计在碳纤维表面进行石墨烯修饰，采用"循环多次上浆"工艺制备石墨烯/碳纤维多尺度增强体，以氧化石墨烯为例探究多尺度增强体中石墨烯含量对复合材料性能的影响，研究表明当多尺度增强体中氧化石墨烯的含量为 0.5 wt%时，GO/CF/PPBES8020 复合材料的 ILSS 值最大，达到 91.5 MPa。通过化学修饰的方法将双芳基重氮甲烷结构引入石墨烯表面，热处理后制备 rGO-DMDP/CF 增强体，rGO-DMDP/CF/PPBES8020 的 ILSS 值、弯曲强度和玻璃化转变温度分别增加到 97.2 MPa、2043 MPa 和 240℃。

与 GO/CF 增强体相比，在 rGO-DMDP/CF 多尺度增强体中，rGO-DMDP 与未处理 CF 之间通过化学键和 π-π 相互作用连接(图 7-18)，增强 rGO-DMDP 在碳纤维表面的附着力(图 7-19)，因此，rGO-DMDP 具有较高的增强效率。尽管，该方法中 rGO-DMDP 需要较长的制备周期，但是，该方法可以通过"上浆-热处理"的方式快速地将 rGO-DMDP 加成到碳纤维表面，可以连续在线操作，具有优异的增强效果和规模化应用潜力。

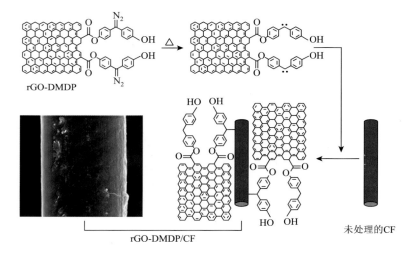

图 7-18　rGO-DMDP/CF 增强体热处理过程中的化学作用

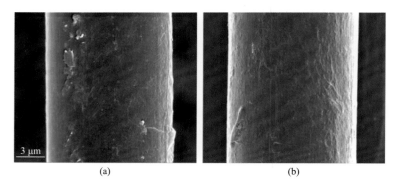

(a)　　　　　　　　　　(b)

图 7-19　石墨烯/碳纤维多尺度增强体的表面形貌：(a) 未处理 CF，(b) rGO-DMDP/CF

图7-20是层间剪切强度测试后未处理CF/PPBES（A）和rGO-DMDP/CF/PPBES（B）两种复合材料层间剪切断口的 SEM 图。通过观察 rGO-DMDP 修饰前后复合材料层间剪切断口的微观形貌进一步明确界面增强机制。从图中可以看出，未处理CF/PPBES 复合材料的剪切断口上有大量碳纤维裸露在外，仅有极少量的 PPBES 基体包覆在碳纤维表面，呈现典型的界面破坏特征。rGO-DMDP 修饰碳纤维后，改变了增强体的表面微观结构，增大了增强体的比表面积。rGO-DMDP/CF/PPBES 复合材料的剪切断口上，可以看到有一部分被 PPBES 基体包覆的石墨烯紧紧地锚定在碳纤维表面，石墨烯像"纽扣"一样，通过化学键和 π-π 相互作用将碳纤维和 PPBES 基体牢固地连接起来。此外，有一部分石墨烯在碳纤维表面撕裂甚至剥离，这势必需要较大的外加载荷，并且消耗大量的能量。rGO-DMDP/CF/PPBES 复合材料的剪切断口上石墨烯结构的破坏可以归结为裂纹的局部塑化和撕裂作

用，rGO-DMDP/CF/PPBES 复合材料界面相的"撕裂"和"剥离"作用阻止裂纹在界面相的产生和扩展[44]。

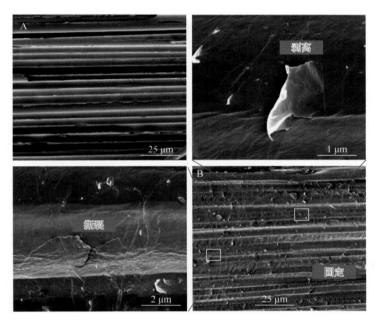

图 7-20　rGO-DMDP 修饰前后 CF/PPBES 复合材料层间剪切断口形貌：（A）未处理 CF/PPBES，（B）rGO-DMDP/CF/PPBES

参 考 文 献

[1] Li F, Hua Y, Qu C B, et al. Greatly enhanced cryogenic mechanical properties of short carbon fiber/polyethersulfone composites by graphene oxide coating. Composites Part A: Applied Science and Manufacturing, 2016, 89: 47-55.

[2] Hassan E A M, Ge D T, Yang L L, et al. Highly boosting the interlaminar shear strength of CF/PEEK composites via introduction of PEKK onto activated CF. Composites Part A: Applied Science and Manufacturing, 2018, 112: 155-160.

[3] Hassan E A M, Ge D, Zhu S, et al. Enhancing CF/PEEK composites by CF decoration with polyimide and loosely-packed CNT arrays. Composites Part A: Applied Science and Manufacturing, 2019, 127: 105613.

[4] Hassan E A M, Yang L L, Elagib T H H, et al. Synergistic effect of hydrogen bonding and π-π stacking in interface of CF/PEEK composites. Composites Part B: Engineering, 2019, 171: 70-77.

[5] Liu H, Su X, Tao J, et al. Effect of SiO₂ nanoparticles-decorated SCF on mechanical and tribological properties of cenosphere/SCF/PEEK composites. Journal of Applied Polymer Science, 2020, 137（22）: 48749.

[6] Liu H, Zhao Y, Li N, et al. Enhanced interfacial strength of carbon fiber/PEEK composites using a facile approach via PEI&ZIF-67 synergistic modification. Journal of Materials Research and Technology, 2019, 8（6）: 6289-6300.

[7] van de Werken N, Tekinalp H, Khanbolouki P, et al. Additively manufactured carbon fiber-reinforced composites:

State of the art and perspective. Additive Manufacturing, 2020, 31: 100962.

[8]   Sakai T, Shamsudim N S B, Fukushima R, et al. Effect of matrix crystallinity of carbon fiber reinforced polyamide 6 on static bending properties. Advanced Composite Materials, 2021, 30(2): 71-84.

[9]   Motta Dias M H, Jansen K M B, Luinge J W, et al. Effect of fiber-matrix adhesion on the creep behavior of CF/PPS composites: temperature and physical aging characterization. Mechanics of Time-Dependent Materials, 2016, 20: 245-262.

[10]   Liu L, Yan F, Li M, et al. A novel thermoplastic sizing containing graphene oxide functionalized with structural analogs of matrix for improving interfacial adhesion of CF/PES composites. Composites Part A: Applied Science and Manufacturing, 2018, 114: 418-428.

[11]   Gao X, Huang Z, Zhou H, et al. Higher mechanical performances of CF/PEEK composite laminates via reducing interlayer porosity based on the affinity of functional s-PEEK. Polymer Composites, 2019, 40(9): 3749-3757.

[12]   Zhao L X, Ge Q, Sun J X, et al. Fabrication and characterization of polyphenylene sulfide composites with ultra-high content of carbon fiber fabrics. Advanced Composites and Hybrid Materials, 2019, 2(3): 481-491.

[13]   Wu Y, Chen G, Zhan M, et al. High heat resistant carbon fiber/polyimide composites with neutron shielding performance. Progress in Organic Coatings, 2019, 132: 184-190.

[14]   张婷. 高性能热塑性复合材料在大型客机结构件上的应用. 航空制造技术, 2013, (15): 32-35.

[15]   陈亚莉. 高性能热塑性复合材料在飞机上的应用. 航空维修与工程, 2003, (3): 28-30.

[16]   季光明, 殷跃洪, 郑正. 民用飞机用热塑性复合材料的研究进展. 中国胶粘剂, 2016, 25(3): 52-55.

[17]   张舒. 基于上浆法的界面设计及其对 CFRP 界面性能影响研究. 哈尔滨: 哈尔滨工业大学, 2014.

[18]   孙银宝, 李宏福, 张博明. 连续纤维增强热塑性复合材料研发与应用进展. 航空科学技术, 2016, 27(5): 1-7.

[19]   王海连. TLCP 和纤维增强改性杂萘联苯聚醚砜研究. 大连: 大连理工大学, 2006.

[20]   李志路. 杂萘联苯聚芳醚的碳纤维增强及共混改性研究. 大连: 大连理工大学, 2010.

[21]   杨琳. 注塑级短切碳纤维增强杂环聚芳醚砜的研究. 大连: 大连理工大学, 2015.

[22]   霍雷. 长碳纤维增强杂环聚芳醚复合材料制备与性能. 大连: 大连理工大学, 2017.

[23]   Wang X, Huang Z, Lai M, et al. Highly enhancing the interfacial strength of CF/PEEK composites by introducing PAIK onto diazonium functionalized carbon fibers. Applied Surface Science, 2020, 510: 145400.

[24]   郑亮. 连续纤维增强杂萘联苯聚芳醚树脂基复合材料的研究. 大连: 大连理工大学, 2009.

[25]   Zheng Y, Wang X, Wu G. Chemical modification of carbon fiber with diethylenetriaminepentaacetic acid/halloysite nanotube as a multifunctional interfacial reinforcement for silicone resin composites. Polymers for Advanced Technologies, 2020, 31(3): 527-535.

[26]   Sun T, Li M, Zhou S, et al. Multi-scale structure construction of carbon fiber surface by electrophoretic deposition and electropolymerization to enhance the interfacial strength of epoxy resin composites. Applied Surface Science, 2020, 499: 143929.

[27]   Yuan X, Zhu B, Cai X, et al. Nanoscale toughening of carbon fiber-reinforced epoxy composites through different surface treatments. Polymer Engineering & Science, 2019, 59(3): 625-632.

[28]   郭玉杰. 国产碳纤增强共聚醚砜复合材料及相容剂研究. 大连: 大连理工大学, 2016.

[29]   王诗杰. 连续碳纤增强聚芳醚腈酮复材及其相容剂研究. 大连: 大连理工大学, 2018.

[30]   曹弘毅. 碳纤维复合材料超声相控阵无损检测技术研究. 济南: 山东大学, 2021.

[31]   Li N, Zong L, Wu Z, et al. Effect of Poly(phthalazinone ether ketone) with amino groups on the interfacial performance of carbon fibers reinforced PPBES resin. Composites Science and Technology, 2017, 149: 178-184.

[32]   李金亮, 高小茹. 碳纤维上浆剂的研究进展. 纤维复合材料, 2015, 32(4): 37-40.

[33] Dilsiz N, Wightman J P. Surface analysis of unsized and sized carbon fibers. Carbon, 1999, 37(7): 1105-1114.

[34] Wu Q, Zhao R, Zhu J, et al. Interfacial improvement of carbon fiber reinforced epoxy composites by tuning the content of curing agent in sizing agent. Applied Surface Science, 2020, 504: 144384.

[35] Yuan H J, Zhang S C, Lu C X, et al. Improved interfacial adhesion in carbon fiber/polyether sulfone composites through an organic solvent-free polyamic acid sizing. Applied Surface Science, 2013, 279: 279-284.

[36] 代志双, 李敏, 张佐光, 等. 碳纤维上浆剂的研究进展. 航空制造技术, 2012, 416(20): 95-99.

[37] 陈博. 高性能热塑性上浆剂的制备和性能研究. 大连: 大连理工大学, 2020.

[38] Wang C F, Chen L, Li J, et al. Enhancing the interfacial strength of carbon fiber reinforced epoxy composites by green grafting of poly(oxypropylene) diamines. Composites Part A: Applied Science and Manufacturing, 2017, 99: 58-64.

[39] Wu G S, Ma L C, Wang Y W, et al. Interfacial properties and impact toughness of methylphenylsilicone resin composites by chemically grafting POSS and tetraethylenepentamine onto carbon fibers. Composites Part A: Applied Science and Manufacturing, 2016, 84: 1-8.

[40] Li N, Zong L S, Wu Z Q, et al. Effect of Poly(phthalazinone ether ketone) with amino groups on the interfacial performance of carbon fibers reinforced PPBES resin. Composites Science and Technology, 2017, 149: 178-184.

[41] Wu G S, Chen L, Liu L. Direct grafting of octamaleamic acid-polyhedral oligomeric silsesquioxanes onto the surface of carbon fibers and the effects on the interfacial properties and anti-hydrothermal aging behaviors of silicone resin composites. Journal of Materials Science, 2017, 52: 1057-1070.

[42] Li N, Zong L S, Wu Z Q, et al. Amino-terminated nitrogen-rich layer to improve the interlaminar shear strength between carbon fiber and a thermoplastic matrix. Composites Part A: Applied Science and Manufacturing, 2017, 101: 490-499.

[43] 李楠. 碳纤维增强 PPBES 复合材料的界面改性研究. 大连: 大连理工大学, 2018.

[44] Wang P F, Yang J L, Liu W S, et al. Tunable crack propagation behavior in carbon fiber reinforced plastic laminates with polydopamine and graphene oxide treated fibers. Materials & Design, 2017, 113: 68-75.

第8章

玻璃纤维增强杂萘联苯聚芳醚复合材料

8.1 引言 <<<

玻璃纤维(GF，简称玻纤)具有低成本、高强度的特点，主要用于制备树脂基复合材料。玻璃纤维增强树脂基(GFRP)复合材料具有轻质、高强度等综合性能，且成本明显低于碳纤维增强树脂基(CFRP)复合材料，被广泛应用在航空、风电、电子电气、体育用品等领域。其中，玻璃纤维增强热固性树脂基复合材料占比很高，然而其存在断裂韧性低、抗损伤能力差、成型周期长及难以回收等缺点。与热固性树脂基复合材料相比，以热塑性树脂作为基体树脂具有以下众多优势：其韧性可达热固性树脂的 10 倍左右，疲劳强度高，冲击容限更高，具有更加优异的抗冲击性能；热成型工艺性好、成型周期短，生产效率高；在成型过程中不发生化学反应；预浸带对存储条件要求不高，使用方便；制品后加工可进行热熔焊接，维修容易；可回收再利用，对环境友好。

20 世纪 50 年代，玻璃纤维增强热塑性树脂基复合材料的研发成功拉开了热塑性树脂基复合材料快速发展的序幕。美国 Bradt 公司于 1951 年首次开发出短切玻璃纤维增强聚丙烯树脂基复合材料，此后，热塑性复合材料及制备技术进入发展快车道。美国 Fiberfil 公司迅速将这项新技术应用于工业化生产，成功制备了短切玻璃纤维增强尼龙 66 复合材料。20 世纪 60 年代，螺杆注塑机广泛应用后，短切纤维增强热塑性树脂基复合材料实现了大规模生产和应用。在短纤维增强热塑性树脂基复合材料发展初期，基体树脂一般为聚丙烯(PP)、聚乙烯(PE)、聚苯乙烯(PS)、聚氯乙烯(PVC)，增强材料主要是短切玻璃纤维。以通用热塑性塑料作为基体的玻纤增强复合材料主要特点是韧性好、成型工艺简单、制造周期短[1]。但此类树脂基体玻璃化转变温度(T_g)普遍偏低，导致其复合材料的热变形温度和模量偏低，主要应用于电器、电子、五金工具、汽车等工业用品的非承力构件[2]。经过近 80 年的发展，已有多种热塑性 GFRP 复合材料面世。随着应用领域的不断扩大，航空航天等尖端领域对复合材料性能提出越来越高的要求，以通用塑料为树脂基体的热塑性复合材料明显不能满足应用的要求，如不能在高温下使用、耐磨性不好、尺寸不够稳定等。随着聚酰胺（PA）、聚甲醛（POM）等工程塑料应用领域的扩大，以及聚醚砜（PES）、聚苯硫醚（PPS）、聚醚醚酮（PEEK）等新型高性能热塑性树脂的问世，以这些力学性能优异、耐热性高的树脂作为基体材料，以玻璃纤维为增强体的新一代热塑性复合材料大大提高了耐热性和力学性能，其应用领域也扩大到了汽车、石油化工、航空航天、机械等工业领域的结构件[3, 4]。这类热塑性树脂基复合材料的耐热温度高，综合性能好。其主要应用：一是要求强度高而密度小的场合，如飞机或火箭的构件；二是制作在高温环境下仍要求保持高强度的构件，如燃气涡轮发电机叶片、汽车的进气口歧管、风扇叶片和外罩、发动机盖及冷却系统部件等[5]。

杂萘联苯聚芳醚高性能工程塑料是作者团队在承担国家"八五"、"九五"国家重点科技攻关项目、国家自然科学基金项目和国家高技术研究发展计划（863 计划）基础上开发成功的一系列新型高性能工程塑料品种，其中含杂萘联苯聚醚砜（PPES）、聚醚酮（PPEK）和聚醚砜酮（PPESK）均被确认为国际首创，处于国际先进水平，具有优异的力学性能、电气绝缘性能、耐化学药品性能和耐辐射性能，由于分子主链中含有"全芳环扭曲非共平面"结构单元，使材料具有耐高温、可溶解、综合性能优异的特点，而且制备成本低，是目前耐热等级最高的聚芳醚热塑性树脂新品种[6, 7]。因此，以该系列聚合物为基体，制备纤维增强杂萘联苯聚芳醚复合材料，对于发展我国自有知识产权高性能热塑性树脂基复合材料品牌、开拓热塑性复合材料在航天航空，汽车工业，电子电气等高技术产业的发展和相关产品升级换代具有重要意义[8-10]。

在本章将主要介绍玻璃纤维增强 PPBES/PEEK、PPESK/PEEK 及 PPBESK 树脂基复合材料的成型及力学性能。首先采用与 PEEK 共混改性的方法改善杂萘联苯聚芳醚树脂的加工流动性，提高注塑成型过程中基体对纤维浸润质量和成型质量，增强纤维和树脂基体界面相互作用，进而提高复合材料在高温环境中的力学性能，以制备具有优异综合性能和高性价比的短玻纤增强热塑性树脂基复合材料。基于杂萘联苯聚芳醚树脂优异的耐热性能和力学性能，分别选用 S 玻璃纤维和 E 玻璃纤维作为增强纤维，采用双螺杆熔融共混挤出的方式制备了短玻纤增强杂萘联苯聚芳醚复合材料，研究了基体树脂混合物的相容性及其性能，纤维含量、纤维长度及分布、界面作用和制备工艺等因素对复合材料的影响。

8.2　玻璃纤维增强杂萘联苯聚芳醚树脂基复合材料的制备工艺 ◀◀◀

纤维增强复合材料的成型过程中，复合材料的工艺参数直接影响材料或者制品的性能。成型过程中纤维的排布，纤维长度，驱除气泡的程度，是否挤胶，温度、压力、时间精确控制，螺杆的转速等都直接影响制品的性能[11]。因此，在选择成型方法时应该根据制品的结构、用途、生产量、成本以及生产条件综合考虑，选择最合适的成型工艺。按照所用的设备可以分为注塑成型、热压成型、拉挤成型、真空模压成型、纤维缠绕成型等。

在本章所介绍的玻璃纤维增强 PPESK/PEEK、PPBES/PEEK、PPBESK 复合材料的制备中主要采用注塑成型工艺。因此主要介绍玻璃纤维增强杂萘联苯聚芳醚树脂基复合材料的注塑成型工艺。注塑成型是生产短纤维增强塑料的主要方法。生产工艺包括加料及熔融，并在一定的压力下将熔体(短玻璃纤维和树脂混合)注入金属模腔中，然后制品将固化成所设计形状。该方法的优点是制品加工成本低、加工数量不受限制，甚至无需后续加工，基本上是一种连续性批量生产方法。

本章所介绍的三种玻璃纤维增强杂萘联苯聚芳醚树脂基复合材料的制备主要分为三步，首先为 PPESK、PPBES 与 PEEK 及 PPBESK 通过双螺杆挤出机进行熔融共混和塑化。将不同配比的树脂在高速混合器中初混后，加入到挤出机中，经 3 mm 挤出机口模挤出料条，牵引，冷却造粒。之后将得到的粒料再次加入挤出机进行熔融共混挤出，造粒，使其共混充分。该阶段的挤出工艺见表 8-1。在挤出过程中应注意挤出机各区电流和挤出机口模压力变化，并加以记录。

表 8-1 PPESK/PEEK、PPBES/PEEK 共混物及 PPBESK 挤出工艺条件

混合物	温度/℃	一区	二区	三区	四区	五区	六区	七区	八区
PPESK/PEEK	实际温度	300	345	345	345	345	342	342	353
	设置温度	300	345	345	345	342	342	342	360
PPBES/PEEK	实际温度	300	345	345	345	342	340	340	346
	设置温度	300	345	345	345	342	340	340	355
PPBESK	实际温度	300	335	335	330	330	330	330	330
	设置温度	300	335	335	330	330	330	330	330

在此阶段通常可以用来表征树脂基体的熔融加工性能的优劣。在相同的加工条件下，共混物熔融挤出时螺杆扭矩大小与熔体黏度直接相关。而螺杆扭矩又可通过挤出机的电流大小反映出来，即在制备共混物的过程中，螺杆的扭矩随共混物熔体黏度的提高而增加，从而导致驱动螺杆转动的电流也增大。因此，挤出机电流也可反映共混物熔体黏度的影响规律。为了获得混合均匀的 PPESK/PEEK 和 PPBES/PEEK 共混物，采用两次共混挤出的方式。在第一次挤出过程中，由于 PPESK、PPBES 为粉料，而 PEEK 为粒料，因此混合物料粒度不同，组分含量不

均匀。在加料螺杆转速一定的情况下，挤出机电流和出口压力的大小不稳定，不能直观反映基体混合物熔体黏度的变化规律。为了得到均匀的 PPESK/PEEK 与 PPBES/PEEK 共混物和稳定的挤出电流及挤出机口模压力的变化规律，将初次挤出的共混物粒料加入双螺杆挤出机中进行第二次熔融挤出、牵引、造粒。PPESK/PEEK 和 PPBES/PEEK 共混物挤出电流与口模压力随 PEEK 含量的变化规律分别如图 8-1(a) 和 (b) 所示。从图 8-1 可见，随 PEEK 含量的增加，PPESK/PEEK 和 PPBES/PEEK 共混物挤出电流与出口压力逐渐减小。但 PPESK/PEEK 共混物挤出电流并没有随含量的增加线性下降，而是呈现一种下降速度逐渐减小而后又保持稳定的趋势。这是由于 PPESK/PEEK 共混物具有"软包硬"结构，在熔融挤出过程中 PEEK 先达到软化状态，而此时 PPESK 仍然为固体相。在螺杆搅拌下，随着熔体温度的升高，少量的 PEEK 熔体以膜状包裹 PPESK，形成一种以 PPESK 为连续"硬"相，PEEK 作为分散"软"相的半连续相，在挤出过程中对连续相起着润滑、减小熔体剪切摩擦及熔体与挤出机料筒间摩擦的作用，从而有效地降低共混物熔体黏度。上述结果表明，较低的 PEEK 含量可以有效地降低 PPESK/PEEK 共混物的熔体黏度。而由图 8-1(b) 可见，PPBES 纯树脂的挤出电流达到 7A，说明其熔融黏度依然较大。随着共混物中 PEEK 含量的增大，挤出电流和出口压力几乎线性下降，挤出样条外观光滑，说明 PEEK 的加入可进一步改善共混物的熔融加工性能。

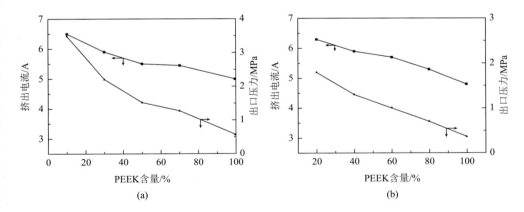

图 8-1　共混物挤出电流与出口压力情况：(a) PPESK/PEEK；(b) PPBES/PEEK

　　研究了不同分子量树脂基体的熔融加工工艺，不同分子量 PPBESK 树脂的熔融挤出电流和挤出机模口的压力变化规律见表 8-2。由表 8-2 可知，随 PPBESK 树脂分子量的增大，挤出机的电流和模口压力逐渐增大，但均低于 PPESK/PEEK 和 PPBES/PEEK 共混物挤出参数。结果表明，PPBESK 树脂的加工流动性能得到明显改善，加工温度从 340℃降低到 330℃，而且样条外观明显改善。

表8-2 PPBESK 挤出过程的电流与出口压力情况

$M_w/10^4$	I/A	P/MPa
3.8	5.2	0.2
4.1	5.4	0.8
4.4	5.8	1.3
4.7	6.1	1.4

为得到树脂基体的力学性能及相态结构，将挤出造粒得到的树脂进行注塑成型得到树脂样条，以用于力学性能测试，探究最佳配比。共混物基体和 PPBESK 的注塑工艺条件见表8-3。

表8-3 共混物基体和 PPBESK 的注塑工艺条件

混合物	一区/℃	二区/℃	三区/℃	四区/℃	模具温度/℃	注射时间/s	冷却时间/s	注塑周期/s
PPESK/PEEK	300	340	350	360	160	7.5	25	42.5
PPBES/PEEK	285	335	340	360	160	6.0	33	49.0
PPBESK	285	330	340	350	160	4.5	35	49.5

复合材料的注塑工艺决定了复合材料的结构和综合性能。将玻纤增强复合材料粒料加入到单螺杆注塑机按标准注塑成型。

8.3　玻璃纤维增强 PPESK/PEEK 复合材料　◀◀◀

PPESK 含有扭曲、非共平面的杂萘联苯结构，具有高温和热稳定性好的特点，但是其较高的熔体黏度使得挤出注塑成型困难。PEEK 作为半结晶型特种工程塑料，在熔融加工过程中有较低的熔体黏度，成为与其他特种工程塑料共混改性的常用材料。因此，使用 PPESK 与 PEEK 共混，可以有效地降低体系的熔融黏度，改善共混物的熔融加工性能，同时两者优势互补，使共混物具有优异的耐热性。顾铁生[5]通过双螺杆熔融共混挤出的方法制备了 PPESK/PEEK 共混物，得到了易注塑成型的 PPESK/PEEK 共混物，然后再以 PPESK/PEEK 共混物作为基体，采用双螺杆熔融共混挤出和注塑成型工艺制备了短切玻璃纤维增强 PPESK/PEEK 复合材料。

8.3.1　PPESK/PEEK 共混物的相容性

在共混改性时，两种树脂间的相容性决定了共混物的相态结构，从而决定了材料的性能，因此对 PPESK/PEEK 相容性的研究是尤为重要。采用差示扫描量热仪（DSC）测试聚合物共混体系的 T_g 是研究共混物相容性的有效方法之一。一般来说，相容的均相体系只有一个 T_g，其值介于原两种组分 T_g 之间；完全不相容的两种聚合物的共混物具有两个 T_g，且分别与两种组分的 T_g 相同；而具有一定程度相容性的聚合物的共混物也具有两个 T_g 值，且介于两种组分的 T_g 之间，具体数值与两种聚合物的共混比例有关。图 8-2 为不同配比下共混物的 DSC 扫描图，可见 PPESK 和 PEEK 配比为 70/30、50/50、30/70 的三种共混物均检测到了两个 T_g，且介于 PPESK（$T_g = 287$℃）和 PEEK（$T_g = 151$℃）两组分之间，而配比为 90/10 时只检测到了一个 T_g（271℃），可能是 PEEK 含量低，而 DSC 灵敏度不足以测出其 T_g。根据测 DSC 测试结果表明，PPESK/PEEK 共混物为两相不相容体系，存在 PPESK 富集相与 PEEK 富集相。

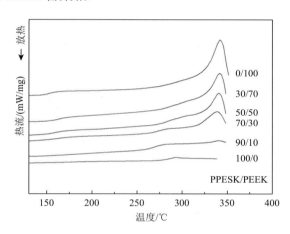

图 8-2　PPESK/PEEK 共混物的 DSC 曲线图

　　材料的力学强度与形态结构紧密相关，聚合物的性能是其内部结构的反映。特别对聚合物共混物来说，两种组分间不同的相态结构对材料性能有着更直接的影响，同样的组成时共混物的相态可以相差很大，性能也会有很大的差别。因此，研究聚合物共混物的相态结构及其对聚合物性能的影响有着十分重要的意义。前文中 DSC 测试结果表明 PPESK/PEEK 共混物为两相部分相容体系，但无法获得共混物相态间的作用关系。为了更直观地表征共混物的相结构，可通过扫描电镜表征手段，利用 PPESK 与 PEEK 在氯仿中的溶解性差异，对 PPESK/PEEK 共混物脆断样条断面经氯仿刻蚀后进行观测分析。共混物断面照片如图 8-3 所示。凹陷部分为经氯仿刻蚀掉的 PPESK 富集相。由图 8-3 可知，共混物呈现较为明显的两相结构，这与 DSC 测试研究结果一致。在 PPESK/PEEK 配比为 30/70 时，PEEK 富集相为连续相，PPESK 富集相为分散相。随着 PPESK 含量的提高，球孔的直径增加，尺寸增大，呈明显的海岛两相结构。当 PPESK 含量达到 50%左右时，共混物发生了相反转。

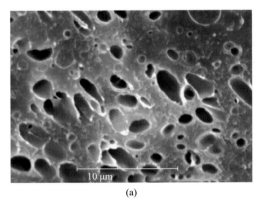

(a)

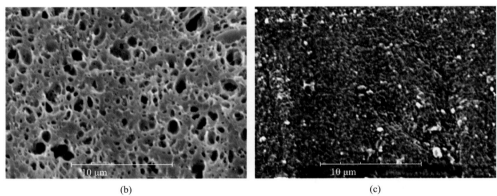

(b)　　　　　　　　　　　　　　　　(c)

图 8-3　PPESK/PEEK 共混物经氯仿刻蚀后的电镜照片

(a) PPESK/PEEK = 30/70；(b) PPESK/PEEK = 50/50；(c) PPESK/PEEK = 70/30

8.3.2　PPESK/PEEK 共混物的力学性能

由前文可知，PPESK/PEEK 共混物为部分相容体系，且随 PEEK 含量的不同具有不同的相态结构。为了研究 PPESK/PEEK 共混物相态结构和力学性能的关系，对不同 PEEK 含量共混物的力学性能进行测试。PPESK/PEEK 共混物在室温和150℃下的拉伸强度与共混物组成间关系如图 8-4(a)所示。从图中可见，共混物室温下拉伸强度随 PEEK 含量的增加略有提高。PEEK 含量为 10%到 50%时，共混物注塑样条在室温下的拉伸强度为 82 MPa 左右，低于 PEEK 室温下拉伸强度(91 MPa)。当 PEEK 含量为 70%时，共混物室温拉伸强度达到最大值(94 MPa)。这是因为共混物中 PEEK 含量较少时，PPESK/PEEK 共混物熔体黏度仍较高，熔体在成型模腔中流动困难，难以使其注塑样条致密而产生一些加工缺陷，致使其力学性能降低。PPESK/PEEK 共混物注塑样件在 150℃下拉伸强度随 PEEK 含量的增加呈现明显下降趋势。这主要是因为 PEEK 玻璃化转变温度相对较低（143℃），当工作温度超过其 T_g 时，PEEK 链段开始运动，导致共混物的力学强度急剧下降，其拉伸强度 150℃下保持率仅为 36%，但 PPESK 的存在提高了 PEEK 在高温下拉伸强度的保持率。PPESK 高玻璃化转变温度使 PPESK/PEEK 共混物在高温下具有很高的屈服拉伸强度，如 PPESK/PEEK（70/30）共混物在 150℃下的拉伸强度为 50 MPa，高温拉伸性能保持率达到 61%，与纯 PEEK 在 150℃下拉伸强度相比提高了 52%。由此可见，提高 PEEK 含量会降低 PPESK/PEEK 共混物的高温拉伸强度。

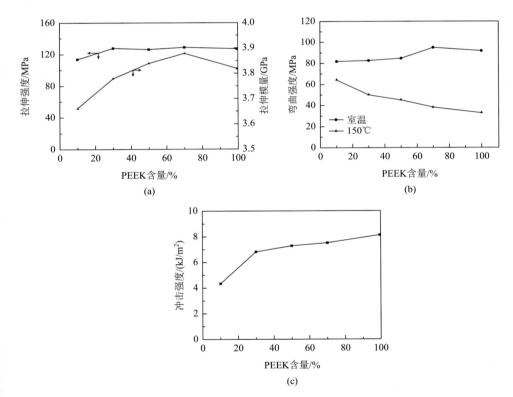

图 8-4　不同 PEEK 含量对 PPESK/PEEK 共混物力学性能的研究：拉伸性能(a)；弯曲性能(b)；冲击强度(c)

PPESK/PEEK 共混物的弯曲强度和弯曲性能如图 8-4(b) 所示，当 PEEK 含量为 10% 时，共混物的弯曲强度较低(114 MPa)，这可能是因为共混物在注塑成型时，较大的流体黏度导致样条成型质量差，样条存在一些缺陷。随着 PEEK 含量的增加，共混物弯曲强度均与 PEEK 的弯曲强度相当(127MPa)。而共混物的弯曲模量随 PEEK 含量的提高而逐渐增大，与 PPESK 和 PEEK 两组分弯曲模量的简单线性加和法则计算结果相比呈现出正偏差。当含量达到 70%时，共混物的弯曲模量达到最大值 3.88 GPa。造成这种现象的原因主要有两个：一方面，PEEK 的加入显著改善了共混物的加工流动性，在一定的注塑压力下成型的测试样品更加致密，缺陷少，产生应力集中点的机会更小；另一方面，在所研究的共混物组分范围内 PEEK 或为连续相，或为分散相，但具有一定的连续性，且 PPESK/PEEK 共混物的富集相中含有较大量的 PPESK 组分，使共混物的界面间有较强的相互作用，从而有利于提高共混物的抗弯性能。由共混物的冲击性能测试结果[图 8-4(c)]可知，随 PEEK 含量的增加，PPESKK/PEEK 共混物冲击强度呈逐渐上升趋势。PEEK 含量由 10%增长到 50%时，共混物冲击强度提高了 56%，而 PEEK 含量由 30%增长到 50%时，共混物冲击强度仅提高了 7%。上述结果表明，较低的 PEEK 含量对共混物冲击强度的提高更为有效。这是因为 PEEK 分散相在外力的作用下更易发生伸长形变，导致应力集中。由共混物抗弯测试和冲击测试结果表明，PEEK 含量的提高提高了 PPESK/PEEK 共混物的韧性。基于共混物的力学性能和加工性能，将采用 PPESK/PEEK 配比为 70/30 时作为下一步制备玻璃纤维增强 PPESK/PEEK 复合材料的基体树脂。

8.3.3　玻璃纤维增强 PPESK/PEEK 复合材料的力学性能

分别以 ER13、SH4 型连续玻璃纤维及 HP3786 型短切纤维和 PPESK/PEEK (70/30) 为原料，制备 GFRP 复合材料，使用玻纤的性能见表 8-4。将制备的 PPESK/PEEK(70/30)加入到双螺杆挤出机中，SH4、ER13 连续玻纤于第一排气口加入；HP3786 短切玻纤与粒料共混后一起加入到投料口中，经过双螺杆挤出机共混挤出造粒，之后通过注塑机注塑成型。

表 8-4　ER13、SH4 连续纤维及 HP3786 短切纤维性能

玻璃纤维	直径/μm	拉伸强度/MPa	拉伸模量/GPa	断裂伸长率/%	密度/(g/cm³)
ER13 玻璃纤维	10	3440	81	3.7	2.55
SH4 玻璃纤维	10	4600	83	5.3	2.53
HP3786 短切纤维	10	3440	81	3.7	2.55

首先研究了不同 PEEK 含量及不同纤维含量下玻纤增强 PPESK/PEEK 复合材料拉伸强度、弯曲强度及冲击强度等力学性能的变化趋势。图 8-5(a)、(b)、(c)分别为不同 PEEK 含量的 30%HP3786/PPESK/PEEK 复合材料在 150℃下的拉

伸性能、弯曲性能及冲击强度曲线。由图可知，150℃下拉伸强度随 PEEK 含量增加呈现先提高再下降的趋势。在 PEEK 含量为 30%时，拉伸强度达到最大值 87 MPa，与 GF/PEEK 复合材料的 72 MPa 相比，具有明显优势。如图 8-5(b)所示，在纤维含量一定的情况下，HP3786/PPESK/PEEK 复合材料的弯曲性能随 PEEK 配比的增加而得到提高，在含量为 30%时达到最大值 187 MPa，之后呈现下降趋势。这种情况主要是因为 PEEK 的存在，改善了复合材料成型过程中的熔融加工流动性，纤维与树脂基体间得到充分浸润，提高了纤维与基体间的界面力。而对于复合材料的冲击性能基本呈现上升趋势 [图 8-5(c)]，这主要是因为 PEEK 的加入使复合材料具有良好的韧性及纤维与树脂基体间的界面作用。图 8-5(d)、(e)、(f)为不同玻纤含量对 SH4/PPESK/PEEK 复合材料力学性能的影响。从图 8-5(d)中可以看出在室温下，复合材料的拉伸强度呈现先增加后下降的趋势。与 PPESK/PEEK 共混基体相比，在纤维含量为 30%时的 SH4/PPESK/PEEK 复合材料的室温拉伸强度提高了 60%，说明玻纤的加入明显提高了共混物的拉伸强度。但是随着过量纤维的加入，导致在复合材料挤出和注塑过程中熔体黏度过大，使复合材料的致密性受损产生缺陷，这也将不利于纤维与树脂基体间的浸润。过量的纤维在较高熔融黏度下会被螺杆过度剪切，出现破损的较短纤维，增加了大量的纤维端部而使得内应力集中点增多。因此，在 30%纤维含量后，拉伸强度呈现了下降的趋势。对于弯曲性能，随纤维含量的增加，其呈现上升趋势，在玻纤含量为 40%时弯曲强度达到了 211 MPa，比 PPESK/PEEK 树脂基体的弯曲强度提高了 64.8%，弯曲模量更是达到了基体的 3 倍以上。图 8-5(f)为 SH4/PPESK/PEEK 复合材料缺口冲击性能曲线。实验表明 SH4 玻纤的加入对复合材料冲击性能的提高具有明显的影响，这是因为树脂中的玻纤可以阻碍裂纹的扩展，在裂纹在扩展过程中遇到玻纤，将被纤维终止。纤维与树脂基体间的相互作用，提高了界面间的摩擦力，在复合材料断裂时，树脂与玻纤的摩擦作用吸收了冲击能，从而提高了材料的冲击性能。

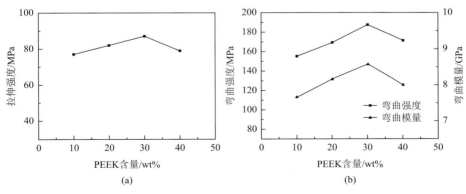

(a)　　　　　　　　　　　　(b)

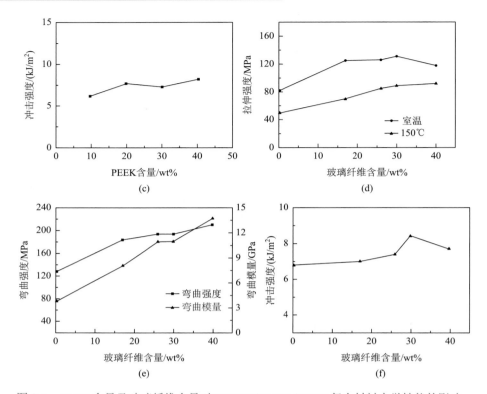

图 8-5　PEEK 含量及玻璃纤维含量对 HP3786/PPESK/PEEK 复合材料力学性能的影响：
(a)、(d) 拉伸性能；(b)、(e) 弯曲性能；(c)、(f) 冲击性能

在复合材料中，玻璃纤维的分散状况对复合材料的性能影响很大，一般来说，纤维分布越均匀，机械强度和耐热性越好。复合材料中纤维平均长度也是估算复合材料强度时的一个重要的参数。纤维的长度决定了复合材料遭受外加载荷破坏时对材料性能增强的能力[12, 13]。因此，不同 PEEK 及玻璃纤维含量对复合材料内玻纤长度产生影响。表 8-5 为 HP3786 玻纤增强 PPESK/PEEK 复合材料的玻纤平均长度的统计，可以看出在 PEEK 含量在 20 wt%～40 wt%之间时，HP3786/PPESK/PEEK 复合材料中玻纤的平均长度有所增加，与 10 wt%时相比有明显提升，这主要是 PEEK 改善了复合材料熔融加工的黏度，使得纤维在挤出和注塑过程中断裂情况减弱。这也与 HP3786/PPESK/PEEK（70/30）复合材料表现出最佳的力学性能一致。

表 8-5　HP3786/PPESK/PEEK 复合材料的玻纤平均长度

PEEK 含量/wt%	平均长度/μm
10	38
20	66

续表

PEEK 含量/wt%	平均长度/μm
30	72
40	71

　　表 8-6 为不同纤维含量时 SH4/PPESK/PEEK 复合材料中 SH4 玻纤的平均长度统计。复合材料中纤维的平均长度都保持在 100 μm 左右，玻纤的平均长度随着纤维含量的增加而增加，在 SH4 玻纤含量为 30 wt%时，平均长度为 116 μm，且玻纤长度分布呈现正态分布，图 8-6 所示为 SH4/PPESK/PEEK 复合材料中玻璃纤维的光学显微镜图。此外，SH4/PPESK/PEEK 复合材料中的玻纤长度要比 HP3786/PPESK/PEEK 复合材料中的有所增加，这可能是两种不同加料方式造成的，HP3786 是与树脂粒料共混后一起加入到加料漏斗中，纤维在双螺杆挤出机中的行程较长，受螺杆剪切作用更加明显，使得玻纤长度较小。

表 8-6　SH4/PPESK/PEEK 复合材料的玻纤平均长度

纤维含量/wt%	平均长度/μm
17	84
26	80
30	116
40	118

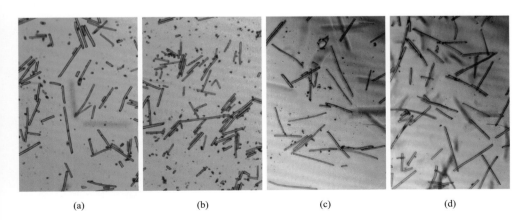

(a)　　　　　(b)　　　　　(c)　　　　　(d)

图 8-6　不同纤维含量下 SH4/PPESK/PEEK 复合材料中玻纤的光学显微镜图：(a) 17 wt%；(b) 26 wt%；(c) 30 wt%；(d) 40 wt%

8.3.4　PPESK/PEEK 树脂基复合材料的界面性能及破坏机理分析

　　纤维与树脂基体之间的界面性能对复合材料的物理性能起着重要的作用，它提供了树脂基体向增强纤维传递应力的物质条件。复合材料的界面强度直接影响着树脂和纤维之间的应力传递，从而影响着复合材料的宏观物理性能。树脂基体与纤维之间的界面强度较弱，在外力作用下产生的裂纹非常容易沿着纤维的表面扩展，大幅度地影响复合材料的力学性能。由于热塑性塑料分子结构的特点，聚合物熔体的黏度较大，难以浸润纤维的表面，而复合材料的最佳性能则很大程度上依赖于基体纤维表面。提高热塑性树脂对纤维的浸润，使纤维和树脂之间形成较强的界面强度，抑制裂纹的扩展，以提高复合材料的物理力学性能是研究人员最为关注的问题之一[14, 15]。

　　采用扫描电镜法（SEM）观察不同 SH4 玻璃纤维含量 PPESK/PEEK 注塑样条脆裂断面和经氯仿刻蚀后的断面形貌。扫描电镜结果如图 8-7 和图 8-8 所示。从不同纤维含量未经氯仿处理的材料断面照片可以看出，被拔出的纤维表面黏附有一定量的树脂，表明玻璃纤维与共混物基体之间存在一定的界面作用。

图 8-7　SH4/PPESK/PEEK 复合材料断面的 SEM 图：(a) 17 wt%；(b) 26 wt%；(c) 30 wt%；(d) 40 wt%

从经氯仿处理过的材料断面照片可以看出，经氯仿刻蚀后，被拔出的纤维黏附的树脂量明显降低，这是由于界面层中较高含量的 PPESK 相被氯仿溶掉，剩余的少量 PEEK 相大部分从纤维上脱落，只有很少部分仍然留在纤维表面。这种现象表明，复合材料中共混树脂的 PPESK 相可与玻纤直接形成良好的界面。

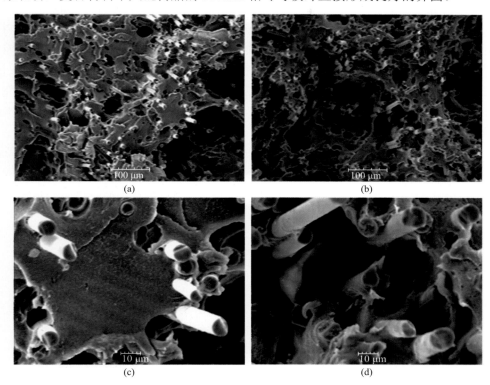

图 8-8　氯仿刻蚀后 GF/PPESK/PEEK 复合材料断面的 SEM 图：(a) 17 wt%；(b) 26 wt%；(c) 30 wt%；(d) 40 wt%

8.4　玻璃纤维增强 PPBES/PEEK 复合材料　◁◁◁

在前期研究之上，采用 PPBES 与 PEEK 共混作为树脂基体，制备了短切玻璃纤维增强热塑性树脂基复合材料。与 PPESK 相比，PPBES 适当降低了二氮杂萘酮联苯结构的含量，进而使其分子主链缠结程度降低，以提高树脂基体的加工流变性。前期研究发现，在重均分子量为 50000 以下的 PPBES 可以实现双螺杆挤出和注塑成型，虽然 PPBES 的树脂熔融加工性能相较于 PPESK 有所改善，但由于其为非晶结构，其玻纤增强树脂基复合材料仍无法满足注塑加工要求，因此仍采用 PEEK 对 PPBES 进行共混改性[16]。

8.4.1　PPBES/PEEK 共混物的相容性

聚合物共混物的相容性决定了共混物的相态结构，进而影响共混物和复合材料的性能。采用示差扫描量热仪（DSC）研究了 PPBES/PEEK 共混物的相容性。图 8-9 可见不同配比的 PPBES/PEEK 共混物均检测到了两个 T_g，且介于 PPBES 和 PEEK 玻璃化转变温度之间，表明 PPBES/PEEK 共混物为部分相容体系，但相容性偏差。

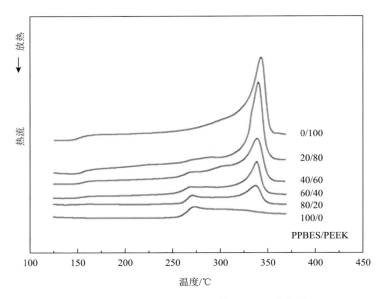

图 8-9　PPBES/PEEK 共混物的 DSC 曲线图

利用 PPBES 可溶于氯仿的特点，将 PPBES 用氯仿刻蚀后使用 SEM 研究了共混物的相态结构。图 8-10 中凹陷的部分为经氯仿刻蚀掉的 PPBES 富集相。可见共混体系呈现较为明显的两相结构，这与 DSC 的研究结果一致。图 8-10(a)表明，当 PPBES 含量较低时，PPBES 富集相以球孔形分散在 PEEK 富集相中，呈明显的海岛两相结构。随着 PEEK 含量的提高，孔的直径增加，相畴尺寸增大。当 PPBES 含量增至 40%～60%时，共混物相态结构呈现明显的网状连续结构。同时共混物发生了相反转，PPBES 富集相变为连续相，PEEK 富集相为分散相。结果表明共混物在一定的配比范围内，共混物组成为双连续相结构。从图中可以发现，过多 PEEK 含量不利于 PPBES 在共混物中的分散。在一个较宽的 PPBES 含量范围内，共混物的双连续相结构使共混物界面层两组分有较大的相互作用和相互扩散，两相之间有较强的相互黏合力。

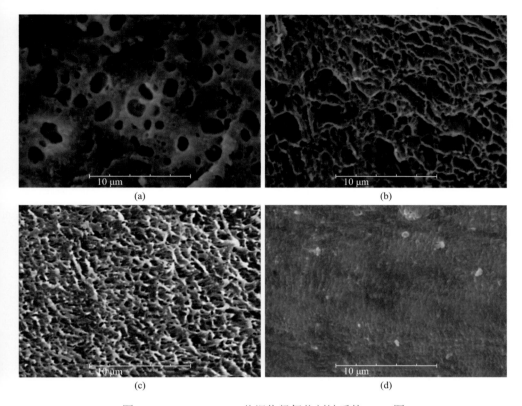

图 8-10　PPBES/PEEK 共混物经氯仿刻蚀后的 SEM 图

8.4.2　PPBES/PEEK 共混物的力学性能

图 8-11(a) 为 PPBES/PEEK 共混物在室温下和 150℃下的拉伸强度与组成的关系图。从图中可见，随着 PEEK 含量的增加，PPBES/PEEK 共混物室温下的拉伸强度略有增加。当 PEEK 含量超过 20%时，共混物的拉伸强度接近 PEEK 的拉伸

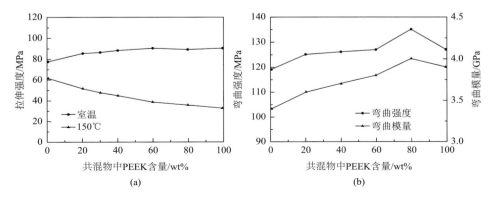

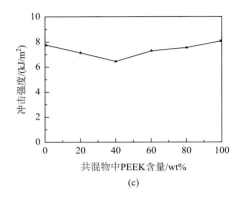

(c)

图 8-11　PPBES/PEEK 共混物力学性能与组成的关系：(a)拉伸性能；(b)弯曲性能；(c)冲击性能

强度（90 MPa）。这可能与共混物的双连续相结构有关。同时也可以看出，共混物150℃下的拉伸强度随 PEEK 含量的提高而明显降低，这主要是因为 PEEK 的玻璃化转变温度相对较低，当达到150℃左右，PEEK 的链段的自由运动开始发生，导致力学强度下降；但 PPBES 的加入延缓了材料高温下拉伸强度的降低，使共混物在 150℃下保持了较高的拉伸强度，PPBES/PEEK（70/30）的拉伸强度高温保持率达到了 55.6%。总之，PPBES 的引入提高了共混物的高温拉伸强度。

　　PPBES/PEEK 共混物弯曲强度、弯曲模量随 PEEK 含量的变化规律如图8-11(b)所示。由图 8-11 可知，共混物的弯曲强度和弯曲模量随着 PEEK 含量的提高而逐渐增大，并且与两组分的简单线性加和法则计算结果相比呈现出正偏差，所以当 PEEK 含量为 80% 时，共混物的弯曲强度、弯曲模量达到最大值分别为135 MPa 和 4 GPa。为探究 PPBES/PEEK 共混物抵抗外加载荷高速破坏的能力，测试其注塑样条抗冲击性能，共混物缺口冲击强度随 PEEK 含量的变化规律如图 8-11(c)所示。PPBES 基体的冲击强度与 PEEK 的冲击强度相近，而高于PPESK，这是由于主链上醚键含量的提高，增加了 PPBES 分子链的柔顺性，从而使 PPBES 基体的韧性高于 PPESK。由图 8-11(c)可知，共混物冲击强度与两种单组分冲击强度的简单线性加和法则计算结果相比呈现出负偏差，但与两种单组分的冲击强度相比，共混物的冲击强度降低不明显。PPBES 与 PEEK 间的相容性较小导致共混物的冲击韧性的降低，而其共混物双连续相结构则有利于共混物的抗冲击性能的提高。

8.4.3　玻璃纤维增强 PPBES/PEEK 复合材料的性能

　　根据前文对共混物基体在室温和 150℃下力学性能的研究，以及综合考虑到原材料的成本等因素，采用 PPBES/PEEK=70/30 共混物作为基体进行短切玻纤增强共混改性研究。

图 8-12（a）、（b）、（c）分别为 SH4/PPBES/PEEK、ER13/PPBES/PEEK 和 HP3786/PPBES/PEEK 在室温和 150℃的拉伸性能。不同类型玻纤的拉伸强度随玻纤含量的增加而呈现先增加后减小的趋势，都在纤维含量为 30%时达到最大值，且相对于 GF/PEEK 复合材料（72 MPa）都有较大提高。此外 HP3786 短切玻纤的复合材料具有比其他两种玻纤更高的拉伸强度，在室温和 150℃的最大值分别为 149 MPa 和 98 MPa，这可能与玻璃纤维的加入方式有关。图 8-12（d）、（e）分别为 SH4 和 HP3786 玻纤增强 PPBES/PEEK 复合材料的弯曲模量随纤维含量的变化趋势。玻纤的加入显著改善 PPBES/PEEK 复合材料的弯曲强度，在复合材料受到外加载荷时，纤维主要承担剪切应力，而纤维含量的提高，将有利于应力在纤维和基体间传递。当 SH4 含量较低时，SH4/PPBES/PEEK 复合材料的弯曲模量几乎呈现线性增加，随着纤维含量的继续增加，增加趋势减缓。当玻纤含量为 37%时弯曲强度和模量达到最高值 181 MPa 和 12.3 GPa。而在 HP3786 玻纤增强 PPBES/PEEK 复合材料中，弯曲强度和模量随纤维含量的增加呈现先增加后略有下降的趋势，最终最大值为 30%纤维含量的 181 MPa 和 7.56 GPa。图 8-12（f）为 SH4 和 HP3786 玻纤增强 PPBES/PEEK 复合材料的冲击强度随玻纤含量变化曲线，当 SH4 玻纤含量较低

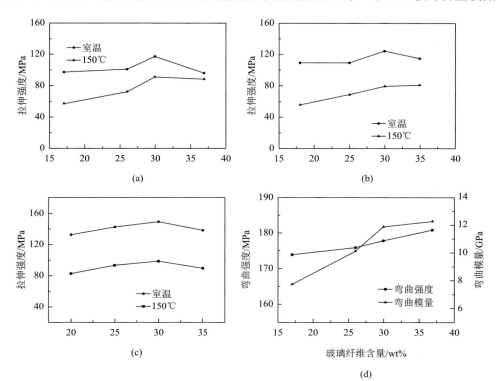

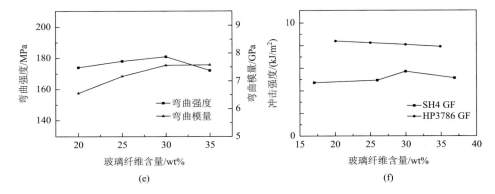

图 8-12　纤维含量对 GF/PPBES/PEEK 复合材料力学性能的影响：SH4(a)、ER13(b)、HP3786(c)的拉伸性能；SH4(d)、HP3786(e)的弯曲性能；SH4 和 HP3786 的冲击性能(f)

时，复合材料缺口冲击强度随玻纤含量增加略有提高，在玻纤含量为 30%时，缺口冲击强度达到最大值 5.7 kJ/m^2；随 HP3786 含量的增加，冲击强度略有下降，但趋势并不明显，在含量为 20%达到最大值 8.4 kJ/m^2。可见 HP3786 短切纤维对 PPBES/PEEK 树脂基复合材料的缺口冲击强度的贡献优于 SH4 玻纤。

短切纤维增强树脂基复合材料的力学性能不仅受纤维含量和树脂基体结构影响，而且与纤维的长度和分布密切相关。利用玻璃纤维耐高温的特点，采用对注塑复合材料样品在马弗炉中烧损的办法得到复合材料中的短切玻璃纤维。经过处理后，直接放在显微镜下观察、照相，准确量取玻璃纤维的长度。利用计算机统计计算纤维长度的平均值及分布情况。图 8-13 和图 8-14 分别为不同含量短切 HP3786 玻纤和 SH4 玻纤在复合材料中纤维长度。由图 8-13 可以看出，随 HP3786 纤维含量的不同，复合材料中玻纤的长度和分布也不同。30%含量 HP3786 玻纤在复合材料中的平均长度较高(84 μm)，而且长度分布近似正态分布，这与 30%HP3786 玻纤增强 PPBES/PEEK 复合材料具有很高的力学性能是一致的。

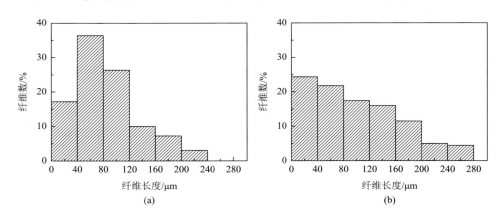

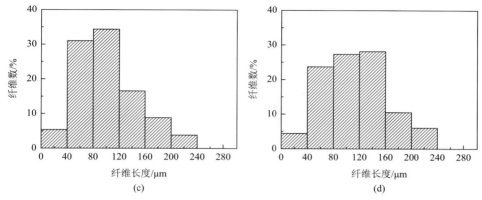

图 8-13　HP3786 玻纤增强 PPBES/PEEK 复合材料纤维长度分布

(a) 17%GF；(b) 26%GF；(c) 30%GF；(d) 37%GF

图 8-14 表明，SH4 玻纤长度在材料呈现正态分布。30%SH4 玻纤在复合材料中的平均长度为 102 μm。对比 HP3786 短切玻纤在材料中的长度明显提高，但力学性

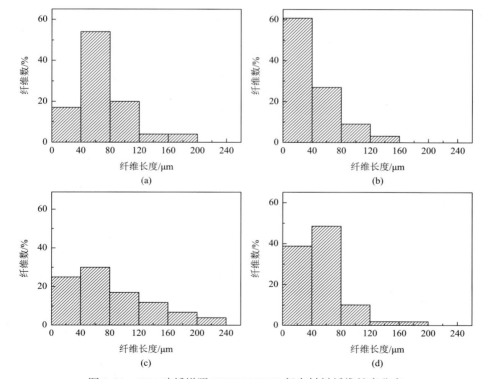

图 8-14　SH4 玻纤增强 PPBES/PEEK 复合材料纤维长度分布

(a) 20%GF；(b) 25%GF；(c) 30%GF；(d) 35%GF

能却下降了。这是因为 HP3786 短切玻纤在熔融挤出过程中的行程大于 SH4 玻纤,受到的破坏作用的概率较大。但加料方式的不同,导致了 HP3786 玻纤在材料中的分布在熔体流动方向上更优于 SH4 纤维,使 HP3786 玻纤增强 PPBES/PEEK 复合材料具有更高的力学性能,表明纤维在流动方向的分布对材料的力学性能具有较大的影响。

8.4.4　PPBES/PEEK 树脂基复合材料的界面性能及破坏机理分析

纤维增强复合材料的力学性能除在很大程度上取决于增强纤维外,还与纤维和树脂基体之间的界面相互作用密切相关,由于界面起到基体与纤维间的载荷传递作用,因而复合材料的强度受界面结构的影响[17]。当一些纤维在复合材料最终破坏之前断裂时,界面结构控制着纤维端部和微裂纹扩展的方式。因此,研究基体与纤维间的界面相互作用对指导提升短切纤维增强树脂基复合材料的性能非常重要。

通过 SEM 研究了玻璃纤维增强 PPBES/PEEK 复合材料拉伸断面的形貌,分析了纤维在材料中的分布以及纤维与基体间作用的影响规律。图 8-15、图 8-16 分别为不同纤维含量的玻纤和玻纤增强用复合材料拉伸断面形貌的 SEM 表征。

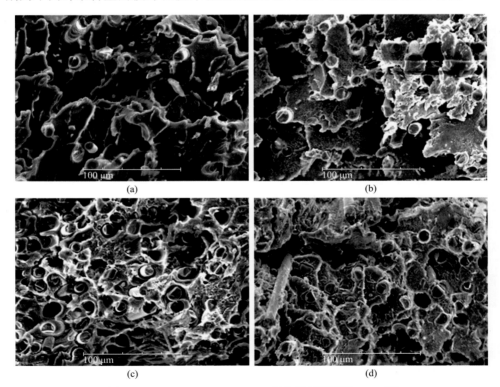

(a)　　　　　　　　　　　(b)

(c)　　　　　　　　　　　(d)

图 8-15　HP3786/PPBES/PEEK 复合材料断面的 SEM 图

(a)20%GF;　(b)25%GF;　(c)30%GF;　(d)35%GF

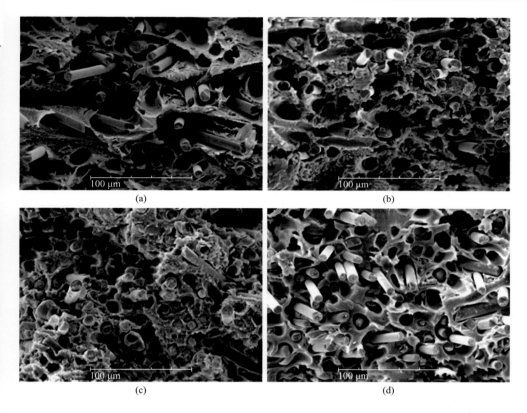

图 8-16　SH4/PPBES/PEEK 复合材料断面的 SEM 图

(a) 17%GF；　(b) 26%GF；　(c) 30%GF；　(d) 37%GF

由图 8-15、图 8-16 可明显看出，与 SH4 玻纤增强 PPBES/PEEK 复合材料相比，HP3786 纤维在基体流动方向上的纤维排布更好，而且纤维和基体间有更好的相互作用，这也是 HP3786/PPBES/PEEK 复合材料的力学性能优于 SH4/PPBES/PEEK 复合材料力学性能的原因所在。

8.5　玻璃纤维增强 PPBESK 复合材料　◀◀◀

对于纤维增强复合材料的力学性能，基体树脂的加工流动性具有至关重要的影响，因为其直接影响着基体对纤维的浸润、基体与纤维间的界面作用及纤维在挤出注塑过程中的受损程度。因此，为进一步降低杂萘联苯聚芳醚的熔体黏度，从分子结构出发，肖丽红[18]开发了分子主链中含有联苯结构单元的杂萘联苯聚芳醚砜酮四元共聚物 PPBESK，并以 HP3786 短切纤维和 SH4 玻纤作为增强材料制备了

GF/PPBESK 复合材料，研究了基体分子量及纤维含量对 GF/PPBESK 复合材料力学性能的影响。

8.5.1 PPBESK 树脂的力学性能

玻纤增强复合材料的力学性能取决于纤维、树脂的性能以及纤维和树脂间的相互作用，树脂基体的力学性能对复合材料性能的提高具有重要的影响。因此，首先研究了 PPBESK 树脂分子量对其力学性能的影响规律。图 8-17(a) 为室温和 150℃下 PPBESK 的重均分子量对其拉伸强度的影响规律。实验结果表明，PPBESK 树脂在室温和 150℃下拉伸强度随 PPBESK 重均分子量的增加而提高，但重均分子量达到 44000 以上时，趋势变缓。重均分子量为 47000 时，PPBESK 树脂在室温和 150℃下拉伸强度分别达到了 87 MPa 和 63 MPa，其高温拉伸保持率为 72%，表明 PPBESK 树脂具有很好的耐高温力学性能，比 PPESK/PEEK 和 PPBES/PEEK 共混物在室温和 150℃具有更高的拉伸强度，与 PEEK 在室温和 150℃的拉伸强度相比，PPBESK 室温拉伸强度相当，而 150℃下拉伸提高了 90%。

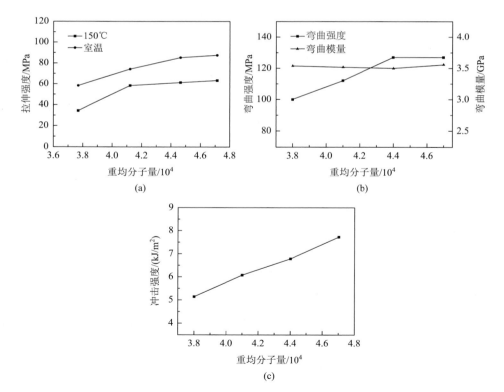

图 8-17　重均分子量对 PPBESK 力学性能的影响：(a) 拉伸性能；(b) 抗弯性能；(c) 冲击性能

图 8-17(b)为室温下 PPBESK 基体树脂的弯曲强度和弯曲模量随树脂分子量的变化规律曲线。结果表明，基体的弯曲强度随基体分子量的增加而提高，平均分子量达到 44000 以上时趋缓，甚至略有降低。随基体分子量的增加，PPBESK 的弯曲模量变化较小。与 PPESK/PEEK 和 PPBES/PEEK 共混物的弯曲强度相比，PPBESK 树脂的弯曲强度相当，弯曲模量略低，说明 PPBESK 树脂基体具有了很好的韧性和抗剪切能力。图 8-17(c)为 PPBESK 基体树脂的缺口冲击强度随树脂分子量的变化规律曲线。如图所示，PPBESK 树脂的缺口冲击强度随其分子量的增加呈现线性增加的规律，表明分子量对 PPBESK 树脂抵抗外加载荷的能力贡献较大。对比共混体系，PPBESK 基体与 PPBES/PEEK(70/30)共混物的缺口冲击强度相当，而略高于 PPESK/PEEK(70/30)的缺口冲击强度。这是因为 PPBES 和 PPBESK 基体主链上联苯结构单元的引入提高了基体的柔性和韧性，减少了 PPESK 分子链的缠绕，降低熔体黏度改善了其熔体流动性能，对树脂注塑成型的质量起到关键的作用。

8.5.2　玻璃纤维增强 PPBESK 复合材料的力学性能

树脂基体的分子量也影响复合材料力学性能。如图 8-18(a)、(b)所示，30%SH4

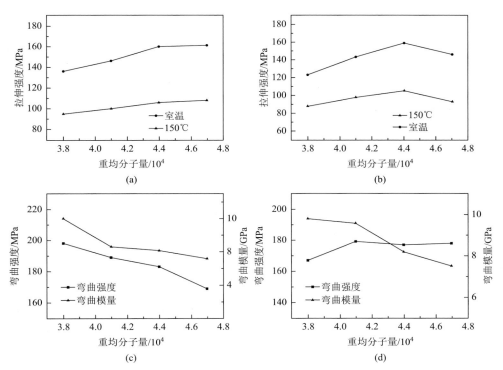

图 8-18　PPBESK 重均分子量对 GF/PPBESK 复合材料力学性能的影响：(a)30%SH4、(b)30%HP3786 的拉伸性能；(c)30%SH4、(d)30%HP3786 的弯曲性能

玻纤和30%HP3786玻纤增强复合材料在室温和150℃下拉伸强度随基体分子量的增加而提高。当树脂重均分子量为44000左右时，玻纤增强PPBESK树脂基复合材料在室温和 150℃的拉伸强度达到了最大值，分别为 159 MPa 和105 MPa。随着分子量的继续提高拉伸强度增加趋缓，甚至略有下降。玻纤增强复合材料的弯曲强度和弯曲模量随分子量的变化趋势如图 8-18(c)、(d)所示，可见随着基体分子量的提高而下降，这可能与纤维在基体中的分布有关。30%HP3786 的弯曲强度随基体分子量的提高呈现上升的趋势，但变化趋势较小而弯曲模量随基体分子量的增加而下降。这主要是因为玻璃纤维在复合材料中的长度及其在复合材料流动方向的取向分布随树脂分子量的提高而不同，从而导致复合材料在抵抗垂直纤维轴向的载荷能力下降，而基体的分子量对冲击强度基本没有影响。

以上研究表明 PPBESK 树脂的分子量变化显著地影响了 GD/PPBESK 的力学性能，在重均分子量为 44000 左右时，复合材料性能达到最优。此外在之前研究中表明，采用 HP3786 短切玻纤和树脂基体共混后共同进料的方式时，纤维的增强效果更优，因此采用 HP3786 短切玻纤对重均分子量为 44000 左右的PPBESK 树脂进行增强，研究了纤维含量对复合材料力学性能的影响及纤维长度在复合材料中的变化。HP3786/PPBESK 复合材料的拉伸强度随玻纤含量的增加呈现先上升后下降的趋势，在玻纤含量达到 30%时，复合材料的室温和150℃的拉伸强度达到最大值分别为 159 MPa 和 105 MPa，在 150℃下拉伸强度保持率为 66%。从图 8-19(a)中还可以看出，随着纤维含量的提高，过量的纤维含量对复合材料的拉伸强度产生了负面的影响，这是由增加纤维含量导致复合材料的加工黏度提高，从而降低了复合材料的熔体加工流动性，导致熔融加工过程中纤维的大量破损和碎裂形成了大量的缺陷和端头效应。图 8-19(b) 为弯曲性能的变化趋势，实验结果表明，复合材料的弯曲性能随玻纤含量的增加而提高。当纤维含量为 35%时 HP3786/PPBESK 复合材料的弯曲强度和弯曲模量达到了最大值分别为 184 MPa 和 8.6 GPa。这主要是因为熔体流动性的改善使纤维得到了基体更充分的浸润，从而提高了纤维与基体间界面作用。PPBESK基体的良好的塑性可以消除或减小应力集中区域。与树脂基体的弯曲强度相比，HP3786/PPBESK 复合材料的弯曲强度提高了 45%，弯曲模量更是达到了基体弯曲模量的 2.7 倍以上。图 8-19(c) 可以看出玻纤含量的提高改善了复合材料的冲击性能，复合材料的冲击性能随玻纤含量的提高而提高。玻纤含量为35%时，复合材料的冲击强度达到最大值 8.5 kJ/m²，当复合材料受到外加冲击载荷时，材料中的玻璃纤维可以阻碍裂纹的扩展，从而使冲击强度有所提升。

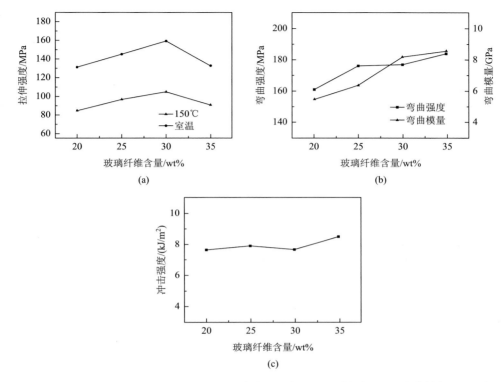

图 8-19　玻纤含量对 HP3786/PPBESK 复合材料的影响：(a)拉伸性能；(b)弯曲性能；(c)冲击性能

　　短切玻纤增强热塑性树脂基复合材料中均匀的纤维分布有利于外加载荷在基体与纤维间的传递，能够有效地阻碍材料中微裂纹的扩散，从而改善材料的力学性能。表 8-7 和图 8-20 为短切 30%SH4 玻纤在不同分子量 PPBESK 复合材料中纤维长度的变化关系。实验结果表明，其纤维平均长度为 120 μm。纤维平均长度随分子量的提高有所增加，表明合适的熔融加工流动性有助于阻止纤维过度的剪切破损和碎裂。

表 8-7　SH4/PPBESK 复合材料的玻纤平均长度

M_w	平均长度/μm
38000	111
41000	103
44000	120
47000	136

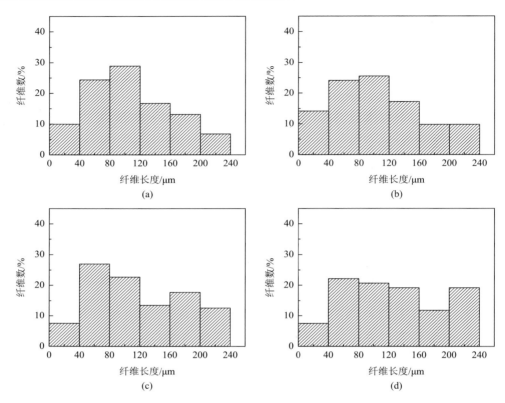

图 8-20   SH4/PPBESK 复合材料纤维长度分布：（a）38000；（b）41000；（c）44000；（d）47000

表 8-8 和图 8-21 为不同含量 HP3786 纤维在复合材料中纤维长度分布规律。随纤维含量的增加，HP3786/PPBESK 复合材料中纤维平均长度逐步提高，复合材料中纤维长度分布近似正态分布，其中，含量为 30%玻纤在复合材料中分布非常均匀，平均长度为 126 μm，这与 30%HP3786/PPBESK 玻纤增强复合材料具有很高的力学性能是一致的。与 GF/PPBES/PEEK 和 GF/PPESK/PEEK 复合材料相比，GF/PPBESK 复合材料中的玻纤平均长度明显增加，这是复合材料的熔融加工流动性改善的结果，纤维在熔融挤出注塑过程中破损的概率降低，在熔体成型的流动方向上，纤维排布更均匀，纤维团聚更少。

表 8-8   HP3786/PPBESK 复合材料的玻纤平均长度

纤维含量/wt%	平均长度/μm
20	80
25	95
30	126
35	103

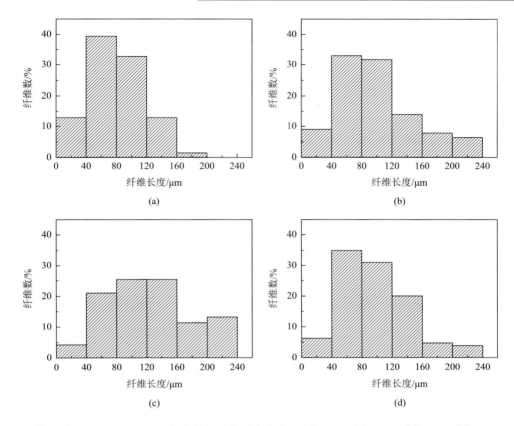

图 8-21　HP3786/PPBESK 复合材料纤维长度分布：(a) 20%；(b) 25%；(c) 30%；(d) 35%

8.5.3　PPBESK 树脂基复合材料的界面性能及破坏机理分析

当复合材料承担外加载荷时，由基体通过界面传递到纤维上，这就需要有足够的界面黏结强度，黏结过程中纤维和基体有很好的界面浸润性，使纤维在一定的应力条件下能够脱黏，从而使其从基体中拔出并产生摩擦，借助脱黏增大表面能、拔出功和摩擦功等形式来吸收外加载荷的能量从而抵抗破坏。纤维与基体的界面强度显著影响复合材料的破坏模式，以及复合材料吸收破坏能。纤维断裂时吸收的能量包括：纤维断裂时的弹性能、树脂断裂时的弹性能、复合材料断裂时界面脱黏破坏的吸收能以及纤维从基体中拔出时的摩擦能。

改善纤维和基体的界面浸润性能，提高界面黏结强度和纤维与基体间摩擦作用对复合材料的综合性能的提高是非常有利的。通过 SEM 分析了玻璃纤维增强 PPBESK 复合材料拉伸断面的形貌，对玻纤在复合材料中的分布以及纤维与基体间的作用进行了研究。图 8-22 为不同含量的玻纤增强复合材料拉伸断面形貌的

SEM 表征。由图可见，断面的纤维上明显存在树脂基体，表明树脂基体对纤维有很好的浸润性。纤维含量较低时，如图 8-22(a)、(b)所示，基体中纤维间的距离较远，不利于载荷在基体和纤维间的传递。而 30%HP3786/PPBESK 样品拉伸断面图［图 8-22(c)］显示纤维在复合材料的流动方向上分布均匀，纤维与基体间具有较强界面作用。过量的纤维导致复合材料加工黏度的提高，局部纤维存在团聚现象，如图 8-22(d)所示。

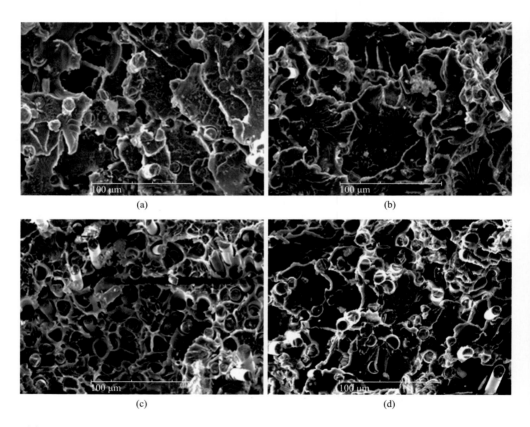

图 8-22　HP3786/PPBESK 复合材料断面的 SEM 图：(a) 20%GF；(b) 25%GF；(c) 30%GF；(d) 35%GF

图 8-23 为 30%HP3786 和 30%SH4 纤维增强 PPBESK 复合材料的拉伸断面的电镜照片。与 SH4 玻纤增强 PPBESK 复合材料相比，HP3786 玻纤增强 PPBESK 复合材料中玻纤在树脂流动方向上纤维的排布更好，纤维团聚现象少，而且纤维和基体间有更好的相互作用。众所周知，纤维的均匀分散对材料的综合性能具有决定性的作用[19]，纤维能更好地分担外加负载的作用，也能更为有效的阻挡裂纹

的迅速扩展，因此，HP3786/PPBESK 复合材料的力学性能优于 SH4/PPBESK 复合材料。

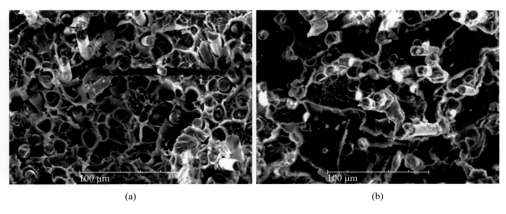

(a)　　　　　　　　　　　　　　(b)

图 8-23　GF/PPBESK 复合材料断面的 SEM 图：（a）30%HP3786；（b）30%SH4

参 考 文 献

[1]　姜肇中, 高建枢, 王惟峰. 玻璃纤维的发展和应用. 玻璃钢/复合材料, 1997(6)：5-10.

[2]　邢韬. 现代汽车新材料技术应用. 交通科技与经济, 2008(2)：64.

[3]　谢鹏飞. 玻纤布增强新型杂环聚芳醚树脂基层压板的研究. 大连: 大连理工大学, 2013.

[4]　郑亮. 连续纤维增强杂萘联苯聚芳醚树脂基复合材料的研究. 大连: 大连理工大学, 2009.

[5]　顾铁生. 短玻纤增强共混改性杂萘联苯聚芳醚复合材料. 大连: 大连理工大学, 2010.

[6]　蹇锡高, 陈平, 廖功雄, 等. 含二氮杂萘酮结构新型聚芳醚系列高性能聚合物的合成与性能. 高分子学报, 2003(4)：469.

[7]　王明晶. 含二氮杂萘酮联苯结构新型聚芳醚腈的研究. 大连: 大连理工大学, 2007.

[8]　Su Y, Jian X, Zhang S. Preparation and characterization of quaternized poly (phthalazinone ether sulfone ketone) NF membranes. Journal of Membrane Science, 2004: 225-233.

[9]　Sun Y M, Wu T C, Lee H C, et al. Sulfonated poly (phthalazinone ether ketone) for proton exchange membranes in direct methanol fuel cells. Journal of Membrane Science, 2005, 265: 108.

[10]　Zhang S H, Jian X G, Dai Y. Preparation of sulfonated poly (phthalazinone ether sulfone ketone) composite nanofiltration membrane. Journal of Membrane Science, 2005, 246(2)：121.

[11]　车剑飞, 黄洁雯, 杨娟. 复合材料及其工程应用. 北京: 机械工业出版社, 2006.

[12]　Fu S Y, Lauke B, Mäder E, et al. Tensile properties of short-glass-fiber-and short-carbon-fiber-reinforced polypropylene composites. Composites Part A, 2000, 31: 1117-1125.

[13]　Thomason J L. The influence of fibre length and concentration on the properties of glass fibre reinforced polypropylene: 5. Injection moulded long and short fibre PP. Composites Part A: Applied Science and Manufacturing, 2002, 33: 1641.

[14]　胡福增, 郑安呐, 张群安. 聚合物及其复合材料的表界面. 北京: 轻工业出版社, 2001.

[15] 倪礼忠, 陈麒. 聚合物基复合材料. 上海: 华东理工大学出版社, 2007.

[16] 董奇. 杂萘联苯聚芳醚的共混及短纤增强改性研究. 大连: 大连理工大学, 2008.

[17] 赵若飞, 周晓东, 戴干策. 纤维增强聚合物复合材料界面残余热应力研究进展. 纤维复合材料, 2000(2): 20.

[18] 肖丽红. 含杂萘联苯结构多元共聚芳醚的合成与性能. 大连: 大连理工大学, 2008.

[19] Gorbatkina Y A, Ivanova-Mumjieva V G. Variance of adhesive strength and fracture mechanism of fibre/matrix joints. International Journal of Adhesion and Adhesives, 2001, 21: 41.

第9章

杂萘联苯聚芳醚功能性复合材料

9.1 引言 ◄◄◄

近半个世纪以来，非金属材料因其丰富的资源和优异的性能而得到了迅速的发展，揭开了材料科学的新纪元，其中以高分子材料的发展最为迅速。随着航空、航天、船舶、轨道交通、石油化工、机械等领域的快速发展，不仅需要耐高温、轻质、高比强度的高性能树脂基复合材料作为结构材料使用，而且对其功能性的要求也越来越高，如兼顾耐磨、隔热、吸波等性能。

高性能耐磨树脂基复合材料是由高性能树脂基体和耐摩擦磨损性能优异的填料复合而成，具有减摩、自润滑、耐磨、耐腐蚀、减震吸振、降低噪声、相对密度小、比强度高和易加工简便等一系列优良特性，是一类新型的耐磨复合材料。正确使用树脂基耐磨复合材料，不仅能解决金属材料难以克服的许多技术问题，节约大量的贵金属材料，减轻机器设备的重量，降低总体制造成本。因此，耐磨树脂基复合材料有很大的应用潜力。

高性能树脂基耐磨复合材料一般需要满足以下要求：

(1)机械性能：应具有较高的抗压、抗拉、抗弯、抗剪和抗撕裂强度，足够的硬度和韧性，在高温、高压环境下有较稳定的机械性能等。

(2)物理性能：应具有较高的导热性，较低的热膨胀系数和在一定的温度、压力范围内有较好的热稳定性。

(3)抗腐蚀性好。

(4) 良好的机械加工性能等。

与金属耐磨材料和陶瓷耐磨材料相比，虽然高性能树脂基耐磨复合材料硬度较低、耐热性稍差，但聚合物树脂基体独有的大分子结构，这使其具有自润滑、耐磨损、相对密度小、易加工等特点。其最大优点在于：能根据具体使用要求，选择合适的树脂基体和改性组分，并通过一定的加工工艺技术和处理方法，使之能够在特定的摩擦润滑工作条件下稳定地工作。因此作为工作负荷不大的耐磨材料，应用前景十分广阔，可以用来制造轴承、齿轮、导轨等零部件。例如，碳纤维增强的耐磨树脂基复合材料，其摩擦系数小、耐磨性好、质量轻，可在无需润滑的场合使用，其产品制成耐高温、自润滑的耐磨件后（如轴承、齿轮、密封圈等），已经在航空、航天、火箭及卫星等领域广泛应用。

近年来，随着军工航天、电子电气等高技术领域的飞速发展，对具有耐高温、高强度及优异电磁特性的功能材料需求非常迫切[1]。碳纳米管（CNT）具有独特的结构及优异的电性能和力学性能，以其为填料制备的树脂基复合材料，可以很好地结合碳管和聚合物两者的优点，由此开发出具有电性能的轻质功能材料，在高技术领域展示了广泛的应用前景。目前为止，用碳纳米管作为导电材料和增强体填充不同聚合物基体制备复合材料的研究已经取得了一定的成果。但这方面的研究工作，主要以通用塑料、工程塑料或热固性材料为基体，而对于高性能的特种工程塑料，特别是在具有高耐温等级的特种工程塑料中的应用还较少。

含杂萘联苯高性能聚合物是一类具有自主知识产权的新型特种工程塑料，具有耐高温、可溶解、力学性能优异等特点，是制备高性能功能树脂基复合材料非常理想的基体材料。基于杂萘联苯聚合物结构和性能上的特点，大连理工大学蹇锡高院士团队开展了耐磨自润滑树脂基复合材料和具有吸波性能的结构-功能一体化树脂基复合材料研究。

9.2 耐磨型杂萘联苯聚芳醚树脂基复合材料 ◀◀◀

近几年来，随着高新技术迅速发展，在航空、航天、汽车、电子、机械、建筑、医药、食品等领域迫切需要耐高温、耐磨损、自润滑等性能优良的高分子材料[2, 3]。含二氮杂萘酮联苯结构聚芳醚树脂是一种耐高温高性能热塑性树脂，具有优异耐热性能、力学性能、耐腐蚀性和化学稳定性，可以用作制造轴承、活塞环、阀片、轴套和动态密封等部件的基体选材。但纯树脂在金属对偶面上高速滑动时，其自身耐磨性较差，在某一临界温度或热量积累时，摩擦功耗上升，在摩擦表面产生的塑性变形严重，磨耗较大，作为耐磨材料的基材尚需适当改性，以满足不同领域的应用需求。

9.2.1 石墨填充 PPESK 体系

石墨（Graphite）作为一种理想的固体润滑材料，具有极低的摩擦系数（<0.1）和优异的自润滑性、导热性、耐高温性、耐腐蚀性，其制品已在机械、电气、化工、冶金、国防等领域获得应用。但由于石墨自身强度低、质脆，其制品易破裂，又限制了其更广阔的应用。将石墨填充改性 PPESK（m-PPESK），有望使二者优势

互补，制得高性能耐高温 PPESK 树脂基自润滑复合材料。

由图 9-1 可知，不同石墨含量的 PPESK/Graphite 自润滑复合材料的摩擦系数随着摩擦时间的延长，大体呈现相同的变化趋势，而且高石墨含量的复合材料表现出了更低的摩擦系数，在石墨含量达 30 wt%时，摩擦系数降至 0.11，几乎为 5 wt%石墨含量的 PPESK/Graphite 摩擦系数的 1/4。

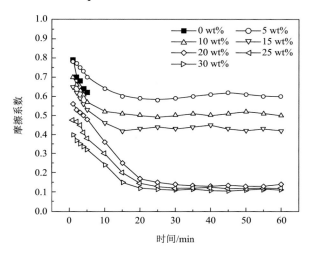

图 9-1　不同石墨含量的 PPESK/Graphite 自润滑复合材料的摩擦系数(500N)

PPESK/Graphite 复合材料摩擦系数随时间的变化可分为三个阶段：第一阶段，从摩擦开始到 15 min 的时间段，摩擦初期摩擦系数快速降低阶段，表现为摩擦系数随摩擦时间的延长而迅速下降，但对于不同石墨含量的复合材料，降低幅度不同，在石墨含量超过 20 wt%的 PPESK/Graphite 复合材料摩擦系数降低更明显。第二阶段，从 15 min 到 25 min，摩擦系数缓慢降低阶段，表现为摩擦系数随时间的延长而降低趋势减缓，同上一阶段一样，石墨含量超过 20 wt%的 PPESK/Graphite 复合材料摩擦系数降幅较大。第三阶段，当摩擦时间超过 25 min，为摩擦系数稳定持续阶段，表现为摩擦系数不再随时间的延续而降低，处于一种随机波动的稳定状态。以石墨含量为 20 wt%为例，在摩擦开始阶段，摩擦系数从 0.56 迅速降低到 0.25，降低超过 50%；在第二阶段，摩擦时间从 15 min 到 25 min 的时间内，摩擦系数降低速度减缓，摩擦系数从 0.25 降低到 0.15；在摩擦系数稳定持续阶段，摩擦系数不再随摩擦时间的延长而降低，一直维持在 0.13～0.14 之间。在摩擦初期的摩擦系数快速降低阶段，由于接触高点的磨损，产生的石墨小碎屑填充到轮廓谷中，形成石墨润滑膜，此阶段产生的石墨微屑最多，并且石墨润滑膜是从无到有的初期形成阶段，从而使得摩擦系数迅速降低。

对于 PPESK/Graphite 复合材料，较高的石墨含量有利于石墨润滑膜的迅速铺展形成，经相同的摩擦时间后，石墨含量高于 20 wt%的复合材料具有更大的石墨润滑膜铺展面积，因此，与石墨低含量的复合材料相比，摩擦系数的下降更为迅速。摩擦系数缓慢降低阶段，随着石墨润滑膜的逐步形成，固体石墨润滑膜的润滑作用逐步增强，摩擦系数减小，摩擦表面的磨损降低，表面磨损并产生的石墨碎屑减少，石墨润滑膜的形成铺展速度减慢，从而使得摩擦系数的降低减缓。摩擦系数持续稳定阶段，大面积的石墨润滑膜已经基本形成，其润滑作用已发挥到最佳状态，磨损也已降到最低，此时产生的石墨碎屑仅仅对固体润滑膜进行修复，维持润滑膜的完整，从而使得摩擦系数不再降低。

9.2.2 石墨/碳酸钾晶须填充 PPESK 体系

碳酸钾晶须(PTW)具有优良的力学性能，优异的化学稳定性、耐腐蚀性、耐热隔热性、耐磨性、润滑性、高的电绝缘性，还具有红外反射率高、高温下导热系数极低、硬度低等特点，它的强度超出常用的玻璃纤维、碳纤维、凯夫拉纤维等。晶须在复合材料中起到补强增韧作用，主要补强理论可以概述为载荷传递、拔出效应、搭桥效应、裂纹偏转和微裂纹效应等。作为耐磨复合材料的填料，与玻璃纤维相比，碳酸钾晶须还具有其独特的优势。由于玻璃纤维硬度高、性脆等特点，因此存在其增强的复合材料对摩擦副的磨损严重以及在重载下因玻璃纤维折断而导致性能明显下降等问题。碳酸钾晶须不仅强度高、硬度低，而且尺寸细微(长度仅与玻纤的直径相当)，能够起到补强作用。

当向 PPESK 树脂基复合材料中同时添加石墨和碳酸钾晶须时(图 9-2 和图 9-3)，摩擦系数随着晶须在填料中含量的增加(即石墨含量的降低)而上升，磨损率则呈先下降后上升的趋势，特别是当填料中碳酸钾晶须和石墨比例为 3∶1 时，磨损率降至最低，比纯树脂［磨损率为 11.2×10^{-5} mm^3/(N·m)］降低了两个数量级。这是因为碳酸钾晶须与基体之间具有较好的黏结性，使石墨在基体上的附着力增加，防止了在摩擦磨损过程中石墨颗粒脱落，限制了磨粒磨损现象的发生，但是使疲劳磨损的特征相对比较明显，这说明晶须可以增强复合材料抵抗犁削和磨粒磨损的能力，同时也可以改善基体的严重黏着现象，因此使复合材料的耐磨性能得到了提高，这进一步表明石墨和碳酸钾晶须的协同作用在复合材料耐磨性能的提高中起到了至关重要的作用。虽然 PTW 与基体之间有较好的黏结性，但这是相对石墨来说的，过量的碳酸钾晶须极易团聚而造成脱落反而使复合材料的磨损率又有所升高。而且，随着石墨含量的增加，晶须含量的减少，少量的晶须不能充分提高相对过量的石墨颗粒在基体上的附着力，以致在以后的磨损过程中，石墨颗粒发生了脱落，造成了磨粒磨损现象的发生，导致磨损率上升。因此，只有当碳酸钾晶须和石墨在适当的比例下才能起到明显地提高摩擦磨损性能的作用。

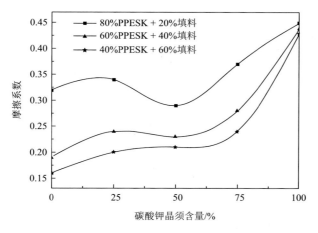

图 9-2　PPESK/Gr/PTW 复合材料的摩擦系数曲线

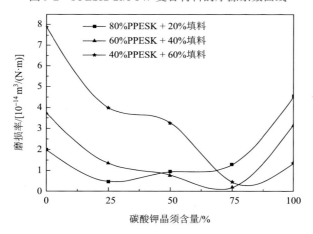

图 9-3　PPESK/Gr/PTW 复合材料的磨损性能

9.2.3　碳化硅填充 PPESK 体系

碳化硅(SiC)是共价键很强的化合物,其晶体结构主要有 a、B 两种(a 为六角晶型对称,B 为立方晶型对称)。它的性质与金刚石、硅相似,属于半导体,硬度高,弹性模量高,导热系数大。碳化硅硬度高,仅次于几种超硬材料,它的硬度虽然随着温度升高而降低,但仍高于刚玉,耐磨能力、机械强度也高于刚玉,如碳化硅的抗压强度为 $224kg/mm^2$、抗弯强度为 $15.5kg/mm^2$,刚玉分别为 $75\ kg/mm^2$、$8.72\ kg/mm^2$。总之,碳化硅具有耐高温、耐磨、耐热振、耐化学腐蚀、耐辐射和具有良好的导热性能,因此在国民经济各部门有着极其广泛的用途。精细碳化硅纳米材料制得的部件具有更为优良的耐高温强度、耐磨性,作为结构材料广泛应用于航空、航天、汽车、机械、石化等工业领域。此外,利用碳化硅材料的高热导、高绝缘性，在电子工业中用作大规模集成电路的基片和封装材料。在聚合物基复合材料中，碳化硅也不失为一种性能优良的填料。

以碳化硅为填料，制备不同碳化硅含量的 PPESK 树脂基复合材料。从图 9-4 可知，碳化硅含量对复合材料摩擦系数的改变趋势比较不规则，但是与纯 PPESK 相比，复合材料的摩擦系数明显降低。在碳化硅含量小于 10%时，复合材料的摩擦系数是直线下降的，降至纯 PPESK 摩擦系数的 69%。这一点和 SiC 填充 PEEK、PA66 是比较一致的。但是，当碳化硅含量大于 10%时，随着填料含量的增加，摩擦系数却有所上升。在摩擦过程中，与硬度很高的 SiC 粒子相比，较软的树脂基体先被磨掉，进入两摩擦副表面的高硬度碳化硅粒子则显露出来承受较高的磨损，避免两摩擦表面的直接接触，减小了黏着磨损，并且类球体的碳化硅粒子在两表面之间做微滚动，变滑动摩擦为滚动和滑动复合摩擦，复合材料较高的表面硬度的增加能够极大地减少犁沟切削作用，降低摩擦过程中因互嵌产生的切削力，多方面的原因造成了复合材料摩擦系数的降低。当碳化硅含量大于 10%后，摩擦系数的上升，可能是随颗粒含量的增加，在摩擦过程中，数量较多的 SiC 颗粒刺入摩擦环表面并与摩擦环表面发生互相阻碍、犁削作用，摩擦剧烈程度增加，致使摩擦系数增加。再者，数量较多的颗粒对摩擦环表面进行的切削过程中使转移膜不易在摩擦环表面形成完整的润滑膜，升高了复合材料在磨损过程中的摩擦系数。

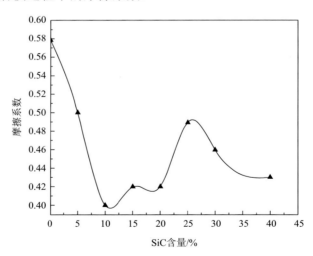

图 9-4   碳化硅的含量不同对复合材料摩擦系数的影响

SiC 颗粒的加入有效降低了复合材料的磨损，在磨损过程中，镶嵌在树脂基体中的 SiC 颗粒逐渐暴露，并与摩擦副表面接触。SiC 颗粒具有很高的强度和硬度(室温抗压强度 576 MPa，莫氏硬度 9.2)，其高硬度是提高复合材料的耐磨性能的主要原因。在磨损过程中承载了大部分载荷，避免了摩擦副和试样之间直接接触，传递载荷，从而有效地保护了树脂基体。随着 PPESK 中 SiC 颗粒含量的增加，理论上复合材料抵抗外物压入的能力增强，磨损过程中不易发生明显的塑性变形，磨料难以刺入基体，有效地减少了磨料压入基体表面的数量，降低了压入深度，从而使犁削深度和树脂表面材料转移体积减小，复合材料中 SiC 颗粒越多，这种有益的作用越强。

　　从图 9-5 可以看出，当复合材料中碳化硅的含量大于 10%时，复合材料的磨损率并没有继续延续其急剧下降趋势，而是有少许上升而后趋于稳定。这说明碳化硅颗粒的含量大于 10%时对复合材料摩擦磨损性能的改善没有太大变化。可能是由于该基体对碳化硅颗粒的固定能力就在 10%左右，当填料含量高于 10%时，这种固定能力减弱，使相对多余的碳化硅颗粒发生脱落，甚至可能会造成严重的磨粒磨损。而当碳化硅颗粒含量较少时，少量的碳化硅颗粒的承载能力有限，因此磨损还主要以聚合物的磨损为主，而聚合物的磨损主要为黏着磨损，就难免会有较大的磨屑产生，造成磨损率的升高。

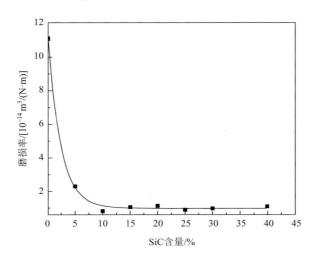

图 9-5　碳化硅的含量不同对复合材料磨损率的影响

9.2.4　碳化硅/石墨填充 PPESK 体系

　　如图 9-6 所示，PPESK/SiC/Gr 复合材料的摩擦系数随着石墨含量的减少和碳化硅含量的增加呈上升趋势。石墨-PPESK 复合材料（碳化硅在填料中含量为 0 时）的摩擦系数最小，而 SiC-PPESK 复合材料的摩擦系数最大。当聚合物含量为 80%时，复合材料摩擦系数的变化趋势比较平坦，在 0.32 和 0.42 之间变化。当聚合物含量为 60%时，复合材料摩擦系数的变化幅度比较大，在 0.18 和 0.45 之间变化。

不过和纯树脂的摩擦系数(纯树脂的摩擦系数为 0.58)相比,PPESK/SiC/Gr 复合材料的摩擦系数还是有一定程度的降低。

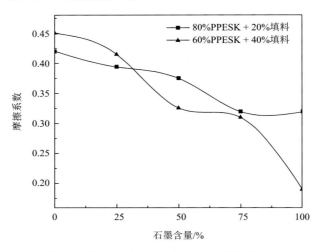

图 9-6   填料含量对复合材料摩擦系数的影响

　　PPESK/SiC/Gr 复合材料摩擦系数的降低由两部分作用共同构成。一部分是与摩擦副之间所形成的固体润滑膜的固体润滑,另一部分是 SiC 对摩擦副的摩擦作用。如图 9-6 所示,聚合物含量为 80%时,当碳化硅在填料中的含量由 0 增加到25%时,摩擦系数基本不变。由于较少的碳化硅颗粒对复合材料的减摩作用得到了发挥,其与石墨分别形成不同的润滑膜和转移膜,使得复合材料维持较低的摩擦系数不变。随着 SiC 分数的增高,分布在摩擦表面的 SiC 数量就越多,其对摩擦副的摩擦作用越强,理论上复合材料的摩擦系数应该降低。但是较多的碳化硅颗粒不仅使自身不能形成较为完整的转移膜,反而影响了石墨润滑膜的作用,并且颗粒较易脱落,造成磨粒磨损的产生。聚合物含量为 60%时,复合材料的摩擦系数呈急剧上升趋势,和另一条曲线相比,相对较少的树脂基体较难和填料形成良好的界面,并且细小的碳化硅颗粒容易发生团聚并脱落,造成严重的磨粒磨损的发生。

　　PPESK/SiC/Gr 复合材料的磨损率是我们考查其磨损性能的一个重要指标。如前所述,碳化硅的加入使得聚合物的硬度得到了提高,其在耐磨方面有了很大的改善。从图 9-7 中可以看出,填料由石墨单一组分组成时,复合材料的磨损率随着聚合物含量的增加而下降。而随着碳化硅的加入,复合材料的磨损率先急剧下降而后又缓慢上升。无论填料是由单一的石墨组成还是碳化硅组成,复合材料的磨损率都比较高。而当填料由石墨和碳化硅共同组成时,复合材料的磨损率比较低,特别是当碳化硅和石墨比例为 1∶3 时,两组复合材料的磨损率均出现了最小值。

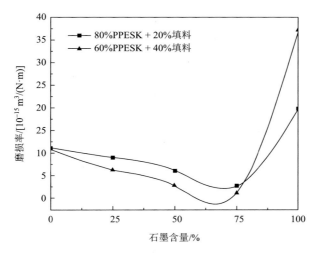

图 9-7　填料含量对复合材料磨损率的影响

　　碳化硅和石墨加入对复合材料耐磨性能有两方面的影响：一方面碳化硅可以提高复合材料的硬度，从而提高复合材料抵抗犁沟磨损的能力，降低粒磨损的发生的可能性，提高耐磨性。另一方面，两相界面一般都是复合材料裂纹的来源，因此随着 SiC 含量的增加，就会产生更多的裂纹，复合材料的塑性就会大大降低。石墨的存在和塑性的下降又降低了复合材料抵抗表面剥落磨损的能力，就会降低复合材料的耐磨性。硬度的升高和塑性的降低两种效果同时作用于复合材料磨损，所以在 SiC 加入一定的量时，复合材料的耐磨性会出现一个最佳值，如图 9-7 所示，磨损率的最佳值出现在碳化硅和石墨比例为 1∶3 时，当 SiC 含量小于 25%时，硬度的升高对磨损作用大，在控制混杂复合材料的磨损过程中占有优势，因而耐磨性随 SiC 含量升高而升高。反之，当 SiC 含量大于 25%时，复合材料塑性的降低影响了磨损过程，耐磨性降低。

9.3　吸波型杂萘联苯聚芳醚树脂基复合材料　◀◀◀

　　作为提高武器系统生存能力和突防能力的有效手段，吸波材料已被当今世界各国视为重点开发的军事高新技术[4]。同时，由电磁波造成的环境污染日益加剧，吸波技术在民用产品开发中也得到了广泛的关注。随着雷达探测技术的发展，以及目标外形技术越来越受到战术技术指标的限制，原有的隐身技术及吸波材料已面临着很大的挑战，迫切需要开发新型吸波材料和相应的隐身技术。

　　新一代吸波隐身材料要求吸收强、频带宽、质量轻、厚度薄、功能多、红外微波吸收兼容以及具有耐高温、高强度等优良的综合性能[5]。用具有特殊电、磁性能的无机纳米材料与性能优良的有机聚合物制备吸波复合材料是实现这些要求的一个重要研究方向。根据吸收机理，填料主要分为磁损耗吸收剂(如铁氧体)和电损耗吸收剂(如导电炭黑)。近年来研究发现新型碳材料碳纳米管的电磁特性明显不同于其他各类已知的碳结构[6]，如电子在碳纳米管中的运动是沿轴向的，碳纳米管可表现出金属或半导体的特性，特别是碳纳米管拥有螺旋结构和手征性，这将导致特殊的电磁效应。碳纳米管独特的电磁性能预示其在制备吸波隐身材料中具有广泛的应用前景[7]。以不同聚合物为基体碳纳米管复合材料的微波吸收性能已经取得了一定的研究进展。

9.3.1 官能化碳纳米管填充 PPESK 体系

碳纳米管(CNT)作为一种新型的一维功能材料，具有密度小、长径比大、强度高以及类金属导电性等优点。自 1991 年发现以来，其独特的结构、优异的性能和巨大的应用前景吸引了各国科学家的兴趣，其中 CNT 作为导电填料和增强剂在聚合物复合材料中的应用得到了极大的关注。制备 CNT/聚合物基复合材料常见的方法主要包括熔融混合和溶液共混。这两种工艺简单，已经得到了广泛的应用，但 CNT 易团聚在一定程度限制了其性能的发挥。

为了抑制 CNT 的团聚、增强 CNT 与树脂基体的相互作用，选用含二氮杂萘酮联苯结构二胺(DHPZDA)，通过酰胺化反应对 CNT 进行有机官能化改性。再将改性 CNT 引入 PPESK 高性能树脂基体中，采用溶液共混的方法制备 PPESK 树脂基纳米复合材料，研究了 CNT 的含量及官能化改性 CNT 对复合材料结构和性能的影响[8]。

图 9-8(a)为在 8~18 GHz 的频率范围内，样品厚度为 0.9 mm，不同填料含量 MWCNT/PPESK 复合材料的反射损耗(RL)图。从图中可以看出，MWCNT/PPESK 复合材料的微波吸收强度通常是随着微波频率的增加而提高，并且在约 18 GHz 达到反射损耗的最小值。当 CNT 含量为 5 phr 时，反射损耗小于–10 dB 的频宽为 2.0 GHz(16.0~18.0 GHz)，反射损耗的最小值为–17.9 dB，其频率在 18 GHz。

图 9-8(b)为样品厚度为 0.9 mm 的 Ni-MWCNT/PPESK 复合材料在 8~18 GHz 的频率范围内的反射损耗。当 CNT 含量在 2~5 phr 的范围内，出现了明显的反射损耗吸收峰(impedance matching point)。并且随着 CNT 含量的增加，反射损耗的吸收峰对应的频率向低频方向移动。对于 5 phrCNT 含量的 Ni-MWCNT/PPESK 复合材料，反射损耗小于–10 dB 的频宽为 4.0 GHz(9.5~ 13.5 GHz)，反射损耗的最小值为–27.5 dB，其反射损耗吸收峰的频率在 10.9 GHz，具有较好的微波吸收性能。

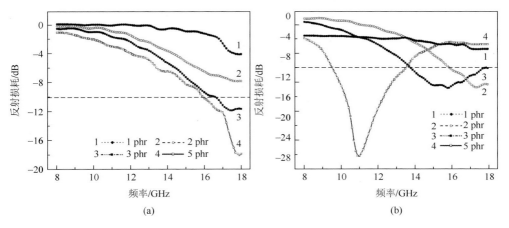

图 9-8　MWCNT/PPESK（a）和 Ni-MWCNT/PPESK 复合材料的微波吸收性能（b）

表 9-1 比较了样品厚度为 0.9 mm 的 MWCNT/PPESK 和 Ni-MWCNT/PPESK 复合材料的微波吸收性能。当碳管含量在 2～5 phr 时，与含有相同碳纳米管含量的 MWCNT/PPESK 复合材料比较，Ni-MWCNT/PPESK 复合材料反射损耗小于 −10 dB 的频宽更大，同时有更低的反射损耗最小值。Ni-MWCNT/PPESK 复合材料展示出更为优异的微波吸收性能，表明通过化学镀镍处理，碳纳米管的电磁性能得到了进一步的优化，对复合材料微波吸收性能的改善有帮助。在含碳纳米管的吸波涂层中，碳纳米管作为偶极子在电磁场的作用下，会产生耗散电流，在基体作用下耗散电流被衰减，从而使电磁波能量转化为其他形式的能量。这是碳纳米管偶极子吸波涂层的主要吸波机理。镀镍合金碳纳米管的吸波机理不同于纯碳纳米管的吸波机理，主要是在碳纳米管表面包覆金属镍引起了电磁性能的变化，特别是磁性能得到提高。

表 9-1　MWCNT/PPESK 和 Ni-MWCNT/PPESK 复合材料的微波吸收性能比较

含量/phr	MWCNT/PPESK			Ni-MWCNT/PPESK		
	F-10[a]/GHz	RLmin.[b]/dB	Fmin.[c]/GHz	F-10[a]/GHz	RLmin.[b]/dB	Fmin.[c]/GHz
1	—	−4.0	18.0	—	−6.4	17.4
2	—	−7.8	18.0	15.9～18.0	−14.0	17.4
3	16.7～18.0	−11.8	17.5	13.8～18.0	−14.0	15.8
5	16.0～18.0	−17.9	18.0	9.5～13.5	−27.5	10.9

a.F-10：频宽 RL 小于−10 dB；b.RLmin.：反射损耗最小频宽；c.Fmin.：阻抗匹配频率。

除吸波填料含量外，样品厚度也是决定材料微波吸收性能的重要因素。图 9-9 为不同样品厚度的 Ni-MWCNT/PPESK 复合材料的微波吸收性能。从图中可以看出，当 Ni-MWCNT 含量相同时，随着样品厚度的增加，材料的反射损耗最大吸收峰向低频方向移动。因此说明可以通过改变样品的厚度来调节吸收频段的位置，以满足不同的应用要求。当样品厚度从 0.6 mm 增加到 1.2 mm，碳管含量为 3 phr 和 5 phr 的复合材料，反射损耗最大吸收峰频率分别从 16.9 GHz 和 16.0 GHz 降低到 12.3 GHz 和 9.7 GHz。

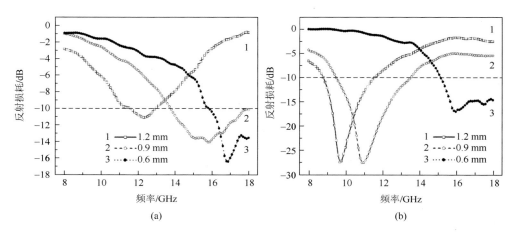

图 9-9   不同厚度复合材料的微波吸收性能：(a) 3 phr Ni-MWCNT/PPESK；(b) 5 phr Ni-MWCNT/PPESK

对于微波吸收材料，反射损耗主要与微波频率、样品厚度、相对复介电常数和磁导率有关，并能够通过式 (9-1) 计算得到[9]：

$$RL = -20 \lg 10 \left| \frac{Z-1}{Z+1} \right| \tag{9-1}$$

式中，Z 为输入阻抗，可通过式 (9-2) 得到：

$$Z = \sqrt{\frac{\mu_r}{\varepsilon_r}} \tanh\left(j\frac{2\pi}{c} \sqrt{\mu_r \varepsilon_r} fd \right) \tag{9-2}$$

式中，f 为微波频率；d 为样品厚度；c 为光速；ε_r 为相对复介电常数；μ_r 为相对复磁导率，j 为虚部单位。在本研究中，微波测试频率范围相同，但由于填料碳纳米管通过化学沉积镀镍改性，改变了复合材料的相对复介电常数和磁导率[10]，这也是 Ni-MWCNT/PPESK 复合材料与 MWCNT/PPESK 复合材料相比有着不同的微波吸收性能的原因。同时通过式 (9-2) 也可以解释当 Ni-MWCNT 含量提高或样品厚度增加时，反射损耗的吸收峰频率向低频方向移动的现象。

从实验结果可以看出，MWCNT/PPESK 和 Ni-MWCNT/PPESK 复合材料的微波吸收性能随碳纳米管含量的变化，表现出类似的趋势，反射损耗的最小值随碳纳米管含量的增加而下降。在测试含量范围内，当碳纳米管含量为 5 phr，复合材料展示了最好的微波吸收效果。其原因是增加导电填料含量，复合材料能获得更高的介电性能，这对微波吸收材料介电损耗的提高是有利的。也就是说，对由导电填料填充聚合物基体制备的微波吸收复合材料而言，在电性能和反射损耗之间存在相互关系。

以样品厚度为 0.9 mm 的 MWCNT/PPESK 和 Ni-MWCNT/PPESK 复合材料为考察对象，反射损耗(RL)和体积电阻率(ρ_v)之间的关系通过相关系数(coefficients of correlation，r)被进一步评估，相关系数通过式(9-3)计算得到：

$$r = \frac{\dfrac{1}{N-1}\sum_{i=1}^{N}(RL_i - \overline{RL})(\rho_{vi} - \overline{\rho_v})}{S_{RL}S_{\rho_v}} \tag{9-3}$$

式中，$i = 1, 2, \cdots, N$(N 代表实验的次数)，$\overline{RL}$ 和 $\overline{\rho_v}$ 分别代表变量 RL 和 ρ_v 的数学期望(mathematical expectation)；S_{ρ_v} 代表 ρ_v 的均方差；$\overline{RL}$ 计算公式如下：

$$\overline{RL} = \frac{1}{N}\sum_{i=1}^{N}RL_i \tag{9-4}$$

另外 S_{RL} 代表变量 RL 的均方差(mean square deviation)，其计算公式如下：

$$S_{RL} = \sqrt{\frac{1}{N-1}\sum_{i=1}^{N}\left(RL_i - \overline{RL}\right)^2} \tag{9-5}$$

表 9-2 为不同吸收频率时反射损耗和体积电阻率之间的相关系数。对于 MWCNT/PPESK 复合材料，在 1~5 phr 的填料含量范围内，在整个测试频段(8~18 GHz)，相关系数都接近 1。图 9-10 所示的复合材料反射损耗和体积电阻率之间的线性关系，图中的虚线是通过对实验值线性模拟得到，可以看出反射损耗随体积电阻率的下降呈现出几乎线性的变化规律，在测试含量的范围内，MWCNT/PPESK 复合材料的微波吸收性和导电性能之间存在线性相关性。对于 Ni-MWCNT/PPESK 复合材料，相关系数明显下降并偏离数值 1，表明 Ni-MWCNT/PPESK 复合材料的微波吸收性和电性能之间不存在线性相关性。以往研究表明，碳纳米管复合材料的微波吸收性，主要归因于材料的介电损耗，而不是磁损耗。但对于 Ni-MWCNT 填充的复合材料，由于金属镍被沉积在碳管的表面，提高了填料的磁性能，因此反射损耗的大小除与介电性能有关外，还与材料的磁性能相关。

表 9-2   MWCNT/PPESK 复合材料反射损耗和电阻率之间的相关系数

频率/GHz	相关系数	
	MWCNT/PPESK	Ni-MWCNT/PPESK
8	0.954	−0.077
9	0.893	0.247
10	0.940	0.515
11	0.957	0.605
12	0.964	0.640
13	0.972	0.789
14	0.972	0.773
15	0.961	0.474
16	0.958	0.295
17	0.982	0.105
18	0.960	0.006
平均值	0.956	0.397

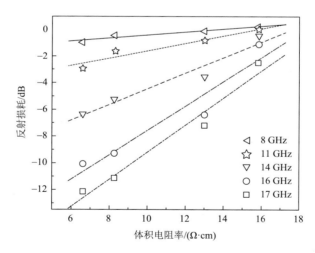

图 9-10   MWCNT/PPESK 复合材料微波吸收性能和电阻率之间的线性关系

9.3.2   官能化碳纳米管/炭黑填充 PPESK 体系

导电炭黑是一种较为常见的微波吸波剂，在吸波隐身材料领域已经得到了广泛的应用。根据吸收机理，其与碳纳米管相似，也属于电损耗吸收剂。用导电炭黑与碳纳米管复合使用，研究两种吸波剂之间的影响具有重要的意义。大连理工大学蹇锡高院士团队[11, 12]通过化学沉积的方法对碳纳米管表面镀镍改性，改进镀镍工艺，制备了具有金属镍涂覆的碳纳米管。以杂萘联苯聚芳醚砜酮(PPESK)树脂为基体，制备了碳纳米管/PPESK、镀镍碳纳米管/PPESK 高性能微波吸收复合材料。对材料导电性能、微波吸收性能以及两者之间的关系进行了研究，并考察了材料的力学性能及耐热性能。

如图 9-11 所示，导电炭黑与碳纳米管混合添加到 PPESK 基体中制备复合材料的微波吸收性能，可以看出当两种填料共同使用时，相互之间产生了协同作用，材料的微波吸收强度较仅有碳纳米管一种填料时，有一定程度的提高，特别是在高频段，提高较为明显。MWCNT/CB/PPESK 材料反射损耗小于−10 dB 的频宽为 2.4 GHz(15.6～18 GHz)，反射损耗的最小值为−22.8 dB，其反射损耗吸收峰的频率在 17.4 GHz。

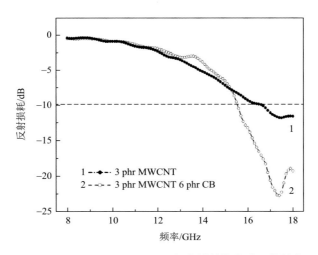

图 9-11　MWCNT/CB/PPESK 复合材料的微波吸收性能

9.3.3　氮掺杂碳纳米管填充 PPENK 体系

杂萘联苯聚芳醚腈酮(PPENK)树脂溶解性好，加工性能优异，可以使用简单的方法进行形貌调控。PPENK 耐高温性能优异，且分子链中氮、氧原子含量丰富，因此高温处理后衍生的碳材料富含杂原子，有利于提升吸波剂的介电损耗能力。因此，以耐热性能优异、溶解性好、杂原子(N、O)含量高的 PPENK 树脂为前驱体，以氮掺杂碳纳米管(NCNT)为骨架，使用简单、低能耗的溶剂替代法，将 PPENK 树脂沉积在 NCNT 表面对其进行包覆，引入孔结构，得到 NCNT@PPENK 前驱体，再利用冷冻干燥和高温热处理工艺，制备聚合物衍生多孔型 NCNT@C 复合吸波剂。

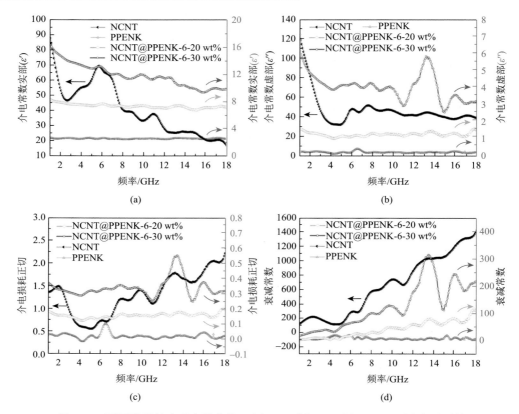

图 9-12　不同粒子的电磁参数曲线：（a）ε'；（b）ε''；（c）$\tan\delta_\varepsilon$；（d）衰减系数

　　为了研究 PPENK 包覆对碳纳米管电磁性能和吸波性能的影响，NCNT、PPENK 微球和多孔型 NCNT@PPENK-6 复合物前驱体的电磁参数可以通过矢量网络分析仪进行测定。在室温下，三种物料分别与固体石蜡按照 3∶7 的质量比均匀混合并制成待测同轴圆环样品。如图 9-12 所示，在 1.0～18.0 GHz 测试频率范围内三种粒子的电磁参数数值具有数量级上的差距。其中，NCNT 的 ε' 数值在 18～90 之间，ε'' 数值在 35～121 范围内，$\tan\delta_\varepsilon$ 也处于 0.5～2.2，衰减系数数值最高可达 1400，其 ε'、ε''、$\tan\delta_\varepsilon$ 和衰减系数在三种粒子中均最大。PPENK 的 ε' 接近于 1，ε''、$\tan\delta_\varepsilon$ 和衰减系数接近于 0，四个物理量均最小，且随频率变化不明显。NCNT@PPENK-6 的 ε'、ε''、$\tan\delta_\varepsilon$ 和衰减系数均在二者之间，将质量填充比从 20 wt% 提升到 30 wt% 后，ε'' 数值增加 3～4 倍，介电损耗正切值增大 1 倍，ε' 与衰减系数也大幅上升。根据填料填充理论，导电填料的体积分数越大，越容易形成导电网络，有利于提升介电常数和介电损耗能力。因此，相对于 20 wt% 的填料比，30 wt% 填充的 NCNT@PPENK-6 拥有更强的介电损耗能力。

雷达波损耗能力可以用反射损耗来表达。由图 9-13 所示的反射损耗 3D 彩图可以看出，PPENK 和 NCNT 的雷达波损耗能力较差，在测试频率范围内几乎没有有效吸收。根据前文分析，PPENK 微球的损耗能力较差是因为其介电损耗和磁损耗能力较差，无法在交变电磁场中产生极化弛豫过程，而 NCNT 则是内部较强的感应电流而造成极差的表面阻抗匹配性能。NCNT@PPENK-6 复合粒子的雷达波损耗能力有所增加，当填料比为 20 wt%、厚度为 1.9 mm 时，在 13.7～18.0 GHz 范围内的反射损耗数值小于–5 dB，但没有达到–10 dB。当填料比为 30 wt% 时，NCNT@PPENK-6 的吸波性能明显增加，1.9 mm 厚度下反射损耗小于–5 dB 的频宽为 7.0 GHz，小于–10 dB 的频宽为 3.4 GHz。

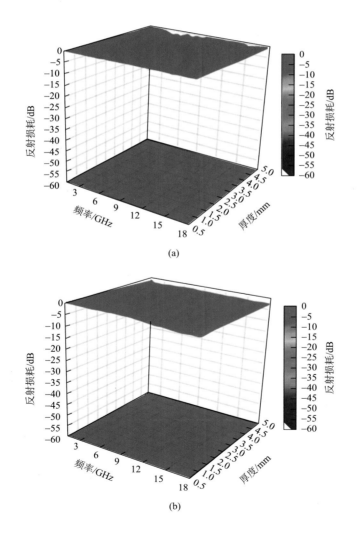

(a)

(b)

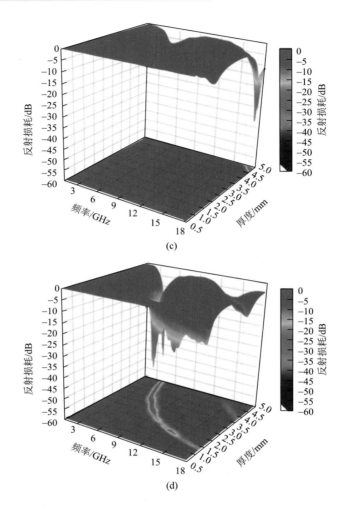

图 9-13 反射损耗 3D 彩色等高线与投影图：（a）PPENK；（b）NCNT；
（c）NCNT@PPENK-6-20 wt%；（d）NCNT@PPENK-6-30 wt%

图 9-14 中的归一化阻抗图可以帮助解释四种不同粒子反射损耗的差异。图中红色区域表示 Z 值远大于 1，绿色区域表示 Z 值接近 0，表面阻抗匹配性能较差。橙黄色和胡萝卜色表示 Z 值在 0.7～1.3 之间，吸波材料在此范围内的表面阻抗匹配性能较为优异，对应图中蓝色和青色轮廓线中间的区域。PPENK 的归一化阻抗彩图中橙黄色和胡萝卜色的面积比 NCNT 的大，说明 PPENK 的阻抗匹配性能比 NCNT 强。将 PPENK 沉积在 NCNT 表面后，NCNT@PPENK-6 的阻抗匹配特征频宽比 NCNT 大，这说明了将 PPENK 表面修饰 NCNT 可以提升表面阻抗匹配性能。

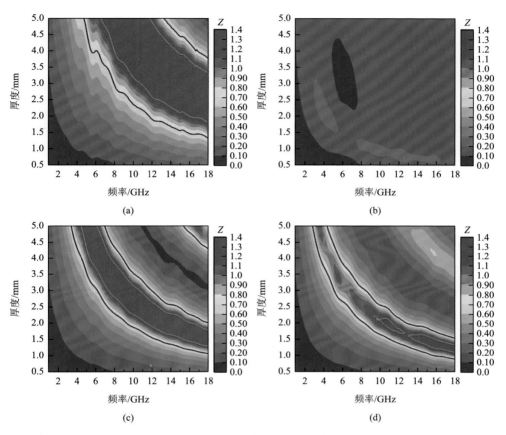

图 9-14　归一化阻抗 2D 图：(a) PPENK；(b) NCNT；(c) NCNT@PPENK-6-20 wt%；
(d) NCNT@PPENK-6-30 wt%

参 考 文 献

[1] 贾琨, 王东红, 李克训, 等. 石墨烯复合吸波材料的研究进展及未来发展方向. 材料导报, 2019(5): 805-811.

[2] 李志科, 陈斯佳, 马英杰, 等. 自润滑聚合物材料研究进展. 高分子材料科学与工程, 2020, 36(8): 165-172.

[3] 辛存良, 何世安, 满长才, 等. 聚合物基耐磨材料研究进展. 材料开发与应用, 2015, 30(1): 96-100.

[4] 张雪霏, 周金堂, 姚正军, 等. CIP/GF/CF/EP 吸波复合材料的制备及力学性能. 材料工程, 2019, 47(10): 141-147.

[5] 刘丹莉, 刘平安, 杨青松, 等. 吸波材料的研究现状及其发展趋势. 材料导报, 2013, 27(17): 74-78.

[6] 程金波, 赵海波, 李蒙恩. 碳基吸波材料的研究进展. 中国材料进展, 2019, 38(9): 897-905.

[7] 黄威, 魏世丞, 梁义, 等. 核壳结构复合吸波材料研究进展. 工程科学学报, 2019, 41(5): 547-556.

[8] 冯学斌, 廖功雄, 张欣涛, 等. 多壁碳纳米管/杂萘联苯聚醚砜酮复合材料的制备及性能. 功能材料, 2008(4): 687-689.

[9] Kim S S, Jo S B, Gueon K I, et al. Complex permeability and permittivity and microwave absorption of

ferrite-rubber composite at X-band frequencies. IEEE Transactions on Magnetics, 1991, 27(6): 5462-5464.

[10] Shen X, Gong R Z, Nie Y, et al. Preparation and electromagnetic performance of coating of multiwall carbon nanotubes with iron nanogranule. Journal of Magnetism and Magnetic Materials, 2005, 288: 397-402.

[11] 冯学斌, 廖功雄, 董黎明, 等. 镀镍碳纳米管/PPESK复合材料的制备及微波吸收性能. 高分子材料科学与工程, 2008, 24(12): 176-179.

[12] Feng X B, Liao G X, Du J H, et al. Electrical conductivity and microwave absorbing properties of nickel-coated multiwalled carbon nanotubes/poly(phthalazinone ether sulfone ketone)s composites. Polymer Engineering and Science, 2008, 48(5): 1007-1014.

第10章

杂萘联苯聚芳醚耐高温涂料

涂料就是在物体的表面上用一种特定的施工方法涂覆一层物质，固化后可以形成连续的薄膜材料，并通过涂覆物体上的薄膜对被涂表面起到保护装饰等效果。随着现代工业的不断发展，越来越多的设备需要在高温环境下使用，如高温炉、高温管道、飞机发动机、排气管等，为了防止设备的高温氧化腐蚀，耐高温涂料应运而生。相比于使用昂贵的优质材料来抵抗高温氧化的腐蚀，在设备表面涂装耐高温涂料有很大优势，如施工简便、价格相对较低等。如今，耐高温涂料已广泛应用于航空、航天、冶金、石油化工等领域[1]。耐高温涂料一般是指能长期经受 200℃以上高温并能保持一定物理力学性能和防护作用的一类涂料。它一般由耐高温的成膜物、耐高温颜填料、溶剂以及助剂所组成。杂萘联苯聚芳醚树脂具有耐热等级高、热稳定性好、力学性能强、电性能优异、尺寸稳定性好、抗蠕变、耐腐蚀、耐辐照等一系列优良的综合性能，同时与其他耐高温聚芳醚树脂(如聚醚醚酮 PEEK)相比，其可溶解于多种常用的极性非质子溶剂，如 N, N-二甲基乙酰胺(DMAc)、N, N-二甲基甲酰胺(DMF)、N-甲基吡咯烷酮(NMP)和二甲基亚砜(DMSO)等，因此杂萘联苯聚芳醚是耐高温涂料一种理想的成膜物。本章重点叙述杂萘联苯聚芳醚基耐高温绝缘漆、漆包线、防腐涂料和不粘涂料的制备与结构调控方法，并重点讨论杂萘联苯聚芳醚的化学结构对涂料性能的影响机制。

10.2 杂萘联苯型聚芳醚耐高温绝缘漆 ◀◀◀

绝缘漆又称绝缘涂料[2]，是绝缘材料的一个分支。可广泛用于灌封漆制造螺旋线圈等材料。它由聚合物涂覆在导电体表面构成绝缘漆膜，起到绝缘及防护作用。近二十年来，航天事业、飞机制造业、电子工业、家用电器及其他工业的发展，对绝缘材料的耐温性能及阻燃性能提出了更高的要求。开发性能优异的耐高温绝缘材料，对工业和新技术的发展具有深远的意义。

　　杂萘联苯聚芳醚树脂中"全芳杂环非共平面扭曲杂萘联苯结构赋予高聚物兼具耐高温和可溶解的优异性能"，也就是说，其具有远高于同类树脂的耐热性和良好的可溶解性，而其制备成本低，性能价格比高，加工方式多样化，应用领域大大扩展，在国际市场具有很强的竞争优势。

10.2.1　杂萘联苯聚芳醚砜酮绝缘漆

1. 绝缘漆的制备

PPESK 的化学结构式如图 10-1 所示。

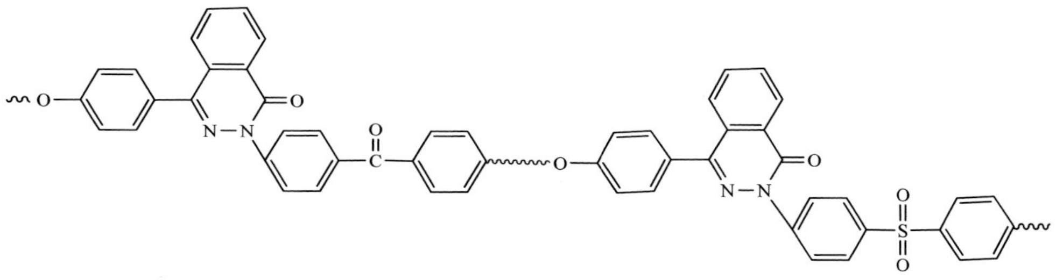

图 10-1　PPESK 的化学结构式

　　首先对 PPESK 树脂的溶解度参数[3]进行探究，目前用于测定聚合物溶解度参数的主要方法有溶胀法、黏度法和浊点滴定法。其中以浊点滴定法最为简洁方便，使用的仪器设备比较简单，容易操作。浊点滴定法测定聚合物溶解度参数是将待测聚合物溶于一已知溶解度参数的溶剂中，然后选择另一已知溶解度参数的沉淀剂(能与该溶剂混溶但不溶解该聚合物)来滴定，直至溶液开始出现浑浊为止，即可从中得到浑浊点时混合溶剂的溶解度参数，聚合物溶于二元体系中，允许体系的溶解度参数有个范围。因此选用两种溶解度参数相差很大的沉淀剂来滴定聚合物溶液，可以得到溶解该聚合物混合溶解度参数的上限和下限(或其范围)，然后取其平均值，即为聚合物的溶解度参数值。

　　经过此浊点滴定法，可以近似地认为所有 PPESK 树脂的溶解度参数在 $20.81\,(\mathrm{J/cm^3})^{1/2}$ 左右。

　　为了获得比较理想的溶解和挥发成膜效果，涂料工业中往往使用混合溶剂含有能溶解成膜物质的真溶剂、能增进溶剂溶解能力的助溶剂、能稀释成膜物质溶液的稀释剂。虽然溶剂在涂料中不是永久性成分，但是溶剂对成膜物质的溶解力决定了所形成的树脂溶液的均匀性、漆液的黏度和漆液的储存稳定性。

在漆膜干燥过程中，溶剂的挥发性又极大地影响了漆膜的干燥速度、漆膜的结构和漆膜外观的完美性；另外，溶剂的黏度、表面张力、化学性质及其对树脂溶液性质的影响，以及溶剂的安全性、对人体的毒性在设计溶剂配方时都应考虑到。

为了使溶剂具有好的溶解力，主要依据溶剂化原则、极性相似的原则和溶解度参数相近的原则来选择溶剂。经试验发现，PPESK 在室温下只能溶解于 NMP、DMAc、DMF、三氯甲烷($CHCl_3$)这样的强极性溶剂，由于 $CHCl_3$ 挥发时气味很大，主要采用 NMP、DMAc、DMF 作为真溶剂。同时采用二甲苯、二氯乙烷、二乙二醇丁醚作为助溶剂。溶剂的配方为 NMP/DMF/DMAc/二甲苯/二氯乙烷/二乙二醇丁醚 = 30/5/25/20/8/2(体积比)。

综上，PPESK 漆膜的制备过程如下：先将精制称量好的 PPESK 树脂加入溶剂，与偶联剂混合均匀后，在马口铁上涂刷制备漆膜，然后在设定温度下固化干燥，反复涂漆，使漆膜干膜厚度达到测试要求。

固化时间和温度对漆膜的性能有很大的影响，通过试验筛选，最优的固化工艺为：120℃、150℃、180℃分别固化 15 min，220℃固化 30 min，280℃固化 5 min。

偶联剂可以改善树脂对无机物的润湿性，改善树脂与无机物的相容性，在树脂与无机物之间形成化学键，从而改善材料间的界面黏结性，提高潮湿环境下材料的性能[4, 5]。在涂料内添加少量硅烷偶联剂，其主要功能是作为增强附着力的助剂，它能非常显著地增强涂料对各种金属表面的初始附着力，以及在水浸和其他苛刻条件下的附着力。通过实验发现，γ-丙基三甲氧基硅烷 KH-560（图 10-2）对漆膜性能影响最大，这是因为 KH-560 含有极为活泼的环氧基，除能与底材的金属表面起反应生成化学键，增强对金属的附着力外，还能与 PPESK 树脂端基的羟基反应，形成牢固的化学键将硅烷连接到聚合物主链上。此外，有机硅偶联剂除增加附着力外，还可增加涂膜的耐水性及防腐蚀性。偶联剂 KH-560 含量对漆膜吸水率的影响如图 10-3 所示。

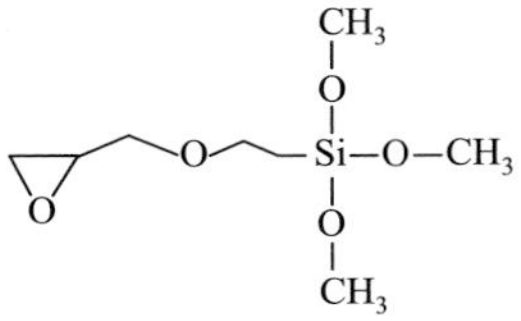

图 10-2　KH-560 的化学结构式

随着 KH-560 含量的增加，漆膜的吸水率下降，当 KH-560 含量增到 1.0%（占树脂质量分数）时，漆膜的吸水率最低，附着力和耐腐蚀性最好。综合考虑 KH-560

对漆膜附着力、吸水率的影响及成本等各方面因素，在此选择 1.0%（占树脂质量分数）的添加量。

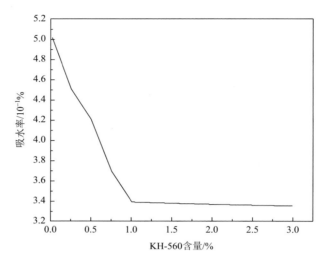

图 10-3   偶联剂 KH-560 含量对漆膜吸水率的影响

聚合物分子量的大小直接影响漆的黏度和性能，在配方设计中，一方面希望在施工黏度下具有最高的固体份，使用低分子量的聚合物。另一方面对于热塑性聚合物制备的漆料，又希望增加聚合物分子链的长度，使漆膜具有优异的性能。选择砜/酮（S/K）比为 8/2（摩尔比）的 PPESK，当特性黏度[η]≥0.50 dL/g 时，漆膜柔韧性和抗冲击性分别可达到 1 mm 和 50 cm。但特性黏度对漆膜铅笔硬度的影响不明显，在同样的厚度下铅笔硬度均为 6 H。

流动黏度是流变性的重要指标，它直接影响着清漆的施工性能。流动黏度低则增加成本；流动黏度高，很难采用传统的喷涂方法施工，而且漆膜的表面流平性差，不易获得光滑、均匀的漆膜。综合考虑施工性能和漆膜的机械性能，一般选用[η] = 0.50 dL/g 左右的 PPESK 树脂作为主要成膜物制备绝缘清漆。

以特性黏度为 0.53 dL/g（25℃，氯仿中）的 PPESK 树脂为主要成膜物配制绝缘清漆，当浓度为 13%以下时，T-4 黏度值低于 35 s，除可用刷涂、浸涂的方法施工外，用喷涂的方法也可获得光滑的漆膜；而浓度为 13%～16%之间时，T-4 黏度值在 35～95 s，则主要采用刷涂或浸涂的方法制备漆膜；当浓度在 17%以上时，则由于流动黏度高于 120 s，很难在室温下获得光滑、均匀的漆膜，因此很少采用。

2. 绝缘漆的性能

为探究不同砜/酮对 PPESK 绝缘漆性能的影响，进行了以下测定。

不同砜酮含量的 PPESK 绝缘漆的电性能和热性能，结果见表 10-1。

表 10-1　不同砜/酮的 PPESK 绝缘漆的电性能和热性能

S/K（摩尔比）	T_g/℃	$T_{d5\%}$/℃	ρ_s/10^{15} Ω	ρ_v/（10^{16} Ω·cm）
9/1	300	500	3.0	2.4
8/2	297	508	0.5	1.0
7/3	286	496	1.6	3.0
6/4	281	502	4.9	2.2
5/5	275	490	3.2	3.1
4/6	273	493	1.2	2.9
3/7	270	496	0.8	2.0
2/8	268	499	1.1	1.0

由表 10-1 可见，不同 S/K 比所得的聚合物的玻璃化转变温度（T_g）均在 268℃以上，5%热失重温度（$T_{d5\%}$）在 496℃以上，并且 T_g 随着砜含量的增加而增加；绝缘漆膜的表面电阻系数和体积电阻系数分别在 10^{15} 和 10^{16} 数量级，聚合物具有较高的耐热等级和优良的电性能。

S/K 比对 PPESK 绝缘漆机械性能的影响结果见表 10-2。

表 10-2　S/K 比对 PPESK 绝缘漆机械性能的影响

S/K（摩尔比）	柔韧性/mm	抗冲击性/cm	附着力等级	铅笔硬度/H
9/1	1	50	1	6
8/2	1	50	1	6
7/3	5	50	2	6
6/4	10	40	3	6
5/5	10	40	3	6
4/6	5	50	5	6
3/7	2	50	5	6
2/8	2	50	5	6

由表 10-2 可以看出，随着 K 含量的增加，漆膜的附着力降低，这是由于砜基（—SO_2）对金属的亲和力比羰基（—CO）强，更容易从金属得到电子，故电子易从金属移向漆膜，使界面产生接触电势，并形成双电层，产生静电引力，因此随着 K 含量的增加，漆膜的附着力下降；而漆膜的柔韧性和抗冲击性与 S/K 变化并不呈现规律变化从理论上讲，聚合物分子链中柔性基团含量增加，则漆膜的柔韧性和抗冲击强度也应有所增强，但由于漆膜柔韧性和抗冲击强度与漆膜对底材的附着性密切相关，当漆膜对底材的附着力下降时，在柔韧性和抗冲击性上也会有所体现，因此漆膜的柔韧性和抗冲击性并不随着羰基变化而表现出规律改变；当 S/K

为 8/2 及以上时，漆膜的各项性能都很优异。考虑合成树脂过程中酮含量高，较易获得高分子量聚合物，因此在实验过程中，一般选用 S/K = 8/2（摩尔比）的 PPESK 树脂作为主要成膜物。

10.2.2　杂萘联苯聚芳醚腈酮绝缘漆

1. PPENK 的性能

以二氯苯腈替代二氯砜，合成了 PPENK 高聚物，分子式如图 10-4 所示，测定了不同腈酮含量 PPENK 聚合物的热性能和电性能，结果见表 10-3。

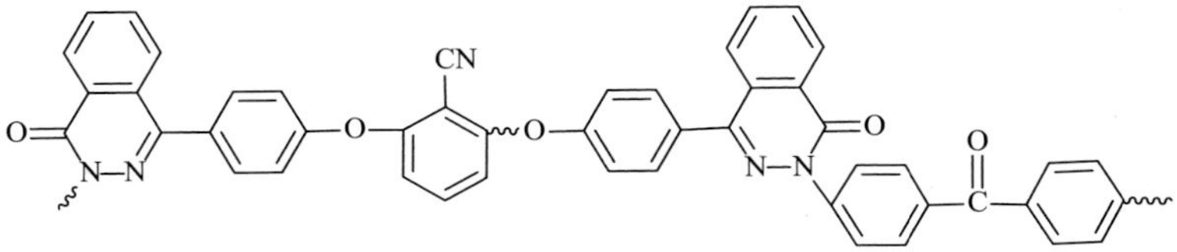

图 10-4　PPENK 的化学结构式

表 10-3　不同腈酮含量 PPENK 聚合物的热性能和电性能

N/K（摩尔比）	$T_g/℃$	$T_{d5\%}/℃$	$\rho_s/10^{15}\,\Omega$	$\rho_v/(10^{16}\,\Omega\cdot cm)$
4/1	289	479	0.7	2.5
3/1	280	488	4.7	2.8
2/1	278	487	0.6	0.9
1/1	275	490	0.5	1.7
1/2	272	493	1.5	1.4
1/3	270	489	0.7	2.2
1/4	264	490	1.1	1.5

由表 10-3 可以看出，聚合物的玻璃化温度在 264～289℃之间，热失重温度在 479～493℃之间；聚合物的表面电阻系数和体积电阻系数分别在 10^{14}～10^{15} 和 10^{16} 数量级附近。

又探讨了腈酮含量变化对 PPENK 绝缘漆机械性能的影响，结果见表 10-4：

表 10-4　不同腈酮含量的 PPENK 绝缘漆机械性能

N/K（摩尔比）	抗冲击性/cm	柔韧性/mm	附着力（等级）	铅笔硬度/H
5/1	50	2	1	6
3/1	50	1	1	6
2/1	50	1	1	6

N/K（摩尔比）	抗冲击性/cm	柔韧性/mm	附着力（等级）	铅笔硬度/H
1/1	50	1	1	6
1/2	40	3	3	6
1/3	45	2	4	6
1/5	50	2	5	6

　　PPENK 漆膜的附着力在 1～2 级之间，柔韧性在 1～2 mm 之间，抗冲击性在 40～50 cm 之间，铅笔硬度达到 6 H；随着羰基的增加，附着力下降，同样是聚合物中极性基团作用的结果，氰基（CN）对金属的亲和力比—CO 强，因此随着 K 含量的增加，漆膜的附着力下降；漆膜的柔韧性和抗冲击性与 N/K 变化也不表现为规律变化；当 N/K = 3/1～1/1 时漆膜的各项性能均很优异，附着力达到 1 级，漆膜柔韧性达到 1 mm，抗冲击性达到 50 cm，可以考虑用其试制漆包线。

2. 取代型聚芳醚腈酮 s-PPENK 性能

　　按照表 10-5 条件合成四种取代型聚芳醚腈酮 s-PPENK（图 10-5）。

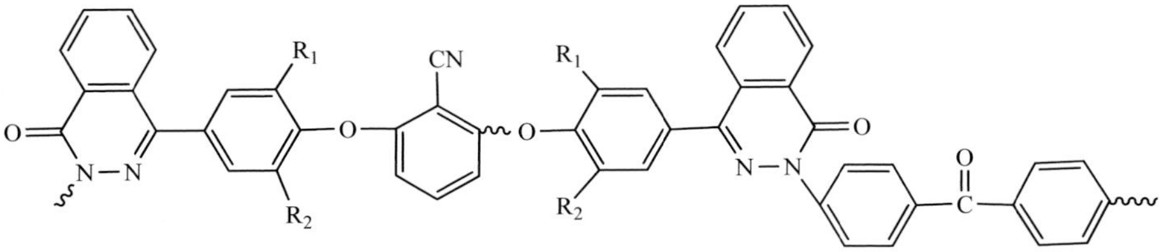

图 10-5　s-PPENK 的化学结构式

表 10-5　四种取代型聚芳醚腈酮 s-PPENK

聚合物	R_1	R_2	反应时间 [a]/h	η_{inh} [b]/(dL/g)
PPENK-oM	CH_3	H	7	0.83
PPENK-oDM	CH_3	CH_3	6	0.92
PPENK-oP	Ph	H	6	1.17
PPENK-oCl	Cl	H	10	0.50

a. 反应温度为 200℃，单体浓度为 1.5 mol/L；b. 在 25℃氯仿中 0.5 mol/L 浓度测定。

　　四种新型取代型含杂萘酮联苯酚单体虽为不对称结构，但均具有较高的反应活性（特性黏度为 0.5～1.7 dL/g）。其中苯基取代 PPENK-oP 的特性黏度最高；结构单元中两个甲基取代的聚合物 PPENK-oDM 相对于单甲基取代的 PPENK-oM 具有更高的特性黏度；而氯取代的 PPENK-oCl 特性黏度相对较低，可能是苯基和甲基的引入增加了杂萘酮联苯酚单体中羟基和亚胺基的电子云密度，从而增加了单体的反应活性；而氯原子则在一定程度上降低了其电子云密度，惰化了苯环，降低反应活性。

四种聚醚腈酮绝缘漆的柔韧性测试为 1 mm，附着力均达到 1 级，抗冲击性测试为 50 cm，铅笔硬度为 6 H 以上，机械性能优异。绝缘漆的漆膜吸水率为 0.37%，热性能如表 10-6 所示：

表 10-6 聚芳醚腈酮的热性能

聚合物	T_g^a/℃	T_g^b(10%)/℃	热老化测试 ^{c}/h			
			270℃	290℃	310℃	330℃
PPENK	275	510	>364	100	68	8
PPENK-oM	266	498	>364	40	14	2
PPENK-oDM	310	457	>364	80	16	2
PPENK-oP	255	510	>364	84	20	4

a. 用 DSC 在氮气中加热速率为 20℃/min 测定；b. 10%热失重温度，在氮气中加热速度为 20℃/min；c. 这段时间在不同温度下进行热老化试验，试样未开裂。

初步考察了聚合物薄膜的电性能，在室温下，薄膜的表面电阻率为 10^{13} Ω，体积电阻率达到 10^{16} Ω·cm。

为了考察绝缘漆的耐化学性，选择 PPENK、PPENK-oM、PPENK-oDM、PPENK-oP 考察绝缘漆的耐化学性，选用 4 种代表性的化学试剂进行测试，测试选用的溶剂分别为 30%NaCl 水溶液、15%盐酸、35%NaOH 溶液和混合有机溶剂，其中混合溶剂是 200 号溶剂汽油、二甲苯和丁醇按照 6：3：1 的比例配制。结果如表 10-7 所示：

表 10-7 聚芳醚腈酮的耐化学性 ^{a}

	PPENK	PPENK-oM	PPENK-oDM	PPENK-oP
NaCl(30%)/h	>720	>720	>720	>720
HCl(15%)/h	>720	>720	>720	>720
NaOH(35%)/h	>720	>720	>720	>720
混合溶剂 ^{b}/h	>720	>720	>720	>720

a. 在室温(25±1℃)下测试了绝缘材料涂层的耐化学性能；b. 混合溶剂由汽油组成(No.200)，二甲苯和丁醇(6：3：1)。

漆膜厚度为 0.02 mm 的绝缘漆在各种介质中均具有良好的耐腐蚀性，720h(30 d)后漆膜仍保持稳定，没有发生变化。

对绝缘漆基本性能的测试结果表明杂萘联苯聚芳醚腈酮绝缘漆具有良好的绝

缘性能，机械强度高，柔韧性和附着力好，具有自润滑作用，有利于高速绕线，而且具有良好的耐腐蚀性，与尼龙相比，它的耐热性更高，因此可作为新型的绝缘材料而得到广泛应用。

3. 含有亲水基团的 HPPENK 树脂

将 HPPENK 树脂、水、中和剂、乳化剂、交联剂、助溶剂等加入到配漆罐中，再加入适量约 3 mm 直径的玻璃珠，用高速研磨分散机研磨搅拌，滤出玻璃珠及其他杂质，滤液继续分散，出料，过滤，封装，得水分散体，控制固体分含量30%。水分散体涂料配方见表 10-8，对 PPENK 进行亲水改性，得到含有亲水基团的 HPPENK（图 10-6）树脂。

表 10-8　水分散体涂料配方

原材料	用量/g	原材料	用量/g
HPPENK	20.0	分散剂	1.8
固化剂	5.0	超级分散剂	3.0
水	100.0	粘接剂	3.0
乳化剂	1.2	消泡剂	0.5
成膜剂	3.0	中和	3.0
助溶剂	3.0	触变剂	6.0
耦合剂	0.4	—	

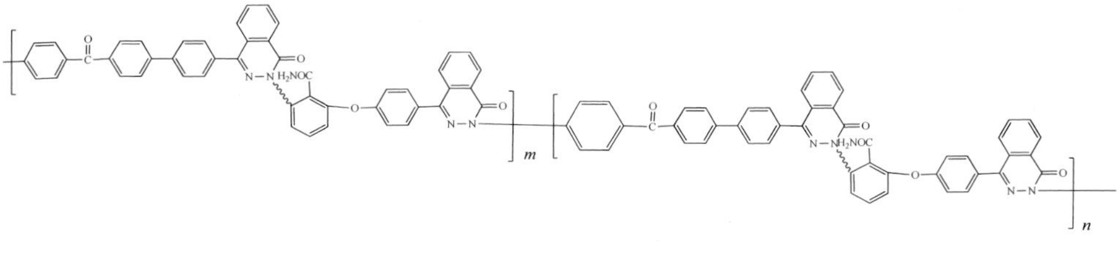

图 10-6　HPPENK 的化学结构式

漆前表面处理[6]主要分别以下三步：打磨、去污、化学磷化。打磨主要是用砂纸将钢板打成光亮，无锈，使钢板表面呈亮白色。去污主要是用丙酮溶液擦洗至没有污渍。化学磷化主要是刷涂磷化液，磷化液的配制主要采用含磷组分与含锌组分的混合溶液。

从涂层充分完成交联反应以及节约能源的角度考虑，参考油性涂料的固化工艺，确定固化工艺为 80℃、120℃、180℃和 220℃分别固化 30 min、20 min、30 min 和 20 min。在此固化工艺条件下，漆膜具有较好的综合性能。

交联剂的加入可以改善漆膜的硬度，当采用 HMMM 和 ECP 作交联剂时得到的漆膜硬度较高。

乳化剂是水性涂料中一类重要的助剂，在使用中很少单独使用一种，多数情况下是将两种或两种以上的乳化剂复配起来，以期发挥它们的复合效果（协同作用）。采用山梨醇酯(Span 系列)和聚氧乙烯山梨醇酯(Tween 系列)混合乳化剂效果较好。还可使用 Tween/Span/SLS(十二烷基苯磺酸钠)的复配体系，乳化剂的添加大大提高了水分散体的稳定性，这是由于树脂本身具有一定的自乳化功能，并且能够跟外加乳化剂相互作用形成较稳定的水分散体。

偶联剂可以改善树脂对无机物的润湿性，改善树脂与无机物的相容性，在树脂与无机物之间形成化学键，从而改善材料间的界面黏结性，提高潮湿环境下材料的性能。有机硅偶联剂除增加附着力外，还可增加涂膜的耐水性及防腐蚀性。KH-560 含有极为活泼的环氧基，除能与金属底材表面起反应，生成化学键，增强对金属的附着力外，还可能与树脂中 COOH 或 $CONH_2$ 以及其他活性基团反应，将硅烷连接到聚合物主链上，无疑会对漆膜的性能产生积极的作用。因此选用 KH-560 作为偶联剂，且用量为 2.0%。

选取三个不同反应时间的水解产物 HPPENKa(0.5)、HPPENKb(1.5) 和 HPPENKc(3.5)，测定耐热性能，结果如表 10-9 所示：

表 10-9 三个不同反应时间的水解产物的耐热性能

样品	T_g/℃	$T_{d5\%}$/℃	耐热性（300℃）/h	耐热性（270℃）/h
HPPENKa	285	386	无裂纹 10 h	无裂纹 13 h
HPPENKb	288	374	无裂纹 12 h	无裂纹 16 h
HPPENKc	290	383	无裂纹 24 h	无裂纹 24 h

漆膜的耐热性与树脂的 T_g 和 T_d（分解温度）的大小有一定的关系，但是树脂的交联也是重要因素之一。树脂在温度高于其 T_g 的情况下漆膜仍然完好，说明成膜树脂与交联剂有了一定程度的交联，通过优化工艺，可以进一步提升漆膜的耐热性能。

10.2.3 杂萘联苯聚芳醚腈酮酮绝缘漆

1. 聚合物的性能

在研究 PPENK 绝缘漆的基础上，以二氟双酮代替二氟酮制备 PPENKK 共聚物，其化学结构式如图 10-7 所示。

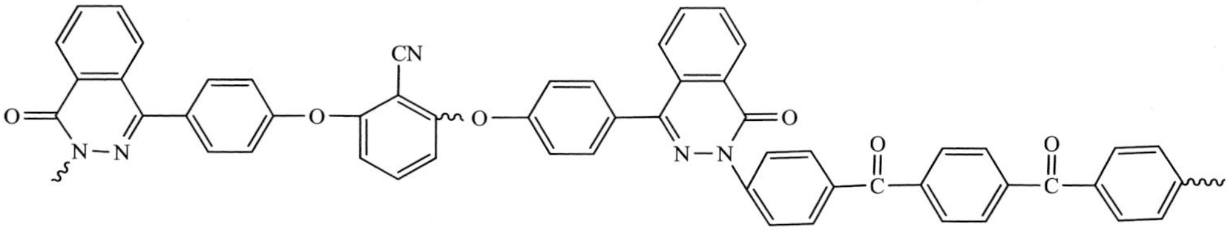

图 10-7　PPENKK 的化学结构式

PPENKK 的热性能和电性能测试结果见表 10-10。

表 10-10　PPENKK 的热性能和电性能

N/KK（摩尔比）	T_g/℃	$T_{d5\%}$/℃	ρ_s/$10^{14}\Omega$	ρ_v/($10^{16}\Omega\cdot cm$)
5/1	274	503	2.2	1.1
2/1	272	501	3.2	1.3
1/1	265	502	9.3	2.1
1/2	269	499	8.1	2.0
1/5	270	503	4.2	2.1

聚合物的玻璃化温度在 265~274℃之间，5%热失重温度在 499~503℃之间；聚合物的表面电阻系数和体积电阻系数变化分别在 10^{14} 和 10^{16} 数量级内。

2. 绝缘漆的性能

PPENKK 绝缘漆的机械性能见表 10-11 所示。

表 10-11　PPENKK 绝缘漆的机械性能

N/KK（摩尔比）	抗冲击性/cm	柔韧性/mm	附着力（等级）	铅笔硬度/H
5/1	40	2	1	6
2/1	45	2	1	6
1/1	50	1	1	6
1/2	40	2	3	6
1/5	45	3	5	6

由表可以看出 PPENKK 漆膜的附着力在 1~5 级之间，柔韧性在 1~3 mm 之间，抗冲击性在 40~50 cm 之间，铅笔硬度达到 6 H；同样的，随着羧基含量的增加聚合物对金属的附着性降低，体现在漆膜附着力等级下降；漆膜的柔韧性和抗冲击性同样不随着羧基含量的变化而表现出规律改变；当 N/KK = 1/1 时，涂层的综合机械性能比较好，附着力达到 1 级，漆膜柔韧性达到 1 mm，抗冲击性达到 50 cm，可以考虑用其制漆包线。

10.2.4 杂萘联苯聚芳醚腈绝缘漆

1. 聚合物的性能

把活性比二氮杂萘酮(DHPZ)高的双酚 A(BPA)基团引入共聚体系中，得到 PPEN，其化学结构式如图 10-8 所示。

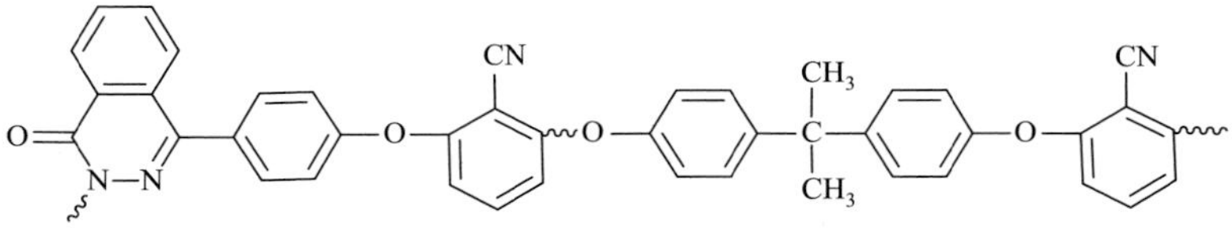

图 10-8　PPEN 的化学结构式

测试了聚合物的热性能和电性能，结果见表 10-12。

表 10-12　PPEN 的热性能和电性能

DHPZ/BPA(摩尔比)	T_g/℃	$T_{d5\%}$/℃	ρ_s/10^{15} Ω	ρ_v/(10^{16} Ω·cm)
10/0	284	509	0.3	0.8
3/1	261	477	1.5	1.2
2/1	253	475	1.3	2.2
1/1	241	470	3.6	2.1
1/2	236	466	5.2	2.1
1/3	233	463	6.3	2

双酚 A 型 PPEN 聚合物的玻璃化温度在 233~284℃之间，5%热失重温度在 463~509℃之间，在 PPEN 聚合物中引入双酚 A 脂肪链合成共聚物，随着体系中双酚 A 含量的增加，聚合物的玻璃化温度和热失重温度虽有少许下降，但降低幅度并不很大；聚合物的表面电阻系数和体积电阻系数分别在 10^{15} 和 10^{16} 数量级附近。

2. 绝缘漆的性能

将 PPEN 溶解于混合溶剂中，制成漆膜，表 10-13 为 PPEN 绝缘漆的机械性能。

表 10-13　PPEN 绝缘漆的机械性能

DHPZ/BPA(摩尔比)	柔韧性/mm	抗冲击性/cm	附着力（等级）	铅笔硬度/H
10/0	3	45	1	6
3/1	2	45	1	6
2/1	3	45	2	6
1/1	5	45	2	6
1/2	10	45	3	6
1/3	15	40	3	6

不同双酚 A 含量的 PPEN 共聚漆膜的附着力在 1～3 级之间，柔韧性在 2～15 mm 之间，抗冲击性在 40～45 cm 之间；对于只有 DHPZ 结构而不含有双酚 A 柔性链的 PPEN 绝缘漆，由于分子链中含有强极性的氰基，漆膜对金属的附着性很好，表现为 1 级；但由于分子链中只含有氰基、DHPZ 等刚性基团，因此 PPEN 绝缘漆涂层柔韧性为 3 mm；并且其抗冲击性只为 45 cm。当在聚合物链段中引入异丙基基团后，涂层附着力有所下降。引入异丙基基团后，虽然分子链中柔性基团含量大量增加，但漆膜柔韧性和抗冲击性同样没有明显地增强；对比 DHPZ/BPA = 3/1～1/1 时漆膜的性能，从总的趋势来看，当具有扭曲非共平面结构的 DHPZ 含量下降时，漆膜的附着性、柔韧性和抗冲击性都有不同程度的下降。以上结果说明杂萘联苯结构对漆膜的机械性能有贡献。总体上，PPEN 漆膜的机械性能较差，不适宜用于制备漆包线。

10.2.5　杂萘联苯聚芳醚腈砜绝缘漆

1. 聚合物的性能

用二氯苯腈和二氯砜与 DHPZ 共聚合成了聚芳醚腈砜（PPENS）聚合物，其化学结构式如图 10-9 所示。

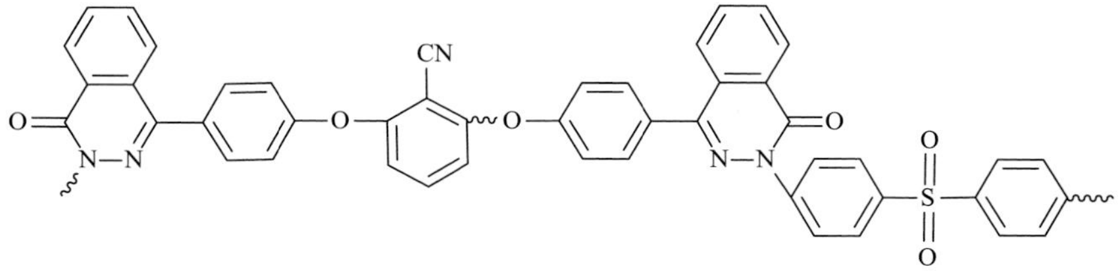

图 10-9　PPENS 的化学结构式

测定不同腈砜比 PPENS 聚合物的热性能和电性能见表 10-14。

表 10-14　PPENS 的热性能和电性能

N/S(摩尔比)	T_g/℃	$T_{d5\%}$/℃	ρ_s/10^{14} Ω	ρ_v/(10^{16} Ω·cm)
4/1	278	499	2.6	1.0
2/1	286	516	3.4	2.5
1/1	269	505	3.3	4.2
1/2	279	498	9.5	2.4
1/4	285	511	3.1	3.2

从表 10-14 中可以看出，聚合物的玻璃化转变温度在 269～286℃之间，5%热

失重温度在 498～516℃ 之间；聚合物的表面电阻系数和体积电阻系数分别在 10^{14} 和 10^{16} 数量级附近。

2. 绝缘漆的性能

讨论不同腈砜含量时 PPENS 绝缘漆的机械性能，结果见表 10-15。

表 10-15　PPENS 绝缘漆的机械性能

N/S(摩尔比)	抗冲击性/cm	柔韧性/mm	附着力(等级)	铅笔硬度/H
4/1	40	10	1	6
2/1	40	10	1	6
1/1	40	5	2	6
1/2	30	2	3	6
1/4	35	5	5	6

PPENS 漆膜的附着力在 1～5 级之间，柔韧性在 2～10 mm 之间，抗冲击性在 30～40 cm 之间，铅笔硬度达到 6H；并且随着氰基含量的减少，漆膜附着力降低，说明氰基对于漆膜的附着力贡献比砜基大；漆膜柔韧性和抗冲击性并没有随着氰基含量的改变呈线性变化；当 N/S = 1/1 时，漆膜抗冲击性最大，为 40 cm。总体看来，改变聚合物的 N/S 只能获得某一项性能较好的漆膜，而很难得到各种机械性能都很好的绝缘漆膜。因此，PPENS 漆只能用于一些要求不高的耐高温绝缘场合。

对比 PPENS 和 PPENK 的机械性能结果，从理论上讲，砜基的极性比羰基强，PPENS 聚合物对金属的附着性高于 PPENK，那么，在同样条件下，PPENS 漆膜的附着力等级应高于 PPENK 漆膜，但测试结果并非如此。这可能是由于测试方法的关系，用划圈法测试绝缘漆膜的附着力同时会受到聚合物柔韧性的影响，若漆膜的刚性非常强，针尖滑过漆膜时必然会带起一部分边缘漆膜，从而体现出漆膜的附着力等级的降低。所以对于刚性特别强的绝缘漆膜，用划圈法测得的漆膜附着力数值与聚合物对金属的附着性并不见得完全成正比关系。

10.2.6　杂萘联苯聚芳醚腈砜酮绝缘漆

1. 聚合物的性能

从以上结果可以看出，氰基、砜基及羰基的含量对绝缘漆膜的机械性能均有影响，那么，当聚合物链中同时含有这三种基团，漆膜的性能会如何变化？用二氯苯腈、二氟酮和二氯砜与 DHPZ 四元共聚合成了聚醚腈砜酮(PPENSK)共聚物，其化学结构式如图 10-10 所示。

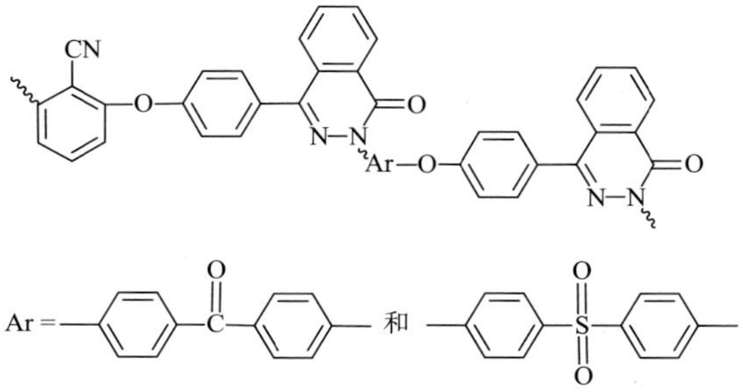

图 10-10　PPENSK 的化学结构式

固定二氯苯腈加入的摩尔分数为 50%，加入的二氟酮和二氯砜摩尔分数共为 50%，改变二氟酮和二氯砜的摩尔分数，讨论 S/K 比对 PPENSK 性能的影响。不同砜酮比 PPENSK 的热性能和电性能见表 10-16。

表 10-16　不同砜酮比 PPENSK 的热性能和电性能

S/K(摩尔比)	$T_g/℃$	$T_{d5\%}/℃$	$\rho_s/\times10^{14}\ \Omega$	$\rho_v/(10^{16}\ \Omega\cdot cm)$
1/4	284	509	0.2	1.8
1/2	289	505	1.1	1.1
1/1	292	510	1.4	0.6
2/1	297	513	1.2	2.1
4/1	299	507	2.2	2.5

从表 10-16 中可以看出，聚合物的玻璃化温度在 284～299℃之间，5%热失重温度在 505～513℃之间，聚合物的表面电阻系数和体积电阻系数分别在 10^{14} 和 10^{16} 数量级附近。

2. 绝缘漆的性能

在此基础上，又进一步测定了 PPENSK 绝缘漆的机械性能，结果见表 10-17。

表 10-17　PPENSK 绝缘漆的机械性能

S/K(摩尔比)	抗冲击性/cm	柔韧性/mm	附着力（等级）	铅笔硬度/H
1/4	40	1	5	6
1/2	45	3	3	6
1/1	25	5	3	6
2/1	25	5	3	6
4/1	20	10	2	6

PPENSK 漆膜的附着力在 2～5 级之间，柔韧性在 1～10 mm 之间，抗冲击性

在 20～45 cm 之间，铅笔硬度达到 6 H；随着柔性基团羧基含量的减少，漆膜对金属附着性增强，但同时漆膜柔韧性呈下降趋势；抗冲击性是附着性和柔韧性共同作用的结果，并没有随着羧基含量的改变呈线性变化。总体看来，PPENSK 漆并没有因为更多极性基团的引入而表现出更好的机械性能，只有当聚合物的柔性基团和刚性基团具有适当的配比时，才能获得性能优异的漆膜。

10.3　杂萘联苯型聚芳醚耐高温漆包线　<<<

漆包线绝缘漆的功效是使绕组中导线与导线之间产生良好的绝缘层，以阻止电流的流通。漆包线广泛用于电机、家用电器、仪器仪表、变压器和镇流器等电机和电子元件上，是工业产品和民用产品的一种基础材料，它的质量好坏直接影响到下游产品的质量和使用安全。漆包线性能的好坏，很大程度上受漆包线漆的影响，而漆包线漆的质量与制漆原材料的质量、漆的配方、制漆过程的工艺控制等因素也密切相关。

10.3.1　聚芳醚腈酮漆包线

鉴于杂萘联苯聚芳醚这类耐高温树脂的可溶性和良好的绝缘性能，首先以杂萘联苯 PPENK 树脂为例，讨论了树脂的分子量、漆的黏度、涂漆工艺等条件对漆包线性能的影响，并在此基础上制备出不同种类的漆包线，对漆包线的主要性能进行了研究，拓展含杂萘联苯聚芳醚类聚合物的应用范围，为其产业化发展做好前期的探索性研究工作。

将规定黏度的聚芳醚树脂溶解于 NMP 等溶剂中，按要求配成均匀溶液。采用自制立式漆包机，首先将铜线固定在自制立式漆包线机上，铜线用丙酮擦拭后，将烘炉内电阻丝的温度升至设定温度，然后将配制好的漆包线漆加入到漆液槽中，开动电机带动滑轮转动使铜线走动，铜线首先浸入漆液中，之后经过毛毡以使漆液均匀地分布在铜线表面，然后通过高温的立式烘炉烘干，炉内温度随着高度的增加而升高，烘干后的铜线经过滑轮又回到漆液槽处，此过程为涂线 1 次，流程图如图 10-11 所示。

重复涂线数次至涂层达到规定厚度后取下漆包线，放置 24 h 后，进行各种性能的测试。

在同一涂漆条件下，漆液固含量的增加使漆膜厚度增加，但漆膜最大值和最小值之差逐渐增大，漆膜的均匀性降低。漆液固含量的增加同时降低了漆包线的平滑性和连续性；当固含量为 19% 以上时，30 m 内漆包线针孔数量剧增。开始时，击穿电压平均值（选取五个数据的平均值）随着固含量的增加呈增加趋势；但当固含量增加到 19%以后，漆包线虽然继续增厚，击穿电压平均值随着厚度的增加反而降低。

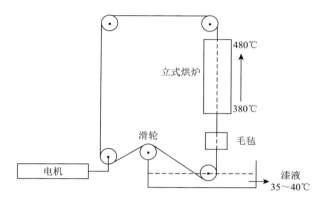

图 10-11　漆包线制作流程图

不同沸点溶剂的加入影响漆包线柔韧性、附着力和热冲击性能，增加低沸点溶剂的加入量，圆棒卷绕逐渐由 1 D 降为 2 D。热冲击温度由 470℃降为 400℃；同时，低沸点溶剂的加入不同程度地降低漆包线的热老化性能。纯溶剂漆包线耐温等级最高，而混合溶剂的相对较低。

当 N/K = 1/1（摩尔比）时，漆包线的圆棒卷绕直径达到 1 D，涂层的柔韧性和附着力最好，因此采用 N/K = 1/1 的 PPENK 树脂为漆包线的主要成膜物。

加入 WE-D820 流平剂增加漆包线的流平性，当 WE-D820 加入量为总漆量的1.0%时效果最好。综合考虑漆包线的涂覆性能和机械性能，在实际应用中，一般选择特性黏度范围在 0.46～0.50 dL/g 之间的 PPENK 聚合物作为漆包线的主要成膜物。漆液的流动黏度随温度的增高而迅速降低，漆液的流动性能变好。

含杂萘酮联苯结构聚醚腈酮绝缘漆具有优异的机械性能和耐热性，因此将其制成漆包线。根据国际电工委员会 IEC 60317-22（1988）的执行标准，对漆包线的主要机械性能进行测试，结果见表 10-18。

表 10-18　漆包线的主要机械性能进行测试

性能	标准	PPENK	PPENK-oM	PPENK-oDM	PPENK-oP
光滑度	光滑	光滑	光滑	光滑	光滑
漆包线直径/mm	0.900	0.902	0.902	0.902	0.902
固化膜厚度/mm	0.060	0.065±0.005	0.065±0.005	0.065±0.005	0.065±0.005
伸长率/%	≥29	≥31	≥31	≥31	≥31
针孔（每 30m）	5	0	0	0	0

续表

性能	标准	PPENK	PPENK-oM	PPENK-oDM	PPENK-oP
芯棒的柔韧性/D	2	1	1	1	1
汽提试验(time)	≥100	≥158	≥158	≥158	≥158
刮擦(平均)/N	7.3	10.2	10.1	10.0	10.1
刮擦(最小)/N	6.2	9.9	9.1	9.6	9.8

注：D 为直径。

结果表明，3 种漆包线均有良好的外观和均匀的尺寸，在伸长率方面优于220 级标准，表明漆膜具有良好的柔顺性，在针孔实验中也表现出优良的连续性；在圆棒缠绕实验中，漆包线均可绕成 2 倍直径的圆棒缠绕而不破裂，对漆膜剥离 150 次以上而膜不破裂，平均刮破力和最小刮破力均比级标准值大，表明漆膜的附着力良好。该类漆包线具有优良的柔韧性和附着力的原因在于聚合物的特殊结构，杂萘酮联苯结构聚芳醚腈酮具有扭曲、非共平面的立体结构，大分子链更容易相互缠结，增强了漆包线的柔韧性和附着力。

为了考察了各种漆包线的电性能及耐腐蚀性，测试了 25℃时各种漆包线的击穿电压及溶剂耐腐蚀时间，结果见表 10-19。

表 10-19　漆包线的击穿电压及溶剂耐腐蚀时间

性能	标准	PPENK	PPENK-oM	PPENK-oDM	PPENK-oP
击穿电压(25℃)/kV	5.0	7.5	7.3	7.0	6.8
30%NaCl(25℃，720h)/H	—[b]	6	6	6	6
15%HCl(25℃，720h)/H	—[b]	6	6	6	6
35%NaOH(25℃，720h)/H	—[b]	6	6	6	6
溶剂[a](25℃，720h)/H	—[b]	6	6	6	6

a. 混合溶剂由汽油(No.200)组成，二甲苯和丁醇(6∶3∶1)；b. 无标准。

实验结果表明，各种漆包线的电绝缘性优异，25℃时的击穿电压为 7.0 kV 左右，高于标准的 5.0 kV。室温下漆包线浸泡于用石蜡和松香封口的 30%NaCl 溶液、15%HCl 溶液、35%NaOH 溶液以及由 200 号溶剂油、二甲苯和丁醇构成的混合溶剂中 720 h 后，漆膜颜色和表面没有发生明显变化，用铅笔测量硬度，仍为 6 H，耐腐蚀性优异。由此可见，含杂萘酮联苯结构漆包线具有优异的电绝缘性和耐腐蚀性。

对四种漆包线的热性能进行测试，结果见表 10-20。

表 10-20　四种漆包线的热性能

性能		标准	PPENK	PPENK-oM	PPENK-oDM	PPENK-oP
温冲 [b]/℃		240	470	400	440	440
软化断裂 [c]/℃		无裂缝	无裂缝	无裂缝	无裂缝	无裂缝
热老化 [a]/h	270℃	—	364[d]	364[d]	364[d]	364[d]
	290℃		112	48	84	88
	310℃	—	74	16	20	24
	330℃	—	16	8	12	12

a. 在不同温度下进行了一段时间的热冲击试验,样品未开裂;b. 棒材直径为搪瓷丝的两倍,保持 30 min; c. 在 400℃下进行 2 min 的软化击穿试验;d. 364 h 后未进行测试。

由表 10-20 可见,各种漆包线热冲击温度都高于标准的 240℃,其中无侧基 PPENK 漆包线高达 470℃,270～330℃热老化时间均较长;各种漆包线 400℃软化击穿均不裂;热老化实验结果表明,该类漆包线均可在 270℃长时间放置而漆膜不脱落,在 290～310℃热老化时间均较长,在 330℃热老化下,无侧基 PPENK 漆包线放置 16 h 后才出现漆膜脱落,表现出优异的耐热性。

从以上对杂萘酮联苯结构聚芳醚腈酮漆包线各种性能的综合测试可以看出:杂萘酮联苯结构聚醚腈酮漆包线具有良好机械性能、电性能、耐腐蚀性和热性能,其综合性能远远优于 220 级聚酰亚胺漆包线国家标准,其中无侧基 PPENK 漆包线的热冲击温度高达 470℃,是迄今所报道的耐温等级最高的有机类漆包线品种,因此可作为新型的绝缘材料而得到广泛的应用。

10.3.2　不同树脂基漆包线性能对比

由于 PPESK、PPENK 和 PPENKK 绝缘漆的机械性能均很好,将其分别制成漆包线,进一步探讨结构对漆包线性能的影响,测量数据见表 10-21。

表 10-21　PPESK、PPENK 和 PPENKK 绝缘漆的性能对比

聚合物		PPESK (S/K = 8/2)	PPENK (N/K = 1/1)	PPENKK (N/KK = 1/1)
芯棒柔韧性/D		2	1	2
温冲 (30 min)/℃		400	470	400
热老化 [a]/h	330℃	16	16	4
	310℃	64	74	56
	290℃	72	112	104
	270℃	>364[b]	>364[b]	>364[b]

a. 这段时间在不同温度下进行热老化试验,试样未开裂;b. 364h 后没有测试。

对比 PPESK 和 PPENK 漆包线,PPENK 漆包线的圆棒卷绕直径为 1 D,PPESK

漆包线的圆棒卷绕直径为 2 D，PPENK 漆包线的性能优于 PPESK 漆包线。对比 PPENK 和 PPENKK 漆包线，PPENK 的柔韧性和附着性优于 PPENKK 漆包线。相对比较，PPENKK 和 PPESK 漆包线的热冲击温度低于 PPENK，并且在同一温度下，PPENKK 和 PPESK 漆包线的热老化时间低于 PPENK。

对 PPESK 和 PPENK 漆包线进行了放大试验，测定了外径不同时漆包线的综合性能，结果见表 10-22。

表 10-22　外径不同时漆包线的综合性能

样品号	1			2	
	标准[a]	PPESK	PPENK	标准[a]	PPENK
薄膜表面	光滑	光滑	光滑	光滑	光滑
漆包线直径/mm	0.900	0.902	0.902	0.310	0.312
薄膜厚度/mm	≥0.060	0.065	0.064	≥0.035	0.036
伸长率/%	≥29	≥31	≥32	≥23	≥26
芯棒柔韧性/D	≤2	2	1	≤2	1
汽提试验/次数	≥100	≥158	≥158	≥100	≥158
刮擦(平均)/N	≥7.3	10.1	10.2	≥3.9	5.5
刮擦(最小)/N	≥6.2	9.8	9.9	≥3.3	5.3
软化断裂(400℃，2 min)	无裂缝	无裂缝	无裂缝	无裂缝	无裂缝
击穿电压(25℃)/kV	≥6.2	7.4	7.5	≥3.1	8.1
温冲(30 分钟，2 天)/℃	≥240	400	470	≥240	470

a. 国家标准 GB/T 6109.6—2008《漆包圆绕粗线　第 6 部分：220 级聚酰亚胺漆包铜圆线》，温度指数 220。

实验结果表明，外径不同的三种漆包线均可获得标准要求的厚度和良好的外观。在伸长率方面，PPESK 漆包线伸长率 31%及以上，两种 PPENK 漆包线的伸长率分别在 32%和 26%及以上，优于 220 级标准要求。在圆棒缠绕实验中，PPESK 漆包线可绕成 2 倍直径的圆棒而不破裂，满足标准要求；而两种 PPENK 漆包线则均可在 1 倍直径的圆棒缠绕而不破裂，优于标准要求，表明漆膜具有良好的柔韧性和附着性。对三种漆包线均可剥离 158 次以上而不破裂，优于标准的 100 次。且三种漆包线的平均刮破力和最小刮破力均优于 220 级漆包线标准，表明漆膜具有良好的附着力。对于电性能和热性能，PPESK 和 PPENK 漆包线具有优异的电性能和热性能，铜线外径为 0.902 mm 的 PPENK 漆包线在 25℃时的击穿电压为 7.5 kV，PPESK 漆包线的击穿电压为 7.4 kV，均高于标准的 5.0 kV；铜线外径为 0.312 mm 的 PPENK 漆包线在 25℃时的击穿电压为 8.1 kV 高于标准的 3.1 kV。三种漆包线在 400℃软化击穿 2 min 均不裂，达到标准要求。特别是热冲击温度，PPESK 热冲击温度为 400℃，PPENK 漆包线的热冲击温度均达到 470℃以上，远远高于标准的 240℃，PPENK 漆包线是迄今文献所报道的耐温等级最高的有机类漆包线品种。

室温下三种漆包线分别用石蜡和松香封口，浸泡于 3%NaCl 溶液、15%HCl 溶液、30%NaOH 溶液以及混合溶剂［200#溶剂油：二甲苯：丁醇 = 60%：30%：10%（体积比）］中，腐蚀实验结果见表 10-23。

表 10-23　三种漆包线的耐腐蚀性能

漆包线	PPENK (0.064 mm)	PPENK (0.036 mm)	PPENK (0.065 mm)
3%NaCl(25℃，720 h)/H	6	6	6
15%HCl(25℃，720 h)/H	6	6	6
30% NaOH(25℃，720 h)/H	6	6	6
混合溶剂(25℃，720 h)/H	6	6	6

将漆包线浸泡于腐蚀溶液中 720 h 后，漆膜颜色和表面没有发生明显变化。从表 10-23 中可以看出，用铅笔测量腐蚀后的漆包线的硬度仍为 6 H，漆包线耐腐蚀性能优异。由此可见，PPESK 和 PPENK 漆包线具有优异的耐腐蚀性。

从以上对杂萘联苯 PPESK 和 PPENK 漆包线各种性能的综合测试可以看出，杂萘联苯 PPESK 和 PPENK 漆包线具有良好机械性能、电性能、耐腐蚀性和热性能，其综合性能远远优于 220 级聚酰亚胺漆包线国家标准，因此有望作为新型的绝缘材料而得到广泛的应用。

10.4　聚醚砜酮耐高温防腐涂料

10.4.1　耐高温防腐涂料的制备

1. 涂料制备

耐高温防腐蚀涂料的种类繁多，其中以有机硅和无机硅类耐高温防腐蚀涂料最为常用。纯有机硅涂料存在附着力和机械强度差的缺点，一般需经改性后使用。无机型耐高温涂料耐燃性好、硬度高，但漆膜较脆，在未完全固化之前耐水性不好，对底材的处理要求也很严格。可溶性的聚芳醚类耐高温聚合物的研究成功为耐高温涂料的发展提供了一个新的途径。以 PPESK 为主要成膜物质，添加炭黑等颜填料制备防腐涂料，系统讨论了分散助剂及颜料的种类、用量等条件对涂料性能的影响，为以后的生产和应用提供一定的理论指导。

PPESK 防腐涂料及漆膜的制备：首先按照 PPESK 清漆的制备方法[7]配制 10% 的 PPESK 溶液，然后将部分漆料倒入加有总漆量 1/2 体积玻璃珠的高速分散机中，加入润湿分散剂、部分偶联剂等助剂搅拌一定时间后加入全部颜料，搅拌分散一定时间后，加入剩余漆料及偶联剂 KH-560，混合均匀后，倒出涂料并用纱网过滤除去玻璃珠。涂刷成膜后固化，重复涂漆、固化直至使漆膜干膜厚度达到规定厚度为止，测定漆膜性能。

2. 助剂的选择及用量

任何颜料在储存过程中，都会有不同程度凝聚成"团簇"的倾向。在色漆中，颜料分散就是将二次粒团的凝聚体和附聚体研磨粉碎成更细小的粒子或原始粒径，使其成为稳定的胶态体系。颜料分散过程是比较复杂的，一般经过润湿、解聚和稳定三个过程，这三个过程是同时发生并交替进行的。润湿是改变颜料表面性能的过程，目的是除掉颜料表面吸附的水和空气，改变其极性，降低液/固之间的界面张力，增加颜料和漆料的亲和力；解聚是借助外加剪切力将大粒径而小表面积的颜料粒子团恢复到或接近原始粒子的大小，以小颗粒大表面积的形式暴露在漆料中的过程；稳定化过程是使已被解聚和润湿的颜料颗粒被足够厚的、连续的、不挥发的成膜物质永久地分散开来，使分散体系在无外加机械力的控制下，不会出现颜料粒子的再次聚集形成大颗粒的过程。在溶剂型涂料中分散体系的稳定化，主要是通过空间位阻作用实现的。润湿分散使颜料粒子表面被树脂膜包覆起来，形成一定厚度的保护屏障，产生嫡排斥力，给运动中的颜料粒子相互吸引碰撞带来位阻，不易聚结[8]。

当颜料粒子加入到树脂或溶剂中时，若界面张力过大，则颜料与树脂和溶剂的混合亲和性差，不能被树脂、溶剂所润湿。颜料将不能完全和均匀地分布到树脂与溶剂中去，结果颜料粒子从树脂、溶剂中离析，形成的漆膜将产生，如颗粒、凹坑、颜色不均的弊端。用润湿剂等表面活性剂处理，可以降低颜料的表面能，提高其活性；而降低黏度可提高润湿效率。综合考虑各种因素，在设计研磨配方时，选择 10% 固含量的 PPESK (其中 $[\eta] = 0.53\ \mathrm{dL/g}$) 清漆进行研磨分散。

润湿剂和分散剂一般都具有较低的表面张力。提高润湿效率的方法之一是添加润湿剂，降低固/液界面张力，与颜料表面形成较小的接触角。润湿剂对颜料表面有极强的亲和力，能定向吸附在颜料的表面，取代颜料表面的吸附物，如水和空气等，增加漆料和颜料的亲和力，缩短颜料在漆料中研磨分散时间。分散剂是能提高涂料分散体系稳定性的界面活性物质。在颜料分散过程中起到促进崩裂、润湿及防止凝聚的作用，让漆料中的聚合物和它能够牢固地、较厚地吸附在颜料的表面。添加在涂料中的分散剂能吸附在粉碎成细小微粒的颜料表面，并向颗粒间隙或裂纹渗透，构成吸附层，产生电荷斥力和空间位阻效应，防止分散了的颜料粒子再度形成有害的絮凝，可保持分散体系处于稳定的悬浮状态，降低了研磨能量，缩短了研磨时间。

传统的润湿分散剂采用一端亲油，一端亲水的结构，其缺点是在固体颗粒表面吸附不牢、碳链太短导致空间位阻不够、与分散介质相容性不可调。溶剂型涂料用相对分子质量高的聚合物分散剂（又称超分散剂），一般是具有多个活性吸附基的高分子活性化合物，主要以空间位阻为作用方式，是现代分散剂的主流设计方向。

BYK-130 型润湿分散剂主要成分为低分子量碱性聚酰胺，主要用于氧化物颜料、炭黑等的润湿分散，用量为 0.2%～1.0%（占漆质量分数）。经过测试发现BYK-130 对颜料的分散作用不明显，分散 3 h 后，漆液 5～6 天就分层；当其加入量为 0.2%时，涂层表面发花并有颗粒状物质存在，说明涂料分散不均匀，细度不够；增大加入量，虽然涂层不再发花，分散均匀性有所提高，但涂层表面仍有颗粒存在，即使加入最大量，涂层表面仍有颗粒存在，分散研磨效果仍不是很好。上述说明 BYK-130 型润湿分散剂不适用于此分散体系。

WE-D240 型润湿分散剂为一种高分子羧酸聚合物溶液，根据说明书介绍，其加入量为 20%～40%（占颜料质量分数）。经过测试发现 WE-D240 润湿分散剂对此分散体系效果良好，随着其加入量的增加，涂料储存时间延长，当 WE-D240 含量为 40%时，其储存时间可达到 90 天；当其加入量增到 30%以后，涂料研磨细度适宜，涂层表面不再有起粒现象；所制备的涂层表面有光泽，但涂层始终出现缩边现象。

BYK-P104S 型润湿分散剂为较低分子量的不饱和羧酸聚合物与聚硅氧烷共聚物的混合溶液。用于中、高极性涂料中，能控制颜料和基料的絮凝，因含有机硅树脂，因此具有防浮色发花，增进涂膜光泽和平滑性的作用，改善颜料的定向，防止颜料产生硬底沉淀，是一种润湿分散剂和浮色发花防止剂。其添加量为无机颜料的 0.5%～2.5%。经过测试发现 BYK-P104S 润湿分散剂对此分散体系效果良好，随着其加入量的提高，涂料储存时间延长，当 BYK-P104S 含量为 2.5%时，其储存时间可达到 150 天以上，且涂层表面光滑、有光泽，在以后的试验中均采用 BYK-P104S 型润湿分散剂。

树脂与填料之间的浸润性对填充材料的力学性能有很大影响，如果填料被树脂完全浸润，在界面上填料物理吸附所产生的黏结强度比树脂本身的内聚力还要大，但实际上由于填料与树脂表面性质的差异，以及表面吸附有气体和其他污染物，因此两者不可能完全浸润，这样导致黏合面减小和在界面上留下空隙。用偶联剂对颜料和填料预先进行表面处理，在某种程度上增加了填料与树脂之间的浸润性，增加了黏合面，减少了界面上留下的空隙，可提高颜料和填料的分散性[9]。

渗透剂 T 组成为琥珀酸二异辛酸酯磺酸钠，是阴离子表面活性剂，根据说明书介绍，渗透剂 T 一般在搅拌时加入，加入量为漆量的 0.2%～1.0%。经测试发现渗透剂 T 对颜料分散基本不起作用，分散 3 h 后，漆液半小时内就分层，而且涂层表面发生起粒现象，这说明颜料细度不够，分散研磨效果不好，即使增加其加入量也起不到分散作用。

根据资料介绍，超分散剂[4]多为锚固式。分子是由亲固体的锚定基团和亲溶剂的聚合链两部分组成。锚定基和表面反应，牢固地固定在颜料表面上。溶剂化聚合链，用以提供良好溶剂化性能，增加吸附层的厚度，提高分散体的稳定性。上海三正高分子材料有限公司生产的 CH-10B 和 CH-12B 型超分散剂就是这种结构。其添加量一般为无机颜料干重的 1%～3%，用于颜料分散时，先将助剂加到研磨介质中，然后加入颜料研磨以提高其分散性和流动度，降低黏度，同时具有消泡作用。另外，该公司生产的 CH-11A 型助分散剂的成分为铜酞菁衍生物，是作为超分散剂 CH-10B 和 CH-12B 的协同剂使用，目的是进一步提高炭黑在涂料中的分散性、流动性和着色力，通常加入量为无机颜料干重的 1%～2%。

经过试验测试后发现只采用 CH-10B 或 CH-12B 型超分散剂时，无论如何调整加入量，都出现黏度增大现象，涂料的储存时间也很短，涂层表面有颗粒；加入 CH-11A 型助分散剂后，在分散过程中很快出现团聚现象，并随着其加入量的提高，团聚时间缩短。原因可能主要是高分子溶剂化链过长，与分散介质的极性不适宜，对溶剂亲和性过高，反扭到颗粒表面上或产生脱吸作用，降低了吸附层的空间厚度，使粒子靠得过紧，从而导致颜料絮凝。

首先加入 50%的漆浆、全部的颜料（占树脂的 10%质量分数）、加入设定量的 KH-560 偶联剂以及占研磨液 1/2 体积的玻璃珠，预分散 10 min 后，加入 2.5%（占颜料质量分数）的 BYK-P104S 润湿分散剂，在分散转速为 2000 r/min 条件下分散 3 h 后，最后加入余下漆料和 1.0%（占树脂质量分数）偶联剂 KH-560，考察 KH-560 的加入量对涂料储存时间的影响。发现没有用 KH-560 对颜料预处理，涂料只能储存 168 天；加入偶联剂对颜料预处理后，储存时间可达到 180 天。随着 KH-560 加入，开始时涂料的储存时间延长；但当 KH-560 加入量达到颜料质量的 0.5%以后，涂料的储存时间不再延长；其加入量超过 1.0%以后，储存时间略有降低。可见色漆中用偶联剂对颜料进行预处理时，用量要适当，过量反而无益，为了节约成本，一般只加入 0.5%（占颜料重量）的 KH-560 对颜料进行预处理。

选用的分散设备为砂磨高速分散机，借助于玻璃球来实现对物料的研磨分散，其转数可达到 8000 r/min。在涂料的制备过程中，涂料的颗粒大小是按规定要求要进行控制的，但因粒子间的范德华力的作用，涂料的细微粒子会相互聚集起来，成为聚集体。因此，须将它们重新分散开来，这便需要很强的剪切力或撞击力，涂料中的粉体分散主要是靠剪切力的作用，因此，需要讨论研磨的转数和时间对分散结果的影响。

加入 50%的漆浆、全部颜料（占树脂 10%质量分数）、0.5%（占颜料质量分数）的 KH-560 偶联剂以及占研磨液 1/2 体积的玻璃珠，预分散 10 min 后，加入 2.5%（占颜料质量分数)的 BYK-P104S 润湿分散剂,最后加入余下漆料和 1.0%的(占树脂质量分数)偶联剂 KH-560,改变研磨转数和分散时间,考察研磨时间和转数对涂料储存时间的影响。发现当固定转数为 2000 r/min 时,开始时,随着分散时间的延长,漆液的储存时间延长;研磨 3 h 后,继续增加研磨时间,储存稳定性不但没有增加,还略有降低。当固定研磨时间为 3 h 时,随着研磨机转速的提高,开始时漆液的储存稳定性增加;当研磨转数达到 2000 r/min 以上时,继续增加研磨转速,储存稳定性不但没有增加,还有所降低。从以上结果总结出,当研磨转数为 2000 r/min,分散时间为 3 h 时,颜料的细度最适宜,漆液的储存时间最长。

颜料通常是不同粒径的混合物,最佳粒径一般应为光在空气中波长的一半,即 $0.2\sim0.4$ μm。粒径减小,则漆膜光泽增加,漆膜颜色变深,漆膜柔韧性增强,但颜料的润湿性和分散性变差,致使涂料絮凝倾向增加。涂料的耐热性问题是一个复杂问题,它不仅与树脂(基料)有关,同时与颜料也有着紧密的关系。因此在高温下使用的涂料,其颜料的选用具有特殊性。黑色颜料中石墨有显著的耐热性,在特种耐热涂料中有所应用,由于它有类似片状的结构,因而增强了涂层对机械应力的抵抗作用和耐多种化学药品性,常使用于防腐蚀、耐热及特种涂料的制造。炭黑和灯黑也有一定的耐热性,它们含有一定量的挥发物质,耐热性可达 1000℃以上,但其颜色在 400℃时就逐渐失去[10]。主要采用炭黑和石墨作为色漆的颜料进行测试。炭黑的比重较轻,不容易沉积,当配方中只加入炭黑颜料时,随着炭黑加入量的增大,储存时间下降;当加大炭黑颜料量为 5%~15%时,涂料储存时间由 200 天逐渐降为 180 天;当炭黑颜料加入量为 15%以上时,涂料储存时间降速增快。可能是高分子聚合物链中的极性基团较少,极性基团在高分子链中有一定的间距;也可能是由于混合溶剂不能使进入颜料孔隙的漆料充分溶胀,从而不能更好地起到空间位阻的作用。当固定颜料总含量为树脂的 10%、以部分石墨代替炭黑时,发现随着石墨含量的增加,储存时间略有下降,由 190 天逐渐降为 160 天;并且当石墨含量由 4%增至 5%(占树脂质量分数)时,储存时间下降变快。综合考虑成本和性能因素,加入颜料时,取炭黑/石墨 = 6/4(质量分数量比)作为填料。

所设计的防腐涂料主要是通过屏蔽作用来防止基体腐蚀,涂层的屏蔽作用在于使基体和环境隔离以免受其腐蚀。根据金属的电化学腐蚀机理,涂层下金属发生腐蚀必须有水、氧、离子存在和离子流通(导电)的途径。欲防止金属发生腐蚀,就要求涂层能阻止水、氧和离子通过涂层达到金属表面,所以屏蔽效果决定于涂层的抗渗透性。人们认为水对涂层的渗透是通过吸附、溶解、扩散、毛细管吸引的过程实现的,前两者与作为漆基的高聚物中所含极性基团和可溶性成分有关,后两者与聚合物的链节的活动性,涂层的孔度和浸出量(浸出增加孔度)有关。可溶成分和浸出物包括小分子单体、滞留溶剂和外来污染物。涂层的孔度取决于涂层针孔以及高聚物分子之间和大分子内部存在的气孔。

颜料的加入能填充管孔，延长水渗透到基体的时间，已知色漆中有个临界颜料体积浓度的概念，颜料加入量在接近此值时涂层性能最好。涂层中颜料含量小于临界颜料体积浓度时，水通过颜料粒子间的基料渗透；大于此浓度时，便更快地通过颜料粒子之间的空隙扩散，故除考虑颜料的分散度外，还应考虑颜料的用量对色漆的水渗透性的影响。PPESK 涂料是一种新的涂料体系，需要测试基本上在同一厚度条件下，颜料含量不同时漆膜的吸水率，以粗略了解此体系的临界颜料体积浓度。

取炭黑/石墨 = 6/4（质量分数比）作为颜料，发现随着颜料加入量的增加，吸水率先降后增，在填料含量为 10%时达到最小值 0.281%。以不同颜料含量的涂料制成 0.02 mm 左右厚的漆膜，浸入 15%盐酸溶液中，隔段时间观察其表面现象，若没有出现锈斑、脱落或气泡，则认为漆膜耐腐蚀。随着颜料加入量的增加，漆膜的耐腐蚀时间先增后降，在颜料量为 10%时涂层的耐腐蚀时间最长，为 60 天以上。从以上试验结果可以初步推断出此体系的临界颜料体积浓度为 10%时的浓度。

在耐热涂料中，有时也加入一定量的功能颜料和体质颜料（如白炭黑）来改善性能。在涂料、油漆工业中常使用未处理的气相法白炭黑粉末[10-12]。它是一种多功能体质颜料，又是性能优良的涂料助剂，具有防流挂、覆盖边缘、抗划伤、提高防腐性能等作用。

气相法白炭黑（由于其粒径很小，也称为纳米二氧化硅或超微细二氧化硅）是利用氯硅烷经氢氧焰高温水解制得的一种精细、特殊的无定形粉体材料，一次结构粒径约在 7~40 nm 的范围，比表面积为 50~400 m^2/g。它的细小微粒表面有三种不同的羟基存在。①相邻羟基：对极性物质具有吸附作用，因相距较近，故能彼此以氢键形式结合。②隔离羟基：因氢原子的正电性比较强，容易与负电性的原子发生氢键作用。③硅氧基：主要存在于脱水的白炭黑表面层，它不易在升温加热时脱除。白炭黑分子结构中心的—Si—O—键具有极性，有很大的结合能力，这使白炭黑微粒表面活性大，能与其他分子发生作用。白炭黑分子的这些特殊结构，使它具有优良的耐酸、耐碱、耐高温和电绝缘性、吸收性、分散性、增稠性、触变性及消光性等。

气相法白炭黑的比表面积大、表面能高，非常容易团聚，在应用过程中必须适当分散，若分散不足，便不能充分形成三维网状结构；分散过度又只能形成小部分网络。白炭黑分散均匀，涂层在短时间内全面重组网络，能有效阻止流挂；分散不均匀或分散过度，则只能形成部分网络，防流挂效果就差。

气相法白炭黑的表面处理、添加方式、分散设备的选择都影响其在涂料中的分散状态。本试验所采用的分散工艺如下：首先按照 PPESK 清漆的制备方法配制 10%的 PPESK 溶液，然后将一半漆料倒入加有漆量 1/2 体积玻璃珠的高速分散机中，先将气相法白炭黑添加到色浆涂料中，同时加入 0.5%（占白炭黑质量分数）的

KH-560 偶联剂，分散 10 min 后，加入部分湿润分散剂，分散 15 min 后，再添加炭黑和石墨及 0.5%（占颜料质量分数）的 KH-560 偶联剂，10 min 后加入其余润湿分散剂，分散 3 h 后，加入 1.0% 的（占树脂质量分数）偶联剂 KH-560 及其余清漆，混合均匀后，倒出涂料并用纱网过滤除去玻璃珠。为了达到良好的分散效果，试验中颜料加入量为 10%（占树脂质量分数）其中炭黑/（石墨 + 白炭黑）= 6/4，白炭黑占颜料的 1.5%。试验发现以粒径最小，比表面积最大的 A-380 号白炭黑分散效果最好，涂料储存时间最长，为 180 天。

在筛选出白炭黑种类的基础上，进一步探讨了 SiO_2-A-380 型白炭黑的加入量对涂层的机械性能产生的影响。发现加入白炭黑后，涂层的铅笔硬度变化不大，仍为 6 H 以上，但当其加入量达到 2.0%（占颜料）以上时，涂层的柔韧性、附着力和冲击强度有不同程度的降低。从理论上讲，加入白炭黑后，涂层对金属的附着性应有所增强，但由于所采用的划针法测涂层附着力同时受涂层柔韧性的影响，因而当涂层柔韧性大幅度下降时，体现出涂层的附着力测试值略有所下降；同样，涂层的耐冲击性受涂层柔韧性和对金属附着性的影响，当涂层柔韧性大幅度下降时，涂层的冲击强度测试值也略有下降。

考察白炭黑的加入量对涂层吸水率和分散效果的影响，发现当 SiO_2-A-380 加入量达到 2.5%（占颜料质量分数）以上时，涂料的分散性下降，储存时间缩短。随着 SiO_2-A-380 加入量的增加，涂层吸水率降低。这是由于白炭黑的表面原子严重配位不足，具有很强的表面活性与超强吸附能力，添加在涂料中，极易与树脂中的氧起键合作用，从而提高分子间的键力和涂料的施工性能以及涂膜与基体之间的结合强度；其颗粒小、比表面积大、表面能高、表面原子数多，具有的小尺寸效应使其产生逾渗作用[12]，在涂层界面形成致密的"纳米涂膜"，大大改善涂料的吸水率，并提高涂层耐腐蚀性。

通过以上讨论，综合各方面因素，初步确定 PPESK 防腐涂料的配方如下：溶剂配方为 NMP/DMF/DMAc/二甲苯/二氯乙烷/二乙二醇乙醚 = 30/5/25/20/18/2（体积比），PPESK/清漆 = 10%，PPESK10 份，颜料 1 份（其中炭黑/石墨/白炭黑 = 6/3.985/0.015，质量比），偶联剂 KH-560 为 0.105 份，湿润分散剂 BYK-P104S 为 0.025 份。

分散工艺如下：首先按照 PPESK 清漆的制备方法配制 10% 的 PPESK 溶液，然后将一半漆料倒入加有漆量 1/2 体积玻璃珠的高速分散机中，先将气相法白炭黑添加到色浆涂料中，同时加入 0.5%（占白炭黑质量分数）的 KH-560 偶联剂，分散 10 min 后，加入部分湿润分散剂，再分散 15 min 后，添加炭黑和石墨颜料及 0.5%（占炭黑和石墨颜料质量分数）的 KH-560 偶联剂，10 min 后加入其余润湿分散剂，分散 3 h 后，加入剩余的偶联剂 KH-560 及其余清漆，混合均匀后，倒出涂料并用纱网过滤除去玻璃珠。

10.4.2 涂料的性能

PPESK 耐腐蚀涂料的基本性能表见表 10-24。

表 10-24 PPESK 耐腐蚀涂料的基本性能

性质	单位	数值
附着力（等级）	—	1
铅笔硬度	H	6
抗冲击性	cm	50
柔韧性	mm	1
储藏时间	d	180
T-4 黏度(25℃)	s	46
吸水率	%	0.273

从表 10-24 可以看出，25℃时涂料的 T-4 黏度为 46 s；涂料的储存时间为 180 d，涂层 24 h 内的吸水率为 0.273%；涂层的附着力、冲击强度、柔韧性及铅笔硬度分别为 1 级、50 cm、1 mm 及 6H 以上，机械性能优异。与有机硅涂料相比，PPESK 防腐涂料有更加优异的附着性能。

按照国家标准《漆膜一般制备法》(GB/T1727—2021)在马口铁板上制备漆膜。待漆膜实干后，将漆膜样板用 1∶1 的石蜡和松香混合物封边。然后将涂漆样板的 2/3 面积浸入配好的腐蚀液体中，隔段时间取出，观察其表面是否有脱落、起泡、生锈以及变色等现象。

PPESK 耐腐蚀涂料的耐腐蚀性能见表 10-25。

表 10-25 PPESK 耐腐蚀涂料的耐腐蚀性能

性质		单位	数值
防腐性能(25℃)	15%HCl	d	＞60
	30% NaOH	d	＞60
	3%NaCl	d	＞60
	溶剂 [a]	d	＞60
防腐性能(在 250℃下加热 100 h 后)	15%HCl	d	＞60
	30% NaOH	d	＞60
	3%NaCl	d	＞60
	溶剂 [a]	d	＞60

a. 混合溶剂由汽油(NO.200)组成，二甲苯和丁醇(6∶3∶1)。

由表 10-25 可知，室温下，涂 3 遍漆后的原始涂层及在 250℃放置 100 h 以后的涂层在 15%盐酸溶液、30%氢氧化钠溶液、3%盐溶液及混合溶剂中均可以放置 60 天以上不脱落、起泡或返锈，其耐腐蚀性优良。

PPESK 耐腐蚀涂料的热性能见表 10-26。

表 10-26　PPESK 耐腐蚀涂料的热性能

温度	性能
310℃/h	48
290℃/h	68
270℃/h	300
250℃/h	>364

涂层在 310℃放置 48 h 以后才脱落，在 290℃放置 68 h 以后才脱落，在 270℃放置 300 h 以后才脱落，在 250℃可放置 364 h 以上不脱落，涂层耐热性优良，可长时间在 250℃使用。

10.5　聚醚砜酮耐高温不粘涂层

现在不粘涂料发展很快，除可用于电饭煲、电炒锅、糖果糕点烤盘工业辊筒、电熨斗的防粘涂料；还广泛用于各类模具的永久性脱模涂层；抽油烟机叶轮、炉具、热水器、厨房净化设备的防油；铝合金幕墙的耐候防污；多种旋转部位紧固件、活塞、耐磨部位的无油润滑以及各种需要耐温装饰的涂层。其需求量以每年 20%～25%的速率增长，随着我国人民生活水平的不断提高，厨具的更新换代加快，不粘涂料系列厨具需求量会发展很快。目前我国市场上的不粘涂料主要靠国外进口，因此研究不粘涂料，对于降低其成本、扩大其应用范围，具有深远的意义。

10.5.1　新型聚醚砜酮

采用溶解性很好的杂萘联苯 PPESK 树脂作为不粘涂料的主要成膜物，添加 PTFE 微粉、钛白粉、石墨等颜填料制备不粘涂料，并在此基础上合成了四元共聚聚醚砜酮新型树脂。首先配制聚醚砜酮溶液，然后将部分漆料倒入加有总漆量 1/2 体积玻璃珠的高速分散机中，加入润湿分散剂、部分偶联剂等助剂，搅拌一定时间后加入全部颜料和 PTFE，分散一定时间后，加入剩余漆料及其余偶联剂，混合均匀后，倒出涂料并用纱网过滤除去玻璃珠。

不粘涂层的喷涂过程如下：

(1)将基材用砂纸和丙酮进行除锈去油处理。

(2)将基材预热至 90～100℃。

(3)将配好的涂料装入喷枪，取出预热的基材，趁热喷涂。喷枪与基材间距控制在 200～300 mm，压力控制在 0.15～0.25 MPa，喷距为 200～250 mm，喷枪应和基体表面保持垂直，喷枪移动速度应恒定在 6～8 m/min。

(4)将喷好的基材放入烘箱中分别在 120℃、150℃、180℃固化 15 min，220℃固化 30 min，280℃固化 5 min 后取出再行喷涂，反复多次至达到所需的厚度。

10.5.2 填料的选择与用量

聚四氟乙烯不溶于任何溶剂，是以微细颗粒悬浮分散于涂料中。所采用的 PTFE 微粉牌号有 CGYF-201、2-TG、CGUF-006、CGUF-007，考察了不同粒径 PTFE 粉末对涂料分散性和表面性能的影响。CGUF-201 和 CGUF-007 分散过程中一直呈悬浮状态，很久才与其他颜料一起混入漆浆中，倒出分散液后发现，漆液上面立刻出现大量 PTFE 悬浮粉末；2-TG 粒径较大，虽然能够短时间混合，但 1 天后涂料就发生沉降分层，且涂层表面有颗粒，存在发花的弊端，说明分散效果不是很好；CGUF-006 的分散很好，涂层表面平滑无颗粒，涂料放置 120 天后才分层，因此，选择牌号为 CGUF-006 的 PTFE 微粉作为润滑树脂。

一般不粘涂料的颜色都是灰色或深灰色，需用白色颜料和黑色颜料复配制成，因此，制备不粘涂料，选择合适的颜填料也是必需的。颜料是不粘涂料中不可缺少的成分之一，它不仅提供色彩和装饰性，还可以改善涂层的物理和化学性能，提高涂层的机械强度、附着力、防腐性、耐磨性、耐候性等。由于设计的涂料需高温烘烤，因此采用的颜料应具有较高的耐热性、耐化学品和耐候性。选用的白色着色颜料是锐钛型钛白粉，其熔点高达 1850℃，热稳定性良好，常用于涂层的着色，黑色颜料选用成本低、耐腐蚀性好且具有润滑性的石墨。石墨加入量为 0.1% 时，漆膜颜色很浅，为灰白色；石墨加入量为 0.2% 时，漆膜表现为深灰色，是现在市场所常见的电饭煲用不粘涂层颜色；当石墨加入量增为 0.3% 时，涂层为灰黑色，与市场上电炒锅的不粘涂层颜色相近。在实际应用中，可以根据客户需要改变涂层颜色。没有用 KH-560 对颜填料预处理，在同样条件下，涂料只能储存 106 天；加入偶联剂对颜填料预处理后，开始时随着偶联剂加入量的增加，涂料的储存时间延长；当 KH-560 加入量达到颜填料质量的 0.5% 以后，分散液储存时间为 120 天；继续加大其用量，分散液储存时间并没有延长；并且当 KH-560 加入量达到 1.0% 时，储存时间略有降低。在实际应用中 一般选择 0.5% 左右的加入量。

选用石墨和二硫化钼共同作为润滑填料，固定石墨 + 二硫化钼 = 0.2%（占 PPESK 清漆质量分数），改变石墨和二硫化钼的含量发现加入二硫化钼可以提高涂层的光泽；但是二硫化铝颗粒的硬度低，用量过高则会降低涂层的硬度。在实际应用中选择 0.1%（占 PPESK 清漆质量分数）的二硫化钼添加量。

分散 PTFE 和颜填料时，加入合适的助剂可使涂料形成稳定的分散体，改善涂料的施工性和提高涂膜的性能。无机颜料与树脂、溶剂的混合性，主要取决于它们的表面物理化学性质。由于在溶剂型涂料体系中钛白粉表面形成的双电层一般很薄弱，不足以对整个体系形成强烈的双电层效应来降低表面能，达到稳定化程度。因此，对钛白粉表面进行处理或者添加一定的分散剂，有利于钛白粉和树脂的吸附，增大分散稳定化程度。采用 KH-560 有机硅助剂对钛白粉等颜填料进行预处理。

润湿分散剂选用了一种本身具有不黏特性又具有流平作用的物质 BYK-370，BYK-370 为一种聚酯改性硅树脂，和颜料一道加入涂料中，所得涂层光滑、致密，外观效果良好。没有加入分散助剂，涂料在 1 天内就发生分层且涂层表面有颗粒状物质；加入分散助剂后，涂料的光滑性和储存时间均有所改善；当加入分散流平剂 BYK-370 含量增到 1.0%（占颜料质量分数）时，分散液储存时间达到 120 天，继续增加其含量，对涂料性能影响不大。在实际应用中，一般选择 1.0% 左右的加入量。

10.5.3　涂料的性能

PPESK 不粘涂料基本的性能见表 10-27。

表 10-27　PPESK 不粘涂料基本的性能

性能		单位	值
T-4（25℃）		s	29
吸水性		%	0.271
耐磨性		mg/r	＜10/1000
初始力学性能	抗冲击性	cm	50
	附着力（等级）	—	1
	铅笔硬度	H	6
	柔韧性	mm	1
270℃加热 4 h 后的力学性能	抗冲击性	cm	50
	附着力	等级	1
	铅笔硬度	H	6
	柔韧性	mm	2

由表 10-27 可以看出，25℃时涂料的 T-4 黏度为 29 s；涂层 24 h 内的吸水率为 0.271%；涂层的耐磨耗性小于 10 mg/1000 r，有很好的不粘性能；涂层的初始附着力、抗冲击性、柔韧性及铅笔硬度分别为 1 级、50 cm、1 mm 及 6H 以上，在 270℃加热 4 h 后，柔韧性降为 2 mm。

PPESK 不粘涂料的耐热性能如表 10-28 所示：

表 10-28　PPESK 不粘涂料的耐热性能

温度	性能
220℃/h	+[a]
250℃/h	±[b]
270℃/h	−[c]

a. +：364 h 内没有变化；b. ±：100 h 后失去光泽，364 h 不脱皮；c. −：8 h 后失去光泽，364 h 后脱落。

由表 10-28 可以看出，涂层在 270℃放置 8 h 后失去光泽，放置 364 h 以上涂层才脱落；在 250℃放置 100 h 后，涂层才失去光泽，放置 364 h 以上涂层不脱落；在 220℃可放置 364 h 以上涂层无变化，耐热性优良。

PPESK 不粘涂料的耐腐蚀性能见表 10-29。

表 10-29　PPESK 不粘涂料的耐腐蚀性能

性能			单位	数值
防腐性能 （25℃，0.02 mm 厚）	不加热	15%HCl	d	45
		$(COOH)_2$	d	>60
		30% NaOH	d	>60
		3%NaCl	d	>60
		CH_3OOH	d	>60
	在 250℃下加热 100h 后	15%HCl	d	44
		$(COOH)_2$	d	>60
		30% NaOH	d	>60
		3%NaCl	d	>60
		CH_3OOH	d	>60
防腐性能 （煮沸）	0.02 mm 厚	4%HCl	min	12
	0.01 mm 厚	4%HCl	min	10
		花生油	h	>4
		CH_3OOH	h	>24

由表 10-29 可以看出，室温下，厚度为 0.02 mm 的涂层在 30%氢氧化钠溶液、3%盐溶液、草酸及醋酸中均可以放置 60 天以上不脱落、起泡或返锈，在 15%盐酸溶液中放置 45 天后才返锈；在 250℃放置 100 h 以后的涂层在 30%氢氧化钠溶液、3%盐溶液、草酸及醋酸中均可以放置 60 天以上不脱落、起泡或返锈，在 15%

盐酸溶液中放置 44 天后才返锈，其耐腐蚀性优良；厚度为 0.02 mm 的涂层在沸腾的 4%HCl 溶液中煮 12 min 后，涂层才出现锈斑；厚度为 0.01 mm 的涂层在沸腾的 4%HCl 溶液中煮 10 min 后，涂层出现锈斑，在沸腾的花生油中煮 4 h 以上涂层未见脱落，在醋酸中煮 24 h 以上涂层没变化。

10.5.4　新型聚醚砜酮不粘涂料的性能

以 BPS/DHPZ = 1/1（摩尔比）的合成反应为例，反应采用 DHPZ 和 BPS 同时加料的方式，预聚反应时间为 12 h，加入 DFK 后，反应时间为 14 h。在试验中，设计了两种砜酮含量，制成的不粘涂层。当投料比保持 BPS/DFK = 8/2 时，漆膜的流平性很差，发生缩边现象；当投料比保持 S/K = 8/2 时，漆膜流平性很好。这可能是第一种聚合物中砜基的含量相对较高，其极性大导致漆的表面张力和金属表面张力差别大，发生缩边现象。投料时保持 S/K = 8/2（摩尔比）时，所有的 PPESK 不粘涂层物化性能都很好，即柔韧性：1 mm；抗冲击性：50 cm；附着力：1 级。

探究 BPS 含量对涂层的热性能的影响，结果见表 10-30。

表 10-30　BPS 含量对涂层的热性能的影响

BPS/%	330℃/h	310℃/h	290℃/h	270℃/h	250℃/h
0	16[b]	64[c]	72[c]	360[d]	>364
10	12[b]	60[b]	68[c]	360[c]	>364
30	12[b]	56[b]	60[c]	356[c]	364
50	10[b]	52[b]	48[b]	340[c]	356
80	1[b]	2[b]	8[b]	120[b]	280[d]
100	—	—	—	1	80[d]

a. 此时无裂纹，但经过测试后出现裂纹；b. 2 h 后失去光泽；c. 4 h 后失去光泽；d. 8 h 后失去光泽。

由表 10-30 可以看出，随着 BPS 加入量的增加，涂层失去光泽时间缩短。当 BPS 含量由 80%降为 0 时，330℃耐温时间由 1 h 增为 16 h；310℃耐温时间由 2 h 增为 64 h；290℃耐温时间由 8 h 增为 72 h；270℃耐温时间由 120 h 增为 360 h；250℃耐温时间由 280 h 增为 364 h 以上。随着 BPS 含量的降低，涂料的耐热性增强，分析原因可能是 DHPZ 为扭曲非共平面结构，在高温下，链段更容易运动，高分子链变得更加柔顺，因而有可能相互缠结交联，进而提高涂层的耐温等级。实验中还发现，当完全不含有 DHPZ 结构时，涂料的耐热性大幅度降低，在 270℃放置 1 h 后涂层就发生脱落。

已知 BPS 比 DHPZ 的自由体积小，分子链间的空间阻力要相对小，涂层的缝隙也相对小，理论上以其为原料制备的涂料的吸水率应当偏低，因此，进一步考察了 BPS 含量对漆膜吸水率的影响，以清漆制备漆膜测定不同树脂的吸水率，结果如图 10-12 所示。

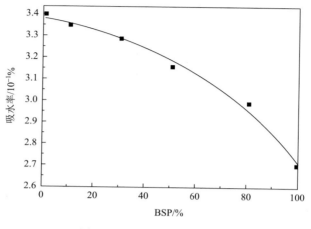

图 10-12　不同树脂的吸水率

由图 10-12 可以看出涂料的吸水率随着 BPS 含量增加而降低，由 0.340%降为 0.271%。

DHPZ 的自由体积比 BPS 的体积大，所形成的漆膜致密性减弱，抗渗透性降低，基于以上原理，作者测试了漆膜厚度为 0.01 mm 时不粘涂层耐酸煮性能的变化，结果见表 10-31。

表 10-31　不粘涂层耐酸煮性能

BPS/%	0	10	30	50	80	100
防腐时间/min	10	11	12	13	14	15

由表 10-31 可以看出，在同样条件下，加入 BPS 共聚单体，会使厚度为 0.01 mm 的 PPESK 不粘涂层的耐 4%HCl 酸煮时间由 10 min 增到 15 min。

10.6　杂萘联苯聚芳醚腈耐高温耐磨纳米复合涂层 ◀◀◀

10.6.1　氮化硅为填料

采用纳米氮化硅作为增强填料填充改性制备耐高温耐磨损纳米复合涂层。氮化硅纳米微粉的基本性质见表 10-32。

表 10-32　氮化硅纳米微粉的基本性质

属性	平均粒度/nm	比表面积/(m²/g)	纯度/%	总含金量/%	晶型	松装密度/(g/cm³)	外观
Si_3N_4	20	>115	>99.0	<0.62	非晶	0.05	白色

在涂料配制之前，对填料粒子进行良好的分散处理，使纳米填料可以稳定地分散在涂料中。选用偶联剂 A-171 对纳米填料进行改性，并且添加量为 3%时，表现出最好的分散效果，沉降分层时间最长为 15 天。

按照图 10-13 流程进行涂料的制备：

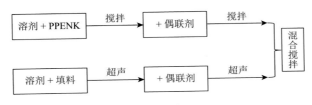

图 10-13　涂料制备流程图

喷涂后所得涂层的基本性能见表 10-33。

表 10-33　涂层的基本性能

测试性能	PPENK 含量(Si_3N_4：5%)					Si_3N_4 含量(PPENK：8%)	
	15%	18%	20%	22%	25%	3%	7%
附着力（等级）	1	1	1	1	1	1	1
抗冲击性/(kg·cm)	45	50	40	35	28	50	45
柔韧性/级	2	1	4	6	7	1	1
铅笔硬度/H	>6	>6	>6	>6	>6	>6	>6

涂层的附着力都很好，均为 1 级；硬度都比较高，均>6H；涂层也表现出高强度特性。比较表 10-33 中抗冲击性和柔韧性，可以发现随着树脂含量的增加，其性能表现为先增大后减小。

PPENK 含量 18%，Si_3N_4 填料含量 5%的涂层摩擦系数与时间的关系为先急剧增大后减小，最终稳定在 0.43。

PPENK/Si_3N_4 纳米复合涂层的磨损率随着成膜基体含量的增加呈现出先减小后增大的趋势。同时纳米填料的加入改善了纯树脂涂层的耐磨损性能，当填料含量为 5%时，涂层的磨损率达到最小值。

成膜基体含量为 18%，纳米 Si_3N_4 填料含量为 5%的涂层以及纯树脂涂层的热失重分析检测结果对比图如图 10-14 所示。

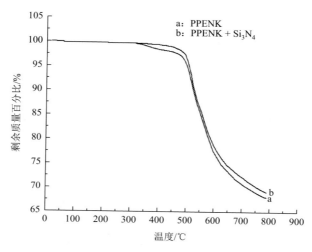

图 10-14   纳米 Si_3N_4 填料含量 5%的涂层以及纯树脂涂层的热失重图

图 10-14 中复合涂层 5%热失重温度为 507.5℃，与纯树脂涂层 5%热失重温度 500.8℃相比，约增加 7℃，变化很小。可见，纳米 Si_3N_4 填料的加入不但保持了原聚合物基体树脂的良好耐热性能，而且表现出了略微的增强趋势。复合涂料中无机填料的引入，降低了树脂基体的含量，从而降低了整个涂层的热失重率。涂料中的填料粒子还可以作为交联点，抑制的降解，阻碍分子链运动，从而提高涂层的热性能[13]。

通常纳米复合涂层中含有大于 100 nm 的团聚体或附聚体、小于 100 nm 的团聚体和初级粒子。初级粒子所占的比例越大，说明填料在体系中的分散性能越好。所制得的纳米复合涂料中填料分布的 SEM 图如下：

从图 10-15 中可以看出，随着树脂含量的增加(15%、18%、22%)填料粒子的分散性能下降。图 15%树脂含量时，填料粒子分散性能较好，以初级粒子的形态或小聚集体的形态存在；图 10-15 中为 18%树脂含量时，就可以明显看到有较大的粒子团聚体出现，但体系中仍然存在较多的初级粒子；但树脂含量继续增加，图 10-15 中为 22%树脂含量时，可以看到纳米填料多数以纳米粒子团聚体的形态存在，仅仅有很少数的初级粒子，若是将单个的纳米粒子团聚体放大更高倍数进行观察，可以发现团聚体内部的纳米粒子构成比较疏松。填料分散性能随树脂含量的变化，与涂料体系的黏度有关，黏度越大，纳米填料越不容易在体系中达到分散均匀。

从图中还可以看出，填料含量的增加(3%、7%)并没有影响到纳米填料粒子在体系中的分散性能，填料粒子均以初级粒子形态或较小聚集体的形态存在于涂料体系中。

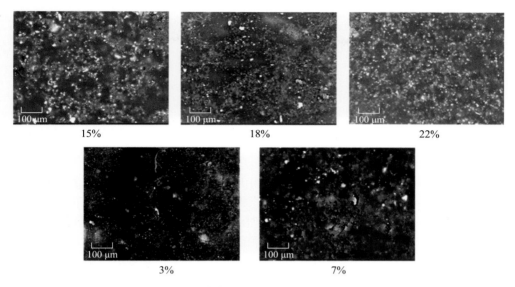

图 10-15　纳米复合涂料中填料分布的 SEM 图

为了对涂层的磨损机理进行研究，得到了纯树脂涂层和 PPENK/Si$_3$N$_4$ 纳米复合涂层磨损后的 SEM 照片如下：

由图 10-16 底漆可以看出，磨面上有与底漆滑动方向一致的磨痕，以及轻微的削磨损迹象，表现为犁沟不连续、深度较浅、宽度较窄。同时还可以到磨面上散布着少量细小的磨屑。纯树脂涂层的磨损机理主要表现为犁耕磨损和黏着磨损。因为对磨面无法做到绝对的光滑，所以在摩擦过程中，对磨金属面上的坚硬微小突起就会进入到相对比较软的 PPENK 涂层内部，在其内部移动产生磨痕。随着摩擦的进行，表层部分聚合物基体在强的外在剪切力的作用下脱离涂层，活动在对磨面之间，一部分黏附在涂层表面，一部分黏附到作为摩擦副的钢环表面，由于这种黏附作用力并不是很强，最终以磨屑的形式损耗掉，表现出很大的磨损量。有些磨屑会在摩擦力的作用下发展成为磨粒，产生磨粒磨损，在磨面上形成犁沟。还有少量的细小磨屑会紧紧地黏附在磨面上，对应为 SEM 图底漆中的小亮点[14]。

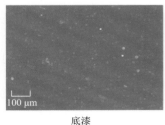

底漆

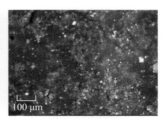

PPENK18% + 5%Si$_3$N$_4$　　　　　　　PPENK20% + 5%Si$_3$N$_4$

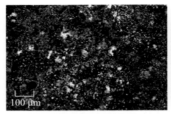

PPENK18% + 7%Si₃N₄ 　　　　　　　PPENK18% + 5%磨屑

图 10-16　纯树脂涂层和 PPENK/Si₃N₄ 纳米复合涂层磨损后的 SEM 图

从图 10-16 中还可以明显看到，添加了纳米 Si_3N_4 填料以后的复合涂层[15]，其磨面上均有明显的犁沟且犁沟随树脂基体含量和填料含量的增加而变深变宽，说明摩擦过作用与涂层表面上的犁削作用变大。另用光学显微镜观察了 PPENK18% + 5% Si_3N_4 复合涂层的磨损后的表面情况，发现其磨面上含有大量的细小磨屑，说明该复合涂层的磨损机理以犁耕磨损为主，兼有黏着磨损。

分析原因是 Si_3N_4 为一种高硬度高强度的增强填料，可以提高复合涂层的硬度。在磨损时，Si_3N_4 纳米粒子作为应力支撑点承受外部载荷，提高涂层的耐磨损性能，降低涂层磨损率。但是若纳米 Si_3N_4 增强填料在基体中不能得到良好分散，存在团聚体，且与树脂基体之间的结合力不强，纳米在摩擦过程中，纳米 Si_3N_4 粒子就会从涂层基体中脱落，滞留在对磨面间，作为磨粒磨损涂层表面，使磨痕表面产生犁沟。同时由于纳米 Si_3N_4 复合涂层形成牢固转移膜的能力不是很强，致使脱离基体的磨屑不能很好地在金属对磨件表面形成转移膜，而是停留在两对磨面之间。所以停止磨损后，观察涂层磨面，发现存在有大量的细小磨屑。

10.6.2　碳化硅作为填料

用纳米 SiC 作为增强填料填充改性 PPENK 制备耐高温耐磨损纳米复合涂层，所使用的碳化硅纳米微粉的基本性质见表 10-34。

表 10-34　碳化硅纳米微粉的基本性质

性能品种	平均粒度/nm	比表面积/(m²/g)	纯度/%	总含金量/%	晶型	松装密度/(g/cm³)	外观
SiC	40	90	>99.09	<0.61	立方	0.05	灰绿色

选用的偶联剂为 KH-550，添加量为 0.5%时，试样表现出好的分散效果，沉降分层时间最长，为 400 min。

PPENK/SiC 涂层的基本性能见表 10-35。

表 10-35　PPENK/SiC 涂层的基本性能

测试性能	PPENK 含量(SiC: 5%)				SiC 含量(PPENK: 22%)	
	18%	20%	22%	25%	3%	7%
附着力(等级)	1	1	1	1	1	1
冲击强度/(kg·cm)	50	50	50	30	50	50
柔韧性/级	1	1	1	5	1	1
铅笔硬度/H	>6	>6	>6	>6	>6	>6

涂层的附着力都很好，均为 1 级；所有涂层的硬度均>6H；纳米填料填充改性的涂料大都表现出良好的冲击强度和柔韧性，仅当树脂含量为 25%时，性能有所下降。

PPENK/SiC 纳米复合涂层的摩擦系数随基体含量的增加，先减小后增大。当树脂基体含量为 22%时，涂层具有最小摩擦系数。纳米 SiC 填料的加入明显降低了纯树脂涂层的摩擦系数。随着填料含量的增加，涂层的摩擦系先减小后增大。测定了成膜基体含量为 22%、纳米 SiC 填料含量为 5%的涂层摩擦系数与时间的关系为逐渐增大，最终稳定在 0.45。

PPENK/SiC 纳米复合涂层的磨损率随着成膜基体含量的增加呈现出先减小后增大的趋势。纳米填料的加入改善了纯树脂涂层的耐磨损性能。当填料含量为 5%时，涂层的磨损率达到最小值。

成膜基体含量为 22%、纳米 SiC 填料含量为 5%的涂层及纯树脂涂层的热失重分析检测结果对比图如图 10-17 所示。

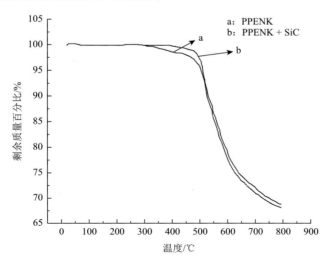

图 10-17　成膜基体含量为 22%、纳米 SiC 填料含量为 5%的涂层及纯树脂涂层的热失重图

从图 10-17 中得出复合涂层 5%热失重温度为 506.5℃，与纯树脂涂层 5%热失重温度 500.8℃相比，约增加 6℃，变化很小。可见，纳米 SiC 填料的加入不但保持了原聚合物基体树脂的良好耐热性能，而且表现出了略微的增强趋势。

涂料中成膜基体含量为 22%、纳米 SiC 填料含量为 5%测试放大倍数为 150000 倍可得到图 10-18。

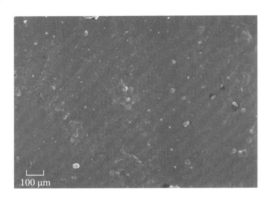

图 10-18　涂料成膜基体含量为 22%、纳米 SiC 填料含量为 5%测试放大倍数为 150000 倍图

从图 10-18 中可以看出，填料粒子几乎都以初级粒子的形态存在，达到纳米级分散，看不到纳米粒子团聚体。说明纳米 SiC 填料在树脂基体中具有非常好的分散性能。

纯树脂涂层和 PPENK/SiC 纳米复合涂层磨损后的 SEM 图如图 10-19 所示。

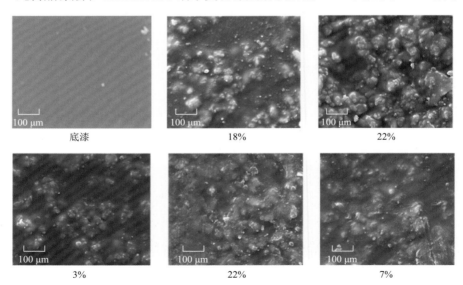

图 10-19　纯树脂涂层和 PPENK/SiC 纳米复合涂层磨损后的 SEM 图

由图 10-19 可以看出，当向 PPENK 树脂中加入耐磨填料 SiC 后[16]，得到的磨损表面形貌如图 10-19（18%）所示，其磨面比纯树脂涂层的磨面要光滑许多，看不到十分明显的磨痕和犁沟，说明耐磨填料的加入有效地改善了涂层的耐磨损性能，此复合涂的磨损机理主要是黏着磨损。对磨时，该复合涂层可以不断地向对磨金属环转移，在其表面形成牢固转移膜，减少涂层与摩擦副钢环之间的直接摩擦，降低涂磨损。从图 10-19 中可以看出，随着树脂含量的增加，涂层磨面由疏松状（18%）变得紧实坚固（20%、22%），这反映了转移膜强度在逐渐变大，涂磨损逐渐降低。

从图中还可以看出随着填料含的增加（3%、7%），磨面的磨损情况变得严重。填料含量 7%的涂层磨面出现轻微的犁沟现象。复合涂层的磨损机理由黏着磨损转变为轻微的犁耕磨损。这是因为过多的 SiC 填料在摩擦过程中易于从涂层基体中脱落，滞留在 PPENK/SiC 复合涂层与对磨金属钢环之间成为磨粒，破坏转移膜，发生磨粒磨损，在涂层表面形成犁沟。

PPENK/Si_3N_4 与 PPENK/SiC 纳米复合涂层性能比较：

1. 摩擦系数

从图 10-20 中可以看出 PPENK/Si_3N_4 复合涂层与 PPENK/SiC 复合涂层出现最小摩擦系数时所对应的树脂含量并不相同，其中 PPENK/Si_3N_4 复合涂层为 18%，PPENK/SiC 复合涂层为 22%。这是由于纳米 Si_3N_4 填料在涂料中的分散性能不好，只有当树脂含量比较低、涂料黏度比较小时，纳米填料粒子才能够在涂料体系中得到较好的分散，从而发挥优异的摩擦学性能。究其根本原因，应该是纳米 Si_3N_4 填料的偶联剂没选好，因为氮化硅为白色粉末，所以在观察沉降分层现象选择偶联剂时，实验现象的观察比较困难，致使偶联剂的种类及用量没能得到很好的确定，从而影响到纳米 Si_3N_4 填料在涂料中的分散性能。由图还可以发现 PPENK/SiC 复合涂层的最小摩擦系数小于 PPENK/Si_3N_4 复合涂层的最小摩擦系数，这是由于在实验过程中发现 PPENK/SiC 复合涂层摩擦后对磨件的表面有很好的转移膜形成，而 PPENK/Si_3N_4 复合涂层则没有，说明含纳米 SiC 填料的涂层更容易形成转移膜。具有优异耐磨性能且自润滑的纳米 Si_3N_4 填料的加入，并没有在摩擦过程中形成转移膜，这应该也与纳米 Si_3N_4 填料在涂料中的分散性能有很大关系。

另外，由 SEM 涂层磨损形貌观察结构发现 PPENK/SiC 复合涂层的磨痕表面比较光滑，涂层磨损机理主要是黏着磨损；PPENK/Si_3N_4 复合涂层的磨痕表面上有较多犁沟，涂层磨损机理以犁耕磨损为主。

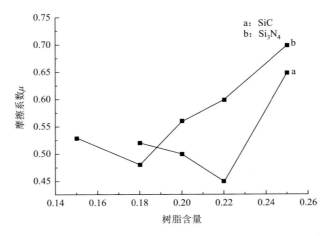

图 10-20　PPENK/Si$_3$N$_4$ 与 PPENK/SiC 纳米复合涂层的摩擦系数

2. 磨损率

由图 10-21 可以看出，在树脂含量比较低时，PPENK/Si$_3$N$_4$ 复合涂层表现出了较好的耐磨损性能。这是因为此时的涂料黏度比较小，涂料中的纳米 Si$_3$N$_4$ 填料粒子可以得到较好的分散，在摩擦过程中作为载荷承受点，抵抗外部摩擦，充分发挥其增强填料作用，所以具有较低的磨损率。而此时的 PPENK/SiC 复合涂层虽然有形成转移膜的倾向，但由于树脂含量低还不足以形成牢固转移膜，所以涂层发生黏着磨损造成较大的涂层磨损率。当树脂含量达到 22% 时，PPENK/SiC 复合涂层由于可以形成牢固转移膜而具有很低的磨损率。当树脂含量继续增加(25%)，复合涂层中的纳米填料在涂料中的分散性能会下降，减弱了填料粒子的增强作用，使涂层的磨损率变大。

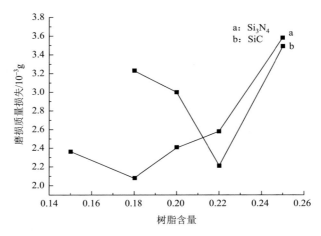

图 10-21　PPENK/Si$_3$N$_4$ 与 PPENK/SiC 纳米复合涂层的磨损率

10.6.3　PPENK/SiC/Si₃N₄复合涂层

通过对 PPENK/Si$_3$N$_4$ 与 PPENK/SiC 复合涂层进行比较发现，纳米 Si$_3$N$_4$ 粒子的承载能力比较强，纳米 SiC 填料的存在利于涂层转移膜的形成，所以可以使用纳米 Si$_3$N$_4$ 和纳米 SiC 共同作为涂层增强填料，使涂层具有二者的协同效应。

PPENK/SiC/Si$_3$N$_4$ 复合涂层的基本性能见表 10-36。

表 10-36　PPENK/SiC/Si₃N₄复合涂层的基本性能

PPENK	SiC/Si₃N₄	冲击强度/(kg·cm)	柔韧性/级
18%	3/2	50	1
	1/1	50	1
	2/3	48	2
20%	3/2	50	1
	1/1	50	1
	2/3	48	3
22%	3/2	50	1
	1/1	45	3
	2/3	40	5
25%	3/2	35	6
	1/1	35	7
	2/3	30	7

因为面漆中 SiC/Si$_3$N$_4$ 填料的配合使用并不会降低涂层的附着力和硬度，所以仅对涂层的冲击强度和柔韧性进行了测试。从表中数据可以发现，PPENK/SiC/Si$_3$N$_4$ 复合涂层的冲击强度和柔韧性都比较好，仅当树脂含量很高时，会在涂层中产生明显的相界面。当受到外力作用后，涂料中的纳米粒子团聚体成为明显的应力集中点，在周围树脂基体中产生的银纹会很容易转化为裂纹，在涂层中明显的相界面处发展扩大，最终对涂层产生宏观性的开裂破坏，使涂层的柔韧性和抗冲击性降低。

不同配方复合涂层摩擦系数的测试结果如图 10-22 所示。

由图 10-22 可以看出，PPENK/SiC/Si$_3$N$_4$ 纳米复合涂层的摩擦系数随着成膜基体含量的增加，表现为先减小后增大的趋势。当树脂基体含量为 22% 时，涂层的摩擦系数普遍较小。分析原因：当成膜基体含量比较低时，涂料中的纳米填料粒子数目比较少，对磨面间的摩擦主要作用在成膜基体上，增强填料的增强效果并不明显，涂层的摩擦学性能未得到较大改善。随着成膜基体含量的增加，涂料黏度适中，填料与基体树脂间有着良好的界面作用，可均匀分散在涂料中。在摩擦过程中，具有黏弹性高聚物基体在周期性应力的作用下会发生塑性变形与流动，一方面可以起到修复磨损面的作用；另一方面，当填料含量适当时，复合涂层会在其对磨面上形成一层致密的转移膜，减少金属对磨面与复合涂层的摩擦作用，使摩擦主要发生在复合涂层和转移膜之间。因为转移膜与复合涂层属同质材料，所以表现出较低的摩擦系数。当成膜基体含量进一步增加时，会使涂料的黏度变大很多，不利于填料在基体中的均匀分散，增加了纳米填料粒子间团聚的可能性，减弱了填料粒子与基体间的结合强度，使得涂层在摩擦过程中，增强粒子从树脂基体中脱落滞留在金属磨面与复合涂层之间，作为磨粒破坏转移膜，增大摩擦时的阻力，降低涂层的摩擦学性能[17]。

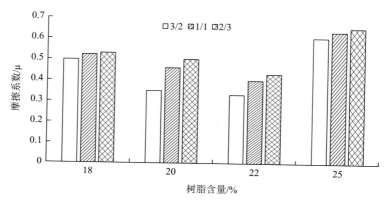

图 10-22　不同配方(树脂含量 SiC/Si₃N₄)复合涂层摩擦系数的测试图

另外，还可以看出，对于同一树脂含量，不同填料配比的涂层摩擦系数为 $SiC/Si_3N_4 = 3/2$ 时最小。这是由于纳米 SiC 组分利于复合涂层在摩擦过程中于金属对磨面上形成一层致密的转移膜，减少金属对磨面与复合涂层的摩擦作用，使摩擦主要发生在复合涂层和转移膜之间。由于转移膜与复合涂层属同质材料，因此表现出较低的摩擦系数。而纳米 Si_3N_4 在涂料中的分散性能不是很好，所以相对比例小一些，既可以保证其发挥增强作用，又不至于使涂料中存在太多的粒子团聚体，影响涂层性能。

对不同树脂含量，相同填料配比的 PPENK/SiC/Si₃N₄ 复合涂层摩擦系数测定后的磨痕进行光学显微镜观察，观察图如图 10-23 所示。

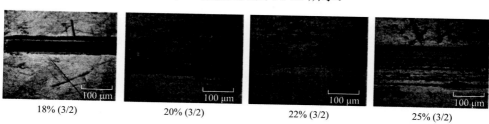

18% (3/2)　　20% (3/2)　　22% (3/2)　　25% (3/2)

图 10-23　不同树脂含量、相同填料配比的 PPENK/SiC/Si₃N₄ 复合涂层摩擦系数测定后的磨痕进行光学显微镜观察图

从图 10-23 中可看出，当树脂含量为 20% 和 22% 时，磨痕表面形成了很好的转移膜，且树脂含量为 22% 的磨痕表面更平滑，磨痕边界不易观察到。当树脂含量增加到 25% 时，可以看到磨痕表面有很明显的团聚体迹象。光学显微镜的观察结果与摩擦系数测试结果相符。

相同树脂含量、不同填料配比的 PPENK/SiC/Si_3N_4 复合涂层摩擦系数测试后的磨痕光学显微镜观察图如图 10-24 所示。

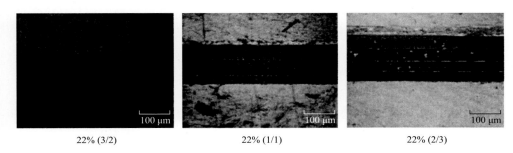

22% (3/2)　　　　　22% (1/1)　　　　　22% (2/3)

图 10-24　相同树脂含量、不同填料配比的 PPENK/SiC/Si_3N_4 复合涂层摩擦系数测试后的磨痕光学显微镜观察图

从图 10-24 中可以看出，当填料 SiC/Si_3N_4 = 3/2 时，磨痕表面有光滑的转移膜形成，测得的摩擦系数较小；随着 Si_3N_4 比例的增加，由于其分散性不好且粒子刚硬，可以观察到磨痕表面有明显的磨屑，涂层摩擦系数较大。

对不同配方的 PPENK/SiC/Si_3N_4 复合涂层进行磨损率测试，结果如图 10-25 所示。

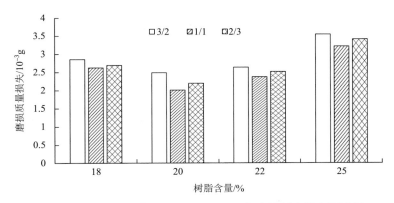

图 10-25　不同配方的 PPENK/SiC/Si_3N_4 复合涂层磨损率测试图

由图 10-25 可以看出，PPENK/SiC/Si_3N_4 纳米复合涂层的磨损率随着成膜基体含量的增加，表现为先减小后增大的趋势。当树脂基体含量为 20% 时，涂层的磨损率普遍较小。另外，由图还可以看出，对于同一树脂含量，不同填料配比的复

合涂层磨损率以 SiC/Si$_3$N$_4$ = 1/1 时最小。分析原因：当成膜基体含量比较低时，对涂层起耐磨作用的增强填料粒子数少，且此时牢固转移膜的形成困难，致使增强填料的增强效果并不明显，涂层的磨损主要表现为树脂基体的磨损，其耐磨性未得到较大改善。当成膜基体含量比较高时，会使涂料的黏度变得很大，不利于填料在基体中的分散，增加了纳米填料粒子的团聚的可能性，减弱了填料粒子与基体间的结合强度，使得涂层在摩擦过程中，增强粒子从树脂基体中脱落，减弱了涂层承受载荷的能力；同时脱落的粒子还有可能滞留在金属磨面与复合涂层之间，作为磨粒破坏转移膜降低涂层的摩擦学性能。尤其是个别较大的团聚体，在对磨时，不但不起耐磨自润滑的作用，反而以类似杂质的作存在，严重降低涂层的耐磨损性能。可见只有当成膜基体含量比较适中时，填料的加入一方面可以使涂层表面硬度提高，增强涂层抗磨损性能；另一方面，纳米填料在涂料中良好分散，保证了填料粒子与树脂基体之间的适当结合力，使涂层易形成牢固的转移膜，表现出优异耐磨损性能[18]。

纳米 SiC/Si$_3$N$_4$ 填料在复合涂层中的分散 SEM 图如图 10-26 所示。

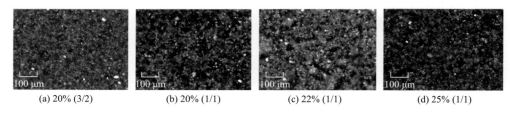

(a) 20% (3/2)　　　　(b) 20% (1/1)　　　　(c) 22% (1/1)　　　　(d) 25% (1/1)

图 10-26　纳米 SiC/Si$_3$N$_4$ 填料在复合涂层中的分散 SEM 图

从图 10-26 中可以看出，图 10-26(a) 中复合涂层中的纳米填料粒子具有良好的分散，仅存在少量的粒子团聚体。图 10-26(b)、(c) 和 (d) 中随着树脂含量的增加，填料粒子团聚现象变的严重，说明树脂含量增加，涂料黏度变大，纳米填料的分散变得困难。

为了对涂层的磨损机理进行研究，给出了纯树脂涂层和 PPENK/SiC/Si$_3$N$_4$ 纳米复合涂层磨损后的 SEM 图如图 10-27 所示。

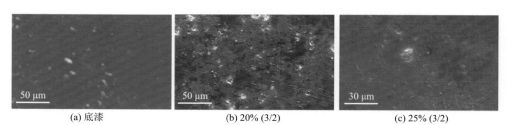

(a) 底漆　　　　　　(b) 20% (3/2)　　　　　　(c) 25% (3/2)

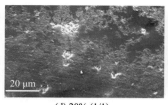

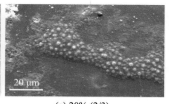

(d) 20% (1/1)　　　　　　　　　(e) 20% (2/3)

图 10-27　纯树脂涂层和 PPENK/SiC/Si₃N₄ 纳米复合涂层磨损后的 SEM 照片

由图 10-27(b) 可以看出，与纯树脂涂层磨面图 10-27(a) 相比，磨痕表面光滑致密、磨屑较少，且磨面上没有明显的犁沟，推断该涂层摩擦过程中有转移膜形成。图 10-27(b) 说明增强填料粒子的加入在一定程度上改善了涂层的摩擦磨损性能。随着树脂含量增加，当树脂含量达到 20% 时［图 10-27(d)］，磨面上出现了深浅不一的明显犁沟，且可以看出涂层存在严重的黏着磨损现象，此时涂料黏度很大，填料在涂层中因不能良好分散，无法起到增强作用，甚至因团聚体的存在而严重降低涂层性能[19]。由图 10-27(b)、(d) 和 (e) 可以看出，涂层的磨面均比较光滑，涂层摩擦学性能较好，且随着纳米 Si₃N₄ 所占比例的增大，磨面上能略微看到犁沟加重的迹象。涂层磨损机理以黏着磨损为主，兼有犁耕磨损。

参 考 文 献

[1] 刘兰轩, 汤朋, 田志强, 等. 有机硅耐高温涂料的研究进展. 上海涂料. 2020, 58(6): 30-38.

[2] 涂料工艺编辑组. 涂料工艺(下册). 北京: 化学工业出版社, 1997.

[3] 涂料工艺编辑组. 涂料工艺(上册). 北京: 化学工业出版社, 1997.

[4] 钱逢麟, 竺玉书. 涂料助剂: 品种和性能手册. 北京: 化学工业出版社, 1990.

[5] 黄汉生. 硅烷偶联剂在涂料中的应用. 上海涂料. 1997, 2: 45-50.

[6] 张学敏. 涂装工艺学. 北京: 化学工业出版社, 2002.

[7] Meng Y Z, Hay A S, Jian X G, et al. Sythesis of novel poly(phthalazinone ether sulfone ketones) and improvement of their melt flow properties. Joumal applied polymer seience, 1997, 66(8): 1425-1432.

[8] 陈正平. 涂料用助剂. 现代涂料与涂装. 2001, 2: 49-50.

[9] 何敏婷. 偶联剂在涂料及复合材料中的应用. 现代涂料与涂装, 2000(2): 32-34.

[10] 娄西中. 耐热涂料用颜料的选择. 应用化工, 2000, 29(4): 7-9.

[11] 刘莉, 李仕华. 气相法白炭黑在涂料中的应用. 涂料工业. 2003, 33(8): 18-20.

[12] 王明聪, 尹轶飞, 安杉, 等. 超微细二氧化硅的生产及应用. 有机硅材料及应用, 1997, 5: 11-12.

[13] 靳奇峰, 廖功雄, 蹇锡高, 等. 纳米 SiO₂ 填充杂萘联苯聚醚酮复合材料的性能研究. 宇航材料工艺, 2005(2): 18-21.

[14] 刘少琼, 蹇锡高, 黄河, 等. 新型耐热树脂基复合材料的性能研究. 高分子材料科学与工程, 2002, 18(6): 97-100.

[15] 邓文娟, 戴文利, 梁勇, 等. POM/HDPE 共混物摩擦磨损性能研究. 工程塑料应用, 2010, 38(6): 54-56.

[16] 彭旭东, 马红玉, 曾群峰, 等. 无机纳米微粒及聚四氟乙烯填充聚醚醚酮复合材料的摩擦学性能. 摩擦学学报, 2004, 24(3): 240-243.

[17] 周树学, 武利民. 纳米 SiO_2 在高固体分聚酯聚氨酯涂料中的应用. 涂料工业, 2002(11): 19-21.

[18] 赵伟岩, 李岩, 陆再平, 等. 碳纤维增强聚醚砜复合材料的摩擦磨损性能研究. 摩擦学学报, 2000, 20(6): 421-426.

[19] 彭旭东, 马红玉, 雷毅. 纳米 Al_2O_3 和聚四氟乙烯填充聚醚醚酮基复合材料摩擦学特性研究. 石油大学学报, 2004, 28(2): 68-74.

第11章

医用杂萘联苯聚芳醚

◀◀◀

11.1　引言

　　生物医用材料是一种生物相容性好，可用于诊断、修复、治疗及替代病损组织和器官，或者增进其功能的材料[1]。早在公元前 2500 年左右，古埃及人及中国人开始制作并使用假耳、假牙以及假鼻等。而到了 20 世纪初，高分子材料的发展更是促进了人工器官系统的研究，人工器官在 1940 年应用于临床医学[2]。高分子聚乙烯和不锈钢制成的人工髋关节在 20 世纪 60 年代初期被成功研制出并在体内取得了成功。在 20 世纪 70 年代，医用高分子材料开始蓬勃发展，人造血管、心脏起搏器等新型人造器官不断涌现出来。随着研究的深入，生物医用高分子材料学早已发展成为现代医学与高分子材料科学相互交叉的一门学科[3]。近年来，生物医用高分子材料在组织修复学中应用的广度及深度也不断地加深，也引起了越来越多的关注[4]。

　　生物医用材料按照属性可分为生物医用金属材料(biomedicalmetallic material)、生物医用高分子材料(biomedical polymer material)以及生物医用陶瓷材料(biomedical ceramic material)。目前外科植入手术中应用最为广泛的是金属材料，包括不锈钢、镁合金及钛合金等，但是这些金属材料在促进机体组织修复的同时也会带来诸多问题，如材料植入人体后由于长期处于含有有机酸、金属离子(Na^+、K^+、Ca^{2+})、Cl^-等构成的 37℃ 电解质环境中，导致植入的金属材料被腐蚀，材料的机械性能降低，产生的离子、氧化物或是氯化物等渗入正常组织或整个生物体系中，对正常组织产生影响和刺激[5]。同时各组织与材料间的相互摩擦会在人体中产生许多金属碎屑颗粒，这些颗粒都不会随着人体代谢而消失，并且还会引起局部的炎症或毒性反应对人体的健康产生极大的影响[6]。另外，当前大多数应用的金属材料与人体骨骼的弹性模量有着较大的差异，金属材料的弹性模量远大于人骨，这就使得当这些植入材料与人骨相互接触并发生相互作用时，模量的差异使二者产生不同程度的应变，金属与人骨在相互接界处出现不同程度的位移，造成了两种材料连接的松动，严重时甚至会造成植入材料的脱落[7]，影响植入材料的功能，或者会对人骨产生一个应力的"遮蔽"效应，从而引起骨组织的功能退化或吸收。由于金属材料表现出的这些缺陷，在 20 世纪逐渐发展起来的高分子材料逐步进入人们的视野，在生物医学领域得到了广泛的应用。当代社会科技发展日益加速，其中的生物技术的进步也突飞猛进，生物医用高分子材料的地位也在不断地提高，全世界对生物医用高分子材料的需求也在不断增加。医用高分子材料领域也成为各个国家竞争的主战场。

在众多高性能材料中，聚芳醚材料具有与人体骨骼相匹配的力学性能、射线可透过性、可反复消毒、化学稳定性、与人体骨骼密度相近等特点[8]，因此已经越来越多地被用作外伤、整形手术和脊椎植入体等方面，正在成为除金属和陶瓷等传统生物材料外的新选择。聚芳醚(PAE)是一类亚苯基环通过氧桥(醚键)连接而成的一类聚合物，主要有聚芳醚酮、聚砜、聚苯醚和聚芳醚腈四大类，而其中已经成功在生物医学方面应用的有聚醚砜和以聚醚醚酮(PEEK)为代表的聚芳醚酮(PAEK)两大类。

二氮杂萘酮联苯结构使得聚合物的氮含量增加，材料表面产生了大量氮或氧元素，表面亲水性提高，静态接触角减小，使得细胞黏附和生长良好并可以最终得到内皮细胞层。从热力学原理考察材料表面蛋白吸附行为，发现材料表面亲疏水性以及表面电荷会对吸附产生重大影响，生物材料和体内环境接触后，最先到达材料表面的并不是细胞，而是一些水分子和无机盐离子，以及体液或血液中的多种蛋白质，细胞是通过材料表面吸附的蛋白而与材料进行相互作用的[9]，因此研究蛋白质与生物医用材料之间的相互作用具有非常重要的意义。

PEEK 作为椎间融合器的原材料，在生物材料领域出现后克服了传统金属椎间融合器的应力屏蔽作用以及弹性模量与人骨不匹配的缺点，正常人体骨组织的弹性模量范围为 7～30 GPa，但金属材料的弹性模量通常可达 100～190 GPa，远大于人体骨骼，而 PEEK 的弹性模量仅为 3～4 GPa，与人体骨组织较为匹配[10, 11]。由于 PEEK 的弹性模量接近人类皮质骨的弹性模量，降低了植入物与骨界面间载荷转移过程中出现的高应力峰值和应力屏蔽效应，因此对 PEEK 植入物可根据不同的临床条件，改变其力学性能，以适应临床中的使用。

含二氮杂萘酮联苯结构共聚物在保证其拉伸强度保持在较高水平的前提下，其熔融加工性能有了很大程度上的改善。共聚物含有含醚键双二氮杂萘酮联苯结构，与含二氮杂萘酮联苯结构聚芳醚砜酮相比，减少了主链中的柔性醚键的含量，使聚合物主链刚性增强，同时，含醚键的双二氮杂萘酮联苯结构增强了分子链的扭曲程度，分子链间缠结增多，共聚物分子链之间作用力增大，从而提高了聚合物树脂的拉伸模量和拉伸强度，呈现出更好的机械性能。随着聚合物主链中砜基含量的提高，聚合物的拉伸模量有了一定的提高，这是由于砜基比酮羰基具有更高的极性和刚性，但是同时也可以看出随着聚合物主链中酮基的增加，聚合物的断裂伸长率有了一定增加，说明酮基赋予聚合物更好的韧性和延展性。力学性能的可调节性将满足该类材料在不同领域的需求，将拓宽医用杂萘联苯聚芳醚的应用范围。

11.2　杂萘联苯聚芳醚表面改性　　<<<

聚芳醚类材料由于具有与人骨相似的力学性能、密度适中、射线可透过性、化学稳定性等特性，已经越来越多地用于外伤、整形手术和脊椎植入体等生物医学领域。然而，原材料成本高、材料生物活性相对较差等因素限制了其在生物医学领域的应用。杂萘联苯聚芳醚材料改善了耐高温聚芳醚的溶解性能，同时也降低了成本。对其进行表面改性，改善杂萘联苯聚芳醚材料表面的生物惰性，提高生物相容性，赋予其相应的生物功能在医学领域具有重大的研究意义。

表面改性的方法有很多种，大致可分为两类：物理表面改性和化学表面改性。物理改性包括所有旨在通过物理手段直接改变表面化学性质或形貌的方法，包括提升表面能、增加表面粗糙度及创建规则的表面图案等。物理处理可以快速改变表面性质，这些方法通常可以与后续的反应步骤相结合，进一步扩大应用范围。化学表面改性即通过溶液的直接化学反应(湿处理)或接枝(用共价键将合适的大分子链连接到表面)来改变表面的化学组成。湿化学法是通过将杂萘联苯聚芳醚材料浸入或表面涂覆反应溶液实现改性，所以该方法克服了物理沉积方法导致的植入物表面涂层不均匀的普遍缺点。通过用硫酸或甲磺酸等强酸处理，芳族骨架可以被磺化[12]且磺化材料具有更优异的生物相容性和骨整合性[13]。湿化学法为一系列表面化学和多种分子的固定化提供了可能。一般来说，接枝聚合最常用的方法是表面引发接枝聚合，即使用合适的引发剂或共聚单体直接从表面聚合。另一种通过聚合物的端基与基底的官能团化学结合。一系列的生物分子已经成功地接枝到聚合物底物上，如RGD 复合物、L-丙交酯、胶原蛋白、细胞黏附肽、壳聚糖、胺和水凝胶。所得到的材料具有优异的生物相容性，并在体内外表现出良好的骨整合性。

11.2.1　杂萘联苯聚芳醚砜酮表面类骨磷灰石涂层制备

杂萘联苯聚芳醚砜酮(PPBESK)与人体骨骼力学性质类似，在材料理化性能上达到骨植入基体材料要求且具备工业化的基础和条件，与传统的骨植入材料完全依赖进口相比，成本更低，发展空间巨大。PPBESK 兼含杂萘联苯结构单元、联苯二酚结构单元、砜基基团及酮基基团，可以为表面改性提供更多选择。采用注塑成型方法制备 PPBESK 样片，以聚多巴胺(PDA)层作为中间层，利用仿生矿化法在 PPBESK 样片表面得到了类骨磷灰石涂层，涂覆于 PPBESK 表面的聚多巴胺表面含有大量的羟基，这些羟基的存在改善了原材料的亲水性，为其表面改性提供了便利。聚多巴胺层经仿生矿化改性后，表面出现磷灰石形貌，亲水性大幅改善，类骨磷灰石的引入使材料的细胞相容性得以提高。

由于苯环骨架的振动，PPBESK 及 PDA 均会在 1370 cm^{-1} 和 1630 cm^{-1} 处出现吸收峰（图 11-1），但 PPBESK 树脂峰强度小且窄；而 PDA 中更多的共轭结构造成该位置峰强而宽且两峰部分重叠。由此可以区分 PPBESK 及 PPBESK/PDA 涂层，确定聚多巴胺层在 PPBESK 表面的形成。

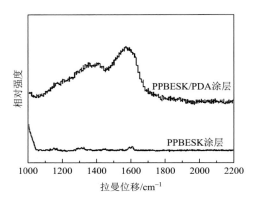

图 11-1　PPBESK 涂层及 PPBESK/PDA 涂层的拉曼光谱

比较图 11-2 中的三幅 XPS 谱图可以看到，三种材料表面均检测到有较强的 C（285 eV）、N（399 eV）及 O（531 eV）元素的特征峰。O 元素的特征峰强度则有增加的趋势表明材料表面磷酸基团的引入使氧元素的含量有了一定的增加。经三氯氧磷改性的样品（PPBESK/PDA-P7%涂层及 PPBESK/PDA-P28%涂层）在 133 eV 处出现了较为明显的峰为 P（2p）的特征峰，由此可以证明三氯氧磷与 PDA 中羟基反应，成功将磷酸基团引入至 PPBESK/PDA 涂层表面，并且随着三氯氧磷浓度的增大，引入的磷酸基团的量也呈现出增大的趋势。

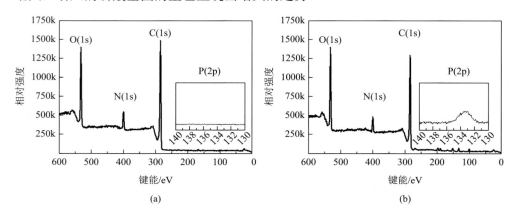

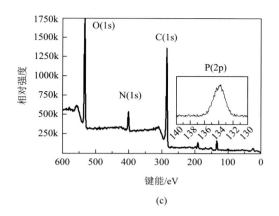

(c)

图 11-2　三氯氧磷改性的 PPBESK/PDA 涂层（a）、PPBESK/PDA-P7%涂层（b）和
PPBESK/PDA-P28%涂层（c）样品的 XPS 谱图

经类骨磷灰石沉积的样品表面 XPS 谱图如图 11-3 所示。PPBESK/PDA/Ap4
涂层以及 PPBESK/PDA-P7%/Ap4 涂层两种样品材料表面 C(1s)峰的强度基本相
同，而经过三氯氧磷改性后材料表面含有更多的 O 元素。在 345eV 处有 Ca(2p)
特征峰的出现，证明涂覆 PDA 的 PPBESK 表面能使 Ca 元素富集从而诱导类骨
磷灰石的形成，磷酸基团的引入则可使样品表面可以更高效地诱导类骨磷灰石
的沉积。

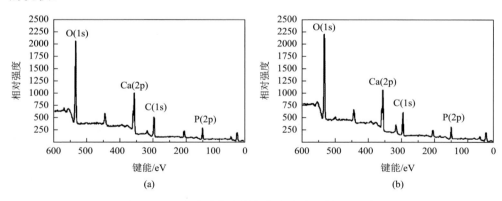

图 11-3　经仿生矿化法制备的复合涂层的 XPS 谱图
(a)PPBESK/PDA/Ap4 涂层；(b)PPBESK/PDA-P7%/Ap4 涂层

由图 11-4 中羟基磷灰石的标准卡片可知，在 2θ 值为 26°及 30°～35°时，均有
较强的衍射峰，可将其作为证明材料表面沉积物中含有羟基磷灰石成分的证据。
将 PPBESK/PDA 涂层、PPBESK/PDA-P7%涂层以及 PPBESK/PDA-P28%涂层在
SBF 溶液中浸泡 8 天，得到样品分别记为 PPBESK/PDA/Ap8 涂层、PPBESK/

PDA-P7%/Ap8 涂层以及 PPBESK/PDA-P28%/Ap8 涂层,比较三种材料表面的 XRD 谱图。三种材料均在 2θ 值为 26°及 30°～35°处出现衍射峰,可以说明材料表面沉积层中有羟基磷灰石的存在。

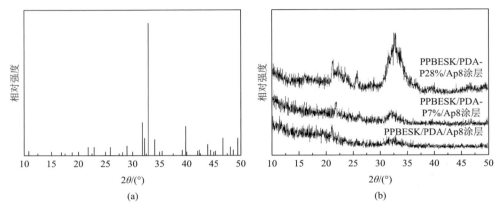

图 11-4   类骨磷灰石层的 XRD 谱图

以硅片作为基质材料在其表面涂覆 PPBESK,并在 PPBESK 薄膜上形成 PDA 自聚层,对得到的样品脆断后观察样品的截断面形态。由图 11-5 可知,PPBESK 涂覆于硅片表面,所形成的 PPBESK 薄膜较为均匀。将 PPBESK 样品浸泡于多巴胺溶液中,由于多巴胺的自聚,形成的 PDA 层也均匀地涂覆于 PPBESK 层之上。

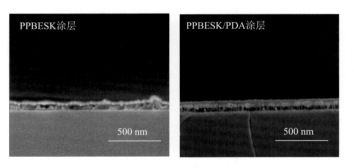

图 11-5   PPBESK 涂层及 PPBESK/PDA 涂层断面 SEM 图

由图 11-6 可知,未经任何改性的样品表现出一定的细胞黏附能力,但黄色的细胞未展开,说明细胞并未完全铺展于材料表面。而改性样品表面所黏附的细胞数量有了明显的提升,且部分细胞已完全铺展呈现出多边形形态,并将细胞核包裹于其中,说明此处的细胞已完全铺展于材料表面。因此,类骨磷灰石的生物活性高于 PPBESK,从而可以使更多的细胞更迅速地黏附于其表面开始生长。

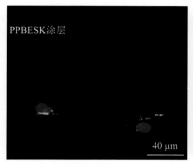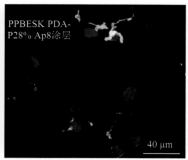

图 11-6 样品表面黏附细胞数量及形态

由图 11-7 可知类骨磷灰石改性后表面细胞的碱性磷酸酶（ALP）活性明显高于改性前。说明沉积在材料表面的类骨磷灰石提高了碱性磷酸酶活性，促进了成骨细胞的分化。

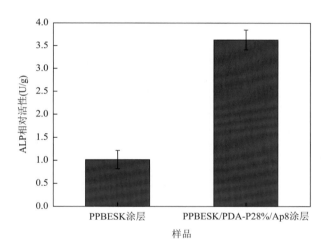

图 11-7 碱性磷酸酶活性测定

以基因片段 GAPDH 作为管家基因，检测 ALP、Ⅰ型胶原 α1（Col Ⅰ α1）及成骨特性转录因子 2（Runx2）三种与成骨性相关的基因，由图 11-8 可知类骨磷灰石的沉积有助于促进成骨前体细胞的成骨分化，PDA 表面引入磷酸基团同样会促进这一分化进程。

研究表明，PDA 成功涂覆于 PPBESK 涂层表面。相较于 PPBESK 涂层，PPBESK/PDA 涂层的表面亲水性、表面能以及粗糙度均得以提高。类骨磷灰石层的引入使相同时间内在材料表面黏附的细胞更多、生长状态更好，提升了材料的生物活性。经含有磷酸基团的 PDA 涂层改性后的 PPBESK 更有助于 MC3T3-E1 细胞的成骨分化。

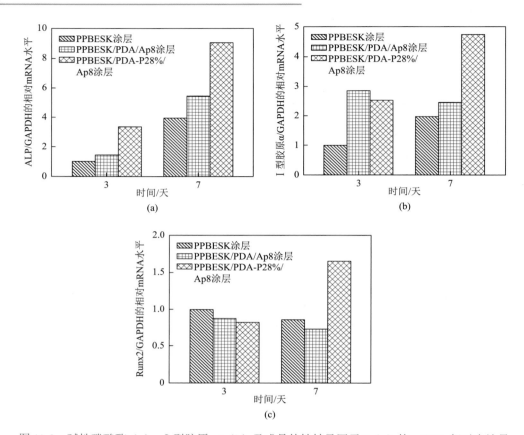

图 11-8　碱性磷酸酶（a）、Ⅰ型胶原 α1（b）及成骨特性转录因子 2（c）的 mRNA 相对表达量

11.2.2　杂萘联苯聚芳醚砜酮表面水凝胶涂层制备

采用功能单体 2, 2′-二烯丙基双酚 A（DABPA）通过溶液缩聚法合成新型含烯丙基聚芳醚砜酮（APPBAESK）。将其旋涂于杂萘联苯聚芳醚砜酮（PPBESK）表面，实现基体材料表面官能团化。再旋涂含有纳米羟基磷灰石（nano-HA）、丙烯酸-N-琥珀酰亚胺酯（AAc-NHS）、丙烯酸（AA）和改性明胶（GelMA）的前体溶液，置于紫外烘箱固化，在 PPBESK 表面通过化学键锚定双功能水凝胶涂层（GNAH）。

如图 11-9 所示，由于 GN$_1$A 水凝胶的非结晶本质，其 XRD 光谱中只在 21.5°处出现一个半结晶峰。由于掺杂的 nano-HA 与水凝胶结合产生了屏蔽作用，并且随掺杂 nano-HA 增多，屏蔽作用增强，在 21.5°处的半晶峰强度逐渐降低为宽而矮的分布。除此变化外，在 GN$_1$AH$_2$ 中观察到的（002）、（211）、（300）、（202）、（310）、（222）、（132）和（213）晶面的衍射峰与纯 nano-HA 一致，并且衍射峰强度由 GN$_1$A 到 GN$_1$AH$_2$ 逐渐增强，这表明 nano-HA 被成功引入到水凝胶基体中并且在凝胶化过程中 nano-HA 的晶型没有发生转变。

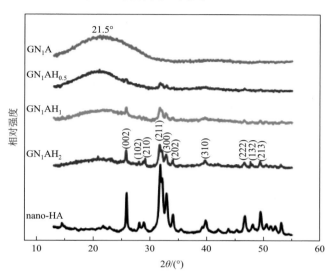

图 11-9　nano-HA and GN$_1$AH 水凝胶的 XRD 图

使用 MTT 法和 CCK-8 法进行细胞毒性和增殖的表征，以评估细胞存活和生长速度。从图 11-10 可以看出，将原板及改性后 PPBESK 板浸泡在培养基中，生成浸提液，用其进行细胞培养，MC3T3-E1 细胞的活力均高于 90%，并且改性后 PPBESK 板的浸提液培养的细胞存活率相对更高，证明了改性后板材细胞相容性有所提升。

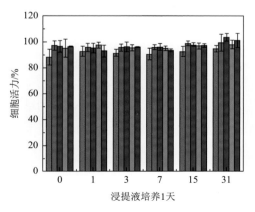

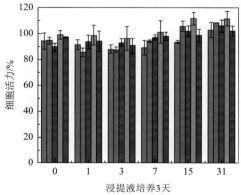

(a)

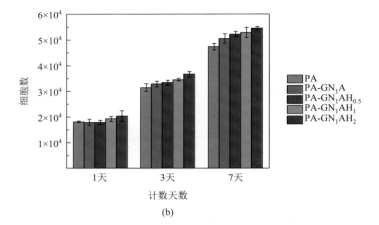

(b)

图 11-10　C3T3-E1 细胞在不同样品中的体外生物相容性：(a)用样品浸提液培养 1 天和 3 天的细胞 MTT 分析；(b)用 PPBESK 板的浸提液培养 1 天、3 天和 7 天的细胞 CCK-8 分析

分别选择前成骨细胞(MC3T3-E1)和成纤维细胞(L929)作为模型细胞系，评估原始 PA 和不同水凝胶涂层修饰的 PPBESK 表面上的细胞黏附状态。图 11-11 显示为表面惰性的聚芳醚酮材料在锚定纳米复合水凝胶涂层后，可促进成骨及成纤维细胞在其表面附着和生长。明胶作为天然胶原的水解产物，可以为细胞附着和生长提供有利位点。另外，nano-HA 也可以在生理条件下分泌出多种成骨分化因子，为成骨细胞的附着和生长提供有力的支持，从而改善了材料优异的细胞黏附性能。

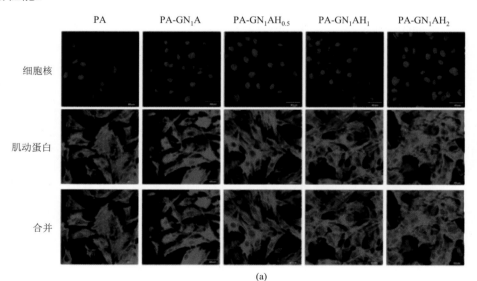

(a)

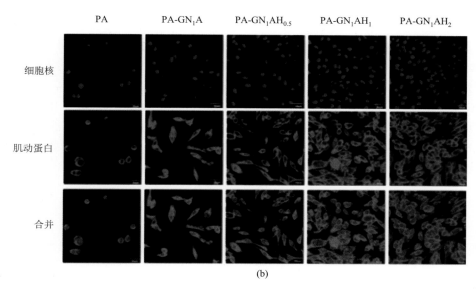

图 11-11　(a)鬼笔环肽和 DAPI 染色后的 MC3T3-E1 细胞共聚焦激光扫描显微镜图像(比例尺为 40 μm)；(b)鬼笔环肽和 DAPI 染色后的 L929 细胞共聚焦激光扫描显微镜图像(比例尺为 30 μm)

从图 11-12 中可以看出，随着细胞培养时间的增加，所有样品的 ALP 活性水平都有一定程度的提高。14 天后，与含有 nano-HA 的纳米复合水凝胶涂层共培养细胞的 ALP 活性提高了 6～8 倍，足以说明 nano-HA 对 MC3T3-E1 细胞的成骨分化具有优异的促进作用。并且与 PA-GN$_1$A 共培养细胞的 ALP 活性水平虽远低于 PA-GN$_1$AH，但相对于原始 PA 也有明显增加。这表明由本体水凝胶产生的化学作用可能与 nano-HA 一起协同促进 MC3T3-E1 细胞的体外成骨分化。

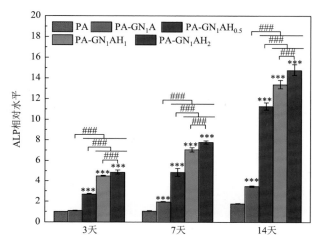

图 11-12　与不同的 PPBESK 板共培养 3 天、7 天和 14 天的 MC3T3-E1 细胞的 ALP 活性

图 11-13(a) 显示，与含有 nano-HA 的样品共培养的细胞的 ALP 基因表达水平高于原始 PA 样品，但是在第 3 天时总体基因表达水平相对较低。然而到第 14 天，与 PA-GN$_1$AH$_2$ 共培养的 MC3T3-E1 细胞的 ALP 表达水平几乎是原始 PA 的 14 倍。同样地，RUNX-2 基因的表达也呈现出依赖 nano-HA 浓度的增加趋势。14 天后，与 PA-GN$_1$AH$_2$ 共培养的细胞的 RUNX-2 表达水平也达到原始 PA 的 8 倍[图 11-13(b)]。这些结果表明，复合水凝胶涂层(GN$_1$A) 本身可以在一定程度上促进小鼠前成骨细胞的成骨分化，而掺入 nano-HA 后促进作用被进一步增强，这在基因水平上证明了表面改性的优异成骨效果。

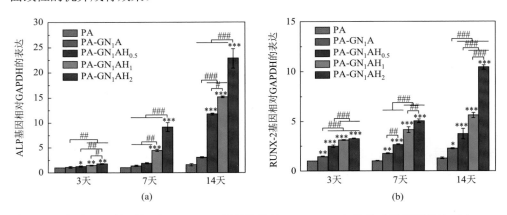

图 11-13　实时 PCR 检测与不同 PPBESK 板共培养的 MC3T3-E1 细胞的成骨基因表达：(a) ALP；(b) RUNX2

综上，通过合成新型烯丙基 APPBAESK，实现了 PPBESK 表面官能团化，并在其表面化学锚定了含有 NHS 及 nano-HA 的纳米复合水凝胶涂层，证明了水凝胶涂层改性 PPBESK 具有优异的组织黏附及成骨分化能力。

11.2.3　杂萘联苯聚芳醚腈酮表面化学键接 BMP-2

杂萘联苯聚芳醚腈酮(PPENK)是一种高性能聚芳醚酮类特种工程塑料，具有与骨相匹配的机械性能、热稳定性以及耐辐照性，在骨植入材料领域具有重大的应用潜力。同时 PPENK 侧链中的具有较高反应活性的氰基基团为其表面化学改性提供更多选择。将 PPENK 表面的氰基按照最佳反应条件进行水解改性。水解后的 PPENK 表面的羧基经过活化后，与 rhBMP-2 通过共价键合方式得到 P-BMP-2。使用乙二胺作为连接剂，在 PPENK 表面接枝肝素后，利用肝素对 rhBMP-2 的静电吸附作用得到 PH-BMP-2。rhBMP-2 的引入促进了 PPENK 材料表面的细胞黏附、增殖和分化，特别是通过肝素静电吸附引入 rhBMP-2，对细胞的成骨分化效果更好，原理如图 11-14 所示。

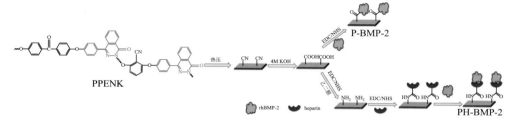

图 11-14 杂萘联苯聚芳醚腈酮表面化学键接 BMP-2 原理图

EDC：1-乙基-（3-二甲基氨基丙基）碳二亚胺盐酸盐；NHS：N-羟基琥珀酰亚胺

当 PPENK 表面接枝三氟乙胺后（PPENK-NHS + TFEA），在 689.0 eV 处出现氟元素的峰。当 PPENK 不经过水解改性和活化，直接与三氟乙胺反应时（PPENK + TFEA），仅能检测到极少量的氟元素。此外，对 PPENK-NHS + TFEA 样品表面的碳元素进行高分辨扫描分析，结果如图 11-15 所示。经过拟合分峰后，存在 284.7 eV（C—C/C≡C）、286.2 eV（C—N），287.8 eV（C=O）以及 292.2 eV（C—F）四个峰，其中 C—F 的出现证明三氟乙胺已成功接枝到 PPENK 表面，说明表面羧基经过 EDC/NHS 方法活化后，具有一定的反应活性。

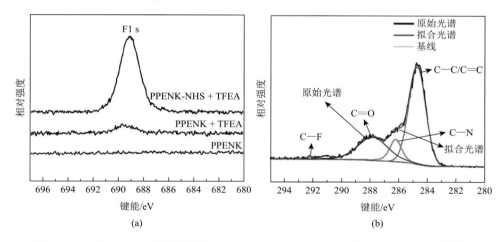

图 11-15 （a）F1s XPS 高分辨图谱；（b）PPENK-NHS + TFEA 的 C1s XPS 高分辨谱图

PPENK 和 PPENK-NH$_2$ 的 N1s XPS 高分辨谱图如图 11-16 所示。PPENK 的 N1s 谱图中，经过拟合后，仅有一个单峰—N—C=O（399.4 eV），而对比 PPENK 的谱图，PPENK-NH$_2$ 的 N1s 谱图中，经过拟合后，出现了 C—NH$_2$（398.7 eV），—N—C=O（399.4 eV）及 C—NH$^+$（400.2 eV）三个峰。其中 C—NH$_2$ 和 C—NH$^+$ 的出现说明材料表面存在氨基，证明乙二胺已被成功接枝到 PPENK 表面。对 PPENK、P-BMP-2 及 PH-BMP-2 三种材料的表面元素进行分析，结合 XPS 数据

可知，通过化学键合和肝素的静电吸附方式固定 rhBMP-2 后，P-BMP-2 的 N/C 值降低，PH-BMP-2 的 N/C 值升高。二者的 O/C 值升高，且 PH-BMP-2 的 O/C 值升高的比 P-BMP-2 要多。氧元素含量的增加，是由于 PPENK 表面接枝了肝素（PPENK-Heparin 的 O/C 值为 0.206），肝素结构中含有大量的氧元素。以上结果说明 rhBMP-2 已成功通过共价键合和肝素的静电吸附方式固定到 PPENK 表面。

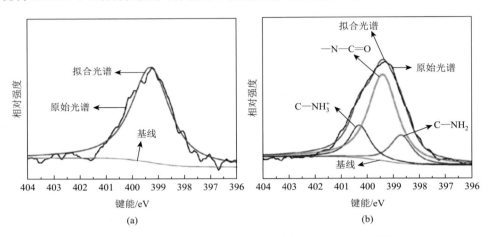

图 11-16　PPENK（a）和 PPENK-NH$_2$（b）的 N1s XPS 高分辨图谱

采用酶联免疫吸附（enzyme linked immunosorbent assay，ELISA）法，经过两步免疫染色，将固定到 PPENK 表面的 rhBMP-2 进行染色，染色结果如图 11-17 所示。

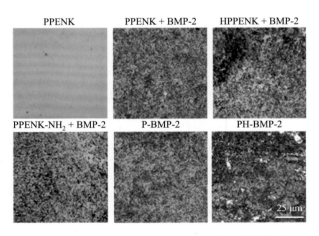

图 11-17　表面 rhBMP-2 的酶联免疫组化染色图

与 P-BMP-2 或 PH-BMP-2 的染色图相比,在硅片表面旋涂 PPENK 或 HPPENK

后，直接浸到 rhBMP-2 溶液中后取出染色，经过染色后，硅片表面几乎没有大面积的红色部分存在，说明 rhBMP-2 无法结合到这两种材料表面。PPENK-NH₂ 未接枝肝素时，也同样无法将 rhBMP-2 吸附到材料表面，因此染色后也基本不存在红色部分。而对比 P-BMP-2 和 PH-BMP-2 的染色图，从染色效果可以看出 P-BMP-2 的染色效果要明显好于 PH-BMP-2 的染色效果，说明通过共价键合的方法在表面可以固定更多的 rhBMP-2。

细胞黏附能力使用荧光染色法进行检测，染色结果如图 11-18 所示。MC3T3-E1 细胞在三种材料上都具有一定的黏附能力，但在 P-BMP-2 及 PH-BMP-2 材料上黏附的细胞数量明显多于 PPENK，特别是 PH-BMP-2。同时染色后的细胞核所呈现的蓝色更加清晰，并且细胞核的形态更加完整而饱满。实验结果说明 MC3T3-E1 细胞可以黏附并在含有 rhBMP-2 的材料表面增殖，rhBMP-2 蛋白层为细胞在材料上的黏附提供了良好的表面环境。

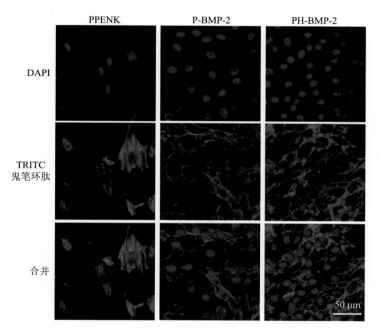

图 11-18　MC3T3-E1 细胞在材料上培养 24 h 后的细胞荧光染色图

此外三种材料对细胞的增殖能力的影响使用 CCK-8 法进行测试，OD 值与细胞数量呈正相关，结果如图 11-19 所示。与 PPENK、P-BMP-2 及 PH-BMP-2 三种材料共培养的细胞数量随着培养时间的增加而增加。其中，与 PH-BMP-2 材料共培养的细胞数量要高于 PPENK 和 P-BMP-2，在细胞增殖的早期，肝素对细胞增殖有一定的促进作用。以上结果说明，rhBMP-2 通过共价键合和肝素吸附的方式固定到 PPENK 表面可以促进细胞黏附和增殖，同时材料对细胞无毒性。

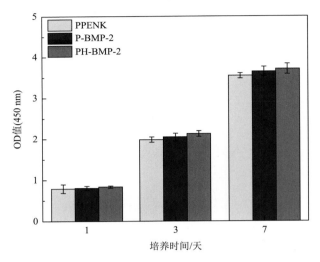

图 11-19　CCK-8 法测试材料培养 MC3T3-E1 细胞 1 天、3 天和 7 天的细胞增殖能力

　　MC3T3-E1 细胞与 PPENK、P-BMP-2 及 PH-BMP-2 三种材料共同培养 3 天、7 天和 14 天，检测细胞的碱性磷酸酶活性如图 11-20 所示。与 PH-BMP-2 共培养的 MC3T3-E1 细胞的碱性磷酸酶活性明显高于 P-BMP-2 和 PPENK，其影响程度依次为 PH-BMP-2＞P-BMP-2＞PPENK。结果表明，rhBMP-2 的固定在成骨分化的早期可以有效促进碱性磷酸酶的活性。

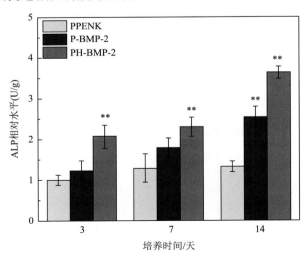

图 11-20　MC3T3-E1 细胞的碱性磷酸酶活性的定量分析

通过 RT-PCR 测试检测 PPENK、P-BMP-2 及 PH-BMP-2 三种材料对细胞的成骨分化作用影响，如图 11-21 所示。三种与成骨活性相关基因分别为 RUNX2 基因、ALP 基因以及 Col I α1 基因。与 PPENK 相比，P-BMP-2 及 PH-BMP-2 三种基因的表达显著增强，说明 rhBMP-2 固定的材料对成骨细胞具有明显的促进分化的作用。比较 P-BMP-2 和 PH-BMP-2 可以发现，PH-BMP-2 材料对细胞的成骨分化作用要优于 P-BMP-2。

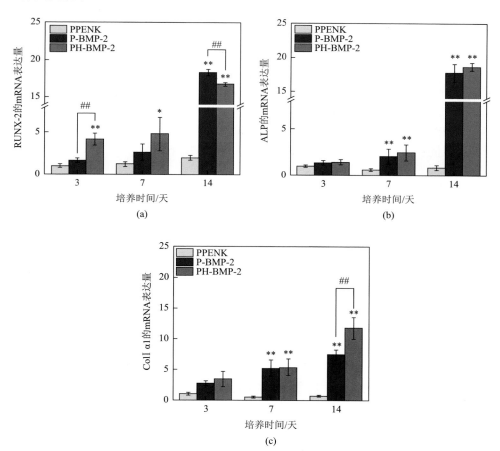

图 11-21　成骨分化相关基因 RUNX-2(a)、ALP(b)、Col I α1(c)的 mRNA 表达量

在比较 P-BMP-2 和 PH-BMP-2 的细胞黏附能力和成骨活性时，PH-BMP-2 表现出更好性能，说明通过静电吸附方式引入 rhBMP-2 可以更有效地促进成骨分化。通过共价键合的方式引入 rhBMP-2，羧基被 EDC 活化，与 rhBMP-2 结构中的氨基结合，主要在"Knuckle"表位结合，导致与 BMPR-IA 的结合相对较弱。但是，通过共价键合在 PPENK 表面引入 rhBMP-2，可以使 rhBMP-2 长期稳定地存在于

材料表面，从而使其在更长时间内发挥作用。肝素是一种能增强 rhBMP-2 生物活性的阴离子多糖，通过在 PPENK 表面接枝肝素，大大提高了聚芳醚材料表面的生物相容性，也在一定时间内促进了 rhBMP-2 在材料表面发挥作用，使植入物具有更优异的生物活性。

11.2.4　杂萘联苯聚芳醚腈酮表面化学键接 BMP-2 和抗菌多肽

　　以杂萘联苯聚芳醚腈酮结构中独特的氰基基团作为反应位点，在水性条件下水解为羧基官能团，并在材料表面引入具有生物活性的分子 rhBMP-2，改善材料生物相容性并赋予其成骨性能。通过化学键合的方式在杂萘联苯聚芳醚腈酮材料表面固定新型含聚乙二醇结构的阳离子抗菌多肽，赋予材料广谱抗菌性能。

　　对 PPENK、PPENK/BMP-2、PPENK/BMP-2 + AMP-1 及 PPENK/BMP-2 + AMP-2 四种材料的表面进行 XPS 测试，测试结果如图 11-22 所示。

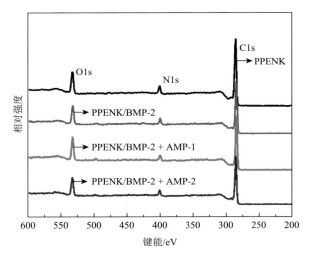

图 11-22　PPENK、PPENK/BMP-2、PPENK/BMP-2 + AMP-1 及 PPENK/BMP-2 + AMP-2 的 XPS 谱图

　　从 XPS 的分峰谱图（图 11-23）中可以观察到 C1s（285.0 eV）、N1s（400.0 eV）和 O1s（533.0 eV）三种元素的峰。N/C 和 O/C 的比例随着 rhBMP-2 在 PPENK 表面的引入而增加，随着阳离子抗菌多肽的引入，PPENK 表面的 N/C 和 O/C 的比例继续增加。与 PPENK 和 PPENK/BMP-2 + AMP-1 相比，PPENK/BMP-2 + AMP-2 的氧含量更高，这是由于 AMP-2 的结构中含有的 PEG 结构，使材料表面的氧含量增加。

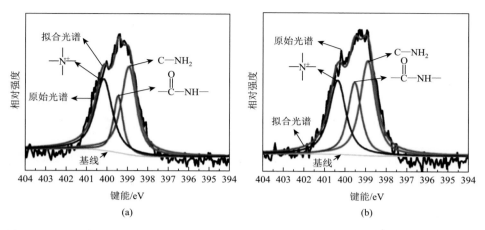

图 11-23　N 1s 高分辨 XPS 谱图：(a) PPENK/BMP-2 + AMP-1；(b) PPENK/BMP-2 + AMP-2

　　四种材料的 ATR-FTIR 谱如图 11-24 所示。在 1663 cm^{-1}、1499 cm^{-1} 和 924 cm^{-1} 处为二苯酮结构的特征峰。约 1235 cm^{-1} 和约 1158 cm^{-1} 处为 C—O—C 特征峰。约 1584 cm^{-1} 为苯环的 C=C 特征峰。在 PPENK/BMP-2、PPENK/BMP-2 + AMP-1 和 PPENK/BMP-2 + AMP-2 的红外光谱中，均存在约 3356 cm^{-1} 处的氨基特征峰，而在 PPENK 在此范围内没有出峰，这可能与 rhBMP-2 或阳离子抗菌多肽的氨基有关。结果表明，rhBMP-2 及阳离子抗菌多肽已成功接枝到材料表面。

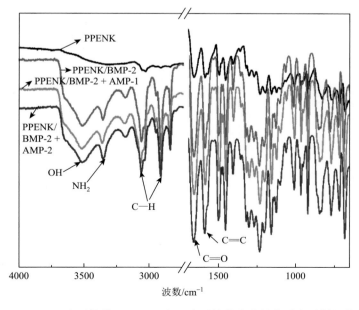

图 11-24　PPENK 表面接枝 rhBMP-2 和阳离子抗菌多肽的衰减全反射红外光谱图

表面 rhBMP-2 的酶联免疫组化染色如图 11-25 所示。与 PPENK 对照组相比，表面含有 rhBMP-2 的 PPENK/BMP-2、PPENK/BMP-2＋AMP-1 以及 PPENK/BMP-2＋AMP-2 的染色图中均含有大量的红色部分，且分布均匀，说明 rhBMP-2 通过点击化学成功固定在 PPENK 表面。

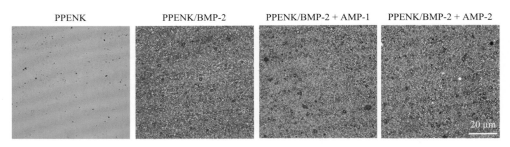

图 11-25　表面 rhBMP-2 的酶联免疫组化染色图

在扫描电镜下观测培养 24 h 后黏附在四种材料表面的金黄色葡萄球菌和大肠杆菌的细菌形貌，如图 11-26 所示。在 PPENK 和 PPENK/BMP-2 表面，金黄色葡萄球菌呈球形，具有完整的细菌细胞膜，而大肠杆菌呈杆状，两端呈钝圆形。在 PPENK/BMP-2＋AMP-1 和 PPENK/BMP-2＋AMP-2 表面，金黄色葡萄球菌的细胞膜已经完全破裂并黏在一起，大肠杆菌则产生波纹并扭曲，细菌细胞膜完全裂解。比较 PPENK/BMP-2＋AMP-1 和 PPENK/BMP-2＋AMP-2 表面残留细菌的数量可以发现，PPENK/BMP-2＋AMP-2 表面死细菌黏附要明显少于 PPENK/BMP-2＋AMP-1，说明含有的 PEG 结构可以有效地去除表面的细菌。

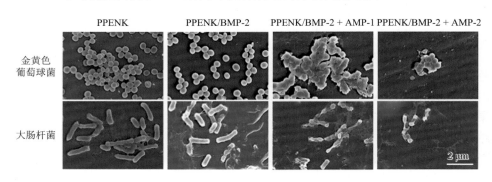

图 11-26　金黄色葡萄球菌和大肠杆菌在材料表面的细菌形貌

将 MC3T3-E1 细胞与四种材料共同培养 24 h，染色结果如图 11-27 所示。MC3T3-E1 细胞在 PPENK/BMP-2 材料表面生长分散，说明 rhBMP-2 可以为 MC3T3-E1 细胞在 PPENK 表面的附着和扩散提供良好的环境。而在 PPENK/BMP-2＋AMP-1 和 PPENK/BMP-2＋AMP-2 材料表面上黏附的细胞数量相较于 PPENK/BMP-2、PPENK/BMP-2 + AMP-1 表面的细胞数量要明显减少，PPENK/BMP-2 + AMP-2 表面的细胞数量比 PPENK/BMP-2 + AMP-1 表面细胞数量有明显地提高，细胞形态也更加完好，说明表面引入阳离子抗菌多肽后，会影响细胞在材料表面的黏附，而表面含有 PEG 结构的阳离子抗菌多肽可以降低材料表面对细胞黏附的影响，因此 PEG 结构的引入也可以提高细胞相容性。

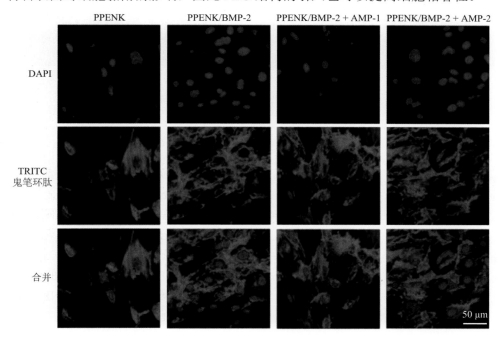

图 11-27　MC3T3-E1 细胞在材料上培养 24 h 后的细胞荧光染色图

图 11-28(a) 为培养 14 天后，采用偶氮偶联法进行碱性磷酸酶染色。从染色图中可以看出，rhBMP-2 在早期对成骨分化有促进作用，PPENK/BMP-2、PPENK/BMP-2 + AMP-1 和 PPENK/BMP-2 + AMP-2 细胞的碱性磷酸酶染色效果明显。在第 3、7 和 14 天对 MC3T3-E1 细胞进行碱性磷酸酶活性定量测试，结果如图 11-28(b) 所示。PPENK/BMP-2、PPENK/BMP-2 + AMP-1 和 PPENK/BMP-2 + AMP-2 培养的细胞在第 3、7 和 14 天的碱性磷酸酶表达均高于 PPENK 培养的细胞，表明 rhBMP-2 能显著促进成骨分化。PPENK/BMP-2 + AMP-1 的碱性磷酸酶活性要略低于 PPENK/BMP-2 和 PPENK/BMP-2 + AMP-2，这是因为 AMP-1 中的阳离子结构可能影响成骨诱导条件下细胞的成骨分化。此外，PPENK/BMP-2 + AMP-2 的碱性磷酸酶活性比 PPENK/BMP-2 + AMP-1 有所提高，说明 PEG 结构的引入不仅能提高细胞相容性，还能促进碱性磷酸酶的表达。

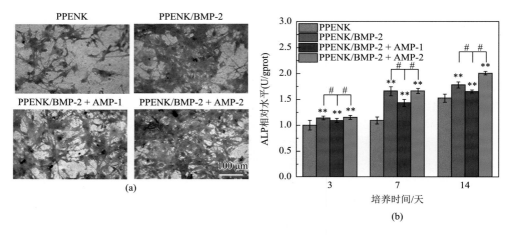

(a)

图 11-28   (a)MC3T3-E1 细胞 14 天的碱性磷酸酶染色图；(b)碱性磷酸酶活性定量分析

材料与细胞培养 21 天后的茜素红染色效果图 11-29(a)所示。PPENK/BMP-2 和 PPENK/BMP-2 + AMP-2 染色效果明显，说明有大量的钙结节产生。将经过 7 天、14 天和 21 天培养后，经过染色的材料所得到的染色产物溶解于氯化十六烷基吡啶溶液中，在 562 nm 下进行茜素红染色定量分析，如图 11-29(b)所示。在第 14 天和 21 天时，PPENK/BMP-2 + AMP-2 的钙结节量要高于 PPENK/BMP-2 和 PPENK/BMP-2 + AMP-1，说明 PPENK/BMP-2 + AMP-2 在成骨分化后期，可以有效地促进钙结节和钙沉积。

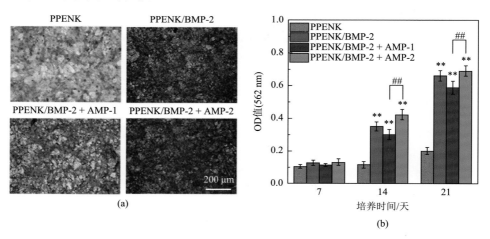

(a)

图 11-29   (a)MC3T3-E1 细胞 21 天的茜素红染色细胞外基质钙沉积图；(b)茜素红染色定量分析

采用 PCR 测试检测四种材料对细胞的成骨分化作用影响。图 11-30 为四种材料与成骨活性相关基因的 PCR 表达图。结果表明，通过 rhBMP-2 和阳离子抗菌多肽改性的 PPENK 材料可以促进成骨细胞分化，成骨活性由高到低依次为 PPENK/BMP-2＋AMP-2 ＞ PPENK/BMP-2 ＞ PPENK/BMP-2＋AMP-1 ＞ PPENK。由于阳离子抗菌多肽具有高密度的正电荷，可能会被细胞识别为危险信号，这有助于触发级联反应而被内源性激活，促进细胞膜的通透性，细胞表面的 BMP 受体可以将 BMP-2 分子招募到细胞膜表面。此外，PEG 结构提高了细胞相容性，可以防止阳离子抗菌多肽的阳离子对细胞膜的损伤，使材料表面的黏附的细胞更容易进行成骨分化。因此 PPENK/BMP-2＋AMP-2 的成骨活性优于 PPENK/BMP-2。

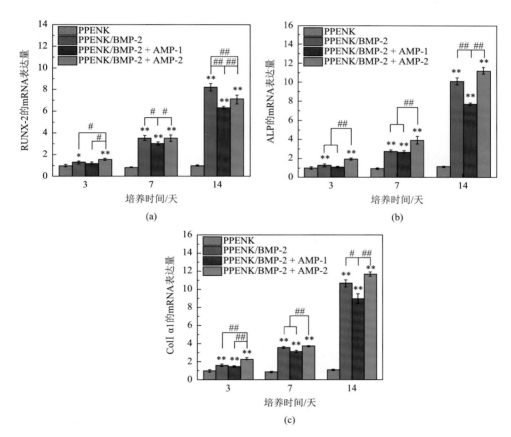

图 11-30　成骨分化相关基因(a)RUNX2；(b)ALP；(c)Col Ⅰα1 的 mRNA 表达量

在新西兰大白兔的股骨处构建骨缺损模型，将四种材料植入后，通过 Micro-CT 评价植入体周围新骨形成，Micro-CT 的二维和三维重构图如图 11-31 所示。

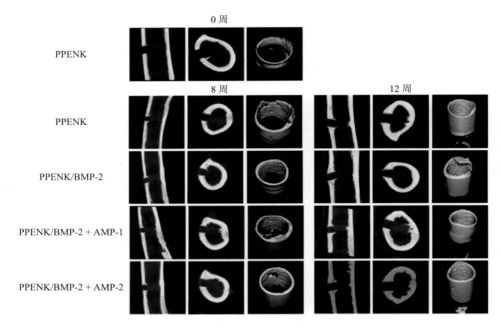

图 11-31　Micro-CT 观察骨缺损模型中植入体周围新骨形成的二维和三维重构图

　　与 PPENK 植入后的初始时间相比，PPENK、PPENK/BMP-2、PPENK/BMP-2＋AMP-1 及 PPENK/BMP-2＋AMP-2 四种材料在植入 8 周时均有新骨生成。其中，PPENK/BMP-2 和 PPENK/BMP-2＋AMP-2 形成新骨的效率最高。随着植入时间的增加，四种材料新骨形成量也逐渐增加，到 12 周时，PPENK/BMP-2＋AMP-2 材料周围形成的新骨数量达到最大。在 8 周和 12 周时，PPENK/BMP-2 和 PPENK/BMP-2＋AMP-2 材料周围形成的新骨数量均高于 PPENK 和 PPENK/BMP-2＋AMP-1。

　　Micro-CT 结果的定量分析如图 11-32(a) 所示，PPENK/BMP-2＋AMP-2 的 BV/TV 值最高。骨密度测定如图 11-32(b) 所示，PPENK/BMP-2＋AMP-2 的 BMD 值均高于其他三种材料。以上结果表明，rhBMP-2 和阳离子抗菌多肽改性后的材料对骨质重建有一定的促进效果。

　　结果表明，以共价键合的方法将 rhBMP-2 和阳离子抗菌多肽同时固定到 PPENK 材料表面，成功制备了表面同时含有 rhBMP-2 和阳离子抗菌多肽的材料，从而获得具有多功能性的骨植入材料。表面同时含有 rhBMP-2 和阳离子抗菌多肽的 PPENK 材料的抗菌率保持在 95%以上。同时材料均没有细胞毒性，并且有利于细胞黏附和增殖，对成骨细胞分化也有一定的促进作用。可以在体内有效地提高骨整合能力并降低细菌感染，还可以促进组织周围血管的形成，植入体与周围组织间的结合力也明显提高。

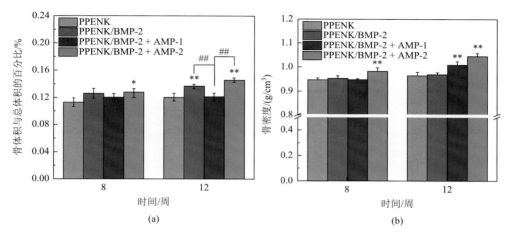

图 11-32　Micro-CT 定量分析：(a)骨体积与总体积的百分比；(b)骨密度

　　本课题组通过对杂萘联苯聚芳醚的表面改性，赋予了植入材料良好的生物相容性、成骨活性和抗菌性能。且力学性能符合医用聚芳醚酮标准的要求，具有作为植入材料等医用材料的潜力。

11.3　小结　◀◀◀

　　老龄化、全民运动化、材料和工艺的改进将成为推动骨科植入物市场发展的重要因素，催生一部分市场需求。杂萘联苯聚芳醚特种工程塑料已发展成除金属和陶瓷外另一类高分子生物材料，开发新型医用杂萘联苯聚芳醚材料，优化其表面性能、力学性能、溶解性能及热性能，拓宽其在骨植入领域的应用范围。针对聚芳醚作为外科医用材料高度依赖进口的现状，新型表面改性技术的发展及使用，将为市场带来更多的解决方案和多元化竞争。就目前看来，无论采用哪一种表面改性的方法，都能在一定程度上提升聚芳醚材料的生物活性和骨整合能力。随着先进材料制备技术如 3D 打印等的革新，杂萘联苯聚芳醚材料将凭借其优异的溶解性、热稳定性和机械性能在生物医用领域进一步扩大其应用范围。但是，要想提高材料在体内的骨整合能力，仍然面临诸多挑战。就目前的研究进展而言，多种改性方法的集成似乎是解决该问题的一种可行方式。而且，随着材料制备和表面改性技术的日趋进步，攻克杂萘联苯聚芳醚材料及植入器械临床骨整合不足的问题正逐渐变为现实。医疗器械用原材料的发展一直是市场发展的热点之一，新型聚芳醚酮原材料的发展及其表面改性技术进步，将会推动我国中高档医疗器械产业化，提高其市场占有率。我们有理由相信，在不久的将来，杂萘联苯聚芳醚材料将会以其优异的性能和质量得到医疗器械制造商和外科医生的认可。塞锡高院士团队也将为了这一目标，不断革新技术，为制造出属于中国人自己的医用聚芳醚材料而不懈努力。

参 考 文 献

[1] 周长忍. 生物材料学. 北京: 中国医药科技出版社, 2004.

[2] 郑玉峰, 李莉. 生物医用材料学. 哈尔滨: 哈尔滨工业大学出版社, 2005.

[3] 赵成如, 夏毅然, 史文红. 医用高分子材料在医疗器械中的应用. 中国医疗器械信息, 2006, 12(5): 8.

[4] 周冀, 李绍华, 田忠利, 等. 高分子材料基础. 北京: 国防工业出版社, 2007.

[5] 王海艳. 医用纯钛双辉等离子渗 Nb 和渗 O 的工艺及改性层性能研究. 南京: 南京航空航天大学, 2010.

[6] Dias M P S A. Magnesium and its alloys as orthopedic biomaterials: A review. Biomaterials, 2006, 27(9): 1728-1734.

[7] Gefen A. Computational simulations of stress shielding and bone resorption around existing and computer-designed orthopaedic screws. Medical & Biological Engineering & Computing, 2002, 40(3): 311-322.

[8] 吴忠文. 特种工程塑料聚芳醚酮. 化工新型材料, 1999, 27(11): 4.

[9] Hong C, Lin Y, Wei S, et al. Biocompatible polymer materials: Role of protein-surface interactions. Progress in Polymer Science, 2008, 33(11): 1059-1087.

[10] Giannatsis J, Dedoussis V. Additive fabrication technologies applied to medicine and health care: a review. The International Journal of Advanced Manufacturing Technology, 2009, 40(1-2): 116-127.

[11] Feng P, Jia J, Peng S, et al. Graphene oxide-driven interfacial coupling in laser 3D printed PEEK/PVA scaffolds for bone regeneration. Virtual and physical prototyping, 2020, 15(2): 211-226.

[12] Beck H N. Solubility characteristics of poly(etheretherketone) and poly(phenylene sulfide). Journal of Applied Polymer Science. 1992, 45(8): 1361-1366.

[13] Zhao Y, Wong H M, Wang W H, et al. Cytocompatibility, osseointegration, and bioactivity of three-dimensional porous and nanostructured network on polyetheretherketone. Biomaterials, 2013, 34(37): 9264-9277.

关键词索引